KB090636

세계를 바꾼 17가지 방정식

17 EQUATIONS THAT CHANGED THE WORLD

by Ian Stewart

Copyright © Joat Enterprises 2011

All rights reserved.

Korean Translation Copyright © ScienceBooks 2016

Korean translation edition is published by arrangement with
Profile Books Limited c/o Andrew Nurnberg Associates International Limited
through EYA.

이 책의 한국어 판 저작권은 EYA를 통해
Profile Books Limited c/o Andrew Nurnberg Associates International Limited와
독점 계약한 (주)사이언스북스에 있습니다.

저작권법에 의해 한국 내에서 보호를 받는 저작물이므로
무단 전재와 무단 복제를 금합니다.

이언 스튜어트

김지선 옮김

세계를 바꾼
17가지 방정식

위대한 방정식에 담긴 영감과 통찰

사이언스
SCIENCE
BOOKS 북스

"~는 ~와 같다."의 지루한 반복을 피하기 위해
이 책에서는 내가 자주 하듯이 평행선 한 쌍,
혹은 같은 길이의 동일한 선 2개를 사용하기로 한다.
세상에서 그 두 선만큼 똑같은 것은 없기 때문이다.

— 로버트 레코드, 『지혜의 숫돌』, 1557년

흥미진진한 방정식의 세계

많은 사람들이 학창 시절에 수학이 제일 어려웠다고 이야기하곤 합니다. 하지만 수학에 관한 재미있는 이야기가 텔레비전 다큐멘터리로 나오거나 교양 서적으로 나오면 인기가 좋습니다. 학교 시험에 나올 수학 문제를 푸는 것은 어려웠더라도, 수학에 얽힌 이야기들은 매우 재미있는 것이 많아서겠지요.

이 책은 17개의 방정식이 주인공입니다. 중학교에서 본 피타고라스의 정리, 고등학교에서 본 로그 함수, 정규 분포, 미적분학, 허수 i, 뉴턴의 중력 법칙과 상대성 이론 등이 나옵니다. 나비에-스토크스 방정식, 슈뢰딩거 방정식, 파동 방정식, 블랙-숄스 방정식처럼 대학교에서 다루는 편미분이 들어간 높은 수준의 방정식도 등장합니다.

수천 년에 걸쳐 개발된 이러한 방정식들은 우리의 현대 문명을 받치고 있는 큰 힘입니다. 텔레비전, 라디오, 휴대폰 등 일상 생활에서 흔히 사용하는 물건들이 작동하는 원리를 따져 보려면 푸리에 변환과 정보 이론을 알아야 합니다. 왜 금융 위기가 왔는지, 선물 옵션 시장은 도대체 어떤 원리로 돌아가는지 깊게 알고 싶다면 블랙-숄스 방정식을 알아야겠지요. 뉴턴의 중력 법칙을 통해 연료를 최대한 절약하면서 다른 행성을 탐사하는 좋은 경로를 최근에야 알아낸 것을 아셨나요? 운전할 때 길을 알려 주는 내비게이션은 아인슈타인의 특수 상대성 이론을 어떻게 사용하여 현재 위치를 정확히 파악할 수 있는 것일까요? 푸리에 변환 덕분에 스마트폰 용량에 비해 사진을 많이 찍을 수 있다는 것은 들어 보셨나요. 웨이블릿 이론 덕분에 FBI가 지문 정보를 큰 폭으로 압축하는 데 성공했다는 소식은요? 이런 수많은 이야기들을 이 책에서 만날 수 있었습니다. 최근까지 이런 방정식들이 어떻게 활용되고 어떻게 발전되고 있는지에 대한 이야기가 잘 나와 있어서 흥미로웠습니다.

이 책은 각 방정식들이 가지고 있는 흥미로운 역사도 알려 줍니다. 미적분학의 원조를 두고 영국과 프랑스 수학계가 논쟁하던 이야기를 스튜어트 교수의 풍성한 이야기보따리를 풀어 가며 읽으니 아주 흥미진진합니다. 그뿐인가요? 도대체 허수라는 수는 왜 꼭 필요한 것인가 물어보는 사람들이 많습니다. 학교에서 배울 때는 $x^2 = -1$ 같은 방정식의 해를 표시하고자 i라는 기호를 도입했다고만 하고 넘어가기도 합니다. 하지만 이 책은 3차 방정식의 근의 공식을 만들다 보니, i를 도입하여 계산했을 때 비로소 실수해도 잘 구할 수 있었다는 봄벨리의 1572년 책 내용을 소개해 줍니다. 이를 통해 허수가 왜 필요하고 실재하는지에 대해 이해하게 됩니다.

　미술관에 있는 멋진 그림을 보고 화가의 의도나 기술을 꼭 이해해야 하는 것은 아니지요. 이 책에 나오는 수식들도 마찬가지입니다. 편안한 마음으로 방정식을 감상하면서 거기에 얽인 여러 이야기를 즐기시기 바랍니다. 저자는 교양 서적으로는 다루기 힘든 수식들을 주재료로 하면서도 학자들의 뒷이야기나 그 수식에 관한 이야기 등을 섞어서 온갖 요리를 차려 낸 솜씨 좋은 요리사였습니다. 어느 부분을 읽어도 풍성하게 잘 차려진 잔칫상이니, 이 책을 통해 17개의 방정식 이야기를 즐기시기 바랍니다.

엄상일

(KAIST 수리 과학과 교수)

왜 방정식인가?

방정식은 수학과 과학, 그리고 기술의 혈맥이다. 방정식이 없었다면 우리가 사는 세계의 모습은 지금과는 매우 달랐을 것이다. 그렇지만 사람들은 방정식을 보면 더럭 겁부터 낸다. 스티븐 호킹(Stephen Hawking)이 『시간의 역사(*A Brief History of Time*)』를 쓸 때, 출판사에서는 방정식이 하나 더 들어갈 때마다 책의 매출이 반으로 뚝 떨어질 것이라고 경고했다. 결국 $E=mc^2$을 싣게 해 주었지만, 그 방정식이 없었다면 아마 1000만 부는 더 팔렸을 것이라고 투덜댔다고 한다. 나는 호킹 편이다. 방정식은 뒤편으로 밀어 두기에는 너무 중요하다. 그렇지만 출판사들이 틀렸다고만 할 수도 없다. 방정식은 형식적이고 엄밀하다. 복잡해 보이기도 하고, 방정식을 좋아하는 사람들조차 방정식에 폭격을 당하면 흥미를 잃기도 한다.

하지만 이 책만큼은 핑곗거리가 있다. 이 책은 방정식에 관한 책이다. 등산에 관한 책을 쓰면서 '산'이라는 단어를 쓰지 않을 수 없듯, 이 책에는 방정식을 실을 수밖에 없다. 나는 독자 여러분에게 방정식들이 오늘날의 세계를 만드는 데 핵심적인 역할을 해 왔음을 명확히 알려 주고 싶다. 지도 제작에서 위성 항법까지, 음악에서 텔레비전까지, 아메리카 대륙을 발견하는 일에서 목성의 달들을 탐험하는 일까지 말이다. 운 좋게도, 로켓 과학자가 아닌 여러분도 중요하고도 유용한 방정식의 우아함과 아름다움을 제대로 감상할 수 있다.

수학에는 얼핏 보면 무척 비슷해 보이는 두 종류의 방정식이 있다. 하나는 다양한 수학적 양(量)들 사이의 관계를 나타낸다. 여기서 수학자가 해야 할 일은 그 방정식이 참임을 **증명하는 것**이다. 다른 하나는 알려지지 않은 양에 관한 정보를 주는 것이다. 여기서 수학자의 임무는 그것을 **푸는 것**, 즉 몰랐던 것을 알아내는 것이다. 가끔은 한 방정식이 양쪽으로 다 사용되기 때문에, 그 둘을 칼같이 구분하기는 어렵다. 그렇지만 유용한 구분 기준이 있기는 하다. 여러분은 이 책에서 두 종류 방정식을 다 보게 될 것이다.

순수 수학 분야의 방정식은 대체로 첫째 종류에 속한다. 이들은 심오하고 아름다운 패턴과 규칙성을 드러낸다. 이 방정식들은, 수학의 논리 구조에 관한 우리의 기본 가정을 바탕으로 할 때 그것 말고는 대안이 없기 때문에 유효하다. 한 예로 방정식을 기하학의 언어로 나타낸 피타고라스 정리가 있다. 기하학에 관한 에우클레이데스의 기본 가정들을 받아들인다면 피타고라스 정리는 항상 **참**이다.

응용 수학과 수리 물리학의 방정식들은 대개 둘째 종류에 속한다. 그 방정식들은 현실 세계에 관한 정보들을 부호화한다. 즉 이론상으로는 실제와 무척 다를 수도 있는 우주의 속성들을 나타낸다. 뉴턴의 중력 법칙이 그 좋은 예다. 그 법칙은 두 물체 사이의 인력이 각각의 질량과 서로 간의 거리를 바탕으로 어떻게 작용하는지를 알려 준다. 거기서 만들어진 방정식을 풀면 행성들이 태양 주위를 어떻게 공전하는지, 혹은 우주 탐사선의 궤도를 어떻게 설계해야 하는지를 알 수 있다. 그렇지만 뉴턴의 중력 법칙은 수학에서 말하는 정리(定理, theorem)가 아니다. 그 법칙은 물리학적 관측에 들어맞기 때문에 참이다. 중력 법칙은 달라질 수도 있다. 실제로도 **달라졌다.** 아인슈타인의 일반 상대성 이론은 기존 뉴턴의 법칙이 제대로 들어맞는 부분은 그대로 놔둔 채, 더 나은 몇 가지 관측들을 적용함으로써 그 법칙을 개선했다.

인간 역사의 경로는 방정식 때문에 몇 번이나 방향을 바꾸었다. 방정식에는 숨겨진 힘이 있다. 그들은 자연이 가장 깊이 숨겨 둔 비밀을 드러낸다. 이것은 역사학자들이 문명의 흥성과 쇠락을 짜 맞추는 종래의 방식과는 다르다. 왕/여왕들과 전쟁들, 자연 재해라면 역사책에 넘쳐나지만 방정식은 얼마 되지 않는다. 불공평한 일이다. 빅토리아 시대에 마이클 패러데이(Michael Faraday)가 런던에 있는 왕립 학회(Royal Institution)의 청중 앞에서 자기와 전기 사이의 관계를 보여 줄 때였다. 전하는 말에 따르면 윌리엄 글래드스턴(William Gladstone) 수상이 거기서 어떤 실용적 결과를 얻을 수 있느냐고 묻자, 패러데이는 이렇게 대답했다고 한다. (실제로 그랬다는 증거는 매우 희박하지만, 재미있는 이야기니 그냥 믿어 주자.) "예, 각하. 언젠가는 거기에 세금을 물리실 수 있을 것입니다." 만약 그렇게 말한 것이 사실이라면, 그가 옳았다.

제임스 클러크 맥스웰(James Clerk Maxwell)은 자기와 전기에 관한 초기의 실험 관측과 경험 법칙 들을 전자기에 관한 방정식 체계로 통합했다. 그 수많은 결과들 중에는 라디오, 레이더, 텔레비전이 있다.

방정식의 힘은 그 근원이 단순하다. 방정식은 두 계산이 서로 달라 보여도 답이 같다는 것을 말해 준다. 핵심 부호는 등호(=)다. 대다수 수학 부호의 기원은 고대의 안개 속으로 사라졌든가 아니면 반대로 너무나 최근에 생겨서 그 기원이 무엇인지 전혀 의심할 여지가 없든가 둘 중 하나다. 그러나 등호는 450년도 더 전에 등장했음에도 불구하고 만든 사람뿐만이 아니라 만든 **이유**까지 알려져 있다는 점에서 특별하다. 등호는 로버트 레코드(Robert Recorde)가 1557년에 『지혜의 숫돌(*The Whetstone of Witte*)』에서 처음 선보였다. 레코드는 "~는 ~와 같다."라는 말을 지루하게 반복하지 않도록 서로 평행한 두 선을 사용했다. (그는 '쌍둥이'라는 뜻의 사어(死語)인 'gemowe'를 썼다.) 그가 그 기호를 쓴 것은 "세상에서 그 두 선만큼 똑같은 것은 없기" 때문이었다. 레코드의 선택은 옳았다. 등호는 450년이라는 오랜 세월 동안 사용되었다.

방정식의 힘은 수학이라는 인간 정신의 집합적 창조와 물리적 외부 세계 사이의, 철학적으로 쉽지 않은 교신에 바탕을 둔다. 방정식은 바깥 세계에 있는 심오한 패턴들을 나타낸 모형이다. 방정식의 가치를 제대로 알고 방정식이 들려주는 이야기들을 읽는 법을 배우면, 우리 주변 세계의 중요한 특성들을 깨달을 수 있다. 이론적으로는 다른 방식들로도 같은 결과를 얻을 수 있다. 수많은 사람들이 기호보다 언어를 선호한다. 언어 역시 우리에게 주위 세계를 통제할 힘을 준다. 그렇지만 과학과 기술이 내린 결론에 따르면 언어는 애매하면서도 제한적인 면이 있어서 현실의 심오한 양상들과 소통할 수 있는 효과적 경로를 제공하지 못한다. 언어는 인간적인 가정들로 너무 많이 채색되어 있다. 언어만 가지고는 근본적인 통찰들을 얻을 수 없다.

방정식은 그것을 할 수 있다. 방정식은 수천 년도 더 전부터 인류 문명의 원동력이었다. 인류 역사상 방정식들은 사회 전반에 영향력을 행사해 왔다. 현장 뒤에 숨어 있어 설령 사람들이 알아차리지 못했을지라도 분명 그 영향력은 계속 그 자리에 있었다. 이 책은 17가지 방정식을 통해서 날개를 펴 온 인류 정신에 대한 이야기이다.

차례

1

우주를 측량하다

피타고라스 정리

$$a^2 + b^2 = c^2$$

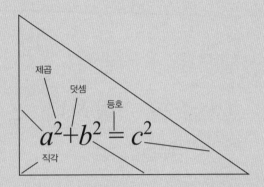

무엇을 말하는가?

직각삼각형의 세 변 사이에는 특별한 관계가 있다.

왜 중요한가?

기하학과 대수학을 연결한다. 이 방정식 덕분에 좌표를 바탕으로 거리를 계산할 수 있게 되었다. 여기에서 삼각법이 태어났다.

어디로 이어졌는가?

측량, 항해에서 이용되었고 최근에는 특수 상대성 이론과 일반 상대성 이론이 탄생하는 과정에서도 중요한 역할을 했다. 두 가지 상대성 이론은 현재까지 공간과 시간, 중력에 관한 가장 훌륭한 이론이다.

지나가는 학생 아무나 붙잡고 유명한 수학자 이름을 하나만 들어 보라고 하면, 아무 말도 못 하는 경우를 제외하면 거의 대부분이 피타고라스(Pythagoras)를 선택한다. 아니면 아르키메데스(Archimedes)를 떠올릴지도 모른다. 그 유명한 아이작 뉴턴(Isaac Newton)도 이 고대의 두 영웅들에 비하면 3등에 머문다. 아르키메데스는 위대한 지성이었고 피타고라스는 그 정도는 아니었던 듯하지만, 그래도 오늘날 흔히 인정받는 것보다 더 높은 평가를 받아야 한다. 그가 해낸 일들 때문이 아니라 그가 시작한 일들 때문이다.

피타고라스는 기원전 570년경에 동에게 해에 있는 그리스의 사모스 섬에서 태어난 철학자이자 기하학자였다. 그의 생애에 관해 우리가 아는 얼마 안 되는 사실들은 훨씬 후대의 작가들이 알려 준 것이라 역사적 정확성에는 의문이 좀 들지만, 핵심적인 사건들은 아마 맞을 것이다. 기원전 530년경에 그는 지금은 이탈리아 남부의 도시인 그리스의 식민지 크로토네로 이주했다. 그리고 거기서 수가 우주의 기반이라고 믿는 철학 학파이자 종교 집단인 피타고라스 학파를 창설했다. 피타고라스가 오늘날 그처럼 명성을 얻은 것은 그의 이름을 딴 정리 덕분이다. 그 정리는 2000년 이상 널리 보급되었고 대중문화에도 침투했다. 1958년 영화 「메리 앤드루(Merry Andrew)」에서 대니 케이(Danny Kaye)가 부른 노래에는 이런 구절이 포함되어 있다.

직각삼각형의
빗변의 제곱은
두 인접한 변들의
제곱의 합과 같다네

그림 1 피타고라스 정리를 보여 주는 그리스 우표.

그 뒤에는 문장의 주어와 주어가 다른 분사를 쓰지 말라는 가르침을 **중의적으로 표현한 내용**과 아인슈타인, 뉴턴, 라이트 형제들을 피타고라스 정리와 관련짓는 가사가 나온다. 아인슈타인과 뉴턴은 "유레카!"라고 외친다. 아니, 잠깐, 그것은 아르키메데스가 한 말 아닌가? 가사의 역사적 고증이 좀 아쉽지만 할리우드에 무엇을 바라겠는가. 그러나 이 책 13장에 가면 우리는 작사가인 조니 머서(Johnny Mercer)가 아인슈타인에 관해서는 정확했다는 것을 알게 될 것이다. 아마 정작 작사가 자신은 그 사실을 깨닫지 못했을지도 모르지만 말이다.

피타고라스 정리가 등장하는 유명한 농담도 있다. 그 농담은 '하마 가죽 위의 인디언 여인'이라는 유치한 말장난과 관련이 있다.[1] 그 농담은 인터넷에서 흔히 볼 수 있지만, 정작 그 유래를 찾기는 쉽지 않다. 그런가 하면 피타고라스 만화, 피타고라스 티셔츠, 그림 1과 같은 그리스 우표도 있다.

이처럼 야단법석을 떨어 대지만, 막상 우리는 피타고라스가 실제로 자신의 정리를 **증명했는지** 알 방법이 없다. 사실, 애초에 그 정리가 피타고라스의 것이 맞는지도 알지 못한다. 피타고라스의 제자들 중 한 사람, 혹은 어떤 바빌로니아 사람이나 수메르 필경사가 그 정리를 발견했을 수도 있다. 그렇지만 피타고라스에게 공로가 돌아갔고, 정리에는 그의 이름이 확고히 붙었다. 기원이야 어쨌든, 그 정리와 결과는 인류 역사에 막대한 영향을 미쳤다. 말 그대로 우리의 세상을 열어젖힌 것이다.

그리스 인들은 피타고라스 정리를 현대와 같이 기호를 이용한 방정식으로 표현하지 않았다. 그것은 대수학이 발전한 훗날의 일이었다. 고대에 그 정리는 말로, 그리고 기하학으로 표현되었다. 피타고라스 방정식이 가장 세련된 형태를 갖추고 최초로 기록된 것은 알렉산드리아의 에우클레이데스(Eukleides, '유클리드'는 영어식 이름이다. ― 옮긴이)가 쓴 책이다. 에우클레이데스는 기원전 250년경에 역사상 가장 영향력 있는 유명한 수학 교과서인『원론(Elements)』을 저술한, 최초의 근대 수학자라 할 수 있다. 에우클레이데스는 자신의 기본 가정들을 명확히 밝히고 그것들을 바탕으로 자신의 모든 정리를 체계적으로 증명함으로써 기하학을 논리학으로 바꾸었다. 그는 점, 선, 원 같은 건축 자재들로 개념의 탑을 쌓았다. 그 탑들 중 가장 높은 첨탑이 바로 다섯 가지의 정다면체였다.

에우클레이데스의 영예를 빛내 주는 보석들 중 하나가 지금 피타고라스 정리라고 부르는 바로 그것이다. 이는『원론』1권의 명제 47에 해당한다. 토머스 리틀 히스(Thomas Little Heath) 경의 유명한 영어 번역본에서 이 명제를 "직각삼각형에서 직각에 대(對)한 변을 제곱한 것은 그 직각을 포함한 변들을 제곱한 것과 같다."라고 번역되어 있다.

하마는 나오지 않는다. 빗변이라는 말도 나오지 않는다. 심지어 '합'이나 '덧셈'이라는 말도 확실하게 나오지 않는다. 그냥 '대한'이라는 이상한 말뿐이다. 그 말은 기본적으로 '~을 마주 보는'이라는 뜻인데 말이다. 하지만 피타고라스 정리는 분명 방정식을 나타낸다고 볼 수 있다. **'같다.'**라는 핵심적인 단어가 있기 때문이다.

그리스 인들은 수 대신 선과 면을 써서 고등 수학을 공부했다. 그러므로 피타고라스와 그의 그리스 인 후손들은 그 정리를 같은 넓이를 가진 면의 관계로 해석했을 것이다. "한 직각삼각형의 가장 긴 변을 이용해 만든 정사각형의 넓이는 다른 두 변으로 만든 정사각형들의 넓이의 합이다." 가장 긴 변은 그 유명한 빗변인데, 그 말은 '아래로 뻗은'이라는 뜻이다. 그림 2 왼쪽처럼 방향을 제대로 맞추어 그리면 실제로 그렇다.

그로부터 2000년도 채 지나지 않아, 피타고라스 정리는 대수 방정식으로 다시 만들어졌다.

$$a^2 + b^2 = c^2$$

c가 빗변의 길이고 a와 b는 다른 두 변의 길이이며, 위쪽에 붙은 작은 숫자 2는 '제곱'을 뜻한다. 대수학에서 어떤 수든 제곱한다는 것은 같은 수를 한 번 더 곱한다는 것이고, 우리는 모든 정사각형의 넓이가 한 변의 길이의 제곱과 같음을 안다. 그러니 피타고라스 방정식

(이렇게 부를 수 있다면)은 에우클레이데스의 정리와 같은 이야기인 것이다. 고대인들이 수와 넓이 같은 수학의 기본 개념에 관해 어떻게 생각했는가에 대한 이런저런 걸리는 점들을 제외하면 말이다. 그 이야기는 여기서 다루지 않겠다.

피타고라스 방정식은 여러 곳에 쓰이며 영향력을 미쳤다. 가장 직접적으로, 그 방정식은 직각을 낀 두 변의 길이를 알 때 빗변의 길이를 구할 수 있게 해 준다. 예를 들어 $a=3$, $b=4$라고 해 보자. 그러면 $c^2=a^2+b^2=3^2+4^2=9+16=25$다. 따라서 $c=5$가 된다. 이것이 그 유명한 3-4-5 삼각형으로, 학교 수학에서 절대 빠지지 않는 피타고라스 삼각형의 가장 간단한 예다. 다시 말해, 피타고라스 방정식을 만족시키는 세 정수의 가장 간단한 예다. 그다음으로 간단한 삼각형으로는 그것을 그대로 확장한 6-8-10 삼각형을 제외하면 5-12-13 삼각형이 있다. 이런 삼각형은 무한히 많고, 그리스 인들은 그것들 모두를 찾아내는 방법을 알았다. 정수론 분야의 수학자들은 아직도 그 방면에 어느 정도 관심을 갖고 있고, 심지어 지난 10년간 새로운 성질들을 발견하기도 했다.

a와 b를 이용해 c를 알아내는 대신 그 방정식을 간접적으로 이용해서 주어진 값 b와 c를 가지고 a의 값을 구할 수도 있다. 또한 곧 알게 되겠지만 좀 더 미묘한 문제들의 답을 구할 수도 있다.

피타고라스 정리는 어째서 참일까? 에우클레이데스의 증명은 무척 복잡하다. 그 과정을 보여 주려면 그림 2의 왼쪽 그림에 선 5개를 더 그려야 한다. 그리고 이전에 입증된 몇 가지 정리들을 불러와야 한다. 영국 빅토리아 시대 남학생들(당시 여학생들은 거의 기하학을 배우지 않았다.)은 빈정거리며 그 정리를 '피타고라스의 바지'라고 부

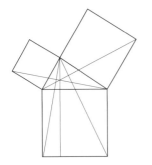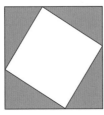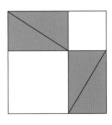

그림 2 에우클레이데스가 피타고라스 정리를 증명하기 위해 그은 선들. (왼쪽) 다른 방식의 피타고라스 정리 증명. (가운데와 오른쪽) 가장 바깥의 사각형들의 넓이는 같으며, 색칠된 삼각형들의 넓이 또한 모두 같다. 따라서 기울어진 하얀 정사각형은 다른 두 하얀 정사각형을 합친 것과 같은 넓이를 차지한다.

르기도 했다. 비록 가장 아름다운 방법은 아니지만 간단하면서도 직관적인 증명 방법 중 하나는 그림 2 오른쪽에서 보듯 똑같은 삼각형 4개를 이용해 두 수학적 지그소 퍼즐의 답이 서로 같음을 보여 주는 것이다. 그림은 한눈에 들어오지만 논리적 세부 사항들을 채우려면 생각을 좀 더 해야 한다. 예를 들어 우리는 기울어진 하얀 영역이 정사각형임을 어떻게 알 수 있는가?

피타고라스 정리가 피타고라스의 시대보다 훨씬 앞서 알려졌다는 솔깃한 증거가 있다. 대영 박물관에 있는 바빌로니아의 점토판에는 수학 문제와 답이 쐐기 문자로 씌어져 있는데, 해석하면 다음과 같다.[2]

> 4는 세로이고 5는 대각선이다. 가로는 얼마인가?
>
> 4 곱하기 4는 16이다.
>
> 5 곱하기 5는 25다.

세계를 바꾼 17가지 방정식

25에서 16을 빼면 9다.

9를 얻으려면 무엇과 무엇을 곱해야 하는가?

3 곱하기 3은 9다.

따라서 3이 세로다.

바빌로니아 사람들은 피타고라스보다 1000년 먼저 3-4-5 삼각형을 알고 있었음에 틀림없다.

그림 3 왼쪽은 예일 대학교의 바빌로니아 소장품인 'YBC 7289' 점토판이다. 한 변이 30인 정사각형의 대각선에 두 줄로 숫자들이 새겨져 있다. 한 줄은 1, 24, 51, 10이고, 또 한 줄은 42, 25, 35이다. 바빌로니아 사람들은 60진법을 사용했다. 그러므로 첫 줄은 실제로 $1+24/60+51/60^2+10/60^3$인데, 십진법으로 나타내면 1.4142129이다. 참고로 2의 제곱근이 1.4142135이다. 두 번째 목록은 그것의 30배다. 따라서 바빌로니아 사람들은 한 정사각형의 대각선 길이는 변의 길이에 2의 제곱근을 곱한 것임을 알았다. $1^2+1^2=2=(\sqrt{2})^2$이므로 이

그림 3 피타고라스 정리가 기록된 점토판, YBC 7289. (왼쪽) 플림턴 322. (오른쪽)

것 역시 피타고라스 정리를 보여 준다.

더욱 놀라운 것은, 비록 좀 수수께끼 같지만, 컬럼비아 대학교의 소장품인 그림 3 오른쪽의 '플림턴 322' 점토판이다. (미국의 출판업자 조지 아서 플림턴(George Arthur Plimpton)이 대학에 기증한 소장품 중 하나다.) 이것은 가로 4줄, 세로 15줄의 표에 숫자가 적힌 점토판이다. 제일 오른쪽 열에 있는 1~15는 단순히 행 번호를 나타낸다. 1945년, 과학사가인 오토 노이게바우어(Otto Neugebauer)와 에이브러햄 색스(Abraham Sachs)는 각 행마다 셋째 열의 수(c라고 하자.)의 제곱에서 둘째 열에 있는 수(b라고 하자.)의 제곱을 빼면 그 자체가 어떤 수(a라고 하자.)의 제곱임을 알아차렸다.[3] 그것은 $a^2 + b^2 = c^2$을 따르므로, 점토판은 피타고라스의 세 수를 기록한 것처럼 보인다. 적어도 눈에 띄는 오류 네 군데를 바로잡으면 그렇게 된다. 그러나 플림턴 322가 피타고라스의 세 수와 관련이 있다고 단정할 수는 없다. 심지어 관련이 있다 해도, 그저 넓이를 계산하기 쉬운 삼각형들의 목록을 편의상 만들어 둔 것일지도 모른다. 어쩌면 토지 측량을 목적으로 다른 삼각형들과 다른 도형들의 믿음직한 근삿값을 모아 놓은 것일 수도 있다.

또 다른 고대 문명인 이집트에서도 피타고라스 정리의 흔적을 찾을 수 있다. 피타고라스가 젊었을 때 이집트에 다녀온 적이 있다는 증거가 어느 정도 있다. 그리고 일각에서는 피타고라스가 이집트에서 그 정리를 배웠을 것이라고 추정하기도 한다. 이집트 수학에 관해 남아 있는 기록들은 이 생각을 그다지 뒷받침해 주지 않지만, 그 기록들은 워낙 소실된 것이 많고 특정 부분만 다루고 있다. 특히 피라미드에 대해 흔히 하는 이야기에 따르면, 이집트 인들은 동일한 간격으로 12개의 매듭이 지어진 끈을 가지고 3-4-5 삼각형을 만들어 직각을 정확히 측정했으며 고고학자들이 그 끈들을 찾아냈다고 한다. 그러나 이런 주장들은 그리 신빙성이 없다. 특히 기술적으로 그다지 믿음직하지 못한데, 끈이 늘어날 수도 있을뿐더러 매듭의 간격 역시 똑같이 만들기 어렵기 때문이다. 기자에 있는 피라미드의 건축적 정확성은 그런 끈을 써서 달성할 수 있는 수준을 훌쩍 뛰어넘는다. 거기다 목수들이 쓰는 삼각자와 비슷한, 훨씬 더 유용한 도구들도 발견되었다. 고대 이집트 수학을 전공하는 이집트 학자들은 3-4-5 삼각형을 만드는 데 끈이 사용되었다는 기록은 없다고 알고 있다. 또한 그런 끈이 실제로 발견된 적도 없다. 그러니 몹시 솔깃하게 들릴지 몰라도 이 이야기는 신화에 불과하다.

만약 피타고라스를 오늘날의 세계로 데려올 수 있다면 그는 아마도 세상이 많이 달라진 것을 깨닫게 되리라. 피타고라스가 살던 시대에 의학 지식은 걸음마 수준이었다. 어둠은 초와 횃불로 밝혔고, 가장 빠른 통신 수단은 말을 탄 전령이나 언덕 마루의 봉화였다. 유럽의 대부분을 비롯해 아시아, 아프리카는 알려져 있었지만 아메리카 대륙, 오스트레일리아, 북극, 남극은 그렇지 않았다. 많은 문화권에서 세계가 평평하다고 생각했다. 둥근 원판, 심지어 네 꼭짓점을 가진 정사각형이라고 생각했을 정도였다. 이미 고대 그리스 시대에 이루어진 발견들에도 아랑곳없이 이 믿음은 그림 4에 나오는 고대 세계 지도인 「오르비스 테라이(Orbis Terrae)」와 같은 형태로 중세에도 여전히 널리 퍼져 있었다.

　　세계가 둥글다는 것을 처음 깨달은 사람은 누구였을까? 3세기 그리스 전기 작가 디오게네스 라에르티오스(Diogenes Laertius)에 따

그림 4 1100년경에 시칠리아의 루지에로 2세(Ruggeru II)를 위해 모로코 출신의 아랍 지도 제작자 무함마드 알이드리시(Muhammad al-Idrisi)가 만든 세계 지도.

르면 그 사람은 바로 피타고라스였다. 디오게네스가 남긴 『유명한 철학자들의 생애와 사상(*Lives and Opinions of Eminent Philosophers*)』은 수많은 속담과 전기적 일화를 담고 있어 우리에게 고대 그리스 철학자들의 사생활에 관해 알려 주는 주요 사료다. 그 책에서 디오게네스는 이렇게 썼다. "피타고라스는 처음으로 지구가 둥글다고 말한 사람이었다. 비록 테오프라스토스(Theophrastus)는 그 공을 파르메니데스(Parmenides)에게 돌리고 제논(Zeno)은 헤시오도스(Hesiodos)에게 돌렸지만 말이다." 고대 그리스 인들은 종종 중요한 발견들이 자기네 유명한 선조들에 의해 이루어졌다고 주장하고는 했다. 역사적 사실은 무시하고 말이다. 그러니 우리가 그 주장을 액면 그대로 받아들일 수야 없는 노릇이지만, 기원전 5세기부터 정평이 난 모든 그리스 철학자들과 수학자들이 지구가 둥글다고 생각했다는 데는 논란의

세계를 바꾼 17가지 방정식

여지가 없다. 이 생각은 확실히 대략 피타고라스의 시대부터 생겨난 듯하다. 그리고 그의 추종자들 중 한 사람에게서 나왔을 수도 있다. 아니면 월식 때 달에 비치는 지구의 둥근 그림자 같은 증거 때문에 널리 알려졌는지도 모른다. 혹은 명백히 둥근 모양인 달을 보고 유추한 결과일 수도 있다.

그러나 그런 그리스 인들조차 지구가 우주의 중심이며, 모든 것이 지구를 중심으로 돈다고 생각했다. 항해에는 별을 보고 해안선을 따라가는 방식인 추측 항법을 이용했다. 피타고라스 방정식은 그 모든 것을 바꾸었다. 그 방정식은 우리 행성의 지리와 태양계 내 우리 행성의 위치를 이해하는 길로 인류를 인도했다. 그것은 지도 제작, 항해, 측량에 필요한 기하학적 기술들로 나아가는 중요한 한 걸음이었다. 또한 기하학과 대수학 사이의 무척 중요한 관계를 이해하는 데 그 방정식이 핵심이었다. 이런 발전의 연장선은 고대에서 시작해 일반 상대성 이론과 현대 우주론으로 이어진다. (13장 참조) 은유적으로나 말 그대로나, 피타고라스 방정식은 인간의 탐험에 있어서 완전히 새로운 지평을 열었다. 그것은 우리 세계의 모양과 우주 속 위치를 밝혀 주었다.

실생활에서 마주치는 삼각형 대부분은 직각이 아니므로, 그 방정식의 직접적 쓰임새는 많지 않아 보일지도 모른다. 그러나 모든 삼각형은 그림 6에서 보듯이 2개의 직각삼각형으로 쪼갤 수 있고, 그 어떤 다각형도 삼각형들로 쪼갤 수 있다. 따라서 직각삼각형은 삼각형과 모양과 그 길이 사이의 관계를 밝혀내는 데 유용한 열쇠가 된다. 이 깨달음에서 발전한 분야가 삼각법(trigonometry), 즉 '삼각 측량법'이다.

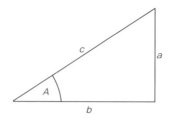

그림 5 삼각법의 토대인 직각삼각형.

　　직각삼각형은 삼각법의 토대를 이루며 특히 기본적인 삼각 함수
인 사인(sin) 함수, 코사인(cos) 함수, 탄젠트(tan) 함수를 결정한다. 이
용어들은 아라비아에서 왔는데, 이 함수들의 역사를 비롯해 그 수
많은 이전 형태들을 보면 그들이 현재의 모습을 갖추기까지 거쳐 온
복잡한 경로를 알 수 있지만 여기서는 최종 결과만 설명하겠다. 직각
삼각형에는 물론 직각 하나가 있어야 하지만, 나머지 두 각은 더해서
90도가 되기만 하면 어떤 것이든 가능하다. 관련된 숫자들을 계산하
는 규칙이라고 할 수 있는 이 세 함수는 그 어떤 각도든 값으로 취할
수 있다. 그림 5에 A라고 표시된 각에 대해, 전통적인 a, b, c 기호로
세 변을 나타내면, 사인 함수, 코사인 함수, 탄젠트 함수는 다음과
같이 정의된다.

$$\sin A = a/c \qquad \cos A = b/c \qquad \tan A = a/b$$

이 값들은 오로지 각 A에만 의존하는데, 주어진 각 A를 가진 모든
직각삼각형은 배율만 다르지 모두 같기 때문이다.

　　결과적으로 다양한 각도에 대해 사인, 코사인, 탄젠트 값들을

적은 일람표를 만들 수 있다. 그리고 직각삼각형이 가진 특성들을 계산해 내는 데 그 표를 쓸 수 있다. 전형적인 쓰임새는 지상에서 단 한 가지 값만 측량해 놓다란 기둥의 높이를 계산하는 것이다. 이것은 사실 고대로 거슬러 올라간다. 100미터 떨어진 곳에 기둥 하나가 서 있다고 해 보자. 기둥 꼭대기까지의 각도는 22도이다. 그림 5에서 $A=22$도로 놓으면 a는 그 기둥의 높이가 된다. 그러면 탄젠트 함수의 정의에 따라

$$\tan 22^\circ = a/100$$

이므로 a는 다음과 같다.

$$a = 100 \tan 22^\circ$$

$\tan 22^\circ$는 소수점 이하 세 자리로 끊으면 0.404이므로 $a=40.4$미터임을 추론할 수 있다.

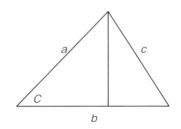

그림 6 삼각형 하나를 직각삼각형 2개로 나누기.

삼각 함수가 있으니 이제 피타고라스 방정식을 직각이 없는 삼각형들에 바로 적용할 수 있다. 그림 6은 각 C와 변 a, 변 b, 변 c를 가진 한 삼각형을 보여 준다. 그 삼각형을 보이는 대로 2개의 직각삼각형으로 나눠 보자. 그러고 나서 피타고라스 정리와 대수학[4] 약간을 적용하면 다음 식이 성립한다.

$$a^2 + b^2 - 2ab \cos C = c^2$$

이 방정식은 곁다리로 붙은 $-2ab \cos C$를 빼면 피타고라스 방정식과 비슷하게 생겼다. 이 '코사인 법칙'은 피타고라스 정리와 같이 c를 a와 b에 관련짓는다. 하지만 이 법칙에서 우리는 각 C에 관한 정보도 포함시켜야 한다.

코사인 법칙은 삼각법의 대들보라고 할 수 있다. 만약 우리가 한 삼각형의 두 변의 길이와 그 끼인각을 알고 있다면, 그것을 이용해 남은 변의 길이를 계산할 수 있다. 그러고 나면 다른 두 방정식을 이용해 남은 두 각도 알 수 있다. 이 방정식들 모두는 결국 직각삼각형에 바탕을 두고 있는 셈이다.

삼각법 방정식과 적절한 측정 도구들을 갖추면 우리는 토지를 측량하고 정확한 지도를 그릴 수 있다. 이것은 새로운 발상이 아니다. 기원전 1650년의 것으로 알려져 있는 고대 이집트의 수학 기법 모음인 「린드 파피루스(Rhind Papyrus)」에도 삼각법이 나와 있다. 그리스 철학자 탈레스(Thales)는 기원전 600년경에 삼각형의 기하학을 이용해 기자에 있는 피라미드의 높이를 측량했다. 알렉산드리아의 헤론(Hero of Alexandria)은 기원후 50년에 같은 기법을 설명했다. 기원전 240년 경, 그리스 수학자인 에라토스테네스(Eratosthenes)는 두 다른 장소, 알렉산드리아와 이집트의 시에네(지금의 아스완)에서 정오에 관측한 태양의 각도로 지구의 크기를 계산했다. 이후 아라비아 학자들이 이 방법들을 보존하고 발전시켜, 특히 지구의 크기 같은 천문학적 측량에 적용했다.

근대적 측량은 1533년에 네덜란드 지도 제작자인 게마 프리지우스(Gemma Frisius)가『지역들을 표시하는 방법에 대하여(*Libellus de Locorum Describendorum Ratione*)』에서 삼각법을 이용해 정확한 지도를 만드는 법을 설명하면서 시작되었다. 그 방법에 관한 소문은 유럽 전역에 퍼져나가, 덴마크의 부유한 귀족이자 천문학자인 튀코 브라헤(Tycho Brahe)의 귀에도 들어갔다. 1579년에 브라헤는 그 방법을 이용해 자신의 관측소가 위치한 벤 섬의 정확한 지도를 그렸다. 1615년에 네덜란드 수학자인 빌레브로르트 스넬리우스(Willebrord Snellius, 스넬 판 로에이언(Snel van Roijen)의 라틴 어 이름)가 그 방법을 오늘날 **삼각 분할**(triangulation)이라고 하는 것으로 발전시켰다. 측량되는 지역은 촘촘히 연결된 삼각형들로 뒤덮였다. 맨 처음에 삼각형 한 변을 아주 세심하게 측정하고, 이어 많은 각들을 측정하는 방법으로 그 삼각형의 모서리 위치들을 비롯해 그 안에 있는 모든 관심 있는 지형지물들의 위치를 계산할 수 있었다. 스넬리우스는 삼각형 33개의 연결망을 이용해 네덜란드에 있는 두 도시인 알크마르와 베르헌옵좀(Bergen op Zoom) 사이의 거리를 측정했다. 그 도시들은 동일한 경도상에 있으면서 정확히 1도만큼 서로 떨어져 있기 때문에 선택되었다. 스넬리우스는 두 도시 사이의 거리를 가지고 지구의 크기를 측량해서 그 결과를 1617년에 쓴 『네덜란드 인 에라토스테네스(*Eratosthenes Batavus*)』에서 발표했다. 그의 결과는 4퍼센트 오차 범위 내로 정확했다. 그는 또한 구(球)라는 지구 표면의 특성을 반영하기 위해 삼각법 방정식들을 수정하기도 했다. 이는 항해의 효율성을 높인 중요한 한 걸음이었다.

삼각 분할은 각도를 이용해 간접적으로 거리를 계산하는 방법이다. 건축용지든 시골 땅이든 상관없이 한 지역의 토지를 측량할 때에는 거리보다 각도를 측정하는 편이 훨씬 쉽다는 점을 염두에 두어야 한다. 삼각 분할 덕분에, 거리 몇 개와 각도 여러 개를 측량하면 나머지 모든 것은 삼각법 방정식에서 자동으로 따라 나온다. 방법은 다음과 같다. 우선 두 지점 사이에 기준선(baseline)을 긋고 그 길이를 직접, 아주 정확하게 잰다. 그리고 나서 기준선의 양 끝에서 볼 수 있는, 눈에 띄는 한 점을 선택한다. 그리고 기준선의 양 끝으로부터 그 점까지의 각도를 측정한다. 그러면 삼각형이 만들어지고, 우리는 삼각형의 모양과 크기를 정해 주는 한 변의 길이와 두 각을 안다. 이제 삼각법을 써서 나머지 두 변의 길이도 알아낼 수 있다.

우리는 이제 계산해서 구한 삼각형의 두 변을 새로운 기준선으로 갖게 된다. 우리는 거기서부터 다른, 좀 더 먼 꼭짓점까지의 각도를 잴 수 있다. 이 과정을 반복하면 측량하는 지역 전체를 덮는 삼각형들의 연결망이 만들어진다. 각 삼각형 내에서, 교회 첨탑, 교차로 등 모든 눈여겨볼 만한 지점들과 이루는 각도를 측정한다. 동일한 삼각법 기법으로 각 지점들의 정확한 위치를 짚어 낼 수 있다. 마지막으로, 전체 측량의 정확도는 마지막 변들 중 하나의 길이를 직접 재 보면 확인할 수 있다.

18세기 후반에 삼각 분할은 토지 측량에서 일상적으로 사용되고 있었다. 대영 제국의 육지 측량국(Ordnance Survey)은 1783년에 사업을 시작해 완수하는 데 70년이 걸렸다. 인도의 대삼각 측량(The Great Trigonometric Survey of India)은 1801년에 시작되었다. 그 일에서 가장 중요한 작업은 히말라야의 지도를 제작하고 에베레스트 산의 높이를 측량하는 것이었다. 21세기에는 대다수 대축척 측량이 위성 사진과 위성 항법 장치(Global Positioning System, GPS)를 써서 이루어진다. 삼각 분할은 더 이상 전면에서 이용되지 않는다. 하지만 그렇다고 사라진 것은 아니다. 배경으로 물러났을 뿐이다. 그것은 위성 데이터로 위치를 추정하는 방법 속에 남아 있다.

피타고라스 정리는 좌표 기하학의 발명에도 핵심적 역할을 했다. 좌표 기하학이란 '축(axis)'이라고 알려진 숫자가 표시된 선을 가지고 기하학적 도형들을 나타내는 방식이다. 가장 친숙한 형태는 이른바 데카르트 평면 좌표인데, 프랑스 수학자이자 철학자인 르네 데카르트(René Descartes)를 기려 그렇게 이름 붙였다. 데카르트는 이 분야에서 일인자는 아닐지 몰라도 위대한 선구자에 속한다. 두 선을 그려서 수평선은 x, 수직선은 y로 정한다. 이 두 선은 축이 되고, 원점이라고 하는 한 점에서 교차한다. 이 두 축 위에 원점으로부터의 거리에 따라 점들을 표시한다. 자의 눈금을 생각하면 된다. 양수는 오른쪽 위로 향하고 음수는 왼쪽 아래로 향한다. 이제 우리는 그림 7에서 보듯 한 점을 두 축에 연결함으로써 평면 위의 모든 점을 x축과 y축의 두 숫자로 표시할 수 있다. 그 숫자 쌍이 좌표다. (x, y)는 그 점의 위치를 완벽하게 정의한다.

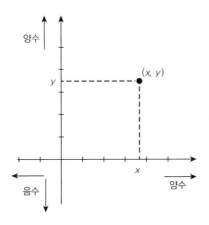

그림 7 두 축과 한 점의 좌표.

17세기 유럽의 위대한 수학자 데카르트는 이 평면 좌표 위에 있는 한 직선이나 곡선이 x와 y로 된 방정식의 해인 (x, y)에 상응한다는 것을 발견했다. 예를 들어 $y=x$는 왼쪽 아래에서 오른쪽 위로 기운 대각선을 만든다. (x, y)는 $y=x$일 때만 그 선 위에 놓이기 때문이다. 일반적으로 1차 방정식은 a, b, c를 상수로 할 때 $ax+by=c$의 형태를 가지며 직선에 상응한다. 역도 마찬가지다.

원에는 어떤 방정식이 상응하는가? 여기가 피타고라스 방정식이 끼어드는 부분이다. 그것은 원점으로부터 점 (x, y)까지의 거리 r가 다음 식을 만족시킨다는 뜻이다.

$$r^2 = x^2 + y^2$$

이 식을 풀면 다음과 같이 r의 값이 나온다.

세계를 바꾼 17가지 방정식

$$r = \sqrt{x^2 + y^2}$$

원점으로부터의 거리 r에 놓여 있는 모든 점의 집합은 중심이 원점이고 반지름이 r인 원이기 때문에, 이 방정식은 한 원을 그린다. 좀 더 일반적으로, (a, b)가 중심이고 반지름이 r인 원은 다음 방정식에 상응한다.

$$(x-a)^2 + (y-b)^2 = r^2$$

그리고 동일한 방정식이 두 점 (a, b)와 (x, y), 그리고 두 점 사이의 거리 r를 결정한다. 피타고라스 정리는 우리에게 핵심적인 것 두 가지, 즉 어떤 방정식이 원을 만드는가, 그리고 좌표로부터 어떻게 거리를 계산하는가를 말해 준다.

따라서 피타고라스 정리는 그 자체로도 중요하지만, 일반화를 통해 그보다 더 큰 영향력을 행사한다. 여기서는 그러한 후세의 발전상 중 13장에서 다시 살펴볼 상대성 이론으로 연결되는 것 딱 하나만 다루겠다.

　　에우클레이데스는 『원론』에서 피타고라스 정리를 증명함으로써 그 정리가 유클리드 기하학의 영역에 확고히 자리 잡게 했다. 한때는 유클리드 기하학 대신 그냥 '기하학'이라고만 해도 뜻이 통했다. 유클리드 기하학이야말로 물리적 공간에 대한 진정한 기하학이라고 널리 여겨졌기 때문이다. 그것은 당연한 사실이었었다. 그리고 당연하게 받아들여졌던 대다수 사실들처럼, 나중에 가서는 오류로 밝혀졌다.

에우클레이데스는 자신의 모든 명제를 얼마 안 되는 기본 가정들로부터 끌어냈다. 그는 그 가정들을 정의, 공리, 그리고 일반 개념으로 분류했다. 그의 기본 설정은 아름답고 직관적이며 간명했다. 그러나 명백한 예외가 하나 있었으니, 그의 다섯째 공리였다. "한 직선이 두 직선과 교차하면서 생기는 내각의 합이 180도보다 작을 때, 두 직선을 계속 연장하면 두 각의 합이 180도보다 작은 쪽에서 교차한다." 무슨 소리인지 잘 모르겠다면 그림 8을 보면 된다.

수학자들은 평행선 공리에 결함이 있다고 생각하고, 족히 1000년은 넘게 그것을 고쳐 보려고 노력했다. 수학자들은 단순히 더 간단하고 더 직관적인 무엇을 찾는 것은 아니었다. 비록 일부 수학자들은 다섯째 공리와 비슷한 역할을 하는 것들을 찾아냈지만 말이다. 수학자들은 증명을 통해 이 공리의 어색함을 없애고 싶었다. 수 세기 후에, 수학자들은 마침내 대안적인 '비유클리드적(non-Euclidean)' 기하학이 있음을 깨달았다. 이는 그런 증명이 존재하지 않는다는 뜻

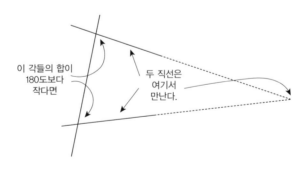

그림 8 유클리드 기하학의 평행선 공리.

　　　　　　　　　　　　　세계를 바꾼 17가지 방정식

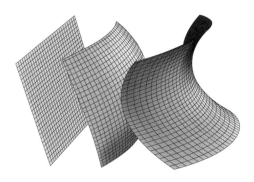

그림 9 곡률에 따른 곡면의 모양 변화. 곡률이 0인 경우(왼쪽), 곡률이 양인 경우(가운데), 곡률이 음인 경우(오른쪽)를 그림에서 볼 수 있다.

이었다. 새로운 기하학은 유클리드 기하학 못지않게 논리적 일관성을 갖추고 있었으며 평행선 공리를 제외한 모든 공리를 따랐다. 수학자들은 이것을 곡면 위에 놓인 측지선(geodesic, 지름길이자 가장 짧은 경로)의 기하학으로 해석했다. (그림 9) 이것은 곡률(curvature)의 의미에 초점을 맞췄다.

유클리드 기하학의 평면은 평평하고 곡률은 0이다. 구는 모든 지점에서 곡률이 동일하며 그 곡률은 양(+)의 값을 갖는다. 모든 지점에서 구는 돔처럼 보인다. (정확하게 짚고 넘어가자면 구의 대원은 에우클레이데스의 평행선 공리의 요구와는 달리 한 점이 아니라 두 점에서 만난다. 그러므로 구면 기하학에서 평행선 공리는 구에서 대척점들을 찾아내는 것으로 수정된다. 그 곡면을 평면에 사영하면 그 기하 구조는 타원형이 된다.) 곡률이 음(-)인 표면도 존재하는데, 그것은 어떤 지점에서든 안장처럼 보인다. 그러한 면을 쌍곡면(hyperbolic plane)이라 한다. 그것은 몇 가지 산문적인 방식으로 나타낼 수 있다. 아마도 가장 간단한 것은 그 면을 원판의 내부로 보고, '선'을 원판의 가장자리와 직각으로 만나는 한

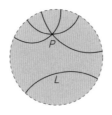

그림 10 쌍곡면의 원판 모형. 점 P를 지나는 세 선 모두 선 L을 만나지 못한다.

원의 호로 보는 것이다. (그림 10)

평면의 기하학은 비유클리드적일 수 있어도, 공간의 기하학은 그럴 수 없다. 여러분은 한 면을 세 번째 차원에 넣어서 그것을 굽힐 수는 있지만, **공간**을 굽힐 수는 없다. 여분 차원을 위한 자리가 더 이상 없기 때문이다. 그렇지만 이것은 약간 단순한 생각이다. 예를 들어 우리는 구의 내부를 이용해 3차원 쌍곡 공간의 모형을 만들 수 있다. 선은 경계와 직각으로 만나는 원들의 호로 정의된다. 이 기하학은 3차원 공간을 다루고, 평행선 공리를 제외한 유클리드 기하학의 모든 공리를 만족시키며, 고정되어 있다는 면에서 굽은 3차원 공간을 규정한다. 그렇지만 어떤 것을 둘러싸면서, 어떤 새로운 방향으로 굽어 있지는 않다.

그냥 굽어 있을 따름이다.

이런 새로운 기하학들을 사용할 수 있게 되면서, 새로운 관점이 무대의 중심을 차지하기 시작했다. 그렇지만 그것은 수학이 아니라 물리학이었다. 공간이 꼭 유클리드적일 필요가 없다면, 그것은 어떤 **모양인가?** 과학자들은 정작 자기들이 그것을 모른다는 사실을 깨달았다. 1813년, 굽은 공간에서는 한 삼각형의 세 각을 합쳐도 180도가 되지 않는다는 것을 알고 있었던 카를 프리드리히 가우스(Karl

　　　　　세계를 바꾼 17가지 방정식

Friedrich Gauss)가 브로켄 산, 호헤하겐 산, 그리고 인젤베르크 산이 이루는 삼각형의 세 각을 측정했다. 측정 결과 세 각의 합은 180도보다 15초(秒) 더 컸다. 그 결과가 맞다면, 이는 공간(적어도 그 지역에서는)이 볼록하게 굽어 있다는 것을 의미했다. 그렇지만 관측상의 오차들을 제거하려면 훨씬 큰 삼각형, 그리고 훨씬 정확한 측량이 필요할 것이다. 그래서 가우스의 관측은 확정적이지 않았다. 공간은 유클리드적일지 모른다. 그리고 다시, 아닐지도 모른다.

3차원 쌍곡 공간이 '그냥 굽어 있을 따름이다.'라는 말은 곡률에 관한 새로운 관점에 의존한다. 그것 역시 가우스로 거슬러 올라간다. 구는 항상 양의 곡률을 가지고 있다. 그렇지만 한 표면의 곡률이 모두 같을 필요는 없다. 몇 군데에서는 더 굽어 있고, 다른 데서는 덜 굽어 있을 수도 있다. 그 곡률은 연이은 지점마다 다를 수 있다. 만약 표면이 개뼈다귀처럼 보인다면, 양 끝의 둥근 부분은 볼록하게 굽어 있지만 사이를 잇는 부분은 오목하게 굽어 있다.

　가우스는 한 지점에서 면의 곡률을 규정하는 공식을 찾으려 했다. 마침내 공식을 찾아낸 가우스는 1828년에 「일반 곡면론(Disquisitiones generales circa superficies curva)」에서 그 공식을 발표하면서 거기에 "놀라운 정리"라고 이름 붙였다. 무엇이 그리 놀라웠을까? 가우스는 곡률에 대한 단순한 시각에서 출발했다. 즉 면을 3차원 공간에 넣어서 어떻게 굽어 있는지를 계산한 것이다. 답은 주위 공간이 중요하지 않음을 보여 주었다. 주위 공간은 공식에 포함되지 않았다. 가우스는 이렇게 썼다. "그 공식은 …… 자신을 그 놀라운 정리로 이끈다. 만약 한 굽은 면이 다른 어떤 면 위에서 전개되어도 각 지점에서 곡률은 변하지 않는다." 여기서 "전개되면"이라는 말은 '둘러싼다.'는 뜻이다.

곡률이 0인 납작한 종이 한 장이 있다고 해 보자. 이제 그 종이로 병을 둘러싼다. 병이 원통형이라면 종이는 접히거나 늘려지거나 찢어지지 않고 병을 완벽하게 감싼다. 그것의 시각적인 모습은 휘어있지만, 그런 종류의 휨은 문제가 되지 않는다. 그 종이의 기하는 어떤 방식으로도 바뀌지 않았기 때문이다. 바뀐 것은 그저 종이와 주위 공간 간의 관계뿐이다. 납작한 종이에 직각삼각형 하나를 그려 보자. 변의 길이를 측정하고, 피타고라스 정리를 확인하자. 이제 그 그림으로 병을 감싼다. **종이를 따라 측정된** 변의 길이는 변하지 않는다. 피타고라스는 여전히 참이다.

그러나 구의 표면 곡률은 0이 아니다. 그러므로 종이 한 장으로 구 하나를 완벽히 감싸는 것은 불가능하다. 접거나 늘리거나 찢지 않고서는 말이다. 구 위의 기하학은 평면 위의 기하학과는 본질적으로 다르다. 예를 들어 지구 적도와 거기에서 북쪽으로 뻗어 나가는 경도 0도와 경도 90도 선은 (지구가 구라고 가정하면) 직각 3개와 등변 3개를 가진 삼각형을 이룬다. 그러니 피타고라스 방정식은 거짓이다.

오늘날 우리는 곡률을 그 본질적인 의미에서 '가우스 곡률(Gaussian curvature)'이라고 부른다. 가우스는 현대에도 통하는 생생한 비유를 이용해 그것이 왜 중요한지를 설명했다. 표면 위에 있는 개미 한 마리를 생각해 보자. 그 개미가 표면이 굽었는지 아닌지를 어떻게 알아내겠는가? 개미는 표면이 굽었는지를 확인하기 위해 그 표면을 벗어날 수 없다. 그렇지만 개미는 오직 그 표면 위에서 적절한 측량들을 수행함으로써 그 표면의 가우스 곡률을 알 수 있다. 공간의 진정한 기하 구조를 알아내려고 노력하는 우리의 상황은 개미와 다르지 않다. 우리는 우리 공간을 벗어날 수 없다. 그러나 개미를 흉내 내 측량을 하기 전에 우선 3차원으로 이루어진 한 공간의 곡률을 구하는 공식이 필요하다. 가우스에게는 그런 공식이 없었다. 그렇지만 가우스의 제자들 중 한 사람이 갑자기 대담하게 자기가 그런 것을 갖고 있다고 주장했다.

그 학생은 게오르크 프리드리히 베른하르트 리만(Georg Friedrich Bernhard Riemann)이었다. 그는 독일 대학교에서 박사 다음 단계인 교수 자격인 하빌리타치온(Habilitation)을 취득하려고 애쓰고 있었다. 당시에는 이 과정을 통과하면 학생들에게 강의를 하고 수업료를 받을 수 있었다. 그때나 지금이나 대학의 교원이 되려면 공개 강의를 통해 자신의 연구 성과를 보여 줘야 했다. 그것은 시험이기도 했다. 후보자들이 몇 가지 주제를 제시하면 시험관은 그중 하나를 택했는데, 리만의 시험관은 가우스였다. 명민한 수학적 재능을 가진 리만은 자기가 속속들이 알고 있는 정통적 주제 몇 가지를 비롯해 "기하학의 기반에 놓인 가정들에 관해"라는 문제를 자신만만하게 제안했다. 가우스는 그 부분에 오래전부터 관심이 있었으므로 당연히 리만의 시험 주제로 그 문제를 골랐다.

리만은 그토록 어려운 주제를 제시한 것을 곧 후회했다. 그는 공개 강연을 지독히 싫어했고, 그 주제의 수학적인 부분을 치밀하게 생각해 놓지도 않았다. 그저 **모든** 수의 차원을 배경으로 하는 굽은 공간에 대한, 매혹적이지만 흐릿한 아이디어 몇 가지를 갖고 있을 뿐이었다. 가우스가 그의 놀라운 정리를 가지고 2차원에서 해낸 것들을 리만은 수의 제한 없이 모든 차원에서 해내고 싶었다. 그는 성과를 빨리 내놓아야 했다. 강의 날짜는 점점 다가오고 있었다. 그는 압박감 때문에 거의 신경 쇠약에 걸릴 지경이었고 낮에는 가우스의 공동 연구자인 빌헬름 베버(Wilhelm Weber)의 전기 실험을 보조하는, 별로 도움이 될 듯싶지 않은 일도 하고 있었다. 하지만 어쩌면 그 일이야말로 실제로는 그에게 도움이 된 것일지도 모른다. 낮의 일에서 전기력과 자기력 사이의 관계에 대해 생각하다가 그 힘이 곡률과 관련이 있을지도 모른다는 사실을 깨달았기 때문이다. 그 생각을 되짚어서, 그는 전기력과 자기력에 관한 수학을 이용해 자신의 시험에 요구되는 곡률을 찾아냈다.

리만이 1854년에 그 강의를 해서 호응을 얻은 것은 놀라운 일도 아니었다. 그는 이른바 '다양체(manifold)'를 정의함으로써 시작했다. 많이 접혔다는 뜻에서 그가 붙인 이름이었다. 공식적으로 다양체는 인접한 점들 사이의 거리를 정의하는 하나의 방정식과 많은 좌표들로 규정되는 수학적 계(system)다. 오늘날에는 '리만 계량(Riemannian metric)'이라고 불린다. 비공식적으로, 다양체는 완벽하게 다차원적 공간이다. 리만의 강의에서 절정은 가우스의 놀라운 정리를 일반화한 방정식이었다. 그것은 오로지 계량적 측면에서 다양체의 곡률을 정의했다. 이야기가 우로보로스의 뱀처럼 완벽히 한 바퀴를 돌아 자기 꼬리를 무는 지점이 바로 이 부분이다. 리만 계량에는 피타고라스 정리의 흔적이 눈에 띄게 남아 있기 때문이다.

예를 들어 3차원 다양체를 생각해 보자. 한 점의 좌표를 (x, y, z)라고 하고, 근처에 있는 점의 좌표를 $(x+dx, y+dy, z+dz)$라고 하자. 여기서 d는 '약간의'라는 뜻이다. 곡률이 0인 유클리드 공간이라면

세계를 바꾼 17가지 방정식

이 두 점들 사이의 거리인 ds는 다음 방정식을 만족시킨다.

$$ds^2 = dx^2 + dy^2 + dz^2$$

이것은 딱 피타고라스 정리다. 서로 가까이 있는 점들에 제한되어 있을 뿐이다. 만약 공간이 굽어 있고 점마다 곡률이 다양하다면, 공식은 이렇게 된다.

$$ds^2 = X dx^2 + Y dy^2 + Z dz^2 + 2U dx dy + 2V dx dz + 2W dy dz$$

여기서 X, Y, Z, U, V, W는 x, y, z에 따라 결정될 수 있다. 다소 복잡하게 들릴지 모르겠지만, 피타고라스 방정식처럼 그 공식은 제곱들의 합(그리고 dx, dy 같은 밀접한 두 수들 간의 곱)을 비롯해 여러 가지를 포함하고 있다. 여기서 2라는 숫자가 등장하는 것은 그 공식이 다음과 같이 3×3 표나 행렬로 정리될 수 있기 때문이다.

$$\begin{bmatrix} X & U & V \\ U & Y & W \\ V & W & Z \end{bmatrix}$$

X, Y, Z는 한 번씩 나오지만 U, V, W는 두 번씩 나온다. 표는 대각선 방향으로 대칭인데, 이를 미분 기하학에서는 대칭 텐서(symmetric tensor)라고 한다. 리만은 가우스의 놀라운 정리를 일반화해 어떤 주어진 점에서든 이 텐서와 관련해 다양체의 곡률을 구하는 공식을 도

출했다. 피타고라스 정리가 적용되는 특별한 경우에만 곡률은 0이 된다. 그러니 피타고라스 방정식이 유효하다는 것은 곡률이 0임을 입증한다.

가우스의 공식처럼, 리만의 곡률 공식은 오로지 다양체의 계량에만 의존한다. 다양체에 붙들린 개미는 작은 삼각형들을 측량함으로써 계량을 관측할 수 있고 곡률을 계산할 수 있다. 곡률은 다양체의 주위 공간과는 무관한, 본질적인 성질이다. 사실, 그 계량이 이미 기하 구조를 결정하기 때문에 주위 공간은 전혀 필요치 않다. 특히 우리 인간 개미들은 방대하고도 신비한 우주가 어떤 모양인지 궁금해 한다. 그리고 우주 바깥으로 직접 나가지 않고도 관측을 통해 답을 낼 수 있기를 희망한다. 물론 직접 나가는 것도 좋겠지만, 그것은 불가능한 일이다.

리만은 전기력과 자기력이라는 힘을 이용해 기하를 정의하는 방정식을 찾아냈다. 그로부터 50년 후, 아인슈타인은 리만의 생각을 완전히 뒤집었다. 기하를 이용해 중력을 정의한 것이다. 이것이 바로 그의 일반 상대성 이론이다. 이 이론은 우주의 모양에 대한 새로운 생각들을 불러일으켰다. (13장 참조) 놀라운 사건들은 연속해서 일어났다. 피타고라스 방정식은 3500년 전에 한 농부의 토지를 측량하기 위해 처음 생겨났다. 그리고 직각이 없는 삼각형들과 구 위의 삼각형들로 확장되었다. 그 덕분에 우리는 대륙의 지도를 만들고 우리 행성을 측량할 수 있었다. 그리고 놀라운 일반화 덕분에 우주의 모양까지도 측량할 수 있게 되었다. 위대한 사상들도 시작은 미미했다.

세계를 바꾼 17가지 방정식

2

곱셈을 덧셈으로 바꾸는 마법

로그

$$\log xy = \log x + \log y$$

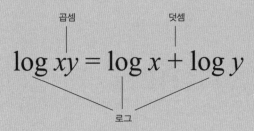

곱셈   덧셈

$$\log xy = \log x + \log y$$

로그

무엇을 말하는가?

문제의 숫자들을 곱하는 대신 더해서 답을 얻는 법을 알려 준다.

왜 중요한가?

덧셈이 곱셈보다 훨씬 간단하다.

어디로 이어졌는가?

일식과 월식, 행성의 궤도 같은 천문학적 현상들을 계산하는 효율적인 방법, 과학적 계산을 빨리 하는 방법, 공학자들의 든든한 친구인 계산자, 방사성 붕괴와 인간의 인지 체계에 대한 학문인 정신 물리학으로 이어졌다.

수(數)는 가축이나 토지 등의 재산 기록, 세금 부과나 회계 관리 등의 재정 거래와 같은 실용적인 문제들에서 비롯했다. 가장 최초로 알려진 수 표기는, ‖‖ 같은 단순히 기록을 위한 표식들을 제외하면, 점토로 만든 봉투 겉면에서 볼 수 있다. 기원전 8000년에 메소포타미아 회계사들은 다양한 모양의 조그만 진흙 토큰을 이용해서 기록을 했다. 고고학자인 데니즈 슈만트베세라트(Denise Schmandt-Besserat)는 그 모양들 하나하나가 기본적인 물품을 나타낸다는 것을 알아차렸다. 구는 곡식, 달걀은 기름 항아리 같은 식이었다. 토큰은 보안을 위해 진흙 봉투에 밀봉되었다. 그러나 안에 토큰이 얼마나 들었는지 알아내려고 매번 진흙 봉투를 깨뜨리기가 귀찮다 보니, 고대 회계사들은 안에 뭐가 들었는지를 표시하기 위해 봉투 바깥을 긁어서 기호를 남겼다. 결국 그들은 이 기호를 적고 나면 안의 토큰은 필요 없다는 것을 알게 되었다. 그 결과로 수를 나타내는 일련의 기호들이 생겨났다. 그것이 모든 숫자들의 기원이자 아마 문자의 기원이기도 할 것이다.

숫자와 더불어 숫자를 더하고 빼고 곱하고 나누는 방법들, 즉 산술도 나타났다. 주판 같은 도구들이 총합을 계산하는 데 이용되었고, 그 결과는 수를 나타내는 기호들로 기록되었다. 얼마쯤 지나자 기계의 도움 없이 계산을 하기 위해 기호를 사용하는 방법이 발견되었다. 비록 전 세계의 수많은 지역에서는 주판이 여전히 폭넓게 사용되고 있고, 대다수 나라들에서는 전자 계산기들이 갈수록 펜과 종이로 하는 계산을 밀어내고 있기는 하지만 말이다.

산술은 알고 보니 다른 분야, 특히 천문학과 측량에서 매우 중요했다. 물리학이 등장하기 시작하면서, 이제 막 날개를 펴기 시작한 과학자들은 손으로 한층 더 복잡한 계산을 해야 했다. 이것은 몇 달, 더러는 몇 년씩 걸릴 때가 많아서 좀 더 창의적 활동을 하는 데 방해가 되었다. 따라서 계산 속도를 높이는 것이 무엇보다도 중요해졌다. 셀 수 없이 많은 기계적 도구들이 발명되었지만 가장 중요한 혁신은 한 가지 개념적 도구를 통해 이루어졌다. 우선 생각하고, 나중에 계산하자. 이 기발한 수학을 이용하면 어려운 계산을 훨씬 쉽게 만들 수 있었다.

새로운 수학은 재빨리 스스로 생명을 얻어 발전해 나갔는데, 알고 보니 거기에는 실용적인 가치뿐만이 아니라 심오한 이론적 함의들이 있었다. 오늘날 그 초기 개념들은 과학 전반에 필수불가결한 도구가 되었을 뿐만 아니라, 심리학과 인문학에서도 쓰이고 있다. 1980년대에 가서는 컴퓨터 때문에 더 이상 실용적인 목적으로는 쓰이지 않게 되었지만, 그럼에도 그 개념들이 수학과 과학에서 갖는 중요성은 계속 커져만 갔다.

그 개념들 중 핵심이 바로 **로그**(logarithm)라는 수학적 기법이다. 로그를 발명한 인물은 스코틀랜드의 한 지주였으며, 훌륭하지만 아직 결함이 있었던 그 개념을 훨씬 나은 개념으로 대체한 인물은 항해술과 천문학에 깊은 관심이 있었던 한 기하학 교수였다.

1615년, 헨리 브리그스(Henry Briggs)는 제임스 어셔(James Ussher)에게 중요한 과학사적 사건으로 남게 될 편지를 한 통 보냈다.

머키스턴 영주인 내퍼(Napper)의 새롭고 감탄스러운 로그 덕분에 요즘 내 머리와 손이 바쁘다네. 부디 신이 허락하셔서 이번 여름에 그분을 만나 볼 수 있으면 좋겠군. 나를 이 정도로 기쁘게 하고 궁금하게 만든 책은 처음 보았네.

브리그스는 런던 그레셤 대학교에서 최초로 기하학을 가르친 교수였다. 그리고 "머키스턴의 영주 내퍼"는 존 네이피어(John Napier)로, 오늘날 스코틀랜드 에든버러의 일부 지역에 해당하는 머키스턴의 8대 영주였다. 네이피어는 약간 신비주의적 성향이 있었던 모양이다. 신학에도 깊은 관심이 있기는 했지만 그의 관심은 주로 「요한 계시록」에 집중되었다. 네이피어가 생각했던 자신의 가장 중요한 저서는 『성 요한의 계시록의 명확한 발견(*A Plaine Discovery of the Whole Revelation of St John*)』이었는데, 네이피어는 그 책에서 1688년이나 1700년에 종말이 온다고 예언하기도 했다. 그는 연금술과 흑마술에도 발을 들였다. 그리고 비술에 대한 관심 때문에 마법사라는 평판을 얻기도 했다. 소문에 따르면, 그는 어디를 가든 검은 거미가 든 조그만 상자를 반드시 가지고 다녔고, 검은 새끼 수탉을 '수호신' 혹은 마법적 동반자로 삼았다. 후손인 마크 네이피어(Mark Napier)는 존이 수호신을 이용해 도둑질하는 하인들을 잡아냈다고 전한다. 방 안에 용의자와 새끼 수탉을 함께 가두고 이 신비로운 새가 반드시 죄의 유무를 밝혀낼 것이라고 말하면서 용의자에게 닭을 때리라고 시킨다는 것이다. 하지만 네이피어의 신비주의에는 나름의 논리가 숨어 있었다. 그는 그 새끼 수탉의 몸통에 검댕을 얇게 한 겹 둘렀다. 무고한 하인이라면 분명히 자신이 있으니 시킨 대로 닭을 때릴 것이므로 손에 검댕이 묻을 터였다. 한편 죄가 있는 자는 들킬까 봐 겁나서 닭을 때리지 못할 것이다. 따라서 역설적으로 깨끗한 손은 그 사람이 유죄임을 가리킨다.

네이피어는 일과 대부분을 수학, 특히 복잡한 산술 연산의 계산 속도를 높이는 데 바쳤다. 그런 발명품 중 하나인 '네이피어의 뼈 (Napier's bones)'는 수가 새겨진 막대 10개가 한 세트로, 기다란 곱셈 과정을 단순하게 만들었다. 그의 명성을 높이고 과학적 혁명을 일으킨, 더 좋은 것도 있었다. 그의 바람과는 달리, 그것은 계시록에 관한 저서가 아니라 1614년에 쓴 『놀라운 로그 법칙 설명(*Mirifici Logarithmorum Canonis Descriptio*)』이었다. 서문을 보면 네이피어가 자신이 내놓은 것이 무엇이고 그것이 어디에 쓸모가 있는지를 정확히 알았음을 알 수 있다.[1]

> 수학을 함에 있어, 기나긴 곱셈과 나눗셈의 지루함, 분수 찾기, 그리고 제곱근과 세제곱근 구하기, 그리고 …… 아차 하면 저지를 수 있는 수많은 실수들 때문에 겪는 엄청난 지연보다 더 따분한 것은 없는 터, 하여 동료 수학자 여러분, 저는 마음속으로 줄곧 생각하고 있었습니다. 앞서 말한 어려움들을 개선할 수 있는 어떤 확실하고 효율적인 기법이 없는지 말입니다. 수많은 생각 끝에 결국 저는 그 과정을 축약할 수 있는 놀라운 방법을 찾아냈습니다. …… 수학자들이 공통으로 이용할 수 있는 방법을 만드는 것은 즐거운 일이었습니다.

브리그스는 로그에 대해 듣자마자 매혹되었다. 당대 수많은 수학자들과 마찬가지로 그 또한 천문학적 계산을 하는 데 일과 대부분을 쏟았다. 그런 사실은 브리그스가 1610년 어서에게 식(蝕)을 계산하는 이야기를 하는 편지나 이전에 펴낸 북극과 항해 각각에 대한 숫자표 책 두 권에서 알 수 있다. 이 모든 저작들은 방대한 양의 복잡한 산술과 삼각법을 요했다. 네이피어의 발명은 지루한 노동을 크게 줄여 줄 터였다. 그렇지만 그 책을 연구하면 할수록, 브리그스는 네이피어의 전략이 놀랍지만 전술이 잘못되었다는 것을 확신했다. 브리그스는 단순하지만 효과적인 개선안을 찾았고, 스코틀랜드로 먼 걸음을 했다. 두 사람이 만난 순간, "두 사람은 한 마디도 입 밖에 내지 않고 거의 25분간 서로를 경탄의 눈길로 보고 있었다."[2]

무엇이 그토록 대단한 경탄을 불러일으켰을까? 산술을 배우는 사람이라면 누구나 알다시피, 수를 더하는 것은 비교적 쉽지만 곱하는 것은 그렇지 않다. 곱셈은 덧셈보다 훨씬 더 많은 산술적 계산을 요구한다. 예를 들어 10자릿수 둘을 더하는 것은 대체로 10개의 단순한 단계를 거치면 되지만 곱하려면 200단계가 필요하다. 지금은 현대 컴퓨터의 곱셈에 쓰이는 알고리듬 속에 가려져 있지만, 이 문제는 여전히 중요하다. 네이피어의 시대에는 그 모든 것을 수작업으로 해야 했다. 그런 지긋지긋한 곱셈을 편리하고 빠른 덧셈의 합으로 변환할 수 있는 수학적 수단이 있다면 좋지 않을까? 너무 좋아서 있을 것 같지 않다. 하지만 네이피어는 그 방법을 찾아냈다. 그것은 고정된 수의 거듭제곱을 이용하는 것이었다.

대수학에서 미지수 x의 거듭제곱은 $xx=x^2$, $xxx=x^3$, $xxxx=x^4$과 같이 위쪽에 조그만 수를 써서 나타내며, 흔히 그렇듯 두 글자를 붙여 놓는 것은 그 둘을 곱한다는 뜻이다. 예를 들어 $10^4=10\times10\times10\times10=10000$이다. 여러분은 그런 식들을 오래 들여다보지 않아도, 말하자면 $10^4\times10^3$을 계산하는 쉬운 방법을 눈치챌 것이다. 그냥 이렇게만 쓰면 된다.

$$10000 \times 1000 = (10 \times 10 \times 10 \times 10) \times (10 \times 10 \times 10)$$
$$= 10 \times 10 \times 10 \times 10 \times 10 \times 10 \times 10$$
$$= 10000000$$

답에서 0의 개수는 4+3과 동일한 7이다. 이 계산에서 첫 단계는 **왜** 그것이 4+3인가를 보여 주는데, 우리는 4개의 10과 3개의 10을 서로 붙여 놓았기 때문이다. 간단히 정리하면 다음과 같다.

$$10^4 \times 10^3 = 10^{4+3} = 10^7$$

같은 방식으로, x의 값과 상관없이 x의 a제곱을 x의 b제곱과 곱하면 우리는 x의 $(a+b)$제곱을 얻는다. 여기서 a, b는 정수다.

$$x^a x^b = x^{a+b}$$

이 식이 별로 대수롭지 않아 보일지도 모르지만, 좌변에서는 두 수가 곱해져 있는 반면, 우변에서는 a와 b가 더해져 있다. 이것이 중요하다. 알다시피 더하는 편이 더 쉽다.

예를 들어 2.67과 3.51을 곱한다고 해 보자. 여러분이 오랜 시간을 들여 곱셈을 마치면 9.3717이 나온다. 이를 소수점 아래 두 자리로 줄이면 9.37이다. 만약 여러분이 앞의 공식을 이용한다면 어떻게 될까? 핵심은 x를 정하는 데 있다. 여러분이 x를 1.001로 정하면, 약간의 계산을 통해 답이 나온다.

$$(1.001)^{983} = 2.67$$
$$(1.001)^{1256} = 3.51$$

소수점 아래 두 자리까지 적으면 그렇다. 그러면 공식에 따라 2.67×3.51은

$$(1.001)^{983+1256} = (1.001)^{2239}$$

이 되는데, 이를 소수점 아래 두 자리로 줄이면 9.37이 된다.

이 계산의 핵심은 983+1256=2239이라는 간단한 덧셈에 있다. 그러나 내가 계산을 맞게 했는지 확인하려고 해 보면, 여러분은 내가 문제를 더 쉽게 만든 것이 아니라 오히려 더 어렵게 만들었다는 것을 금세 알게 된다. $(1.001)^{983}$을 계산하려면 1.001을 983번 곱해야 한다. 그리고 983이 제대로 된 지수인지 알려면 더 많은 노동이 필요하다. 그러니 처음에는 무척 쓸모없는 생각처럼 보인다.

네이피어의 위대한 통찰은, 이러한 불만이 틀렸다는 것이다. 하지만 그것을 극복하려면 의지가 굳은 누군가가 $(1.001)^2$에서 대략 $(1.001)^{10000}$까지 1.001의 수많은 거듭제곱을 계산해야 한다. 그러고 나면 이 모든 거듭제곱수들을 표로 만들 수 있다. 그 후에 대부분의 작업은 끝이 난다. 여러분은 2.67 옆에서 983을 찾을 때까지 그저 손가락으로 잇따라 쓰인 거듭제곱수들을 훑어 내리기만 하면 된다. 마찬가지로 3.51 옆에서 1256를 찾는다. 그러고 나서 두 수를 더해서

2239를 얻는다. 표의 상응하는 행은 1.001의 2239제곱이 9.37임을 알려 준다. 그러면 끝이다.

더 정밀한 결과를 얻으려면 1.0000001과 같이 1에 훨씬 더 가까운 수의 거듭제곱을 쓰면 된다. 그러려면 표가 100만 제곱 정도를 담을 수 있을 정도로 훨씬 더 커져야 한다. 그런 표를 만들기 위해 계산을 하는 데는 막대한 노력이 들 터다. **그렇지만 그 작업은 한 번만 하면 된다.** 만약 어떤 이타적인 독지가가 나서서 그 노고를 감내해 준다면 후대들은 엄청나게 많은 계산을 안 해도 된다.

이 예에서 983과 1256이라는 지수들을 2.67과 3.51의 **로그값**이라고 할 수 있다. 마찬가지로 2239는 두 수를 곱한 값인 9.37의 로그값이다. 로그를 log로 표기하면 우리가 한 작업은 다음 방정식으로 나타낼 수 있다.

$$\log ab = \log a + \log b$$

이것은 a와 b가 어떤 수든 상관없이 유효하다. 다소 임의적으로 선택된 1.001은 **밑**이라고 한다. 만약 우리가 다른 밑을 이용하면 우리가 계산하는 로그값도 역시 달라지지만, 어떤 정해진 밑에 한해 모든 것은 동일한 방식으로 계산된다.

네이피어는 이렇게 했어야 했다. 그러나 어떤 이유에서인지 그는 약간 다르게 했다. 브리그스는 새로운 시각에서 그 방법에 접근하면서, 네이피어의 발상을 개선할 수 있는 두 가지 방법을 찾아냈다.

네이피어가 수의 거듭제곱에 관해 연구하기 시작한 16세기에 곱셈을 덧셈으로 간단하게 만들어 보자는 생각은 이미 수학자들 사이에서 퍼지고 있었다. 다소 복잡하기는 하지만 '프로시타파레시스(Prosthaphaeresis, 그리스 어로 각각 덧셈과 뺄셈을 의미하는 'prosthesis'와 'aphaeresis'의 합성어. — 옮긴이)'라는, 삼각 함수 공식을 바탕으로 하는 방법이 덴마크에서 사용되고 있었다.[3] 거기에 호기심이 생긴 네이피어는 현명하게도 한 고정된 수를 거듭제곱하면 동일한 작업을 더 간단히 할 수 있음을 눈치챘다. 거기에 필요한 숫자표는 존재하지 않았지만 그 문제는 쉽게 해결될 수 있었다. 공익을 중시하는 사람들 몇몇이 그 작업을 하면 되었다. 네이피어는 그 일에 자원했지만 전술적 오류를 저질렀다. 1보다 약간 큰 밑을 택했어야 하는데 1보다 약간 작은 밑을 이용한 것이다. 그 결과, 거듭제곱을 반복할수록 수들이 더 작아져서, 계산들이 약간 더 달라졌다.

브리그스는 이 문제를 지적하고, 1보다 약간 큰 밑을 이용해 해결다. 그는 더 감지하기 힘든 문제도 찾아내 해결했다. 만약 네이피어의 방법이 1.0000000001 같은 수의 거듭제곱을 이용하도록 수정되었다면, 12.3456과 1.23456의 로그 사이에는 직접적인 관계가 전혀 없게 되고, 표는 **끝나지 않았을** 것이다. 문제의 근원은 log10의 값에 있었다. 그 이유는 다음과 같았다.

$$\log 10x = \log 10 + \log x$$

안타깝게도 log10은 깔끔하지 못했다. 밑이 1.0000000001이면 10의 로그값은 23025850929였다. 브리그스는 log10 = 1이 되는 밑을 선택하면 훨씬 더 좋을 것이라고 생각했다. 그렇게 되면 $\log 10x = 1 + \log x$

이므로 log1.23456이 뭐든 상관없이, 그냥 1을 더해 log12.3456을 얻을 수 있다. 따라서 로그표는 1부터 10까지만 다루면 된다. 더 큰 수가 나타나면, 그저 적절한 정수만 더하면 그만이다.

log10=1을 만들기 위해, 네이피어가 한 대로 1.0000000001을 밑으로 사용한 다음에 모든 로그값을 그 흥미로운 수인 23025850929로 나눈다. 그 결과로 나오는 로그표는 밑이 10인 로그로 이루어진다. 나는 그것을 $\log_{10} x$라 쓰겠다. 그것은 다음을 만족시킨다.

$$\log_{10} xy = \log_{10} x + \log_{10} y$$

또한 다음도 만족시킨다.

$$\log_{10} 10x = \log_{10} x + 1$$

네이피어는 그로부터 2년 후에 죽었고, 브리그스는 밑을 10으로 한 로그표를 만들기 시작했다. 그리하여 1617년에 『1부터 1000까지의 로그(*Logarithmorum Chilias Prima*)』를 발표했는데, 1부터 1000까지 정수의 로그값을 소수점 아래 14자리까지 구해 놓았을 정도로 정확했다. 1624년에 후속작으로 나온 『산술 로그(*Arithmetic Logarithmica*)』에는 10을 밑으로 하는, 1부터 20000까지의, 그리고 90000에서 100000까지의 로그값이 실려 있으며, 정확도는 전작과 동일했다. 다른 이들은 재빨리 브리그스의 선례를 따라 그 사이를 채워 넣었고, $\log \sin x$ 같은 삼각 함수의 로그표 같은 보조 로그표를 개발했다.

세계를 바꾼 17가지 방정식

로그에 영감을 준 것과 같은 개념을 바탕으로, 우리는 양수인 변수 x에 대해 a가 양의 정수가 아닌 경우에도 x^a을 정의할 수 있다. 해야 할 일은 그저 우리의 정의가 방정식 $x^a x^b = x^{a+b}$과 일관성을 유지하게 하면서 직관을 따르는 것이다. 너무 복잡해지지 않으려면 x를 양수로 가정하는 것이 가장 좋다. 그리고 x^a 또한 양수로 정해 놓는 것이 좋다. (x가 음수일 경우에는 5장에 나오듯 복소수를 이용하는 것이 좋다.)

예를 들어 x^0은 얼마인가? $x^1 = x$임을 염두에 두고 앞서 방정식을 따르면 x^0은 $x^0 x = x^{0+1} = x$를 만족시켜야 한다. 그것을 x로 나누어 보면 $x^0 = 1$이다. 이제 x^{-1}은 어떨까? 공식에 따르면 $x^{-1} x = x^{-1+1} = x^0 = 1$이다. x로 나누어 보면 $x^{-1} = 1/x$을 얻는다. 마찬가지로 $x^{-2} = 1/x^2$이고 $x^{-3} = 1/x^3$이다.

$x^{1/2}$을 생각해 보면 점점 재미있어질뿐더러 무척 유용한 결과도 얻을 수 있다. 이것은 $x^{1/2} x^{1/2} = x^{1/2 + 1/2} = x^1 = x$를 만족해야 한다. 따라서 $x^{1/2}$은 제곱하면 x가 된다. 이런 성질을 가진 유일한 수는 x의 제곱근이다. 그러므로 $x^{1/2} = \sqrt{x}$이다. 마찬가지로 $x^{1/3} = \sqrt[3]{x}$, 즉 x의 세제곱근이다. 이런 식으로 계속하면 모든 분수 p/q에 대해서 $x^{p/q}$을 구할 수 있다. 그다음에는 분수를 이용해 실수 근삿값을 내기 위해 어떤 실수 a에 대해서든 x^a을 정의할 수 있다. $x^a x^b = x^{a+b}$은 여전히 성립한다.

또한 $\log \sqrt{x} = \dfrac{1}{2} \log x$와 $\log \sqrt[3]{x} = \dfrac{1}{3} \log x$가 되므로 우리는 로그표를 써서 제곱근과 세제곱근을 쉽게 계산할 수 있다. 예를 들어 어떤 수의 제곱근을 찾으려면 로그를 취한 뒤 2로 나눈다. 그다음에 어떤 수가 그 로그값을 갖는지를 보면 된다. 세제곱근은 똑같이 하되 3으로 나눈다. 이런 문제들을 푸는 전통적 방법은 지루하고 복잡했다. 왜 네이피어가 자신의 책 서문에서 제곱근과 세제곱근을 제시했는지 이제는 여러분도 알았으리라.

완벽한 로그표가 나와서 이용할 수 있게 되자마자, 그것은 과학자, 공학자, 측량 기사, 항해사 들에게 필수적인 도구가 되었다. 로그표는 시간을 아껴 주고, 수고를 덜어 주며, 오답의 가능성을 줄여 주었다. 초기에는 천문학자들이 그 주된 수혜자였는데, 천문학자들은 길고 어려운 계산을 하는 것이 일상이었기 때문이다. 프랑스 수학자이자 천문학자인 피에르 시몽 드 라플라스(Pierre Simon de Laplace)는 로그의 발명 덕분에 "몇 개월치 노동이 단 며칠로 줄었고, 천문학자의 수명이 두 배로 늘었으며, 실수와 욕지기가 절감되었다."라고 썼다. 제조업 분야에서 기계를 더 많이 사용하면서, 공학자들은 수학을 점점 더 많이 이용하기 시작했다. 복잡한 장치들을 설계하고, 교량과 건물의 안정성을 분석하고, 자동차, 화물차, 선박, 비행기 들을 제작하기 위해서였다. 로그는 수십 년 전만 해도 학교 수학 교과 과정의 일부였다. 그리고 공학자들은 실제로 주머니에 아날로그 로그 계산기 같은 것을 넣고 다녔다. 그것은 계산자라는 도구로, 기본적인 로그 방정식을 즉석에서 사용하기 위한 물리적 수단이었다. 공학자들은 건축에서 항공기 설계까지 다양한 응용 분야에 계산자를 사용했다.

첫 계산자는 영국 수학자인 윌리엄 오트레드(William Oughtred)가 1630년에 둥근 자를 이용해 만들었다. 그는 1632년에 그 디자인을 개선해서, 두 자를 직선으로 만들었다. 발상은 단순했다. 두 막대기의 끝을 맞대면 길이가 더해진다. 만약 막대기에 로그 단위가 표시되어 있으면, 다시 말해 숫자들이 그 로그값에 따라 나열되어 있다

　세계를 바꾼 17가지 방정식

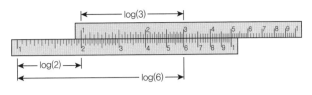

그림 11 계산자로 2와 3 곱하기

면, 대응되는 수끼리 서로 곱해진다. 예를 들어 한 막대기의 1을 다른 막대기의 2에 맞춰 놓는다. 그리고 나서 첫 막대에 있는 x가 어떤 수이든 $2x$의 값을 둘째 자에서 찾을 수 있다. 그리하여 3에 대해서는 6을 찾는 식이다. (그림 11) 만약 수가 좀 더 복잡하면, 예를 들어 2.67과 3.51이라면 우리는 한 막대기의 1을 다른 막대기의 2.67에 맞춰 놓고 첫 막대의 3.51 맞은편에 있는 숫자를 읽는다. 말하자면 답은 9.37이다. 이처럼 간단하다.

공학자들은 삼각 함수, 제곱근, 로그, 거듭제곱까지 있는 화려한 계산자들을 개발했다. 결국 디지털 컴퓨터 때문에 골방으로 밀려나기는 했지만, 심지어 지금도 로그는 떼놓을 수 없는 동반자인 지수 함수와 더불어 과학과 기술에서 큰 역할을 담당하고 있다. 10을 밑으로 하는 로그는 10^x의 함수이고, 자연 로그는 e^x의 함수이다. 여기서 e는 대략 2.71828이다. 각 쌍에서 두 함수는 서로 역관계다. 만약 여러분이 한 수를 정해서 그 수에 로그 함수를 취한 후, 다시 그것에 지수 함수를 취하면 맨 처음 수를 얻게 된다.

컴퓨터가 있는 지금, 로그가 여전히 필요할까?

2011년에 규모 9.0의 지진이 일본의 태평양 연안 바로 근처에서 어마어마한 해일을 일으켰고, 그 해일이 인구 밀집 지역을 덮치면서 2만 5000명이나 되는 사람들이 목숨을 잃었다. 해안에는 원자력 발전소가 있었다. 후쿠시마 제1원전이었다. (근처에는 제2원전이 있었다.) 그 원전은 각각 분리된 6개의 원자로로 이루어져 있었다. 해일이 덮쳐 왔을 때 그중 3개가 가동 중이었다. 나머지 3개는 일시적으로 가동을 멈춘 상태였고 그 연료는 원자로 안은 아니지만 발전소 안에 있는 수조로 옮겨져 있었다.

해일은 발전소의 방어 시스템을 깨고 전력 공급을 끊었다. 가동 중인 세 원자로(1, 2, 3호)는 안전 장치에 의해 정지되었지만 냉각 시스템은 작동해 연료봉이 녹지 않도록 막아야 하는 상황이었다. 그러나 해일이 냉각 시스템을 비롯해 안전에 핵심적인 시스템에 전력을 공급해 주는 비상 발전기마저 망가뜨렸다. 다음 단계의 백업 시스템인 배터리는 순식간에 전력이 떨어져 버렸다. 냉각 시스템은 멈췄고 몇몇 원자로가 과열되기 시작했다. 임기응변으로, 관리자들은 가동 중인 세 원자로에 바닷물을 쏟아붓기 위해 화력 엔진을 이용했다. 그렇지만 바닷물은 연료봉의 피복에 함유된 지르코늄과 반응해 수소를 만들었다. 축적된 수소는 1호 원자로가 있는 건물 내에서 폭발을 일으켰다. 2호 원자로와 3호 원자로 역시 같은 운명을 겪었다. 4호 원자로의 물은 새어 나와서 방사성 연료를 노출시켰다. 관리자들이 다시금 어느 정도 상황을 통제할 수 있게 되었을 즈음, 적어도 하나의 원자로 격납 용기가 깨졌고, 방사성 물질이 주변으로 새어 나왔다. 일본 정부는 인근 지역에 있는 20만 명의 사람들을 대피시켰다. 방사선 수치가 정상적인 안전 기준치를 한참 넘어섰기 때문이다. 6개월 후, 원자로를 운영하는 회사인 도쿄 전력은 상황이 아직도 심각하며, 방사성 물질의 유출은 멈췄지만, 원자로가 완전히 통제하에 들어왔다고 할 수 있으려면 훨씬 더 많은 작업이 필요하다고 발표했다.

나는 원자력의 다른 이점에 관해서 여기서 논할 생각은 없다. 하지만 로그가 한 가지 핵심적인 질문에 어떻게 대답해 주는지를 보여주겠다. 여러분이 어떤 종류의 방사성 물질이 얼마나 많이 유출되었는지를 안다고 해 보자. 그렇다면 그 물질은 환경에 얼마나 오랫동안 남아 해를 미칠까?

방사성 물질은 붕괴한다. 즉 핵 분열 과정을 통해 다른 물질들로 전환되면서 입자를 방출한다. 이 입자들이 방사선을 구성한다. 뜨거운 물체가 식으면서 그 온도가 떨어지듯 방사선 수치도 시간이 지나면서 기하급수적으로 떨어진다. 그러니 (여기서는 설명하지 않겠지만) 적절한 단위를 적용하면 시간 t에 대해 방사선 수치 $N(t)$는 다음 방정식을 따른다.

$$N(t) = N_0 e^{-kt}$$

여기서 N_0는 최초의 방사선 수치고 k는 관련 원소에 따라 달라지는 상수다. 좀 더 정확히 말하면, k 값은 우리가 염두에 두고 있는 원소의 형태, 즉 동위 원소에 달려 있다.

방사능이 유지되는 시간을 측정하는 편리한 방법은 1907년에 처음 소개된 반감기라는 개념을 이용하는 것이다. 이것은 최초의 방사선 수치 N_0가 그 절반 크기로 떨어지는 데 드는 시간이다. 반감기를 계산하려면 다음 식을 풀면 된다.

$$\frac{1}{2}N_0 = N_0 e^{-kt}$$

양변에 로그를 취하면, 결과는 다음과 같다.

$$t = \frac{\log 2}{k} = \frac{0.6931}{k}$$

k는 실험을 통해 밝혀져 있기 때문에 우리는 시간 t를 구할 수 있다.

반감기는 방사능이 얼마나 오래 남아 있을 것인가를 추정하는 편리한 방법이다. 예를 들어 반감기가 1주일이라고 해 보자. 그러면 그 물질이 유출하는 방사선은 1주일 후에 절반으로, 2주 후에 4분의 1로, 3주 후에 8분의 1로 줄어드는 식이다. 원래 수치의 1000분의 1(실제로는 1024분의 1)이 되려면 10주가 걸린다. 그리고 20주가 지나면 100만분의 1로 떨어진다.

종래의 원전 사고에서 가장 중요한 방사성 물질은 아이오딘(요오드) 131(아이오딘의 방사성 동위 원소)과 세슘 137(세슘의 방사성 동위 원소)이다. 전자는 갑상샘암을 유발할 수 있는데, 갑상샘은 아이오딘을 축적하기 때문이다. 아이오딘 131의 반감기는 겨우 8일이다. 그러므로 적절한 투약 처방이 이루어지면 거의 해를 미치지 않는다. 그리고 계속 유출되지만 않는다면 그 위험은 아주 빨리 사라진다. 표준적인 치료법은 사람들에게 아이오딘 알약을 복용하게 하여, 몸이 흡수하는 방사성 아이오딘의 양을 줄이는 것이다. 그렇지만 가장 효과적인 치료법은 오염된 우유를 그만 마시는 것이다.

한편 세슘 137은 무척 다르다. 그것은 반감기가 30년이다. 방사선 수치가 원래 수치의 100분의 1로 떨어지려면 200년이 걸린다. 그러므로 아주 오랫동안 유해하다. 원전 사고에서 중대한 문제는 토양과 건물의 오염이다. 어느 정도는 오염을 제거할 수 있지만 그러려면 비용이 든다. 예를 들어 토양을 파내어 안전한 곳에 옮겨 쌓아 둘 수 있다. 하지만 그로 인해 막대한 양의 저준위 폐기물이 발생한다.

방사성 붕괴는 네이피어와 브리그스의 로그가 과학과 인류에게 도움을 주는 수많은 분야들 중 하나일 뿐이다. 앞으로 책장을 넘기다 보면 열역학과 정보 이론에서도 로그를 만날 것이다. 계산을 빨리 하는 컴퓨터의 등장으로 원래 목적인 신속한 계산에는 더 이상 쓸모없게 되었지만, 로그는 계산적 이유보다는 개념적 이유로 과학에서 핵심적인 역할을 하고 있다.

로그는 우리가 어떻게 우리 주위 세계를 감지하는가를 연구하는 인지 과학 분야에서도 쓰인다. 인지와 관련된 정신 물리학 분야의 초기 개척자들은 시각, 청각, 촉각에 대해 폭넓은 연구를 했고, 몇 가지 흥미로운 수학적 규칙성들을 발견했다.

1840년대에 독일 의사인 에른스트 베버(Ernst Weber)는 인간의 인지 능력이 얼마나 민감한지를 알아보는 실험을 했다. 피험자들에게 양손에 무거운 것을 들게 하고, 그중 하나가 다른 하나보다 더 무겁다는 것을 언제 알아차렸냐고 물었다. 그리하여 베버는 인간이 알아차릴 수 있는 가장 작은 차이를 알아낼 수 있었다. 놀랍게도 이 차이는 (피험자들을 기준으로 하면) 고정된 값이 아니었다. 그것은 비교되는 무게가 얼마나 무거운가에 달려 있었다. 말하자면, 사람들은 50그램처럼 절대적인 최소 차이를 감지하지 않았다. 비교되는 무게의 1퍼센트처럼 **상대적인** 최소 차이를 감지했다. 인간이 감지할 수 있는 가장 작은 차이는 자극, 즉 실제 물리량에 비례한다는 이야기였다.

1850년대에 구스타프 페히너(Gustav Fechner)는 동일한 법칙을 재발견해서 수학적으로 재정립했다. 그 과정에서 페히너는 방정식 하나를 발견하고는 그것을 베버의 법칙이라고 불렀다. 오늘날에는 보통 페히너 법칙이라고 불리지만 말이다. (또는 순수주의자들은 베버-페히너 법칙이라고 부른다.) 그 방정식은 인지되는 감각의 크기는 자극의 **로그값**에 비례함을 보여 준다. 실험들은 이 법칙이 우리의 무게 감각만이 아니라 시각과 청각에도 적용됨을 시사했다. 우리가 빛을 볼 때 감지하는 밝기는 실제 빛 에너지의 로그값에 따라 달라진다. 한 광원이 다른 광원보다 10배 밝다면, 우리가 인지하는 차이는 항상 같다. 두 광원의 실제 밝기와는 관련이 없다. 동일한 원리가 소리의 크기에도 적용된다. 에너지가 10배 더 큰 굉음이라도 일정량만큼만 더 크게 들린다.

베버-페히너 법칙은 완전히 정확하지는 않지만 근삿값치고는 훌륭하다. 진화가 로그 단위 같은 것을 만든 이유는 어찌보면 당연한데, 외부 세계가 우리 감각에 주는 자극의 범위가 엄청 크기 때문이다. 소음 중에는 천장에서 생쥐가 우당탕 달리는 소리도 있고, 쾅하는 천둥소리도 있다. 우리는 둘 다 들을 수 있어야 한다. 하지만 소리의 크기는 그 범위가 너무 방대해서, 어떤 생물학적 감각 기관도 소리에 의해 생성되는 에너지에 비례해 반응할 수 없다. 만약 생쥐 소리를 들을 수 있는 귀가 그런 식으로 반응한다면, 천둥소리에 귀가 망가지고 말 것이다. 만약 가청 범위를 줄여 천둥소리를 편안하게 들을 수 있게 된다면 반대로 생쥐 소리는 듣지 못할 것이다. 해결책

세계를 바꾼 17가지 방정식

은 에너지 준위(energy level)를 편안한 범주로 떨어뜨리는 것이다. 로그가 하는 일이 바로 그것이다. 절대적인 에너지 크기보다 에너지의 비례값에 민감한 편이 확실히 합리적이고, 우리 감각에도 유용하다.

소음을 나타내는 표준 단위인 데시벨은 베버-페히너 법칙을 그 정의에 담고 있다. 그것은 절대적인 소음이 아니라 상대적인 소음을 측정한다. 풀 속의 생쥐는 대략 10데시벨의 소리를 생성한다. 1미터 떨어져 서 있는 사람들 사이의 일반적인 대화는 40~60데시벨이다. 전기 믹서를 사용하는 사람은 대략 60데시벨을 감지한다. 자동차 안에서 엔진과 타이어가 내는 소음은 60~80데시벨이다. 100미터 떨어진 곳에 있는 제트 여객기의 소음은 110~140데시벨이며, 30미터 거리에서는 150데시벨로 상승한다. 부부젤라(2010년 남아공 월드컵 때 널리 울려 퍼졌고, 생각이 짧은 일부 팬들이 기념품으로 고국에 들고 온 귀에 거슬리는 플라스틱 트럼펫 같은 악기)는 1미터 거리에서 120데시벨을 낸다. 군용 섬광 수류탄은 180데시벨이다.

이와 같은 척도들은 안전과 관련되어 있기 때문에 이곳저곳에서 두루 접할 수 있다. 청력 손상을 일으킬 수 있는 소리는 대략 120데시벨이다. 그러니 여러분의 부부젤라를 제발 좀 내다 버리시라.

3

현대 과학의 나사돌리개

미적분

$$\frac{\mathrm{d}f}{\mathrm{d}t} = \lim_{h \to 0} \frac{f(t+h) - f(t)}{h}$$

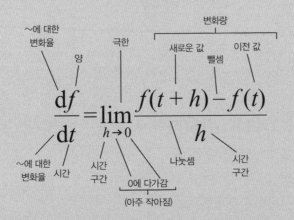

무엇을 말하는가?

예를 들어 시간에 따라 달라지는 양의 순간 변화율을 찾는다고 하면, 먼저 짧은 시간 동안의 변화량을 계산해 그 값을 시간으로 나눈다. 그다음에 시간을 임의의 작은 수로 만든다.

왜 중요한가?

과학자들이 자연 세계를 모형화하는 데 주로 쓰는 미적분의 탄탄한 기반을 제공한다.

어디로 이어졌는가?

접선과 넓이 계산, 입체의 부피와 곡선의 길이를 구하는 공식, 뉴턴의 운동 법칙, 미분 방정식, 에너지 보존 법칙과 운동량 보존 법칙 등 수리 물리학 전반으로 이어졌다.

1665년 잉글랜드의 왕은 찰스 2세였고, 그 수도 런던은 인구가 50만 명에 달하는, 날로 커져 가는 주요 도시 중 하나였다. 예술은 꽃을 피웠고, 과학은 점점 가속화하는 발전의 시작 단계를 밟고 있었다. 지금까지도 존재하는 가장 오래된 과학자 협회인 왕립 학회는 그로부터 5년 전에 창립되었고, 찰스 2세는 거기에 칙허장(Royal Charter)을 내렸다. 부자들은 으리으리한 저택에 살았으며 상업은 번창했다. 하지만 금방이라도 무너질 것 같은 건물들이 그림자를 드리우고 있는 비좁은 거리는 빈민들로 꽉 들어찼다. 한 층씩 높아질수록 건물들은 더 삐뚤빼뚤해졌고, 위생은 형편없었다. 쥐를 비롯한 해로운 동물들이 온 천지에 드글댔다. 1666년 말, 런던 인구의 5분의 1이 림프절 페스트로 목숨을 잃었다. 그 병은 처음에는 쥐를 통해, 다음에는 인간을 통해 번졌다. 그것은 런던 역사상 가장 심각한 재난이었고, 동일한 비극이 유럽 전역과 북아프리카에도 발생했다. 왕은 좀 더 위생 상태가 좋은 옥스퍼드셔 주의 시골로 서둘러 도피했다가 1666년 초에 돌아왔다. 아무도 돌림병의 원인을 알지 못했다. 집권층은 공기를 정화하기 위해 끊임없이 불을 피우고, 독한 냄새를 내뿜는 것이라면 뭐든 태워 보고, 죽은 사람들을 신속히 구덩이에 매장하는 등 온갖 방법을 써 보았다. 개와 고양이도 많이 죽였는데, 아이러니컬하게도 그 때문에 쥐 개체군에 대한 두 통제책이 사라졌다.

그 2년간, 케임브리지 대학교 트리니티 칼리지에 다니던 눈에 띄지 않는 한 대학생이 연구를 마쳤다. 그는 돌림병을 피하려고 어머니가 농장을 꾸리고 있는 시골 생가로 돌아갔다. 아버지는 그가 태어난 직후에 죽었고, 외할머니가 그를 키웠다. 시골의 평화로움과 조용함에 영감을 받았던 것인지 아니면 시간은 남는데 할 일이 없었는지는 모르지만, 그 젊은이는 과학과 수학을 연구했다. 나중에 그는 이렇게 썼다. "그 시절은 내 삶에서 창의성의 절정기였다. 그 후의 어느 때보다도 수학과 (자연) 철학을 더 많이 생각했다." 그는 연구 끝에 중력의 역제곱 법칙이 갖는 의미를 이해했다. 그 생각은 적어도 50년 동안이나 정식화되지 못하고 있는 상황이었다. 그는 미적분 문제를 풀 수 있는 실용적인 방법들도 만들어 냈는데, 미적분 역시 일반론으로는 형성되지 못한 채 어렴풋하게 맴돌고 있는 또 다른 개념이었다. 그는 흰 태양빛이 무지개를 이루는 다양한 색깔들로 이루어졌다는 사실도 발견했다.

돌림병의 기세가 한풀 꺾였을 때, 그는 자기가 발견한 것에 대해 아무에게도 말하지 않았다. 그리고 케임브리지로 돌아가서 석사 학위를 따고 트리니티 칼리지의 선임 연구원이 되었다. 루카스 석좌 교수(Lucasian Chair of Mathematics)로 뽑힌 그는 마침내 자신의 생각들을 발표하고 새로운 생각들을 발전시켜 나갔다.

그 젊은이가 바로 뉴턴이다. 그의 발견들은 과학계에 혁신을 불러일으켰고, 찰스 2세가 꿈에서도 그려 보지 못했을 세계를 가져왔다. 100층도 더 넘는 건물들, 운전수가 유리 같은 신기한 재질로 만든 마법의 원판을 사용해 음악을 들으며 M6 고속 도로 위를 시속 130킬로미터로 달리는 말 없는 마차들, 공기보다 무겁지만 하늘을 날아서 6시간 만에 대서양을 가로지르는 기계들, 움직이는 컬러 그림들, 그리고 지구 반대편에 있는 사람들과 대화를 나누는 주머니 속 상자들……

이전에 갈릴레오 갈릴레이(Galileo Galilei), 요하네스 케플러(Johannes Kepler)를 비롯한 사람들이 자연이라는 양탄자 구석을 들춰 그 밑에 숨겨진 경이를 살짝 보았다면, 뉴턴은 그 양탄자를 걷어 치워 버렸다고 할 수 있다. 그는 우주가 지닌 비밀스러운 패턴, 즉 자연 법칙을 밝혔을 뿐만 아니라 그 법칙들을 정확히 나타내고 결과를 추론할 수 있는 수학적 도구까지 내놓았다. 세계는 수학적이었다. 신이 가진 창조의 심장은 영혼이 없는 태엽 장치였다.

인류의 세계관은 종교적인 것에서 세속적인 것으로 갑자기 바뀌지 않았다. 그것은 아직도 완벽하게 이루어지지 않았고 앞으로도 그렇게는 안 될 것이다. 그렇지만 뉴턴이 『자연 철학의 수학적 원리(Philosophiae Naturalis Principia Mathematica)』, 즉 『프린키피아(Principia)』를 출간한 후, (책의 부제이기도 한) "세계의 구조(The System of the World)"는 더 이상 종교의 영역에만 속하지 않았다. 하지만 뉴턴은 최초의 근대적 과학자이기만 한 것이 아니었다. 뉴턴에게는 신비주의적인 면도 있었다. 그는 몇 년을 연금술과 종교적 사색에 바쳤다. 뉴턴 연구자이자 경제학자인 존 메이너드 케인스(John Maynard Keynes)는 강연 원고에 이렇게 썼다.[1]

> 뉴턴은 이성의 시대의 첫 인물이 아니었다. 그는 마지막 마법사였고, 마지막 바빌로니아 인이자 수메르 인이었으며, 약 1만 년 전에 우리의 지적 유산을 구축하기 시작한 이들과 동일한 눈으로 지적 세계를 내다본 마지막 위대한 지성이었다. 1642년 크리스마스 날 아버지 없이 태어난 유복자 뉴턴은 동방 박사들이 진정으로 경의를 표할 수 있는 마지막 기적의 아이였다.

오늘날 우리는 대개 뉴턴의 신비주의자적 면모를 무시하고, 그의 과학적, 수학적 업적들만 기억한다. 그중 으뜸으로 치는 것은 자연이 수학적 법칙을 따른다는 그의 깨달음, 그리고 미적분의 발명이다. 오늘날 우리는 주로 미적분을 이용해 자연 법칙들을 나타내고 그 결과를 도출한다. 독일 수학자이자 철학자인 고트프리트 빌헬름 폰 라이프니츠(Gottfried Wilhelm von Leibniz) 역시 거의 동시대에 독립적으로 미적분을 발전시켰다. 그렇지만 라이프니츠는 미적분으로 거의 아무것도 하지 않았던 반면, 뉴턴은 미적분을 통해 우주를 이해했다. 비록 자신의 책 겉표지에는 미적분을 숨겨 두고 기하학의 언어로 다시 풀어내기는 했지만 말이다. 그는 중세의 신비주의적 관점에서 근대의 이성적 세계관으로 인류를 인도한 과도기적 인물이었다. 뉴턴 이후의 과학자들은 우주가 심오한 수학적 패턴을 가지고 있음을 의식적으로 인지했다. **그리고** 그 통찰을 이용할 강력한 도구도 갖췄다.

미적분은 '난데없이' 나타난 것이 아니었다. 그것은 순수 수학과 응용 수학 양쪽의 질문들에서 나왔다. 그리고 그 조상은 아르키메데스로 거슬러 올라갈 수 있다. 뉴턴 자신은 이런 말을 한 것으로 유명하다. "내가 남들보다 조금 더 멀리 보았다면 그것은 거인들의 어깨 위에서 있었기 때문이다."[2] 이 거인들 중 눈에 띄는 이들이 존 월리스(John Wallis), 피에르 드 페르마(Pierre de Fermat), 갈릴레오, 그리고 케플러다. 월리스는 1656년에 발표한 『무한 소수론(*Arithmetica Infinitorum*)』에서 초기 형태의 미적분을 개발했다. 페르마는 1679년에 발표한 「곡선의 접선에 관하여(De tangentibus linearum curvature)」에서 곡선의 접선을 찾는 한 가지 방법을 제시했는데, 그 문제는 미적분과 밀접한 관련이 있었다. 케플러는 행성의 운동에 관한 세 가지 기본 법칙을 수립했고, 그것은 뉴턴이 발견한 중력 법칙으로 이어졌다. (4장 참조) 갈릴레오는 천문학에서 큰 진전을 이루었을 뿐만 아니라 자연이 가진 수학적 특성들을 연구해 발견한 결과들을 1590년에 『운동에 관하여(De Motu)』에서 발표했다. 그는 낙하하는 물체가 어떻게 움직이는지를 조사해서 멋진 수학적 패턴을 발견했다. 뉴턴은 이를 세 가지 일반 운동 법칙으로 발전시켰다.

우리가 갈릴레오의 패턴을 이해하려면 속도와 가속도라는 역학의 기본 개념 두 가지가 필요하다. 속도는 한 물체가 어느 방향으로 얼마나 빨리 움직이느냐다. 여기서 방향을 무시하면 그 물체의 속력을 얻는다. 가속도는 속도의 변화를 말한다. 그것은 대개 속력의 변화와 관련이 있다. (속력이 동일하지만 방향이 변할 때는 예외가 생긴다.) 매일 일상에서 우리는 속력을 올린다는 뜻으로 가속이라는 말을 사용하고 낮춘다는 뜻으로 감속이라는 말을 사용한다. 그렇지만 역학에서는 둘 다 가속으로, 첫 번째 변화는 양의 가속이고 두 번째 변화는 음의 가속이다. 우리가 운전해서 길을 갈 때, 차의 속력은 시속 80킬로미터 같은 식으로 속도계에 표시될 것이다. 방향은 차가 어느 쪽으로 가느냐다. 우리가 브레이크에서 발을 떼면 차는 빨라지고 속력은 증가한다. 브레이크를 밟으면 차의 속력은 줄어든다. 이것이 음의 가속이다.

차가 일정한 속력으로 움직이고 있으면 그 속력이 얼마인지 알아내기 쉽다. 킬로미터/시(km/h)는 속력을 나타내는 단위다. 차가 1시간에 50킬로미터를 간다고 치면, 우리는 거리를 시간으로 나눠서 속력을 구한다. 실제로 1시간 동안 운전해 보지 않아도 알 수 있다. 차가 6분에 5킬로미터를 간다면, 거리와 시간 모두 10으로 나눈 것과 같으므로 속력은 여전히 시속 50킬로미터이다. 간단히 나타내면 다음과 같다.

속력 = 이동한 거리/걸린 시간

같은 방식으로, 일정한 가속도는 다음과 같이 얻을 수 있다.

가속도 = 속력의 변화/걸린 시간

이 모든 것은 간단해 보이지만, 속력이나 가속도가 일정하지 않을 때 개념적인 어려움이 생긴다. 그리고 둘 다 동시에 상수일 수는 없다. 상수(그리고 0이 아닌) 가속도는 속력이 변한다는 것을 뜻하기 때문이다. 여러분이 차를 몰아 시골길을 달리는 중이라고 해 보자. 직선 도로에서는 속력을 올리고 곡선 도로에서는 낮춘다. 속력은 계속 변화하고 있으며, 가속도도 마찬가지다. 우리는 어떻게 주어진 시간 동안 그것들을 계산해 낼 수 있을까? 실용적인 답은 시간 간격을 1초처럼 짧게 잡는 것이다. 말하자면 오전 11시 30분의 순간 속력은 그 순간에서 1초 후까지 간 거리를 1초로 나눈 것이다. 순간 가속도도 마찬가지다.

다만 …… 엄밀히 말해 그렇게 구한 값이 **순간** 속력은 아니다. 그 것은 실제로 1초라는 시간 간격 동안의 평균 속력이다. 1초라는 시간이 **엄청나게** 긴 상황이 있다. 중앙 다 장조를 연주하는 기타 줄은 초당 440회 진동한다. 그 움직임의 1초당 평균을 내 보면 여러분은 그 줄이 가만히 멈추어 있다고 생각할 것이다. 그러면 답은 더 짧은 시간 간격, 예를 들어 1만분의 1초를 상정해야 제대로 얻을 수 있다. 그렇지만 순간 속력은 여전히 포착할 수 없다. 가시광선은 초당 1000조 (10^{15}) 번 진동한다. 그러니 적절한 시간 간격은 1000조분의 1초보다 짧아야 한다. 심지어 그렇다 해도 …… 좀 더 까다롭게 굴자면 그것조차 **순간**이라고 할 수 없다. 이런 식으로 계속 생각하다 보면 그 어떤 간격보다도 더 짧은 시간 간격을 사용할 필요를 느낀다. 하지만 그것과 같은 유일한 수는 0인데, 0은 쓸모가 없다. 시간 간격이 0이면 이동 거리도 0이 되며 0/0은 무의미하기 때문이다.

초기 선구자들은 이런 문제들을 무시하고 실용적 관점을 취했다. 측정에서 발생하는 오차가 더 작은 시간 간격을 이용함으로써 이론적으로 높일 수 있는 정확성의 한도를 넘어선다면 굳이 그렇게 하는 의미가 없다. 갈릴레오가 살았던 시대에는 시계가 무척 부정확했다. 그래서 그는 혼자 노래를 웅얼거리며 시간을 측정했다. 숙련된 음악가는 한 음을 아주 짧은 간격들로 나눌 수 있다. 하지만 떨어지는 물체의 시간을 재는 것은 아무래도 까다로운 일이라서, 갈릴레오는 기울어진 빗면을 따라 공을 굴림으로써 움직임을 느리게 만드는 방법을 썼다. 그리하여 시간 간격을 두고 공의 위치를 관측했다. 그는 시간이 0, 1, 2, 3, 4, 5, 6(여기서는 패턴이 명확히 보이도록 그 수들을 단순하게 나타냈지만 패턴은 동일하다.)으로 계속 가는 동안 위치가 다음과 같이 달라진다는 사실을 발견했다.

0   1   4   9   16   25   36

거리는 시간의 제곱이었다. (즉 시간의 제곱에 비례했다.) 속력은 어떤가? 평균을 내 보니, 연속된 제곱수 사이의 차는 다음과 같았다.

1 3 5 7 9 11

처음만 빼고, 각 위치마다 평균 속력은 2단위씩 늘었다. 정말 놀라운 패턴이었다. 기울기가 서로 다른 수많은 빗면에서 다양한 질량을 가진 공들로 수십 차례 측정을 해도 매우 비슷한 결과가 나왔을 때, 갈릴레오는 한층 더 놀랐다.

이런 실험들에서 관측된 패턴들로부터, 갈릴레오는 놀라운 사실을 추론해 냈다. 떨어지는 물체, 또는 대포알처럼 공중으로 던져진 물체의 경로는 포물선을 그렸다. 포물선이란 고대 그리스 시대부터 알려져 있던 U자 모양의 곡선이다. (이 경우에 U자는 뒤집혀 있다. 그 모양을 바꾸는 공기 저항은 갈릴레오의 구르는 공에는 그다지 영향을 미치지 않으므로 무시하겠다.) 케플러는 행성의 궤도 분석에서 그와 관련된 곡선인 타원을 만났다. 이것은 틀림없이 뉴턴에게도 중요했을 것이다. 그렇지만 이 이야기가 나오려면 아직 다음 장을 기다려야 한다.

이런 특정 실험들만 가지고는 어떤 일반 원리들이 갈릴레오의 패턴을 뒷받침하는지가 명확하지 않다. 뉴턴은 그 패턴의 원천이 변화율이라는 것을 알아차렸다. 변화율이란 시간에 따라 어떤 값이 변하는 비율을 말한다. 가속도는 시간에 따라 속도가 변하는 비율이다. 갈릴레오의 관측에서 위치는 시간의 제곱에 따라 변했고 속도는 선형적으로 변했으며 가속도는 전혀 변하지 않았다. 뉴턴은 갈릴레오의 패턴을, 그리고 그것이 우리의 자연관에서 차지하는 의미를 한층 깊게 이해하려면 순간 변화율을 이해해야 한다는 사실을 깨달았다. 그리고 뉴턴이 그것을 이해하는 순간 미적분이 탄생했다.

세계를 바꾼 17가지 방정식

여러분은 미적분처럼 중요한 개념들은 트럼펫 팡파르와 화려한 퍼레이드와 더불어 발표되었을 것이라고 생각할지도 모르겠다. 그렇지만 혁신적인 개념들이 자리를 잡고 제대로 인정받기까지는 시간이 걸리는 법이다. 미적분도 그랬다. 그 주제에 관한 뉴턴의 연구는 1671년경, 아니면 그전에 『유율과 급수의 방법에 관하여(*The Method of Fluxions and Infinite Series*)』를 썼을 때 시작되었을 것이다. 확실히 단정할 수 없는 이유는 그 책이 뉴턴이 죽고 거의 10년이나 지난 1736년에서야 출판되었기 때문이다. 뉴턴이 쓴 다른 원고 몇 편도 우리가 지금 미분과 적분이라고 하는, 미적분의 두 핵심 분야를 다루고 있다. 라이프니츠의 노트를 보면 그가 1675년에 미적분에서 최초의 주요 연구 결과들을 얻었다는 것을 알 수 있다. 하지만 그는 1684년까지 미적분에 관해 아무것도 발표하지 않았다.

두 사람 다 미적분의 기본에 관해 알아내고 나서 한참 후에, 뉴턴이 과학적으로 명성을 얻은 다음 뉴턴의 친구들 중 하나가 누가 먼저냐를 놓고 뜨겁지만 대체로 무의미한 논쟁을 시작했다. 뉴턴의 미발표 원고를 표절했다는 혐의로 라이프니츠를 고발한 것이다. 유럽 대륙 출신의 몇몇 수학자들은 뉴턴이 표절했다는 반대 주장으로 맞섰다. 영국과 유럽 대륙의 수학자들은 거의 한 세기 동안 서로 말도 하지 않고 지냈다. 영국 수학자들은 그 때문에 막대한 손실을 입었지만 유럽 대륙의 수학자들은 손해라고 할 것이 전혀 없었다. 그들은 미적분을 수리 물리학의 핵심 도구로 발전시켰다. 한편 그동안 영국인 맞수들은 뉴턴의 통찰을 이용하기는커녕 뉴턴이 모욕을 당했다는 생각으로 속만 끓이고 있었다. 이 복잡한 이야기는 여전히 과학사가들 사이에 학문적 논란거리지만, 크게 보아 뉴턴과 라이프니츠는 미적분의 기본 개념들을 독립적으로 발견한 듯하다. 적어도 그들의 공통된 수학적, 과학적 문화가 허용하는 한도 내에서 말이다.

라이프니츠의 표기는 뉴턴의 표기와 다르지만, 그 저변에 깔린 아이디어는 대체로 동일하다. 그러나 그 아이디어 뒤에 있는 직관은 다르다. 라이프니츠는 대수학의 기호들을 이용하는 형식주의적인 접근법을 취했다. 한편 뉴턴은 마음 깊은 곳에 물리학 모형을 품고 있었으므로 그가 생각한 함수는 시간에 따라 변화하는 물리량이었다. 시간이 지나면서 흐르는 것이라는 뜻을 가진 흥미로운 용어, '유율(fluxion)'은 바로 거기서 나왔다.

한 예를 통해 뉴턴의 방법을 살펴보자. y가 x의 제곱인 x^2이라고 해 보자. (이것은 갈릴레오가 구르는 공에서 찾아낸 패턴이다. 공의 위치는 시간의 제곱에 비례한다. 따라서 y가 위치, x가 시간이 된다. 흔히 사용하는 시간 기호는 t이지만 표준적인 평면 좌표에서는 x와 y를 사용한다.) 여기서 x에 일어난 작은 변화를 나타내는 o(델타)라는 새로운 양을 도입해 보자. 그에 상응하는 y의 변화량은 다음과 같다.

$$(x+o)^2 - x^2$$

이를 간단히 쓰면 $2xo+o^2$이다. 따라서 변화율(x가 $x+o$로 증가할 때, o라는 짧은 시간 동안의 평균 변화율)은 다음과 같다.

$$\frac{2xo+o^2}{o} = 2x+o$$

세계를 바꾼 17가지 방정식

이 값은 o에 달려 있는데, 우리가 0이 아닌 시간 동안의 평균 변화율을 구하고 있기 때문에 o의 값을 예상만 할 수 있다. 그러나 만약 o가 점점 더 작아진다면, 즉 0을 향해 '흘러간다면', $2x+o$의 변화율은 $2x$에 점점 더 가까워진다. 이것이 o의 값과 무관한, x의 순간 변화율이 된다.

라이프니츠의 계산도 근본적으로 동일했다. 라이프니츠는 o 대신 dx('x의 작은 변화'라는 뜻)를 썼다. 마찬가지로 y의 작은 변화를 dy로 나타냈다. 변수 y가 변수 x에 의존할 때, x에 대한 y의 변화율을 y의 도함수라고 한다. 뉴턴은 y의 도함수를 y 위에 점을 찍어서 $\dot{y}$으로 표시했다. 라이프니츠는 $\frac{dy}{dx}$라고 썼다. 더 고차의 도함수를 나타내기 위해 뉴턴은 점을 더 많이 쓴 반면 라이프니츠는 $\frac{d^2y}{dx^2}$ 같은 식으로 썼다. 오늘날 우리는 "y는 x의 함수다."라고 말하고 $y=f(x)$라고 쓴다. 그렇지만 이 개념은 당시에 기본적인 형태로만 존재했다. 우리는 라이프니츠의 표기를 사용하거나, 닷(dot, •) 대신 프라임(prime, ′) 기호를 쓰는 뉴턴의 방식을 사용한다. y', y''가 인쇄하기 쉽기 때문이다. 또 $f'(x)$와 $f''(x)$로도 쓴다. 그 도함수들이 함수라는 점을 강조하기 위해서다. 도함수를 계산하는 것을 미분(differentiation)이라고 한다.

적분(넓이를 구함)은 미분(기울기를 구함)의 역이다. 그 이유는 다음과 같다. 그림 12의 음영 부분의 끝에다 얇은 조각을 하나 더한다고 상상해 보자. 이 조각은 너비는 o이고 높이는 y인, 아주 가늘고 긴 직사각형에 가깝다. 따라서 그 넓이는 oy에 매우 가깝다. x에 대한 넓이의 변화율은 oy/o로 y와 같다. 결국 그 넓이의 도함수는 원래 함수다. 뉴턴과 라이프니츠 둘 다 그 넓이를 계산하는 방법인 적분이 미분의 역이라는 것을 이해했다. 라이프니츠는 처음에 '합'을 뜻하는 라틴

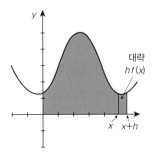

그림 12 $y=f(x)$ 곡선 아래쪽 넓이에 가느다란 조각 더하기.

어인 '*omnia*'를 나타내는 'omn.'이라는 기호로 적분을 표기했다. 나중에 그 기호는 s를 길게 늘인 옛날식 표기로, 역시 '합'을 뜻하는 $\int$로 바뀌었다. 한편 뉴턴은 적분에 대한 체계적 표기를 만들지 않았다.

하지만 뉴턴은 한 가지 핵심적인 진보를 이루긴 했다. 월리스는 x^a의 지수가 어떤 수이든 상관없이 그 도함수가 ax^{a-1}임을 알아냈다. 예를 들어 x^3, x^4, x^5의 도함수는 $3x^2, 4x^3, 5x^4$이다. 그는 이 결과를 모든 다항식, 다시 말해 $3x^7-25x^4+x^2-3$과 같은 유한한 거듭제곱수들의 조합으로 확장했다. 방법은 각 거듭제곱수들을 별개로 생각해 그에 상응하는 도함수를 찾아서 같은 방식으로 조합하는 것이었다. 뉴턴은 같은 방법이 변수의 무한한 거듭제곱과 관련된 식인 무한 급수에도 적용됨을 알아차렸다. 그로 인해 뉴턴은 다항식보다 더 복잡한 다른 수많은 식에 대해서도 미적분을 적용할 수 있었다.

미적분의 두 양상이 표기상 특색만 다를 뿐 거의 같다는 사실을 감안하면 누가 먼저 미적분을 발견했는가를 둘러싼 논쟁이 왜 생겨났는지 쉽게 알 수 있다. 그렇지만 기본 발상은 저변에 깔린 의문들로부터 직접 영향을 받아 형성되었다. 그러니 비슷한 점이 있기는 하지만 뉴턴과 라이프니츠가 어떻게 각자의 미적분 형식에 따로따로 도달했는지 쉽게 알 수 있다. 어쨌거나 페르마와 윌리스가 대다수 결과에서 그 둘을 이겼다. 논쟁은 무의미했다.

좀 더 결실 있는 논란은 미적분의 논리적 구조에 관한 것이었다. 좀 더 정확히 말하면 미적분의 비논리적 구조에 관한 것이라 해야겠지만 말이다. 비판의 주역은 영국계 아일랜드 철학자인 클로인의 조지 버클리(George Berkeley) 주교였다. 버클리에게는 종교적인 이유가 있었다. 그는 뉴턴의 책에서 발전된 유물론적 세계관이 신을 창조물이 움직이기 시작하자마자 뒤로 물러서서 알아서 하게 놔두는 무심한 창조주로 바꿔 버렸다고 느꼈다. 이는 인격적이고 세상만물에 편재하는 신이라는 기독교의 믿음과는 무척 달랐다. 그래서 그는 미적분의 근간에 있는 논리적 비일관성을 공격했다. 아마도 거기서 나오는 과학 이론들을 무너뜨리고 싶었던 듯하다. 하지만 그의 공격은 수리 물리학의 발전에 눈에 띄는 영향을 주지 못했다. 이유는 간단했다. 미적분을 이용해 얻은 결과들은 자연에 대해 많은 통찰을 제공했을 뿐만 아니라 실험 결과와도 너무나 일치해서, 논리적 근간은 그리 중요해 보이지 않았다. 심지어 오늘날의 물리학자들조차 여전히 '그게 통한다면, 논리적인 세부 사항 따위가 무슨 상관인가?'라는 입장을 취한다.

버클리는 대부분의 계산에서 조그만 양(뉴턴의 경우에는 o, 라이프니츠는 dx)이 0이 아니라고 주장하면서, 이미 한 분수의 분자와 분모를 그 수로 나누고 난 다음에야 그것을 0으로 설정하는 것은 논리적으로 말이 안 된다고 주장했다. 0으로 나누는 것은 명확한 의미가 없기 때문에 산술에서 인정할 수 있는 절차가 아니다. 예를 들어 0×1과 0×2는 둘 다 0이 답이므로 동일하다. 그렇지만 이 방정식의 양변을 0으로 나누면 우리는 1=2를 얻는데, 이는 거짓이다.[3] 버클리는 1734년에 자신의 비판을『해석학자: 신앙심 없는 수학자에게 들려주는 이야기(*The Analyst: a Discourse Addressed to an Infidel Mathematician*)』에 발표했다.

사실, 뉴턴은 물리적 유추에 호소함으로써 그 논리를 정리해 보려고 했다. 그는 o를 고정된 수로 보지 않고, 실제로는 결코 0에 도달하지 않으면서 점점 더 0에 가깝게 **흐르는(시간에 따라 변하는)** 무언가로 보았다. 도함수 또한 x의 변화율에 대한 y의 변화율이라는 흐르는 양으로 정의되었다. 이 비율 또한 무언가를 향해 흘렀지만, 절대로 그 무언가에 도달하지는 못했다. 그것은 x에 대한 y의 도함수라고 하는 순간 변화율이었다. 버클리는 이 개념을 "세상을 떠난 양의 유령"이라고 일축했다.

라이프니츠에게도 끈질긴 비판가가 있었으니, 기하학자 베르나르트 니우엔데잇(Bernard Nieuwentijt)였다. 그는 자신의 비판을 1694년과 1695년 사이에 발표했다. 라이프니츠는 오해하기 쉬운 용어인 '무한소(infinitesimal)'로 자신의 방법을 합리화하려고 애썼지만 도움이 되지는 않았다. 그러나 그는 이 용어로 뜻하려 한 것이 0이 아닌 임의의 작은 수(논리적으로 말이 되지 않는)가 아니라 임의로 **작아질 수 있는** 0이 아닌 변수임을 확실히 설명했다. 뉴턴과 라이프니츠의 방어는 근본적으로 동일했다. 둘 다 적에게는 분명 말장난처럼 들렸을 것이다.

다행히도, 당대의 물리학자들과 수학자들은 미적분의 논리적 구조가 정리되기를 기다리지 않고 그것을 과학에 적용했다. 그들에게는 자기들이 무언가 합리적인 일을 하고 있음을 확인할 수 있는 다른 방법이 있었다. 바로 관측과 실험을 통한 비교가 그것이었다. 뉴턴 자신은 바로 이 목적을 위해 미적분을 발명했다. 그는 힘을 가하면 물체들이 어떻게 움직이는지를 설명하기 위한 법칙을 도출했고, 중력이 행사하는 권능에 관한 법칙과 결합해서 태양계의 행성을 비롯한 천체의 수많은 수수께끼를 설명하려고 했다. 그의 중력 법칙은 물리학과 천문학에서 너무나 중요한 방정식이어서 한 장을 차지할 만하다. (실제로 이 책 다음 장에서 그 방정식을 다루고 있다.) 뉴턴의 운동 법칙(엄격히 말하자면 3개의 법칙으로 이루어져 있는데, 그중 하나가 수학적 내용 대부분을 담고 있다.)은 미적분으로 거의 곧장 이어진다.

　역설적이게도, 운동의 3법칙과 그 과학적 적용을 『프린키피아』에 발표했을 때 뉴턴은 미적분의 흔적을 모두 지우고 대신 전통적인 기하학적 논거들을 이용했다. 아마 기하학으로 설명해야 독자들이 받아들일 것이라고 생각했던 듯하다. 그랬다면 뉴턴의 생각은 거의 옳았다. 그러나 그의 기하학적 증명 대부분은 미적분에 기초를 두거나, 옳은 답을 도출해 참임을 입증하는 과정에서 미적분에 의존했다. 그 점은 뉴턴이 "생성된 양(generated quantities)"이라고 부른 것을 『프린키피아』 1권에서 어떻게 다루었는지 보면 명확히 나타난다. 이들은 "지속적인 운동이나 흐름(continual motion or flux)", 즉 발표하지 않은 그의 책에 있는 유율에 따라 늘거나 주는 양이다. 오늘날 우리는 그들을 '(실제로 미분 가능한) 연속 함수'라고 부른다. 뉴턴은 미적분을 명시적으로 사용하는 대신, "기본 변화율(prime ratio)"과 "최종 변화율(ultimate ratio)"이라는 기하학적 방법을 사용했다. 하지만 서두의 보조 정리(그 자체만으로는 중요하지 않지만 증명 과정에서 반복적으로 사용되는 보조적인 수학적 결과)는 그 속내를 내보인다. 그것은 흐르는 양을 다음과 같이 **정의**하기 때문이다.

유한한 시간 동안 동일한 값으로 계속해서 수렴하여, 그 시간이 끝나기 전에 한없이 가까워지는 양들과 그 변화율은 결국 같아진다.

뉴턴의 전기 작가 리처드 웨스트폴(Richard Westfall)은 『프린키피아의 천재(*Never at Rest*)』에서 그 보조 정리가 얼마나 급진적이고 참신한 것인지를 이렇게 설명했다. "그 언어가 무엇이든 그 개념은 철저히 현대적이었다. 고전 기하학은 그와 같은 것을 전혀 담고 있지 않았다."[4] 뉴턴의 동시대인들은 뉴턴의 말뜻을 알아내느라 틀림없이 고생 좀 했을 것이다. 특히 버클리는 결코 이해하지 못했을 것이다. 곧 보게 되겠지만 그 보조 정리에는 버클리의 반박을 무너뜨리는 데 필요한 기본 개념이 담겨 있기 때문이다.

『프린키피아』에서 미적분은 뒤에서만 중요한 역할을 했을 뿐, 무대에는 전혀 등장하지 않았다. 그러나 미적분이 커튼 뒤에서 살짝 밖을 내다보자마자, 뉴턴의 정신을 계승한 사람들은 재빨리 그 사고 과정을 되밟아 갔다. 그들은 뉴턴의 주요 개념들을 미적분의 언어로 재구성해 한층 자연스럽고 더욱 강력한 틀을 만들어 냈다. 그러고 나서 그들은 과학계를 정복하러 나섰다.

실마리는 이미 뉴턴의 운동 법칙에서 볼 수 있다. 뉴턴을 이 법칙들로 이끈 물음은 철학적인 것이었다. 물체를 움직이게 하거나 그 운동 상태를 변화시키는 것은 무엇인가? 물체가 움직이는 이유는 힘이 가해졌기 때문이고, 그로 인해 물체의 속도가 달라진다고 하는 아리스토텔레스(Aristotle)의 말이 고전적인 대답이었다. 아리스토텔레스도 한 물체를 계속 움직이게 하려면 힘을 계속 가해야 한다고 명시했다. 아리스토텔레스의 명제는 책 한 권이나 그 비슷한 물체를 탁자 위에 놓아 보면 검증할 수 있다. 책을 밀면 책은 움직이기 시작하고, 계속 같은 힘으로 밀면 대략 일정한 속도로 계속해서 탁자 위를 미끄러진다. 그러니 아리스토텔레스의 관점은 실험과 일치하는 것처럼 보인다. 그러나 그 일치는 표면적인 현상일 뿐인데, 미는 힘이 책에 작용하는 유일한 힘이 아니기 때문이다. 탁자 표면의 마찰력도 있다. 게다가 책이 더 빨리 움직일수록 마찰력도 더 커진다. 적어도 책의 속도가 꽤 작다면 그렇다. 책이 일정한 힘을 꾸준히 받아 탁자 위를 계속 움직일 때, 마찰로 인한 저항력은 가해진 힘을 상쇄하므로 책에 작용하는 전체 힘은 실제로 0이다.

뉴턴은 이전 갈릴레오와 데카르트의 생각을 따라가다 이것을 깨달았다. 그 결과, 뉴턴이 도출한 운동 이론은 아리스토텔레스의 것과는 무척 다르다. 뉴턴의 세 법칙은 다음과 같다.

제1법칙: 모든 물체는 가해진 힘에 의해 강제로 그 상태가 바뀌지 않는 한, 계속해서 정지 상태에 있거나 곧은 선(직선)으로 일정하게 움직인다.

제2법칙: 운동의 변화는 가해진 힘에 비례하고, 그 힘이 가해지는 직선 방향으로 이루어진다. (비례 상수는 물체의 질량에 반비례한다. 즉 1을 그 질량으로 나눈 것에 비례한다.)

제3법칙: 모든 작용에는 늘 같은 크기의 반작용이 있다.

제1법칙은 노골적으로 아리스토텔레스와 대립한다. 제3법칙은 만약 뭔가를 밀면 그것이 되민다고 말한다. 제2법칙이 바로 미적분이 끼어드는 부분이다. 여기서 "운동의 변화"라는 말은 물체의 속도가 변화하는 비율, 즉 가속도를 의미했다. 이것은 시간에 대한 속도의 도함수이자 위치에 대한 2차 도함수다. 그러므로 뉴턴의 제2법칙은 한 물체의 위치와 거기에 작용하는 힘 사이의 관계를 **미분 방정식**(differential equation)의 형태로 나타낸다.

위치에 대한 2차 도함수 = 힘/질량

위치를 찾아내려면, 우리는 이 방정식을 풀어서 2차 도함수에서 답을 찾아야 한다.

이러한 생각은 구르는 공에 대한 갈릴레오의 관측을 단순하게 설명한 것으로 이어진다. 핵심은 공의 가속도가 **상수**라는 점이다. 앞에서는 시간이 띄엄띄엄하다고 보고 대충 계산을 했다. 이제는 시간이 연속적으로 달라지므로, 우리는 그 계산을 제대로 할 수 있다. 상수 가속도는 중력과 빗면의 각도와 관련이 있지만, 여기서는 그렇게까지 자세히 들어갈 필요는 없다. 그 상수 가속도를 a라고 해 보자. 상응하는 함수를 적분하면, 시간 t에서 빗면을 내려가는 속도는 $at+b$이다. 여기서 b는 시간 0에서의 속도. 다시 적분하면, 빗면에서 위치는 $\frac{1}{2}at^2+bt+c$이고 여기서 c는 시간 0에서 위치다. $a=2$, $b=0$, $c=0$인 경우에, 연속적인 위치들은 앞서 단순화시켜 나타냈던 예시들과 들어맞는다. 시간 t에서의 위치는 t^2이다. 비슷한 분석을 통해 공중에 던져진 물체의 경로는 포물선이라는 갈릴레오의 주요 결론이 나온다.

뉴턴의 운동 법칙은 그저 물체가 움직이는 방식만 알려 준 것이 아니었다. 그것들은 심오하고 일반적인 물리학 원리들로 이어졌다. 그중에서도 으뜸은 물체들로 이루어진 계가 아무리 복잡하게 움직이더라도, 그 계의 몇몇 특성들은 **변화하지 않는다**는 '보존 법칙(conservation laws)'이다. 이렇게 보존되는 물리량 중 세 가지가 에너지, 운동량, 각운동량이다.

에너지는 일을 할 수 있는 능력이라고 할 수 있다. 한 물체를 일정한 중력에 맞서 특정 높이까지 들어 올리면, 물체를 거기까지 올려놓기 위해 한 일은 그 물체의 질량, 중력, 올라간 높이에 비례한다. 역으로 우리가 그 물체를 놓아 버리면, 그것은 원래의 높이까지 낙하하는 동안 동일한 양의 일을 수행한다. 이런 유형의 에너지를 **위치 에너지**(potential energy, 퍼텐셜 에너지)라고 한다.

위치 에너지는 그 자체만으로 엄청 흥미로운 개념은 아니다. 그렇지만 그것이 두 번째 에너지인 **운동 에너지**(kinetic energy)로 이어지면서 뉴턴의 제2법칙은 아름다운 수학적 결과를 낳게 된다. 한 물체가 움직일 때, 물체의 위치 에너지와 운동 에너지는 모두 변한다. 그렇지만 한 에너지의 변화는 정확히 다른 에너지의 변화를 통해 보상된다. 중력을 받아 물체가 떨어지면 속도가 붙는다. 뉴턴의 법칙 덕분에 높이에 따라 속도가 어떻게 변하는지를 계산할 수 있는데, 알고 보니 위치 에너지의 증감은 정확히 속도의 제곱에 질량의 절반을 곱한 것과 일치했다. 그 값에 운동 에너지라는 명칭을 붙인다면, 총에너지, 즉 위치 에너지와 운동 에너지의 합은 보존된다. 뉴턴의 법칙에서 나온 이 수학적 결과는 영구 기관이 존재할 수 없음을 보여 준다. 외부에서 에너지가 계속 공급되지 않는 한, 그 어떤 기계적 도구들도 영구적으로 움직이면서 일을 할 수 없다.

물리적으로는 위치 에너지와 운동 에너지가 서로 별개인 것처럼 보이지만 수학적으로는 두 에너지를 서로 교환할 수 있다. 마치 물체의 운동이 어떻든 위치 에너지를 운동 에너지로 바꿔 놓는 것 같다. 양측에 적용되는 용어인 '에너지'는 편리한 추상적 개념으로, 보존되는 성질을 유지시키고자 엄격하게 정의되어 있다. 비유를 통해 알아보자. 해외 여행객들은 파운드화를 달러로 바꿀 수 있다. 환전소에는 환율표가 있는데, 예를 들어 1파운드가 1.4693달러와 같다고 해보자. 또한 환전소에서는 일부 금액을 공제한다. 은행 수수료 등의 부수적인 비용들을 모두 포함한, 그 거래와 관련된 총 화폐 가치는 균형을 이룬다. 여행객은 다양한 공제액은 제하고 원래 가진 파운드화에 상응하는 액수를 정확히 달러로 받는다. 그러나 지폐에 파운드화를 달러와 동전 몇 개로 바꾸어 내놓는 어떤 물리적인 **실체**가 심어져 있는 것은 아니다. 교환되는 이유는 특정한 물품들에 금전적 가치가 있다는 인간 관습 덕분이다.

에너지는 새로운 '물리량'이다. 뉴턴 역학에서 위치, 시간, 속도, 가속도, 질량 같은 물리량들은 직접적인 물질적 해석 도구들을 가진다. 여러분은 자로 위치를, 시계로 시간을, 각각에 맞는 도구로 속도와 가속도를, 그리고 저울로 질량을 측정할 수 있다. 그렇지만 에너지를 에너지 계량기 같은 것으로 측정할 수는 없다. 그렇다. 우리는 특정 **유형**의 에너지만 측정할 수 있다. 위치 에너지는 위치에 비례하므로, 여러분이 중력의 힘을 안다면 자만 있어도 충분하다. 운동 에너지는 속도의 제곱에 질량을 곱한 값의 절반이므로, 저울과 속도계를 사용하면 된다. 그렇지만 개념으로서의 **에너지**는 물리적인 실체라기보다는 역학적인 대차대조표를 맞추는 데 유용하게 쓰이는 편리한 허구이다.

보존되는 두 번째 물리량인 운동량은 질량과 속도의 곱으로 정의되는 간단한 개념이다. 운동량은 물체가 여러 개 있을 때 유용하다. 중요한 예로는 로켓이 있다. 여기서 한 물체는 로켓이고 다른 하나는 연료다. 운동량 보존이란 엔진에서 연료가 분사되면, 로켓이 그와 반대 방향으로 움직여야 한다는 뜻이다. 이것이 로켓이 진공에서 나아가는 방식이다.

각운동량도 그와 비슷하지만 그것은 속도보다는 회전과 더 관련이 있다. 각운동량 또한 로켓 기술에서 핵심이지만, 지상과 상공을 막론하고 모든 역학에서 핵심이기도 하다. 달의 가장 큰 수수께끼 중 하나는 달이 가진 커다란 각운동량이다. 현재의 이론에 따르면, 약 45억 년 전에 화성만 한 행성이 지구에 충돌했을 때 튀어 나간 파편들로 달이 생겼다고 한다. 이 이론은 달의 각운동량을 설명해 주므로 최근까지 널리 받아들여졌지만, 지금은 그렇다고 하기에 달에 물이 너무 많다는 사실이 밝혀졌다. 그런 충돌이 일어났다면 틀림없이 물이 적잖이 증발해 없어졌어야 한다.[5] 최종 결론이 무엇이든 이 문제에서 각운동량이 매우 중요한 역할을 한다.

미적분은 잘 작동한다. 미적분으로 물리학과 기하학의 문제들을 풀면 정답이 나온다. 심지어 미적분은 에너지와 운동량처럼 물리학의 새로운 기본 개념들도 내놓는다. 그렇지만 버클리 주교의 반박에는 답해 주지 않는다. 미적분은 수학으로 기능해야지, 그저 물리학과 합치되는 것에 그쳐서는 안 된다. 뉴턴과 라이프니츠는 o나 dx가 0도, 0이 아닌 것도 될 수 없음을 이해했다. 뉴턴은 유율이라는 물리적 심상을 사용해 논리적 함정에서 벗어나려 했다. 라이프니츠는 무한소를 이야기했다. 둘 다 0에 접근하지만 절대로 0에 도달하지 않는 양을 뜻한다. 그렇지만 그것이 도대체 무엇이란 말인가? 역설적으로, 세상을 떠난 양의 유령을 운운한 버클리가 그 문제의 해결에 다가가는 듯했지만, 그가 미처 생각하지 못한 부분이 있었다. 뉴턴과 라이프니츠 모두가 강조했던 부분은 바로 그 양이 **어떻게 떠났는가** 하는 것이었다. 그들이 옳은 방향으로 떠나가게 만들면 완벽하게 모양을 갖춘 유령을 남길 수 있다. 뉴턴이나 라이프니츠가 자신들의 직관을 엄격한 수학적 언어로 설명했다면, 버클리는 그들이 깨달은 것을 이해했을지도 모른다.

핵심적인 질문은 너무 당연해 보여서 뉴턴이 미처 확실하게 짚고 넘어가지 못한 부분에 있었다. 앞서 언급한 $y=x^2$에서 뉴턴이 $2x+o$를 도함수로 구한 다음, o가 0을 향해 흐르면 $2x+o$가 $2x$를 향해 흐른다고 주장했던 것을 떠올려 보자. 이것은 당연하게 들릴지 몰라도, 이를 입증하려고 $o=0$으로 놓을 수는 없다. **우리가 그렇게 함으로써 정답을 얻는다**는 것은 사실이지만 이것은 문제의 핵심을 벗어나는 이야기다.[6] 『프린키피아』에서 뉴턴은 $2x+o$ 대신 '기본 변화율'을, $2x$ 대신 '최종 변화율'을 말하면서 이 문제를 몽땅 얼버무렸다. 그렇지만 한 걸음 더 나아가려면 그 문제를 곧장 들이받아야 한다. 우리는 o가 0에 더 가까이 접근할수록 $2x+o$가 $2x$에 접근한다는 것을 어떻게 **아는가**? 지나치게 따지고 드는 것처럼 보일지 몰라도, 좀 더 복잡한 예를 살펴보면 정답이 그다지 타당해 보이지 않을지도 모른다.

미적분의 논리 문제에서, 수학자들은 이 단순한 질문이 핵심임을 깨달았다. 우리가 o가 0에 접근한다고 말할 때, 0이 아닌 어떤 양수가 주어진다면 그 수보다 작은 수를 o로 택할 수 있다는 뜻이다. (이것은 뻔한 이야기다. 예를 들어 o를 원래 수의 절반으로 잡으면 된다.) 마찬가지로 우리가 $2x + o$가 $2x$에 접근한다고 말할 때, 그 말은 앞의 맥락에서 보면 그 차가 0에 근접한다는 뜻이다. 이 경우에 그 차는 o 자체이므로, 그것은 더욱 당연해 보인다. '0에 접근한다.'라는 말이 무슨 뜻이든 o이 0에 접근할 때 o이 0에 접근하는 것은 분명한 사실이다. 제곱보다 좀 더 복잡한 함수는 좀 더 복잡한 분석을 요할 것이다.

이 핵심 질문에 대해 답을 하려면 '유율' 같은 생각을 완전히 접고 공식적인 수학 용어로 그 과정을 서술해야 한다. 이러한 혁신은 보헤미아 수학자이자 신학자인 베른하르트 볼차노(Bernard Bolzano)와 독일 수학자인 카를 바이어슈트라스(Karl Weierstrass)의 연구에서 모습을 드러냈다. 볼차노의 연구는 1816년부터 시작되었는데, 그것은 1870년에 바이어슈트라스가 그 공식들을 복잡한 함수들로 확장하기 전까지는 제대로 평가받지 못했다. 버클리에 대한 그들의 답은 극한이라는 개념이었다. 여기서는 그 정의를 말로 먼저 설명하고, 관련 기호는 후주에 남기겠다.[7] 말하자면 h를 0이 아닌 충분히 작은 값으로 선택해서 $f(h)$와 L의 차를 0이 아닌 어떤 양수보다도 작게 만들면, h가 0에 가까워질 때 변수 h의 함수인 $f(h)$는 극한 L에 가까워진다. 이를 기호로 나타내면 다음과 같다.

$$\lim_{h \to 0} f(h) = L$$

미적분의 핵심을 차지한 개념은, 작은 간격 h에 대해 함수의 변화율을 대략적으로 구하는 것이다. 그러고 나서 h가 0에 수렴할 때 극한을 취하는 것이다. 일반 함수 $y=f(x)$에서 이 과정은 이 장의 서두를 장식하는 방정식으로 이어진다. 단 시간 대신 일반 변수 x를 사용해야 한다.

$$f'(x) = \lim_{h \to 0} \frac{f(x+h)-f(x)}{h}$$

우리는 분자에서 f의 변화를, 분모에서 x의 변화를 본다. 이 방정식은 극한이 존재할 때의 도함수 $f'(x)$를 정의한다. 그것은 우리가 생각해 낼 수 있는 모든 함수에 대해서도 입증되어야 한다. 제곱, 세제곱, 더 고차의 거듭제곱, 로그, 지수, 삼각 함수 등 정규 함수 대부분에는 극한이 존재한다.

그 계산들 중 어떤 것에서도 0으로 나누는 일은 없다. 절대로 $h=0$으로 놓지 않기 때문이다. 게다가 아무것도 실제로 흐르지 않는다. 중요한 것은 h가 취하는 값의 범주지, 그것이 그 범주 안에서 어떻게 움직이느냐가 아니다. 그러니 버클리의 냉소적인 표현은 실제로 적소를 때렸다. 극한 L은 세상을 떠난 양의 유령이다. 그 양은 내 식으로 말하자면 h, 뉴턴 식으로 말하자면 o다. 그렇지만 그 양이 떠난 (0에 **접근하되** 절대로 **도달하지** 않는) 방식은 완벽하게 합리적이고 논리적으로 잘 규정된 유령을 낳았다.

미적분은 이제 튼튼한 논리적 기반을 갖췄다. 미적분은 자신의 새로운 지위를 반영하는 새로운 이름, 바로 해석학(analysis)이라는 이름을 얻게 되었다.

미적분을 적용할 수 있는 일들을 모두 나열하느니 차라리 이 세상에서 나사돌리개를 이용해서 할 수 있는 모든 일을 나열하는 편이 더 쉬울지도 모른다. 간단한 수준의 계산에서, 곡선의 길이, 복잡하게 생긴 곡면들의 넓이, 입체의 부피, 최댓값과 최솟값, 무게 중심을 찾아내는 데 미적분이 적용된다. 역학 법칙들과 결합하면 미적분은 우주 로켓의 궤도, 지진을 야기할 수도 있는 섭입대(subduction zone)에서 암반의 압력, 지진이 일어날 때 건물이 진동하는 방식, 차가 서스펜션 위로 들썩거리는 방식, 세균 감염이 확산되는 속도, 외상이 치료되는 방식, 그리고 현수교에 작용하는 강풍의 힘에 대해 말해 준다.

이런 적용들 대부분이 뉴턴의 법칙들이 갖는 심오한 구조에 뿌리를 두고 있다. 그들은 미분 방정식을 통해 기술된 자연의 모형들이다. 이것들은 알려지지 않은 한 함수의 도함수와 관련된 방정식들이고, 그것들을 풀려면 미적분에서 나온 여러 기법들이 필요하다. 여기서는 더 말하지 않겠다. 8장 이후로 모든 장이 미적분을 (주로 미분 방정식의 형태로) 명시적으로 다루기 때문이다. 유일한 예외는 정보 이론을 다루는 15장이다. 심지어 여기서 언급하지 않았더라도 미적분을 포함하는 수많은 발전들이 있다. 나사돌리개와 마찬가지로, 미적분은 공학자와 과학자의 도구함에 없어서는 안 되는 도구다. 그것은 오늘날의 세계를 만드는 데 다른 어떤 수학적 기법들보다도 더 큰 공헌을 했다.

4

태양계의 숨겨진 구조

뉴턴의 중력 법칙

$$F = G\frac{m_1 m_2}{d^2}$$

뉴턴의 중력 법칙

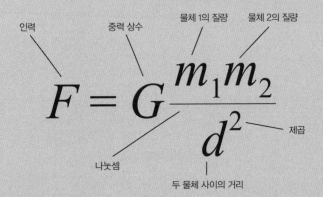

인력   중력 상수   물체 1의 질량   물체 2의 질량

$$F = G\frac{m_1 m_2}{d^2}$$

제곱

나눗셈

두 물체 사이의 거리

무엇을 말하는가?
두 물체의 인력은 각각의 질량과 둘 사이의 거리에 따라 결정된다.

왜 중요한가?
태양계와 같이 물체들이 중력을 통해 상호 작용하는 모든 계에 적용된다. 물체들의 운동이 간단한 수학적 법칙에 따라 결정됨을 알려 준다.

어디로 이어졌는가?
일식과 월식, 그리고 행성 궤도들의 정확한 예측, 혜성의 귀환, 은하의 회전 연구, 인공 위성, 지구 측량, 허블 망원경, 태양플레어의 관측, 행성 간 탐사선, 화성 탐사 로봇, 위성 통신과 텔레비전, 위성 항법 장치 개발로 이어졌다.

뉴턴의 운동 법칙은 물체에 작용하는 힘과 물체의 운동 간의 관계를 보여 준다. 미적분은 거기서 나오는 방정식을 푸는 수학 기법이다. 그런데 뉴턴의 운동 법칙을 적용하려면 한 단계 더 나아가 그 힘들을 명시해야 한다. 『프린키피아』에서 뉴턴의 가장 큰 야심은 태양계의 천체들, 즉 태양, 행성들, 위성들, 소행성들, 혜성들을 대상으로 바로 그 일을 하는 것이었다. 뉴턴의 중력 법칙은 수천 년의 천문학적 관측과 이론 들을 하나의 단순한 수학 공식으로 통합했다. 그 덕분에 행성의 운동에 관한 수많은 수수께끼들이 해결되었고, 미래의 태양계 운동을 대단히 정확하게 예측할 수 있었다. 아인슈타인의 일반 상대성 이론은 물리학의 근간을 뒤흔들며 뉴턴의 중력 이론을 대체했다. 그렇지만 일상 세계에서는 더 간단한 뉴턴 역학적 접근법이 여전히 왕좌를 차지하고 있다. 오늘날 미국 국립 항공 우주국(NASA)과 유럽 우주국(ESA) 같은 세계의 항공 우주국들은 여전히 우주 탐사선의 가장 효과적인 궤도를 알아내기 위해 뉴턴의 운동 법칙과 중력 법칙을 이용한다.

뉴턴의 중력 법칙이야말로 『프린키피아』의 부제인 **세계의 구조**라는 말을 정당화한다. 이 법칙은 자연의 숨겨진 패턴들을 발견하고 세계의 복잡성 뒤에 숨어 있는 단순성들을 밝히는 수학의 엄청난 힘을 보여 준다. 그리고 시간이 지남에 따라 수학자들과 천문학자들이 한층 더 어려운 질문들을 던지면서, 뉴턴의 단순한 법칙에 숨겨져 있던 복잡성이 드러나기도 한다. 뉴턴의 업적을 제대로 평가하려면 우리는 우선 시간을 거슬러 올라가야 한다. 과거에는 별과 행성 들을 어떻게 보았는지 알아보자.

인류는 역사의 여명 이래 줄곧 밤하늘을 지켜보았다. 초기에는 밝은 빛의 점들이 무작위로 흩어져 있다고 생각했을 테지만, 이내 밤하늘을 가로지르는 밝은 달이 모양을 바꿔 가면서 규칙적인 경로를 따라 움직인다는 것을 알아차렸다. 또한 밝고 조그만 빛들 대다수가 상대적으로 동일한 패턴을 유지한다는 것도 알아차렸다. 그 패턴을 오늘날 별자리라고 부른다. 대부분의 별들은 하나의 단위체를 구성하며 밤하늘을 가로질러 움직인다. 마치 별자리가 회전하는 거대한 둥근 주발 안에 그려진 것처럼 말이다.[1] 그러나 몇몇 별들은 매우 다르게 행동한다. 그들은 하늘을 방랑하는 것처럼 보인다. 그들의 경로는 매우 복잡하고, 일부는 때때로 자기 꼬리를 무는 것처럼 보인다. 이 별들이 바로 행성(planet)들이다. 이 말은 '방랑자'라는 뜻의 그리스 어인 'planētēs'에서 유래했다. 고대인들은 그중 오늘날 수성, 금성, 화성, 목성, 토성이라고 불리는 다섯 행성들을 알아보았다. 그들은 항성들, 즉 위치가 변하지 않는 별들에 대해 각자 다른 속도로 움직이는데, 토성이 가장 느리다.

다른 천체 현상들은 훨씬 더 수수께끼 같았다. 이따금씩 혜성 하나가 난데없이 나타나서 길게 휜 꼬리를 남기곤 했다. '유성'은 마치 자신들을 지탱하는 둥근 주발에서 떨어지듯, 천국에서 떨어지는 것처럼 보였다. 초기 인류가 하늘의 불규칙성을 초인간적 존재들의 변덕 탓으로 돌리는 것도 무리는 아니었다.

규칙성은 너무나 당연해 보여서, 그에 대한 반론은 거의 누구도 꿈조차 꾸지 않았다. 태양, 별들, 행성들은 정지해 있는 지구를 싸고돌았다. 그렇게 보였고, 그렇게 느껴졌으니, 그럴 것이 틀림없었다. 고대인들에게 우주의 중심은 지구였다. 한 외로운 목소리가 이 당연한 사실을 반박했으니 그 주인공은 사모스의 아리스타르코스 (Aristarchus of Samos)였다. 아리스타르코스는 기하학의 원리들과 관측을 바탕으로 지구와 태양과 달의 크기를 계산했다. 그리하여 기원전 270년경에 지구를 비롯한 행성들이 태양 주위를 공전한다는 태양 중심설을 최초로 주장했다. 그의 이론은 즉시 반감을 사서 그 후 거의 2000년간 묻혀 있었다.

120년경 이집트에 살았던 로마 인인 프톨레마이오스(Ptolemaeos)의 시대에 행성들은 길들여졌다. 그들은 더 이상 변덕스러운 존재가 아니게 되었고, 예측 가능한 존재가 되었다. 프톨레마이오스의 『알마게스트(Almagest)』는 모든 것이 인류를 중심으로 도는 지구 중심적인 우주 모형을 제시했다. 행성의 운동은 주전원(epicycle)이라는 원들이 복잡하게 섞여 있는 형태로, 거대한 크리스털 구가 주전원을 지탱했다. 그의 이론은 틀렸지만 그가 예측한 움직임들은 여러 세기 동안 오류를 발견하지 못할 만큼 정확했다. 프톨레마이오스의 우주 체계는 철학적으로도 매력적이었다. 구와 원이라는 완벽한 기하학적 모양들로 우주를 나타냈기 때문이다. 이는 피타고라스의 전통을 계승한 것이었다. 유럽에서는 프톨레마이오스 이론이 1400년간 변치 않고 유지되었다.

유럽이 꾸물대는 동안 새로운 과학적 진보는 다른 곳, 특히 아라비아, 중국, 인도에서 이루어지고 있었다. 499년에 인도 천문학자인 아리아바타(Aryabhata)는 태양계를 나타내는 한 수학 모형을 제안했다. 그 모형에는 지구가 자신의 축을 중심으로 돌고 있었고, 태양의 위치와 관련된 행성의 궤도 주기들이 적혀 있었다. 이슬람 세계에서는 알하젠(Alhazen)이 프톨레마이오스 이론을 신랄하게 비판했다.

비록 지구가 중심이라는 본질에는 비판의 초점을 두지 않았지만 말이다. 1000년경에 아부 라이한 비루니(Abu Ryhan Biruni)는 지구가 자신의 축을 중심으로 돌고 있는, 태양 중심 체계의 가능성을 진지하게 고려했다. 하지만 그도 결국 당시의 정설인, 정지해 있는 지구에 표를 던졌다. 1300년경에 나짐 알딘 알콰지니 알카티비(Najm al-Din al-Qawzini al-Katibi)는 태양 중심설을 제시했지만 곧 마음을 바꿨다.

큰 혁신은 1543년에 발표된 니콜라우스 코페르니쿠스(Nicolaus Copernicus)의 저서인 『천구의 회전에 관하여(*De Revolutionibus Orbium Coelestium*)』와 더불어 등장했다. 같은 설명이 기재된 거의 동일한 그림들이 눈에 띄는 것으로 봐서는 코페르니쿠스가 최소한 알카티비에게서 영향을 받았다고 할 수 있다. 하지만 코페르니쿠스는 훨씬 멀리까지 나아갔다. 그는 노골적으로 태양 중심 이론을 세우고, 그것이 프톨레마이오스의 지구 중심설보다 관측에 더 잘, 더 간결하게 들어맞는다고 주장했다. 그리고 그 철학적 함의 몇 가지를 펼쳐 놓았다. 그중 으뜸은 인간이 세상의 중심이 아니라는 참신한 생각이었다. 교회는 코페르니쿠스의 주장을 교리에 반하는 것으로 보고 무력화하려고 안간힘을 썼다. 노골적인 태양 중심설은 이단이었다.

그럼에도 그것은 승리했다. 증거가 너무나 강력했기 때문이다. 새롭고 더 나은 태양 중심 이론들이 등장했다. 그러고 나서 구는 완전히 버려지고 고전 기하학에서 나온 다른 형상인 타원이 표를 얻었다. 타원은 알 모양의 곡선으로, 간접적 증거에 따르면 기원전 350년경 그리스 기하학에서 메나이크모스(Menaechmus)가 처음으로 원뿔의 일부로 쌍곡선, 포물선과 함께 연구했다. (그림 13) 에우클레이데스는 원뿔 곡선에 대해 네 권의 책을 썼다고 하지만 그중 남아 있는 것

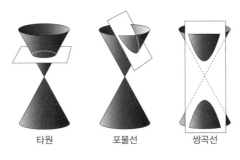

| 타원 | 포물선 | 쌍곡선 |

그림 13 원뿔 곡선.

은 한 권도 없다. 그리고 아르키메데스는 그들의 성질 중 몇 가지를 연구했다. 그 주제에 관한 그리스 인들의 연구는 기원전 240년경에 나온 여덟 권짜리 책인 『원뿔 곡선(*Conic Sections*)』으로 정점에 이르렀다. 저자인 페르가의 아폴로니우스(Apollonius of Perga)는 이 곡선들을 3차원을 피해 순전히 평면 위에서 정의하는 법을 찾아냈다. 그렇지만 원과 구가 타원 같은 복잡한 곡선들보다 더 완벽하다는 피타고라스적 시각은 여전히 존재했다.

타원은 1600년경에 케플러의 작업을 통해 천문학에서 자기 역할을 굳혔다. 케플러는 어려서부터 천문학에 관심이 있었다. 그는 6세 때 1577년의 대혜성을 목격했고,[2] 그로부터 3년 뒤에는 월식을 보았다. 또한 그는 튀빙겐 대학교에 다니던 시절부터 뛰어난 수학적 재능을 보여 주었는데, 그 재능을 발휘해 별점을 보기도 했다. 당시에 수학, 천문학, 점성술은 동반자 관계일 때가 많았다. 그는 자극적인 수준의 신비주의와 수학적 세부 사항에 관한 관심을 결합했다. 전형적인 예가 그의 『우주 구조의 신비(*Mysterium Cosmographicum*)』인데, 태양 중심설을 용감하게 옹호하는 그 책은 1596년에 출판되었다. 그 책은 태양으로부터 알려진 행성들까지의 거리를 정다면체들과 관련 짓는, 현대인의 눈에는 아주 이상해 보이는 생각을 통해 코페르니쿠스 이론에 대한 명확한 이해를 도왔다. 오랫동안 케플러는 이 발견을 창조주의 우주 계획을 밝혀 주는 그의 가장 위대한 작업으로 보았다. 그가 생각하기에 지금 우리가 훨씬 더 중요하게 여기는 그의 후속 연구들은 이 책을 위한 단순 노동에 불과했다. 당시에 그 이론의 한 가지 장점은 왜 행성(수성에서 토성까지)이 6개인지를 설명해 준다는 것이었다. 이 여섯 궤도들 사이에는 다섯 간극이 있는데, 각각이 정다면체 하나를 나타냈다. 천왕성, 그리고 그 후 해왕성과 명왕성(최근에 행성의 지위에서 강등되기 전까지)이 발견되면서 그 장점은 금세 치명적 오류가 되었다.

케플러가 오래가는 공헌을 남길 수 있었던 것은 튀코 브라헤에게 채용된 덕분이었다. 두 사람은 1600년에 처음 만났다. 두 달간의 체류와 뜨거운 논쟁 끝에 케플러는 납득할 만한 월급 협상 결과를 얻어 냈다. 고향인 그라츠에서 다양한 말썽들에 시달렸던 케플러는 프라하로 옮겨와서 브라헤가 행성, 특히 화성 관측을 분석하는 것을 도왔다. 브라헤가 1601년에 급작스레 세상을 떠나자 케플러는 고용주의 지위를 물려받아 루돌프 2세의 황실 수학자가 되었다. 그의 주된 역할은 황제의 별점 점괘를 알려 주는 것이었지만 화성의 궤도를 분석할 시간적 여유도 있었다. 그는 전통적인 주전원 원리를 바탕으로 관측 결과와 2분(分)밖에 차이가 나지 않을 정도로 자신의 모형을 정교하게 가다듬었는데, 이 정도 오차는 관측 과정에서 흔하게 일어났다. 하지만 그는 거기서 멈출 수 없었다. 가끔은 오차가 무려 8분까지 커졌기 때문이었다.

연구 끝에 케플러는 행성 운동의 두 법칙을 발견했고, 그것을 『새로운 천문학(Astronomia Nova)』에 발표했다. 몇 년 동안 케플러는 화성의 궤도를 계란형 곡선에 맞추려고 애를 썼지만 실패했다. 계란형 곡선은 한쪽 끝이 다른 쪽 끝보다 뾰족하다. 어쩌면 케플러는 궤도가 태양에 좀 더 가깝게 굽어 있기를 기대했을지도 모른다. 1605년에 케플러는 양쪽이 동일하게 둥근 형태, 즉 타원을 시도해 보기로 했다. 놀랍게도 타원이 관측 결과와 훨씬 잘 맞아떨어졌다. 그는 모든 행성 궤도가 타원이라는 결론을 내렸는데, 그것이 케플러의 제1법칙이었다. 케플러의 제2법칙은 행성들이 궤도를 따라 어떻게 움직이는가를 정의했다. 즉 자신의 궤도를 도는 행성들이 동일한 시간에 동일한 넓이를 휩쓴다는 주장이었다. 책은 1609년에 출간되었다. 그러고 나서 케플러는 다양한 천문 관측표들을 마련하는 데 그의 노고의 대부분을 쏟아 부었지만, 1619년에 『세상의 조화들(Harmonices Mundi)』을 발표하면서 행성 궤도의 규칙성으로 돌아왔다. 이 책은 지금 우리가 보기에 이상한 생각들을 몇 가지 담고 있는데, 예를 들어 행성들이 태양 주위를 돌면서 소리를 낸다는 것 등이 있다. 그렇지만 그 책은 행성 주기들을 제곱한 것은 행성과 태양 간의 거리를 세제곱한 것에 비례한다는 케플러의 제3법칙도 담고 있다.

케플러의 세 법칙 모두는 신비주의, 종교적 상징주의, 그리고 철학적 사색 때문에 묻혀 버렸다. 그렇지만 그들은 뉴턴을 역사상 가장 위대한 과학적 발견의 하나로 이끈 커다란 도약이었다.

뉴턴의 중력 법칙은 케플러의 행성 운동에 관한 세 법칙들로부터 나왔다. 중력 법칙은 우주의 모든 입자들은 그들의 질량을 곱한 것에 비례하고, 그들 사이의 거리를 제곱한 것에 반비례하는 힘으로 서로를 끌어당긴다고 말한다. 수식으로 나타내면 다음과 같다.

$$F = G\frac{m_1 m_2}{d^2}$$

여기서 F는 인력, d는 거리, m들은 두 물체의 질량이고 G는 특정한 수, 즉 중력 상수다.[3]

　뉴턴의 중력 법칙을 발견한 사람은 누구일까? '넬슨의 기둥 위에 있는 동상은 누구인가?'처럼 빤한 물음으로 들린다. 그렇지만 정답은 왕립 학회의 실험 학예사였던 로버트 훅(Robert Hooke)이다. 뉴턴이 1687년에 『프린키피아』를 통해 자신의 중력 법칙을 발표하자 훅은 뉴턴을 표절 혐의로 고발했다. 그러나 뉴턴은 중력 법칙에서 타원 궤도의 미분 방정식을 최초로 유도해 냈는데, 그 방정식이 중력 법칙을 증명하는 데 핵심적인 역할을 했다. 훅도 이 사실을 인정했다. 게다가 뉴턴은 그 책에서 다른 몇 사람들과 더불어 훅을 인용했다. 아마도 훅은 자신의 공로가 좀 더 크게 인정을 받아야 한다고 느꼈는지도 모른다. 전에도 비슷한 문제를 몇 번 겪은 터라 아픈 곳을 찔렸을 수도 있겠다.

　물체들이 서로를 끌어당긴다는 생각이 어렴풋하게나마 등장한 지는 좀 되었고, 그럴싸한 수식도 있었다. 1645년에 프랑스 천문학자인 이스마엘 불리오(Ismaël Bulliau)가 쓴 『필로라우스 천문학(Astronomia Philolaica)』에는 이런 내용이 나온다. (필로라우스는 지구가 아니라 태양이 우주의 중심이라고 생각한 그리스 철학자였다.)

태양은 마치 손과 같이 기능하는, 실체가 있는 힘으로 행성들을 단단히 붙드는데, 그 힘은 우주 전체에 직선으로 뻗어 나간다. 그리고 태양의 종족들(species of the Sun)과 마찬가지로 그것 또한 태양과 함께 돈다. 이제 그 힘이 실존함을 알아냈으니, 그 힘은 거리나 간격이 커질수록 약해진다. 그 세기가 감소하는 비율은 빛의 경우와 동일하게, 거리의 제곱에 반비례한다.

이것은 유명한, 힘이 거리의 '역제곱'에 비례한다는 이론이다. 그런 공식을 추론한 데는 비록 단순하지만 타당한 이유가 있다. 한 구의 표면적은 그 반지름의 제곱에 따라 달라지기 때문이다. 동일한 양의 중력적인 '무엇'이 태양에서 나와 계속 커지는 구들로 퍼진다면, 어떤 지점에서 받는 그 양은 분명히 표면적에 반비례해서 변해야 한다. 바로 이런 일이 빛에서 일어나기 때문에, 불리오는 별 증거도 없이 중력도 비슷하리라고 가정했다. 또한 그는 행성들이 스스로 힘으로 궤도를 따라 움직인다고 생각해서 "그 어떤 운동도 행성들을 압박하지 않는다. (행성들은) 각각의 개별적인 형태들에 따라 둥근 궤적을 그린다."라고 말했다.

훅의 공헌은 그가 왕립 학회에 「중력에 관하여(On gravity)」를 제출했던 1666년으로 거슬러 올라간다. 그 논문에서 훅은 태양의 인력이 (뉴턴의 제3법칙에서 적시했듯이) 직선으로 움직이고자 하는 행성의 자연적 경향에 간섭해 행성이 곡선으로 움직이게 된다고 주장하면서 불리오의 오류를 바로잡았다. 그는 또한 "그 물체가 자신의 중심에 얼마나 가까이 있느냐에 따라 이 인력은 훨씬 더 강하게 작용한다."라고 썼는데, 이는 그 힘이 거리가 멀어질수록 약해진다는 훅의 생각을 보여 준다. 그렇지만 훅은 1679년 뉴턴에게 "인력은 항상 중심을 기준으로 한 상호 간의 거리의 제곱에 비례합니다."라고 써 보내기 전까지 그 힘의 감소를 수학적으로 기술한 적이 없었다. 그 편지에서 훅은 그 말이 행성의 속도가 태양과의 거리에 반비례해서 달라진다는 뜻이라고 말했는데, 이는 틀린 것이었다.

훅은 뉴턴이 자기 법칙을 도둑질했다고 불평했다. 뉴턴은 전혀 인정하지 않았고, 훅이 편지를 보내기 전에 이미 그 개념을 크리스토퍼 렌(Christopher Wren)에게 이야기했다고 지적했다. 뉴턴은 자기가 먼저라는 것을 보여 주려고 불리오를 인용하고 이탈리아의 생리학자이자 수리 물리학자인 조반니 보렐리(Giovanni Borelli)도 언급했다. 보렐리는 세 힘이 결합해 행성의 움직임을 만든다고 했다. 안으로 향하는 힘은 태양에 가까이 가려는 행성의 욕망에서 비롯되고, 양옆으로 향하는 힘은 태양빛에 의해서 생기며, 바깥으로 향하는 힘은 태양의 회전에 의해 만들어진다는 것이다.

일반적으로 뉴턴의 반박 중 결정타는 훅이 무엇을 했든 간에 인력의 역제곱 법칙으로부터 궤도의 정확한 형태를 추론하지 못했다는 것이었다. 그러나 뉴턴은 해냈다. 사실, 그는 케플러의 행성 운동에 관한 세 법칙, 즉 궤도는 타원을 그린다는 것, 동일한 시간에 동일한 넓이를 휩쓴다는 것, 행성의 주기를 제곱한 것이 거리를 세제곱한 것에 비례한다는 것을 모두 유도해 냈다. 뉴턴은 완강하게 대응했다. "분별 있는 철학자라면 제가 그것을 보여 주기 전까지는 역제곱 법칙이 사실이라고 믿지 못했을 것입니다." 그렇지만 뉴턴은 "훅 씨는 이 증명에 문외한입니다."라고 믿기도 했다. 뉴턴의 주장에서 핵심은, 인력이 점 입자(point particle)만이 아니라 구에도 적용된다는 것이다.

행성의 운동을 설명하는 데 핵심이 되는 이러한 확장은 뉴턴이 상당한 고생 끝에 얻은 것이었다. 그는 적분이 아니라 기하학을 이용해 증명했다는 점을 스스로 자랑스러워 했다. 뉴턴이 꽤 오랫동안 그런 문제들을 생각하고 있었음을 증명해 주는 문서들도 여럿 있다.

어쨌든 우리는 그 법칙에 뉴턴의 이름을 붙임으로써 뉴턴의 공헌을 충분히 인정하고 있다.

뉴턴의 중력 법칙에서 가장 중요한 부분은 보통 말하는 그런 역제곱 법칙이 아니라, 중력이 보편적으로 작용한다는 주장이다. 우주 어느 곳에서든 **모든** 물체들은 서로를 끌어당긴다. 물론 정확한 결과를 얻으려면 정확한 힘의 법칙(역제곱 법칙)이 필요하다. 그렇지만 보편성이 없으면 둘 이상의 물체들로 이루어진 계에 적용되는 방정식을 어떻게 세워야 할지 알 수가 없다. 태양계와 같은 흥미로운 계들, 또는 적어도 태양과 지구의 영향을 받고 있는 달의 운동 같은 섬세한 구조는 둘 이상의 물체와 관련이 있어서, 처음에 뉴턴이 추론한 맥락에서만 중력 법칙이 적용 가능한 것이었다고 하면 그 법칙은 거의 쓸모없었을 것이다.

이런 보편적 통찰을 자극한 것은 무엇일까? 1752년에 출간된 『아이작 뉴턴의 삶의 회고록(*Memoirs of Sir Issac Newton's Life*)』에는 윌리엄 스터클리(William Stukeley)가 1726년에 뉴턴에게서 들은 이야기가 나온다.

중력이라는 개념은 명상하는 기분으로 앉아 있었을 때 사과가 땅으로 떨어지는 것을 본 뉴턴에게 우연히 떠올랐다. 왜 사과는 늘 수직으로 땅에 떨어질까 하고 뉴턴은 자문했다. 왜 옆으로 가거나 위로 가지 않고 끊임없이 지구 중심을 향해 떨어질까? 그 이유는 지구가 사과를 당기기 때문일 것이다. 물질에는 당기는 힘이 있는 것이 틀림없다. 그리고 지구라는 덩어리가 끌어당기는 전체 힘은 지구의 옆이 아니라 중심에 있음이 틀림없다. 그래서 이 사과가 수직으로 또는 중심을 향해 떨어지는 것은 아닐까? 만약 물질이 물질을 서로 끌어당긴다면 그것은 틀림없이 양적 비례 관계일 것이다. 따라서 지구만 사과를 끌어당기는 것이 아니라 사과도 지구를 끌어당긴다.

사과 이야기가 말 그대로 사실인지 아니면 뉴턴이 나중에 자신의 설명을 이해하기 쉽게 만들려고 편의상 지어 낸 허구인지는 확실하지 않지만, 액면 그대로 받아들여도 말은 되는 것 같다. 그의 생각은 사과로 끝나지 않기 때문이다. 사과는 뉴턴에게 중요했다. 동일한 힘의 법칙이 사과의 운동과 달의 운동을 모두 설명할 수 있음을 알려 주었기 때문이다. 유일한 차이는 달이 옆으로도 움직인다는 것이었다. 그것이 바로 달이 하늘에 떠 있는 이유다. 실제로 달은 늘 지구를 향해 떨어지고 있지만, 측면 운동 때문에 지구와 멀어진다. 뉴턴은 이 추상적인 사고에서 멈추지 않았다. 그는 계산을 했고, 계산과 관측을 비교하면서 자신의 생각이 틀림없이 옳다는 것에 만족했다.

중력이 물질의 본질적인 특성으로 사과, 달, 그리고 지구에 작용한다면, 중력은 짐작건대 모든 것에 작용하리라.

중력의 보편성을 직접 증명할 수는 없다. 우주 전체에 있는 모든 물체 쌍들을 연구해야 할 테니까 말이다. 그리고 다른 물체들의 영향들을 완전히 제거하는 방법도 찾아야 한다. 그렇지만 과학은 그렇게

세계를 바꾼 17가지 방정식

하는 대신 추론과 관측을 뒤섞는다. 보편성은 실제로 적용될 때마다 거짓이 될 수 있는 가정이다. 거짓이 될 위기를 넘기고 살아남을 때마다―좋은 결과를 낸다는 말을 그럴싸하게 한 표현이다.―그 가정을 정당화할 수 있는 근거는 조금씩 더 강력해진다. (이 경우에서 그렇듯) 보편성이 있다는 가정이 그런 위기를 수천 번 견디고 살아남았다면, 그 정당성은 정말로 강력해진다. 그러나 보편성이 있다는 가정을 **참**으로 입증하는 것은 절대 불가능하다. 알다시피 다음번 실험은 양립할 수 없는 결과를 내놓을지도 모른다. 아마도 먼 은하계 어딘가, 아주 먼 곳에는 그 어떤 것에도 끌리지 않는 매우 작은 얼룩 같은 물질이나 원자 하나가 있을지도 모른다. 만약 그렇다고 하더라도 우리는 절대 그것을 찾아내지 못할 것이므로 우리의 계산이 틀리지는 않을 것이다. 실제 인력을 측정함으로써 역제곱 법칙 자체를 직접 증명하기는 매우 어렵다. 그 대신 궤도를 예측하는 데 그 법칙을 사용하는 것처럼, 측정할 수 있는 계에 적용하고 나서 예측과 관측이 일치하는지 확인해 볼 수는 있다.

심지어 보편성을 인정하더라도, 정확한 인력 법칙을 써 내려가는 것이 전부는 아니다. 그것은 그저 그 운동을 설명하는 방정식일 뿐이다. 그 운동 자체를 알아내려면 여러분은 방정식을 풀어야 한다. 심지어 그 방정식은 두 물체 사이의 운동조차 직접적으로 드러내지 않았다. 그러므로 뉴턴이 어느 정도 답을 예상했더라도 각 행성의 타원 궤도를 정확히 유도해 낸 것은 **예술적 업적**이었다. 그것은 케플러의 세 법칙이 어떻게 각 행성의 실제 궤도를 설명해 주는지 보여 준다. 또한 그 설명이 왜 정확하지 않은지도 알려 주는데, 그 이유는 태양과 행성을 제외한 태양계의 다른 모든 물체들이 그 운동에 영향을 미치기 때문이다. 이런 방해 요인들을 고려하려면 셋 이상의 물체들 사이의 운동 방정식을 풀어야 한다. 특히 여러분이 달의 운동을 어느 정도 정확하게 예측하고 싶다면 태양과 지구를 그 방정식에 넣어야 한다. 다른 행성들, 특히 목성의 영향 또한 장기적으로만 나타나기는 하지만, 완전히 무시할 수는 없다. 그러므로 중력으로 서로 당기고 있는 두 물체 사이의 운동에 관해 뉴턴이 거둔 성공을 접한 수학자들과 물리학자들은 다음 문제, 즉 세 물체 사이의 운동 문제로 움직였다. 그들이 처음에 품었던 낙관적인 기대는 급속히 사그라졌다. 알고 보니 삼체 문제(three-body case)는 이체 문제(two-body case)와 매우 달랐다. 정말로 풀리지 않았다.

종종 운동에 대한 꽤 정확한 **근삿값**을 구할 수는 있었다. (그것은 문제를 해결해 주는 실용적 방법이었다.) 하지만 더 이상 정확한 공식은 없어 보였다. 이 문제를 제한된 삼체 문제(restricted three-body problem)로 단순화시켜도 괴로웠다. 한 행성이 완벽한 원을 그리며 어떤 별 주위를 돈다고 해 보자. 무시해도 될 만한 질량을 가진 먼지 한 줌이 어떻게 움직이겠는가?

연필을 손에 쥐고 종이에다 셋 이상의 천체들이 그리는 궤도의 근삿값을 계산하는 것은 그럭저럭 가능하기는 하지만 무척이나 고된 일이었다. 수학자들은 수많은 요령들과 기교들을 고안해 냈고, 그 과정에서 몇몇 천문학적 현상을 이해하게 되는 일도 종종 있었다. 19세기 후반, 앙리 푸앵카레(Henri Poincaré)가 이 문제와 관련된 기하가 매우 복잡할 수밖에 없다는 것을 깨닫고 나서야 삼체 문제의 복잡성은 진실로 밝혀졌다. 그리고 20세기 말에 등장한 컴퓨터 덕분에 손으로 하는 계산의 노고는 줄어들고, 태양계의 장기적 운동이 정확히 예측되었다.

푸앵카레의 혁신―이라고 말해도 될 법한 것이, 그 후로 모든 사람이 삼체 문제를 풀 가망이 없고 답을 구할 의미가 없다고 생각하게 되었기 때문이다.―은 그가 포상이 걸린 수학 경연에 참가한 것이 계기였다. 스웨덴과 노르웨이의 왕인 오스카르 2세는 1889년에 60세 생일을 축하하기 위한 경연을 열었다. 수학자 예스타 미타그레플러(Gösta Mittag-Leffler)의 조언을 받아들여, 왕은 뉴턴의 중력 법칙에 따라 무작위로 움직이는 다수의 물체가 어떻게 움직일지 알아내라는 일반적인 문제를 택했다. 이체 문제의 답이었던 타원처럼 명확한 공식을 찾아내는 것은 비현실적인 목표였기 때문에 요구 사항은 많지 않았다. 포상은 매우 구체적인 근삿값을 찾아내는 이에게 주어지기로 했다. 말하자면, 그 운동을 무한 급수로 정의해야 하고, 항을 충분히 사용해서 납득할 수 있을 정도로 정밀한 결과를 내놓아야 했다.

　푸앵카레는 이 문제를 직접 풀지 않았다. 그 대신 1890년에 출간한 논문을 통해, 물체 3개, 즉 태양, 행성, 그리고 먼지 입자만 있는 경우에도 그런 답은 존재하지 않음을 증명했다. 푸앵카레는 가상의 기하학적 해법에 관해 생각하다가 몇몇 경우에 먼지 입자의 궤도가 매우 복잡하게 뒤얽혀 있어야 한다는 사실을 발견하고 나서, 공포에 빠져 두 손을 든 채 비관적으로 말했다. "두 곡선들과 이중 점근해에 각각 상응하는 무한한 교차점들로 이루어진 물체를 기술하다 보면, 일종의 그물망, 거미줄 또는 무한히 밀집된 망사 형태가 나온다. …… 내가 심지어 그릴 엄두조차 내지 못하는 그 복잡성에 여러분은 넋이 나가고 말 것이다.”

오늘날, 우리는 푸앵카레의 연구를 혁신적으로 여기고, 그의 비관주의를 무시한다. 절대 풀 수 없다며 푸앵카레가 절망했던 그 복잡한 기하를 적절하게 발전시켜 보니 강력한 통찰을 제공했기 때문이다. 그 복잡한 기하는 알고 보니 가장 초기 단계의 **카오스**(chaos, 혼돈) 중 하나였다. 방정식들은 실제로 무작위적이지 않지만, 그 해들이 워낙 복잡한 탓에 무작위적인 것처럼 보인다. (16장 참조)

그 이야기에는 몇 가지 아이러니가 있다. 수학사가인 준 배로그린(June Barrow-Green)은 푸앵카레의 논문의 초판본이 그 상을 받은 것은 아니라는 사실을 발견했다.[4] 이 초판본에는 치명적인 오류가 있었다. 카오스적인 해법을 간과한 것이었다. 당황한 푸앵카레가 자신의 어처구니없는 실수를 깨달았을 때는 이미 교정본이 나온 상태였다. 그는 자비를 들여 수정본을 다시 찍었다. 초판본을 거의 다 파쇄하기는 했지만 딱 한 권이 스웨덴의 미타그레플러 재단에 남아 있었다. 그것을 배로그린이 찾아냈다.

알고 보니 카오스가 존재한다고 해서 급수해가 배제되는 것도 아니었다. 하지만 급수해들이 항상 타당하지는 않았다. 핀란드의 수학자인 칼 프리티오프 순드만(Karl Frithiof Sundman)은 1912년에 삼체문제에서 이 점을 찾아냈다. 시간의 세제곱근의 거듭제곱으로 만든 급수를 사용하면서였다. (시간의 거듭제곱은 그다지 쓸모가 없을 것이다.) 그 급수는 최초의 각운동량이 0이 아닌 한 수렴—합리적인 합을 가진다.—한다. 그런 상태는 매우 드문데, 임의의 각운동량이 0인 경우는 거의 없기 때문이다. 1991년에 중국계 수학자인 왕추동(汪秋冬)은 이런 결과들을 다체(多體) 문제로 확장했지만, 급수가 수렴하지 않는

세계를 바꾼 17가지 방정식

드문 예외들을 분류하지 않았다. 그런 분류는 매우 복잡할 것이다. 물체들이 유한한 시간에서 무한히 도피하거나, 점점 더 빨리 진동하는 경우에도 들어맞는 해가 있기 때문이다. 둘 다 5개 이상의 물체들 사이에서 일어날 수 있는 일이다.

뉴턴의 중력 법칙은 통상 우주 탐사를 위한 궤도들을 계산하는 데 사용된다. 이런 경우에는 이체 동역학(two-body dynamics)조차 나름대로 중요하다. 초기에 태양계 탐사는 주로 이체 궤도 방정식을 이용했다. 이 궤도들은 타원을 그렸다. 우주선은 로켓 연료를 태움으로써 한 타원에서 다른 타원으로 갈아탈 수 있었다. 그렇지만 우주 탐사 계획들의 목표가 갈수록 더 야심찬 것이 되면서, 좀 더 효율적인 방법이 필요했다. 그 방법은 다체 동역학(many-body dynamics)에서 찾아야 했다. 그 역학에서 물체는 보통 3개였지만 가끔 5개까지 늘어나기도 했다. 카오스와 위상 동역학(topological dynamics)이라는 새로운 방법들은 공학 문제들에 대한 실용적 해법의 근간이 되었다.

그 모든 것은 단순한 질문으로 시작되었다. 지구에서 달까지, 혹은 다른 행성들까지 가는 가장 효율적인 경로가 뭘까? 종래의 대답은 호만 전이 타원(Hohmann transfer ellipse)이었다. (그림 14) 그 경로는 지구를 둘러싼 둥근 궤도에서 시작해 길쭉한 타원의 일부를 따라가다가 목적지를 둘러싼 둥근 궤도와 합쳐진다. 이 방법은 1960년대와 1970년대의 아폴로 탐사에 사용되었지만, 우주 비행의 종류에 따라 한 가지 단점을 드러내기도 했다. 그것은 우주선이 지구 궤도에서 벗어나려고 가속하고 달 궤도에 진입하려고 감속하는 과정에서 연료가 낭비된다는 점이었다. 물론 지구와 달의 중력장이 상쇄되는 지구

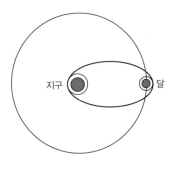

그림 14　지구 궤도에서 달 궤도까지의 호만 전이 타원.

와 달 사이의 전이 궤도 같은 지구 주위에 있는 여러 고리들을 이용하는 식의 다양한 대안들이 있기는 하다. 그런 고리들은 달 주위에도 많다. 그렇지만 그런 고리들을 이용하는 궤도는 호만 전이 타원 궤도보다 더 오래 걸리므로 유인 탐사인 아폴로 계획에는 사용되지 않았다. 식량과 산소, 즉 시간이 중요했기 때문이다. 그러나 무인 탐사에서는 시간의 가치는 비교적 낮은 반면, 연료를 포함해 우주선의 총 무게를 늘리는 것에는 돈이 들었다.

　　최근, 수학자들과 우주선 공학자들은 뉴턴의 중력 법칙과 그의 제2법칙을 새로운 시각으로 봄으로써, 연료 효율이 높은 행성 간 여행에 대한 새롭고 놀라운 접근법을 발견했다.

　　'튜브(tube)'를 타자. (관이라는 뜻을 가진 tube는 런던의 지하철을 의미하기도 한다. ─옮긴이)

　　이 생각은 공상 과학 소설에서 나왔다. 2004년작 『판도라의 별(*Pandora's Star*)』에서 피터 해밀턴(Peter Hamilton)은 사람들이 기차를 타고 먼 항성들 주위를 도는 행성들로 여행하는 미래를 그린다. 그 기차는 시공간을 가로지르는 지름길인 웜홀을 통과하는 철도를 따라 달린다. 1934년부터 1948년까지 발간된 「렌즈맨(Lensman)」 시리즈에서 에드워드 엘머 '닥' 스미스(Edward Elmer 'Doc' Smith)는 적대적인 외계인들이 4차원 공간의 튜브를 이용해 인간 세계를 침략한다는 이야기를 쓰기도 했다.

비록 아직 웜홀도 없고 4차원에서 온 외계인도 없지만, 태양계의 행성들과 위성들이 튜브들의 연결망을 통해 서로 연결되어 있다는 것은 이미 사실로 밝혀져 있다. 그 수학적 정의는 4차원보다 훨씬 많은 차원을 요한다. 그 튜브들은 한 세계에서 다른 세계로 가는, 에너지 효율이 높은 경로가 된다. 그 경로들은 물질로 만들어지지 않았기 때문에 수학의 눈으로만 볼 수 있다. 따라서 에너지 준위가 튜브들의 벽이 된다고 말할 수 있다. 만약 행성 운동을 지배하는 변화무쌍한 중력장을 시각화할 수 있다면, 우리는 태양 주위를 돌면서 행성들과 함께 소용돌이치는 튜브들을 볼 수 있을 것이다.

튜브들은 몇 가지 수수께끼 같은 궤도 동역학을 설명한다. 예를 들어 오테르마(Oterma) 혜성을 살펴보자. 1세기 전에 오테르마의 궤도는 목성 궤도 한참 바깥에 있었는데, 그 거대한 행성과 근접한 직후에 목성 궤도 안으로 들어왔다. 그렇지만 한 번 더 근접한 후에 혜성의 궤도는 다시 목성 궤도 바깥으로 돌아갔다. 우리는 오테르마의 궤도가 몇 십 년을 주기로 이렇게 계속 바뀔 것이라고 확신할 수 있다. 이런 현상은 뉴턴의 법칙을 위배하고 있는 것이 아니라 오히려 준수하고 있는 것이다.

이것은 조그만 타원하고는 거리가 멀어도 한참 멀다. 뉴턴 역학에서 예측한 궤도들은 강한 중력을 행사하는 다른 천체들이 없을 때에만 타원을 유지했다. 하지만 태양계에는 다른 천체들이 가득해서,

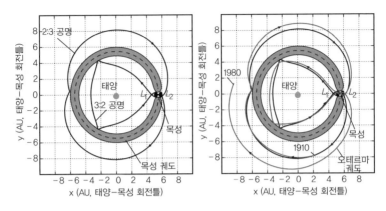

그림 15 왼쪽 그림은 2:3 또는 3:2의 비율로 목성과 궤도 공명을 이루며 돌고 있는 튜브를 보여 준다. L_1과 L_2 같은 라그랑주 지점(Lagrange point)들을 통해 서로 연결되어 있다. 오른쪽 그림은 1910~1980년 오테르마 혜성이 그린 실제 궤도다.

실제 궤도는 엄청나게 다를 수 있다. 튜브가 이야기에 끼어드는 지점이 바로 이 부분이다. 오테르마의 궤도는 목성 근처에서 만나는 두 튜브 안을 지나고 있다. 한 튜브는 목성 궤도 안에, 다른 튜브는 밖에 있다. 두 튜브는 목성과 3:2 또는 2:3의 비율로 궤도 공명(orbital resonance)을 이루며 돈다. 즉 그 궤도에 있는 천체는 목성이 두 번 공전할 때마다 태양 주위를 세 번, 혹은 목성이 세 번 공전할 때마다 태양 주위를 두 번 돈다는 뜻이다. 목성 근처에 있는 튜브들의 교차로에서 오테르마 혜성은 목성과 태양의 중력이 미치는 다소 미묘한 영향에 따라 튜브를 갈아탈 수도, 갈아타지 않을 수도 있다. 하지만 일단 한 튜브 안에 들어가면 오테르마는 교차로에 진입할 때까지 그 궤도를 유지한다. 철로 위를 벗어날 수 없지만 선로 전환기를 작동시키면 다른 철로로 갈아탈 수 있는 기차처럼, 오테르마에게는 어느 정도 여정을 바꿀 자유가 있기는 하지만 그리 많지는 않다. (그림 15)

세계를 바꾼 17가지 방정식

튜브들과 그 교차로들은 듣기에는 좀 이상할지 몰라도, 실은 태양계의 공간 구조가 중력 때문에 자연스럽게 가지는 중요한 특성들이다. 일찍이 주위 자연 환경의 특성들을 이용해야 한다는 것을 알았던 영국 빅토리아 시대의 철도 건설자들은 등고선을 따라 철로를 놓았다. 기차를 높은 곳으로 올라가게 하기보다는 계곡을 가로질러 다리를 놨고, 언덕을 뚫어 터널을 팠다. 가파른 경사에서 기차가 미끄러질 수 있다는 이유도 있지만 무엇보다도 에너지가 가장 큰 이유였다. 중력에 맞서 언덕을 오르려면 에너지가 필요하고, 그러면 연료 소비가 증가하므로, 결국 돈이 더 들기 때문이다.

행성 간 여행도 대체로 비슷하다. 우주 공간을 여행하는 우주선을 상상해 보자. 우선 다음번에 어디로 갈 것인가는 지금 어디에 있는지, 얼마나 빨리 움직이는지, 어느 방향으로 가고 있는지에 달려 있다. 우주선의 위치를 특정하는 데는 수 3개가 필요하다. 예를 들어 지구를 기준으로 우주선의 방향을 나타내는 두 수(천문학자들은 적경과 적위를 사용하는데, 그 둘은 천구의 경도와 위도라고 보면 된다. 천구는 둥글게 보이는 하늘이다.), 그리고 지구로부터의 거리가 필요하다. 그 세 방향에서 우주선의 속도를 명확하게 하려면 수 3개가 더 필요하다. 그러므로 우주선은 2차원이 아니라 6차원의 수학적 풍경 속을 여행하는 셈이다.

자연 풍경은 평평하지 않다. 언덕과 골짜기가 있다. 기차는 언덕을 오를 때에는 에너지를 써야 하지만, 골짜기로 내려갈 때에는 에너지를 얻기도 한다. 사실, 거기에는 두 종류의 에너지가 작용하고 있다. 해발 고도는 기차의 위치 에너지를 결정하는데, 이는 중력에 거슬러서 행한 일을 말한다. 높이 올라갈수록 위치 에너지가 더 높아진다. 두 번째 종류는 운동 에너지인데, 이 에너지는 속력에 비례한다. 더 빨리 갈수록 운동 에너지는 더 높아진다. 기차가 언덕에서 내려가며 빨라질 때 기차의 위치 에너지는 운동 에너지로 바뀐다. 반대로 기차가 언덕을 올라가며 속력이 느려질 때 운동 에너지는 위치 에너지로 바뀐다. 총 에너지는 보존되므로 기차의 진행 경로는 에너지 경관(energy landscape) 속에서 등고선 비슷한 선을 그리게 된다. 그러나 기차에는 세 번째 에너지원으로 석탄, 디젤, 또는 전기 같은 연료가 있다. 이 연료를 소비함으로써 기차는 경사를 올라가거나 속도를 높여 자연적으로 달리는 경로에서 벗어날 수 있다. 총 에너지는 여전히 변하지 않지만 나머지는 전부 변할 수 있다.

우주선의 경우에도 거의 비슷하다. 태양, 행성들 외 태양계의 다른 천체들이 가진 중력장들이 중첩되면서 위치 에너지를 제공한다. 우주선의 속도는 운동 에너지에 상응한다. 그리고 우주선의 동력원(로켓 연료든 이온이든 광압이든)은 에너지를 보태 준다. 필요할 때마다 동력 장치를 가동시키거나 정지시킬 수 있다. 우주선이 따르는 경로는 에너지 경관에 있는 일종의 등고선이다. 그 경로에서 벗어나지 않는 한 총 에너지는 항상 일정하게 유지된다. 그리고 몇 가지 등고선들은 근처의 에너지 준위에 상응하는 튜브들로 둘러싸여 있다.

빅토리아 시대의 철도 공학자들은 지상의 풍경이 고유한 지형들을 가졌다는 사실도 알았다. 산봉우리, 골짜기, 능선 같은 그 지형들은 등고선의 전반적인 기하학적 골격을 형성하므로 철로의 효율적 경로에 큰 영향을 미친다. 예를 들어 산봉우리나 골짜기 근처의 등고선들은 폐곡선을 형성한다. 위치 에너지는 산봉우리에서 국지적으로 최고가 되며, 계곡에서는 국지적으로 최저가 된다. 능선에는 양쪽 특징이 혼합되어 있어서, 한쪽의 에너지는 높고 다른 쪽의 에너지는 낮다. 태양계의 에너지 경관 역시 이런 지형들을 지닌다. 가장 두드러지는 것은 행성들과 위성들인데, 그들은 마치 골짜기처럼 생긴 중력 우물(gravity well) 밑바닥에 자리하고 있다. 에너지 경관에서 그들과 똑같이 중요하지만 그만큼 두드러지지 않는 것으로는 산봉우리와 능선 들이 있다. 이 모든 지형들이 전반적 기하 구조를, 그리고 튜브를 만든다.

에너지 경관을 둘러보다 보면 매력적인 지형들도 발견할 수 있다. 그중에서도 특히 라그랑주 지점을 주목해야 한다. 지구와 달만으로 이루어진 계를 생각해 보자. 1772년에 조제프루이 라그랑주(Joseph-Louis Lagrange)는 두 물체 사이에는 언제나 중력과 원심력이 상쇄되는 지점이 정확히 다섯 군데 있음을 발견했다. 그중 세 지점은 지구와 달을 직선으로 연결한 선 위에 있다. 라그랑주 지점 1(L1)은 둘 사이에, 라그랑주 지점 2(L2)는 달 너머에, 라그랑주 지점 3(L3)은 지구 너머에 있었다. 이미 1750년에 스위스 수학자인 레온하르트 오일러(Leonhard Euler)가 이 사실을 발견했다. 하지만 '트로이 지점(Trojan point)'이라고 알려진 라그랑주 지점 4(L4)와 라그랑주 지점 5(L5)도 있는데, 이들은 달과 같은 궤도에 있지만 달보다 60도 앞과 60도 뒤에 있다. 달이 지구를 공전할 때, 라그랑주 지점들도 함께 공전한다. 지구/태양, 목성/태양, 타이탄/토성 같은 다른 물체들의 쌍에도 라그랑주 지점이 있다.

오래된 호만 전이 궤도는 이체계(two-body system)의 자연적 궤도인 원과 타원으로 구성된다. 튜브 기반의 새로운 경로는 태양/지구/우주선 같은 삼체계(three-body system)의 자연적 궤도들로 구성된다.

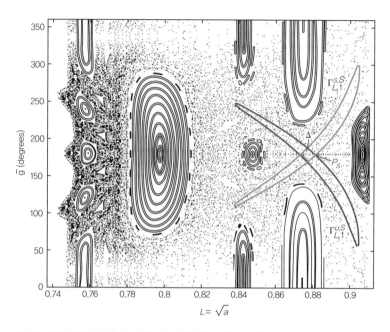

그림 16 목성 근처의 카오스. 이 그림은 궤도의 단면을 보여 준다. 중첩된 고리들은 준주기 궤도들이고 점들이 찍힌 영역은 카오스 궤도다. 오른쪽에 서로 교차하는 두 가느다란 고리들이 튜브의 단면이다.

산봉우리와 능선이 철로에 영향을 미치듯, 라그랑주 지점 또한 특별한 역할을 수행한다. 그것은 튜브들이 만나는 교차로다. 라그랑주 지점 1은 경로를 미묘하게 변화시키기에 아주 좋은 장소인데, 그 근처에서는 우주선의 동역학이 자연스럽게 카오스 동역학을 따르기 때문이다. (그림 16) 카오스에는 유용한 특성이 있다. (16장 참조) 그것은 바로 위치나 속력의 아주 작은 변화로도 궤도에 큰 변화를 줄 수 있다는 점이다. 그러니 연료 효율을 높이는 방식으로 우주선의 방향을 재설정하는 일은 아마 시간이 좀 걸리겠지만 어렵지는 않다.

이 생각을 처음으로 진지하게 받아들인 사람은 독일 수학자인 에드워드 벨브루노(Edward Belbruno)였다. 그는 1985년부터 1990년까지 제트 추진 연구소(Jet Propulsion Laboratory, JPL)에서 궤도 분석 업무를 했다. 그는 다체계(many-body system)에서 카오스 동역학이 혁신적인 저에너지 전이 궤도의 가능성을 제공함을 깨닫고 그 기술에 '퍼지 경계 이론(fuzzy boundary theory)'이라고 이름 붙였다. 1991년에 그는 자신의 발상을 실천에 옮겼다. 마침 일본의 탐사선 히텐(Hiten)이 달을 조사하는 임무를 완수하고 지구로 돌아오는 길이었다. 벨브루노는 연료 고갈에 개의치 않고 그것을 달로 다시 보내는 새로운 궤도를 설계했다. 히텐은 계획대로 달에 접근한 후, 라그랑주 지점 4와 라그랑주 지점 5를 방문해 거기에 머물러 있을지도 모르는 우주 먼지들을 탐사했다.

비슷한 방법이 1985년에 거의 멈춘 것이나 다름없었던 국제 태양/지구 탐사선인 ISEE-3를 자코비니-지너(Giacobini-Zinner) 혜성과 만나게 하는 일이나 태양풍의 표본을 가지고 돌아오려는 NASA의 제네시스 임무에 사용되었다. 수학자들과 공학자들은 그 방법을 거듭 사용하고 싶었을 뿐만 아니라 같은 종류의 다른 방법들도 찾아내고 싶어 했다. 즉 그 방법이 가능했던 이유를 찾아내려고 했던 것이다. 알고 보니 그 원인은 바로 튜브였다.

기저에 놓인 발상은 단순하지만 영리하다. 능선을 닮은 에너지 경관 위의 이 특별한 장소들은 그곳을 여행하려 하는 이들이 쉽게 피할 수 없는 병목을 만든다. 고대 인류는 능선을 따라 올라가려면 에너지가 들지만 다른 경로로 가려면 **더** 많은 에너지가 든다는 사실을 고생 끝에 배웠다. 완전히 다른 방향으로 산을 돌아가지 않는 한 말이다. 능선을 따라 올라가는 경로가 최악 중 최선이었다.

에너지 경관에서는 라그랑주 지점이 바로 그런 경로들 중 하나다. 안으로 들어오는 구체적인 경로들이 라그랑주 지점들과 관련되어 있다. 그들이 능선을 따라 올라가는 가장 효율적인 방법들인 셈이다. 마찬가지로 밖으로 나가는 구체적인 경로들도 있다. 이들은 산 능선을 따라 내려오는 자연적 경로들과 유사하다. 들어오고 나가는 이런 경로들을 정확히 따라가려면 그에 딱 맞는 속력으로 여행을 해야 하지만, 속력이 약간 다르더라도 여전히 그 근처에 머무를 수는 있다. 1960년대 후반, 벨브루노의 선구적인 연구를 따르던 미국의 수학자인 찰스 콘리(Charles Conley)와 리처드 맥기히(Richard McGehee)는 그 경로 각각이 서로 빽빽히 겹친 튜브들의 집합으로 둘러싸여 있음을 지적했다. 그 튜브 각각은 특정한 속력에 대응하며, 그 속력에서 멀어질수록 튜브는 넓어진다. 어떤 등고선 하나가 나타내는 높이는 일정하지만, 등고선마다 높이가 다르듯, 어떤 튜브의 넓이가 나타내는 총

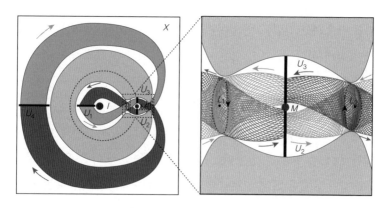

그림 17 목성 근처에서 만나는 튜브들. (왼쪽) 튜브들의 교차점을 확대한 모습. (오른쪽)

세계를 바꾼 17가지 방정식

에너지는 일정하지만, 그 값은 튜브마다 다르다.

효율적인 우주 탐사 계획을 세우려면 여러분이 가고 싶은 목적지와 관련이 있는 튜브가 어떤 것인지 알아내야 한다. 그러고 나서 안으로 들어가는 튜브 안에 우주선의 경로를 놓고, 우주선을 발진시킨다. 우주선이 연결된 라그랑주 지점에 도달하면 재빨리 엔진을 가동시켜 밖으로 나가는 튜브로 갈아탄다. (그림 17) 그 튜브는 자연스럽게 다음 교차점에서 안으로 들어가는 튜브와 만난다. 그럼 다시 엔진을 가동시켜 안으로 들어가는 튜브로 갈아타면 된다. 이런 식이다.

　이미 튜브를 이용한 미래의 우주 탐사 계획은 나오고 있다. 2000년에 쿤 왕 상(Koon Wang Sang), 마틴 로(Martin Lo), 제럴드 마스던(Jerrold Marsden), 셰인 로스(Shane Ross)가 목성의 위성들을 모두 돌아보는 "프티 그랑 투어(Petit Grand Tour)"의 경로를 찾아내기 위해 튜브 기술을 사용했다. 그 경로는 유로파의 궤도에 도착하는 것으로 끝이 나는데, 종래의 방법들로는 그렇게 하기가 매우 까다로웠다. 그 경로를 따라 가면 가니메데 근처에서 중력의 추진을 받아 튜브를 통해 유로파에 도착한다. 칼리스토를 거쳐 가면 에너지는 덜 들지만 경로는 더 복잡해졌다. 그러면 에너지 경관의 또 다른 특성인 궤도 공명과 마주치게 된다. 궤도 공명이란, 예를 들어 목성 주위를 두 번 도는 위성과 세 번 도는 위성이 있다고 하면, 두 위성의 상대적인 위치가 같아질 때 발생한다. 여기서 2나 3 대신 더 작은 수를 적용해도 된다. 이 경로는 목성과 세 위성, 그리고 우주선을 포함하는 오체 동역학(five-body dynamics)을 이용한다.

　2005년에 미하엘 델니츠(Michael Dellnitz), 올리버 융게(Oliver

Junge), 마르쿠스 포스트(Marcus Post), 비앙카 티에르(Bianca Thiere)는 튜브를 이용해 지구에서 금성까지 가는, 에너지 효율이 높은 우주 탐사 계획을 세웠다. 여기서 간선 도로 역할을 하는 튜브는 태양/지구의 라그랑주 지점 1에서 태양/금성의 라그랑주 지점 2를 잇는다. 비교하자면, 이 경로는 저추력 엔진을 이용하기 때문에 ESA가 금성 익스프레스 탐사(Venus Express mission)에 사용했던 연료의 3분의 1밖에 사용하지 않는다. 그 대신 탐사 기간이 150일에서 대략 650일로 늘어난다.

튜브는 더 멀리까지 영향력을 미칠 수도 있다. 델니츠는 미발표된 논문에 목성과 각 내행성들을 잇는 튜브들로 구성된 계가 있다는 증거를 발견했다고 썼다. 오늘날 '행성 간 초고속 도로(Interplanetary Superhighway)'라고 불리는 이 놀라운 구조는 오래전부터 태양계 행성들 중 우두머리로 알려졌던 목성이 천상의 중앙역 노릇도 해 왔다는 사실을 귀띔해 준다. 어쩌면 목성의 튜브들이 내행성들의 배치 간격을 결정하고, 태양계 전체를 조직한 것일지도 모른다.

왜 사람들은 자연의 튜브를 더 일찍 알아차리지 못했을까? 아주 최근까지 핵심적인 요소 두 가지가 부족했다. 하나는 다체 문제를 계산해 낼 수 있는 고성능 컴퓨터였다. 그 계산을 손으로 하기에는 너무 힘들었다. 그보다 더 중요한 다른 요소는 에너지 경관의 지형에 관한 깊은 수학적 이해였다. 현대 수학의 상상력이 거둔 승리라 할 이것이 없었다면, 애초에 컴퓨터가 계산할 거리조차 없었을 것이다. 아울러 뉴턴의 중력 법칙이 없었다면 이에 필요한 수학적 기법들도 결코 생기지 않았을 것이다.

5

오일러의 아름다운 선물

−1의 제곱근

$$i^2 = -1$$

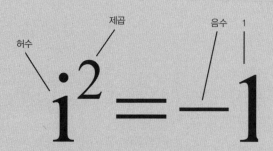

허수   제곱   음수   1

$$i^2 = -1$$

무엇을 말하는가?

말이 안 되어 보일지 몰라도, i의 제곱은 −1이다.

왜 중요한가?

복소수가 탄생해서 수학에서 가장 중요한 분야 중 하나인 복소 해석학이 발전할 수 있었다.

어디로 이어졌는가?

삼각 함수표를 더 쉽게 계산할 수 있게 되었을 뿐만 아니라, 거의 모든 수학이 복소 영역으로 일반화되었다. 파동, 열, 전기 및 자기 현상을 이해하는 한층 효과적인 방법들을 비롯해 양자 역학의 수학적 기초로도 이어졌다.

르네상스 시대에 이탈리아는 정치와 폭력의 온상이었다. 북부는 서로 전쟁을 벌이는 도시 국가 수십 곳으로 나뉘어 있었다. 그중에 밀라노, 피렌체, 피사, 제노바, 그리고 베네치아가 있었다. 남부에서는 교황과 신성 로마 제국 황제가 지배권을 놓고 전쟁을 벌이면서 교황파와 황제파가 갈등 중이었다. 용병들이 무리지어 방랑했고, 마을들은 쑥밭이 되고, 해안 도시들은 해전을 벌였다. 1454년에 밀라노, 나폴리, 피렌체가 로디 조약에 서명하면서 그 후 40년간 평화가 이어지지만, 교황권은 여전히 부패한 정치에 휘말려 있었다. 당시는 보르자 가문의 시대였다. 그 가문은 정치적, 종교적 권력을 추구하는 데 방해가 되는 모든 이를 독살하는 것으로 악명이 높았다. 하지만 때는 레오나르도 다 빈치(Reonardo da Vinci), 필리포 브루넬레스키(Filippo Brunelleschi), 피에로 델라 프란체스카(Piero della Francesca), 베첼리오 티치아노(Vecellio Tiziano), 틴토레토(Tintoretto)의 시대이기도 했다. 강한 호기심과 잔인한 살인을 배경으로, 오랫동안 유지되던 가정들에 의문이 제기되었다. 위대한 예술과 위대한 과학이 공존하고 함께 꽃을 피우며 서로를 양분 삼아 자랐다.

위대한 수학자들도 대거 출현했다. 1545년, 전문 도박사이자 수학자인 지롤라모 카르다노(Girolamo Cardano)는 대수학 교과서를 쓰던 중에 새로운 종류의 수를 맞닥뜨렸는데, 너무나 당황스러워서 그것을 "무용할 정도로 미묘하다."라고 언명하고 그 개념을 무시했다. 라파엘 봄벨리(Rafael Bombelli)는 카르다노의 대수학 책을 완벽하게 이해했지만, 그 설명이 좀 헷갈린다고 생각하고 자기가 더 잘 설명할 수 있겠다고 자신했다. 1572년 무렵, 그는 흥미로운 무언가를 발견했다. 비록 도저히 이해하기 힘든 이 새로운 수는 말이 안 되었지만, 그는 이 수를 대수학 계산에 사용해 맞는 답을 구할 수 있었다.

　수 세기 동안 수학자들은 이 '허수(imaginary number)'와 애증 관계였다. 그 수들은 오늘날에도 그렇게 불린다. 그 이름은 허수가 가진 양면적인 성질을 보여 준다. 대수학에서 일상적으로 마주치는 **실수(real number)**는 아니지만 여러 면에서 실수처럼 행동한다. 주요한 차이는 허수를 제곱하면 음수가 나온다는 것이다. 그런 일은 있어서는 안 되는 것이었다. 이제껏 제곱수는 늘 양수였기 때문이다.

　18세기에 가서야 수학자들은 허수가 무엇인지 알아냈고 19세기에 가서야 허수를 마음 편히 받아들이기 시작했다. 그렇지만 허수의 논리적 지위가 실수에 비견할 만큼 흠잡을 데 없게 되자 이미 허수는 수학과 과학 전반에 없어서는 안 될 존재가 되어 누구도 더는 그 의미를 묻지 않았다. 19세기 말과 20세기 초에 수학의 근간에 대한 관심이 되살아나면서 수 개념이 재고되었고, 고전적인 '진짜' 수, 즉 실수만큼이나 허수도 진짜 같았다. 논리적으로 그 두 종류의 수는 마치 『거울 나라의 앨리스(*Through the Looking Glass*)』에 등장하는 쌍둥이 트위들덤과 트위들디처럼 서로 똑같았다. 둘 다 인간 마음이 만들어 낸 구조물이고, 둘 다 자연의 양상을 (똑같게는 아니지만) 나타냈다. 하지만 그들은 다른 맥락에서 다른 방식으로 현실을 표상했다.

　20세기 후반에 허수는 모든 수학자들의 아주 기본적인 소지품이자, 모든 과학자들의 정신적 도구가 되었다. 허수는 양자 역학에 너무나 깊이 뿌리를 내려서, 마치 밧줄 없이는 알프스의 아이거 북벽을 오를 수 없듯 허수 없이는 물리학을 할 수 없다. 그런데도 학교에서는 허수를 거의 가르치지 않는다. 허수 계산은 꽤 쉽지만, 왜 허수가 공부할 가치가 있는지를 제대로 이해할 만큼 일반 학생들이 지식

　　　　　　　세계를 바꾼 17가지 방정식

을 갖추기란 쉽지 않다. 심지어 교육을 받은 성인들조차 양, 길이, 넓이, 금액을 나타내지 않는 수들에 이 사회가 얼마나 의존하고 있는지 거의 알지 못한다. 그렇지만 전기 조명에서 디지털 카메라까지 현대 기술 문명의 산물들은 그런 수들 없이 발명될 수 없었다.

잠시 핵심 질문을 되짚어보자. 왜 제곱수는 늘 양수일까?

방정식이 보통 그 안의 모든 수가 양수가 되도록 재정비되었던 르네상스 시대에는 이런 식으로 질문하지 않았을 터다. 그 대신 한 제곱수에 수를 하나 더하면 더 큰 수가 나와야 한다고 말했으리라. 이때 0은 나올 수 없다. 심지어 지금 우리가 하듯이 음수를 허용하더라도, 음수의 제곱은 여전히 양수여야 했다. 그 이유는 다음과 같다.

0을 제외한 실수는 양수이거나 음수다. 그렇지만 어떤 실수든 그 제곱수는, 부호에 상관없이 늘 양수다. 두 음수를 곱한 값 또한 양수이기 때문이다. 예컨대, 3×3과 -3×-3 둘 다 답은 9로 동일하다. 따라서 9의 제곱근은 3과 -3으로 **2개**다.

그렇다면 -9는 어떨까? 그 제곱근은 무엇일까?

없다.

이런 결과는 매우 불공평해 보인다. 양수는 제곱근을 2개나 가지면서 음수는 하나도 없다니 말이다. 두 음수를 곱하는 규칙을 바꾸고 싶은 유혹이 들 정도다. -3×-3=-9가 되도록 말이다. 그러면 음수와 양수는 각각 제곱근을 하나씩 얻을뿐더러 제곱근과 그 수의 부호가 동일해지므로 깔끔하게 끝난다. 그렇지만 이 솔깃한 논리를 좀 더 따라가면 뜻하지 않은 부작용이 생긴다. 바로 일반적인 대수 법칙들이 깨지고 마는 것이다. 일반적인 대수 법칙에 따르면 -9는 이미 3×-3으로 얻을 수 있다는 데 문제가 있다. 게다가 거의 모든 사람들이 그 사실을 만족스럽게 받아들이고 있다. 만약 우리가 -3×-3=-9라고 고집한다면 -3×-3=3×-3이 된다. 이것이 왜 문제인지는 몇 가지 방식으로 확인해 볼 수 있다. 가장 단순한 방법은 양변을 -3으로 나누는 것이다. 그러면 3=-3이 된다.

물론 여러분은 대수 법칙을 바꿀 수도 있다. 하지만 그렇게 하면 모든 것이 복잡해지고 난장판이 되어 버린다. 한층 창의적인 해결책은 대수 법칙을 유지하되, 실수 체계를 허수 체계로 확장하는 것이다. 놀랍게도 — 그리고 아무도 예상하지 못했겠지만, 그저 그 논리를 따라가기만 하면 — 이 대담한 조치는 아름답고 일관된 수 체계로 이어졌다. 쓰임새도 무수히 많았다. 이제 0을 제외한 모든 수가 서로 부호가 반대인 **2개**의 제곱근을 가진다. 이것은 새로운 종류의 수에서도 참이다. 그 체계를 한 번만 확장하면 충분하다. 이것이 명확해지기까지는 시간이 좀 걸렸지만, 돌이켜보면 어쩔 수 없었던 것처럼 보인다. 허수는 존재 자체가 불가능해 보였지만, 사라지려 하지 않았다. 아무리 말이 안 되는 것처럼 보여도 계속해서 계산에 등장했다. 가끔은 허수를 사용하면 계산이 간편해지기도 했고, 그 결과는 좀 더 포괄적이고 더 만족스러웠다. 허수를 이용해 얻었지만 허수를 포함하지는 않는 답을 독립적으로 증명할 때마다, 그것은 옳은 답으로 드러났다. 그렇지만 그 답이 허수를 직접 포함할 때에는 참임을 입증하는 것이 의미 없어 보였을 뿐만 아니라 종종 논리적 모순으로도 보였다. 그 수수께끼가 200년 동안 조용히 달아오르다가 마침내 터져 나왔을 때, 그 결과는 폭발적이었다.

세계를 바꾼 17가지 방정식

카르다노는 흔히 '도박꾼 학자(gambling scholar)'로 알려져 있다. 두 활동 모두 그의 삶에서 중요한 역할을 했기 때문이다. 그는 천재이자 불한당이었다. 그의 삶은 잇따른 매우 높은 고점들과 매우 낮은 저점들로 갈피를 잡기 어렵다. 어머니는 그를 낙태하려 했고, 그의 아들은 자기 아내를 살해한 죄로 목이 잘렸다. 그리고 카르다노 본인은 가산을 도박으로 날려 버렸다. 그는 예수의 별자리 점을 쳤다가 이단으로 기소당했다. 그렇지만 동시에 그는 파도바 대학교의 학장이 되었고, 밀라노의 물리학 협회 회원으로 선출되었으며, 세인트 앤드루스 대주교의 천식을 치료해 주어 금화 2000개를 받기도 했다. 그리고 교황 그레고리우스 13세가 주는 연금을 받았다. 그는 자이로스코프(나침반이나 크로노미터의 수평을 유지하는 장치. — 옮긴이)를 고정시켜 주는 자물쇠와 짐벌의 혼합체를 발명하기도 했고 책도 여러 권 썼다. 그중에는 『내 인생의 책(De Vita Propria)』이라는 독특한 자서전도 있었다. 한편 우리 이야기와 관련이 있는 책은 1545년의 『아르스 마그나(Ars Magna)』이다. 그 제목은 '위대한 기예'라는 뜻으로 대수학을 가리킨다. 그 책에서 카르다노는 당대에 가장 선진적인 대수학 사상들을 집대성했는데, 그중에는 방정식을 푸는 새롭고 극적인 방법들이 있었다. 일부는 그의 학생들이 발명한 것이었고, 일부는 논쟁을 벌이고 있던 다른 경쟁자들로부터 얻은 것이었다.

학교 수학에서 가르치는 친숙한 의미로 볼 때, 대수학은 수를 상징적으로 나타내는 체계라 할 수 있다. 그 뿌리는 250년경의 그리스인 디오판토스(Diophantos)로 거슬러 올라간다. 그의 『산수론(Arithmetica)』은 기호들을 사용해 방정식을 푸는 방법들을 설명하고 있다. 그 풀이의 대부분은 일반 언어로 이루어져 있다. "합이 10이고

표 1 대수학 표기법의 발달.

연도	저자	표기
기원전 250년	디오판토스	$\Delta^Y a\varsigma\beta M\overset{\circ}{y}$
기원전 825년	알콰리즈미	*power plus twice side plus three* (아랍 어)
1545년	카르다노	*square plus twice side plus three* (이탈리아 어)
1572년	봄벨리	$3p\cdot2\overset{\underline{1}}{} \ p\cdot1\overset{\underline{2}}{}$
1585년	스테빈	$3+2^{①}+1^{②}$
1591년	비에트	*x* quadr.+*x*2+3
1637년	데카르트, 가우스	*xx*+2*x*+3
1670년	바셰 드 메지리아크	$Q+2N+3$
1765년	오일러, 현대	x^2+2x+3

곱이 24인 두 수를 찾아라." 그렇지만 디오판토스는 방정식의 해(여기서는 4와 6)를 찾는 과정들을 여러 기호들로 나타냈다. 그 기호들(표 1)은 오늘날 우리가 사용하는 기호들과 매우 달랐고, 대부분이 축약형이었지만 그것이 시작이었다. 카르다노는 주로 일반 언어를 사용했으며 몇몇 근호 부호를 사용하기도 했는데, 그 기호들 역시 현재 쓰는 것들과 거의 닮지 않았다. 후세의 수학자들은 다소 우연에 의해 오늘날과 같은 표기법으로 나아갔는데, 그 대부분은 오일러가 쓴 수많은 교과서들에서 표준화되었다. 그러나 가우스는 1800년대까지도 x^2 대신에 *xx*를 사용했다.

『아르스 마그나』의 가장 중요한 주제들 중 하나는 3차 방정식과 4차 방정식을 푸는 새로운 방법이었다. 이들은 우리가 대개 학교 대수학에서 만나게 되는 2차 방정식과 비슷하지만 더 복잡하다. 2차 방정식은 보통 *x*로 표시되는 알려지지 않은 수에 관련된 수학식을 말

세계를 바꾼 17가지 방정식

한다. 그리고 그 제곱은 x^2으로 표기된다. '2차'라는 뜻의 'quadratic'
은 '제곱'을 의미하는 라틴 어인 '$quadrātum$'에서 나왔다. 2차 방정
식의 전형적인 예는 다음과 같다.

$$x^2-5x+6=0$$

말로 풀어쓰자면 "미지수를 제곱한 것에서 그 미지수에 5를 곱한 것
을 빼고 6을 더하면 결과는 0이다."라는 뜻이다. 미지수가 든 방정식
이 주어지면, 우리가 할 일은 그 방정식을 푸는 것, 즉 방정식을 참으
로 만드는 미지수의 값 하나 또는 몇 개를 찾는 것이다.

무작위로 선택된 x에 대해 이 방정식은 대개 거짓이 된다. 예를
들어 우리가 $x=1$을 가지고 해 보면, $x^2-5x+6=1-5+6=2$이므로 0이
아니다. 그렇지만 어떤 x에 대해서 방정식은 참이 된다. 예를 들어
$x=2$일 때 $x^2-5x+6=4-10+6=0$이다. 게다가 이것이 **유일한** 해는 아
니다! $x=3$일 때도 $x^2-5x+6=9-15+6=0$이 된다. 우리는 이 방정식에
서 $x=2$와 $x=3$인 두 해가 있고, 그 외의 해는 없음을 알 수 있다. 실
수 체계 안에서 2차 방정식의 해는 하나거나 둘일 수도 있고 아예 없
을 수도 있다. 예를 들어 $x^2-2x+1=0$은 답이 $x=1$뿐이고 $x^2+1=0$은
실수 해가 없다.

카르다노의 책은 x와 x^2과 더불어 미지수의 세제곱인 x^3을 포함
하는 3차 방정식뿐만 아니라 x^4까지 등장하는 4차 방정식을 푸는 방
법도 제공한다. 대수학은 무척 복잡해진다. 아무리 현대의 대수학 기
호들을 써서 그 답을 도출한다고 해도 종이 한두 장이 필요하다. 카
르다노는 x^5이 등장하는 5차 방정식까지는 다루지 않았는데, 어떻게

풀어야 할지 몰랐기 때문이다. 한참 후에 (카르다노가 원했을) 풀이는 존재하지 않는다는 것이 입증되었다. 즉 어떤 유형의 5차 방정식이든 아주 정확한 해를 구할 수는 있지만, 그것의 해를 구하는 일반 **공식**은 없다. 특별히 새로운 기호들을 발명하지 않는 한 말이다.

이제 몇 가지 대수학 공식들을 여기에 적어 보겠다. 이 장의 주제는 우리가 피하지 않아야 더 잘 이해될 것이기 때문이다. 여러분이 세부 사항을 다 이해할 필요는 없지만 일단은 모든 것을 다 보여 주겠다. a와 b라는 기지수를 포함하는 $x^3 + ax + b = 0$이 있을 때, 이 3차 방정식에 대한 카르다노의 해법을 현대의 기호로 나타내면 다음과 같다. (x^2이 존재한다면, 적절한 방법으로 그것을 제거한다. 그러므로 이 사례는 실제로 모든 경우를 다룬다.)

$$ x = \sqrt[3]{-\frac{b}{2} + \sqrt{\frac{b^2}{4} + \frac{a^3}{27}}} + \sqrt[3]{-\frac{b}{2} - \sqrt{\frac{b^2}{4} + \frac{a^3}{27}}} $$

좀 어려워 보일 수도 있지만, 이 식은 다른 대수학 공식들에 비하면 훨씬 간단한 편이다. 이 식은 우리에게 미지수를 어떻게 b의 제곱과 a의 세제곱을 이용해 계산할 수 있는지를 말해 준다. 몇몇 분수를 더하고 제곱근($\sqrt{}$) 2개와 세제곱근($\sqrt[3]{}$) 2개를 사용해서 말이다. 참고로 한 수의 세제곱근은 그 수를 얻기 위해 세제곱해야 하는 모든 수를 말한다.

3차 방정식 풀이가 발견된 것은 적어도 세 수학자와 관련이 있는데, 그중 한 사람은 카르다노가 자기 비밀을 밝히지 않겠다고 약속해 놓고 어겼다며 비통하게 불만을 토로했다. 그 이야기는 꽤 매혹적이지만 좀 복잡해서 여기에 싣지는 않겠다.[1] 4차 방정식은 카르다노의 제자인 루도비코 페라리(Lodovico Ferrari)가 풀었다. 훨씬 더 복잡한 4차 방정식의 풀이 공식은 여기서 다루지 않겠다.

『아르스 마그나』에 보고된 그 결과는 수학적 승리, 1000년에 걸친 이야기의 정점이다. 바빌로니아 인들은 기원전 1500년경, 어쩌면 그전부터 4차 방정식의 해법을 알았다. 고대 그리스 인들과 오마르 하이얌(Omar Khayyam)은 3차 방정식을 푸는 기하학적 방법을 알았다. 하지만 4차 방정식은 고사하고 3차 방정식의 대수학적 풀이는 전례가 없었다. 수학자들은 단박에 고대의 선배들을 앞질렀다.

그런데 한 가지 사소하지만 곤란한 문제가 있었다. 카르다노는 그것을 알아차렸고, 몇몇 사람들은 그것을 해결하려고 시도했지만, 모두 실패했다. 카르다노의 공식은 놀라운 효과를 발휘하기도 하고, 델피의 신탁 못지않게 알쏭달쏭하기도 했다. 카르다노의 공식을 $x^3 - 15x - 4 = 0$에 적용해 보자. 그러면 답은 다음과 같다.

$$x = \sqrt[3]{2 + \sqrt{-121}} + \sqrt[3]{2 - \sqrt{-121}}$$

하지만 -121은 음수이므로 제곱근이 없다. 더 이상한 일은, $x = 4$라는 옳은 해가 분명 존재한다는 것이다. 카르다노의 공식으로는 그 해를 얻을 수 없다.

1572년에 봄벨리가 『대수학(L'Algebra)』을 출간했을 때 한 줄기 서광이 비쳤다. 그의 주된 의도는 카르다노의 책 내용을 명확히 하는 것이었지만, 이 곤란한 문제에 맞닥뜨렸을 때 봄벨리는 카르다노가 놓친 것 하나를 짚어 냈다. 그 기호가 무엇을 의미하는지를 무시하고 그저 일상적인 계산 과정을 따라간다면, 일반적인 대수 법칙은 다음 결과를 보여 줄 것이다.

$$(2+\sqrt{-1})^3 = 2+\sqrt{-121}$$

따라서 여러분은 다음과 같이 쓸 수 있다.

$$\sqrt[3]{2+\sqrt{-121}} = 2+\sqrt{-1}$$

마찬가지로 다음도 성립된다.

$$\sqrt[3]{2-\sqrt{-121}} = 2-\sqrt{-1}$$

이제 카르다노를 당황하게 했던 그 공식은 다음과 같이 고쳐 쓸 수 있다.

$$(2+\sqrt{-1}) + (2-\sqrt{-1})$$

이는 4와 동일한데, 골치 아픈 제곱근들이 제거되기 때문이다. 봄벨리의 말이 안 되는 계산이 **옳은 답을 낸 것이다.** 게다가 그 답은 완벽한 실수였다.

　음수의 제곱근은 말이 되지 않는 것이 분명한데도, 일단 말이 된다고 치면 타당한 대답으로 이어졌다. 왜일까?

이 질문에 답하기 위해 수학자들은 음수의 제곱근을 인지하는 방법, 그리고 그것들을 가지고 계산하는 방식들을 개발해야 했다. 데카르트와 뉴턴을 포함한 초기 연구자들은 이 '상상의 수'를 문제에 답이 없음을 알려 주는 신호로 해석했다. 제곱이 -1이 되는 수를 찾으려 한다면, 공식적 해인 '-1의 제곱근'은 허수였고, 그런 해는 존재하지 않았다. 그렇지만 봄벨리의 계산은 허수에 그보다 더 많은 것이 있음을 암시했다. 허수는 해를 **찾는** 데 이용할 수 있었다. 즉 실제 **존재하는** 해들을 구하는 과정의 일부로 등장했다.

라이프니츠는 허수의 중요성에 관해 의심을 품지 않았다. 그는 1702년에 "신은 그 분석의 경이에서, 그 이상향의 길목에서, 존재의 세계와 비존재의 세계 사이에서 아주 멋진 수단을 찾아냈으니 그것이 바로 허근이라는 것이다."라고 썼다. 그렇지만 그의 유려한 언어도 근본적 문제를 가리지는 못했다. 그는 허수가 실제로 무엇인지 전혀 알지 못했다.

말이 되는 복소수(실수와 허수로 구성된 수 체계. — 옮긴이) 표기를 떠올린 최초의 인물은 월리스다. 실수가 자 위에 찍은 점들처럼 선을 따라 늘어서 있다는 개념은 이미 널리 알려져 있었다. 1673년에 월리스는 복소수인 $x+iy$를 평면 위의 한 점으로 여기자고 제안했다. 평면 위에 한 선을 그리고, 이 선 위에 있는 점들이 실수들이라고 해 보자. 그다음에 $x+iy$를 x라는 점에서 x가 있는 선에서 수직으로 y라는 거리만큼 떨어진 점으로 생각해 보자.

월리스의 발상은 대체로 무시되거나, 더 심한 경우에는 비판을 받았다. 프랑수아 다비에 드 퐁세네(François Daviet de Foncenex)는 1758년에 허수에 관한 글을 쓰면서, 허수를 실수 선과 직각을 이루는 선 위의 수들로 보는 것은 무의미하다고 말했다. 그렇지만 그 생각은 결국

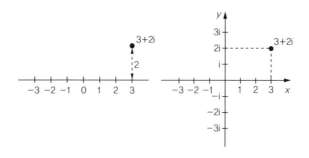

그림 18 복소 평면. 왼쪽은 윌리스의 그림이고, 오른쪽은 베셀, 아르강, 가우스의 그림이다.

약간 더 명쾌한 형태로 되살아났다. 사실, 몇 년 간격으로 그림 18과 같은 복소수 표기법을 각자 만들어 낸 세 사람이 있었다. 한 사람은 노르웨이 측량사였고, 한 사람은 프랑스 수학자였으며, 한 사람은 독일 수학자였다. 카스파르 베셀(Caspar Wessel)은 1797년에, 장로베르 아르강(Jean-Robert Argand)은 1806년에, 가우스는 1811년에 각각 그 것을 처음 발표했다. 그들은 기본적으로 윌리스와 같은 이야기를 했지만, 그 그림에 선을 하나 더 덧붙였는데, 실수축에 직각으로 교차하는 허수축이었다. 이 축을 따라 허수인 i, 2i, 3i 등이 있었다. 3+2i 같은 일반적인 복소수는 평면에 있는데, 실수축을 따라서는 세 눈금, 그리고 허수축을 따라서는 두 눈금만큼 떨어져 있었다.

이런 기하학적 표시는 모두 아주 그럴싸했지만, 왜 복소수들이 논리적으로 일관된 체계인지는 설명해 주지 못했다. 또한 어떤 의미에서 복소수들이 **수**인지도 말해 주지 않았다. 그저 복소수들을 시각화하는 한 방식을 제공했을 뿐이었다. 직선의 그림만으로 실수를 정의하지 못하는 것처럼 이것만으로는 복소수가 무엇인지를 정의할 수 없었다. 단지 말이 안 되는 허수들과 실제 세계를 조금 인위적으로

세계를 바꾼 17가지 방정식

연결함으로써 일종의 심리적 안정감을 얻었을 뿐이었다.

수학자들이 허수를 진지하게 받아들이게 만든 것은 허수가 무엇인가 하는 논리적 설명이 아니라, 허수가 유용하다는 압도적인 증거였다. 허수를 가지고 문제를 풀어서 매번 옳은 답을 얻을 수 있다면, 굳이 허수의 철학적 기반에 관해 어려운 질문을 던질 필요가 없어진다. 근본적인 질문들은 여전히 흥미로울 수 있다. 하지만 그 문제는 새로운 아이디어로 고금의 문제들을 풀어야 하는 현실적인 과제 뒤편으로 밀려난다.

허수와 허수가 낳은 복소수 체계는 몇몇 선구자들이 복소 해석학(complex analysis)으로 발전시켜 나가면서 수학에서 자리를 굳혔다. 복소 해석학은 실수 대신 허수를 사용하는 미적분(3장 참조)이었다. 첫 단계는 거듭제곱, 로그, 지수, 삼각 함수 같은 모든 일상적인 함수들을 복소 영역으로 확장하는 것이었다. $z=x+iy$일 때 $\sin z$는 무엇일까? e^z이나 $\log z$는 무엇일까?

논리적으로 이런 것들은 우리가 원하기만 하면 뭐든 될 수 있다. 우리는 종래의 생각들이 들어맞지 않는 새로운 영역에서 일하고 있다. 예를 들어 길이가 복소수인 변을 가진 직각삼각형을 떠올리는 것은 그다지 말이 되지 않는다. 그래서 사인 함수의 기하학적 정의는 여기서는 별 의미가 없다. 우리가 마음을 다잡고, $\sin z$에서 z가 실수일 때는 그 평소의 값을 가지지만, z가 실수가 아닐 때는 42라고 말해 버리면 그것으로 끝이다. 하지만 그것은 무척이나 바보 같은 정의다. 부정확해서가 아니라, 실수 체계 내에서의 원래 수와 의미 있는 관련성을 갖지 못하기 때문이다. 정의를 확장하려면, 그것을 실수에 적용해도 여전히 말이 되어야 한다. 그것만이 충분 조건인 것은 아니다. 그것은 앞에서 내가 한 실없는 짓에도 참이어야 한다. 또한 새로운 개념은 종래의 개념이 갖는 특징들을 가능한 한 많이 가져야 한다. 다시 말해, 그것은 어떻게든 '자연적'이어야 한다.

우리는 사인 함수와 코사인 함수의 어떤 성질들을 보존할 것인가? 아마도 $\sin 2z = 2\sin z \cos z$ 같은 예쁘장한 삼각 함수 공식들이 계속 유효하기를 바랄 것이다. 하지만 이런 생각은 제약을 낳을 뿐 도움이 안 된다. 해석학(미적분의 엄격한 공식화)을 통해 도출된 한층 흥미로운 성질은 무한 급수의 존재다.

$$\sin z = z - \frac{z^3}{1\cdot2\cdot3} + \frac{z^5}{1\cdot2\cdot3\cdot4\cdot5} - \frac{z^7}{1\cdot2\cdot3\cdot4\cdot5\cdot6\cdot7} + \cdots$$

(이러한 무한 급수의 합은, 항의 수가 한없이 늘어나는 부분합 수열의 극한으로 정의된다.) 코사인 함수에도 이와 비슷한 급수가 있다.

$$\cos z = 1 - \frac{z^2}{1\cdot2} + \frac{z^4}{1\cdot2\cdot3\cdot4} - \frac{z^6}{1\cdot2\cdot3\cdot4\cdot5\cdot6} + \cdots$$

그리고 두 급수는 지수의 급수라는 측면에서 눈에 띄는 관련성을 보여 준다.

$$e^z = 1 + z + \frac{z^2}{1\cdot2} + \frac{z^3}{1\cdot2\cdot3} + \frac{z^4}{1\cdot2\cdot3\cdot4} + \cdots$$

이 급수들은 복잡해 보이지만 복소수 체계 내에서도 성립한다는 아주 매력적인 특성을 갖고 있다. 이와 관련된 것은 거듭제곱(곱셈을 반복해서 얻는 것)과 수렴(무한 급수의 합이라는 생각을 타당하게 만들어 주는 것)이라는 기술이다. 둘 다 본래의 성질을 유지한 채 복소 영역으로 확장된다. 그러므로 우리는 실수 체계에서 통하는 동일한 급수들을 사용해 복소수의 사인 함수와 코사인 함수를 정의할 수 있다.

삼각 함수의 모든 일반 공식들이 이 급수들의 결과이므로, 그 공식들 역시 자동으로 딸려간다. '사인의 파생물은 코사인이다.'와 같은 미적분의 기본적 사실들도 그렇다. $e^{z+w} = e^z e^w$ 도 마찬가지다. 이 모든 것이 순조롭게 진행되자 수학자들은 급수의 정의에 만족스럽게 정착했다. 그리고 나니 많은 것들이 필연적으로 그것과 맞아떨어졌다. 직관을 따르면, 그것이 어디로 이어지는지 알게 된다.

예를 들어 그 세 급수는 무척 비슷해 보인다. 사실 z 대신 iz를 지수 함수의 급수에 사용하면 여러분은 거기서 나오는 급수를 두 부분으로 쪼갤 수 있다. 그러면 여러분은 정확히 사인 급수와 코사인 급수를 얻을 것이다. 그러니 그 급수의 정의에는 다음 식들이 포함된다.

$$e^{iz} = \cos z + i \sin z$$

여러분은 또한 사인 함수와 코사인 함수 양쪽을 지수 함수로도 나타낼 수 있다.

$$\cos z = \frac{e^{iz} + e^{-iz}}{2} \qquad \sin z = \frac{e^{iz} - e^{-iz}}{2i}$$

이 숨겨진 관계는 특히 아름답다. 그렇지만 여러분이 실수의 영역에만 머물렀다면 절대로 그와 같은 것이 존재한다는 생각조차 하지 못했을 것이다. 삼각 함수 공식들과 지수 공식들 사이의 흥미로운 유사성들(예를 들어 그들의 무한 급수)은 그냥 제자리에 머물러 있었을 것이다. 복소수를 통해서 보면 모든 것이 갑자기 딱딱 맞아떨어진다.

수학 전체에서 가장 아름답되 수수께끼 같은 한 가지 방정식은 거의 우연히 등장했다. 삼각 급수에서 z라는 수(실수일 때)는 반드시 라디안(radian, 호도)으로 측정된다. 360도인 원은 2π라디안이 된다. 특히 180도는 π라디안이다. 게다가 $\sin \pi = 0$이고 $\cos \pi = -1$이다. 따라서 다음 식이 성립한다.

$$e^{i\pi} = \cos \pi + i \sin \pi = -1$$

허수 i는 수학에서 가장 놀라운 두 수인 e와 π를 하나로 연결하는 아름다운 방정식을 낳는다. 여러분이 전에 이것을 본 적이 없다면, 그리고 조금이라도 수학적 감각이 있다면, 모골이 송연해지고 등골에 소름이 돋을 것이다. 이 식이 바로 수학에서 가장 아름다운 방정식을 선정할 때마다 매번 상위권을 차지하는 오일러 방정식이다. 이는 **가장** 아름다운 방정식이라는 뜻이 아니라 많은 수학자들이 매우 **높게** 평가하는 방정식이라는 뜻이다.

복소 함수들로 무장하고 그 함수들의 특성을 파악한 19세기 수학자들은 무언가 놀라운 것을 발견했고, 그것들을 이용해 수리 물리학의 미분 방정식을 풀 수 있었다. 그 방법은 정전기, 자기, 유체의 흐름에 적용되었을 뿐만 아니라 **쉬웠다.**

3장에서 우리는 함수를 이야기했다. 함수란 어떤 주어진 수를 그 제곱이나 사인값 같은 수에 대응시키는 수학 규칙이다. 복소 함수도 똑같이 정의된다. 단 그 수에 복소수가 포함될 뿐이다. 미분 방정식을 푸는 방법은 콧노래가 나올 정도로 단순해졌다. 여러분이 해야 할 일은 그저 몇 가지 복소 함수를 가져다 그것을 $f(z)$라고 부르고, 실수 부분과 허수 부분으로 쪼개는 것뿐이다.

$$f(z) = u(z) + iv(z)$$

이제 여러분에게는 **실수값**을 가지면서 복소 평면의 z를 정의역으로 갖는 함수인 u와 v가 생겼다. 게다가 여러분이 어떤 함수로 시작하든 이 두 성분 함수(component function)는 물리학에서 발견되는 미분 방정식을 만족시킨다. 예를 들어 유체의 흐름에 대한 해석에서 u와 v는 유선(流線, flow-lines)을 결정한다. 전기적 해석에서 두 함수는 전기장과 전하를 띤 조그만 입자의 운동을 결정한다. 자기적 해석에서 그들은 자기장과 자기력선들을 결정한다.

간단한 한 예로 막대자석을 보자. 여러분은 대개 종이 밑에 자석을 놓고 그 위에 철가루를 뿌리는 유명한 실험을 기억할 것이다. 철가루들은 저절로 줄을 서서 자석과 관련된 자기력선들을 나타낸다. 자기장 안에 조그만 실험 자석을 놓으면 그 경로를 따른다. 그 곡

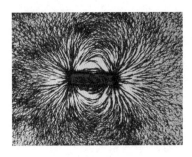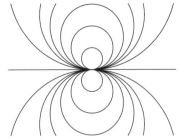

그림 19 막대자석의 자기장. (왼쪽) 복소 해석을 이용해 도출한 장. (오른쪽)

선은 그림 19 왼쪽과 같이 나타난다.

복소 함수를 이용해 이 그림을 얻으려면 우리는 그저 $f(z) = 1/z$ 이라고 하면 된다. 그 힘의 선들은 그림 19 오른쪽에서 보듯이 실수축에 대해 접하는 원형 곡선들을 그리게 된다. 이것은 아주 작은 막대자석이 만드는 자기력선의 모양이다. 일정한 크기의 자석이 그리는 자기력선을 그리려면 좀 더 복잡한 함수가 필요하다. 나는 설명을 전체적으로 가능한 한 단순하게 만들려고 이 함수를 택했다.

이것은 놀라웠다. 작업에 사용할 함수는 끝도 없었다. 어떤 함수를 택할지를 결정하고, 그 함수의 실수 부분과 허수 부분을 찾아내고, 그들의 기하 구조를 알아낸다. …… 그러면 아아, 보라, 자기나 전기, 또는 유체의 흐름에 관한 문제가 풀린다. 경험이 쌓이면서 어떤 문제를 풀 때 어떤 함수를 이용해야 하는지도 곧 알게 되었다. 로그는 점광원에, 음수 로그는 마치 부엌 싱크대의 수채 구멍처럼 유체가 빨려 들어가는 구멍에, 허수에 로그를 곱한 것은 유체가 빙빙 도는 점 소용돌이에 쓰였다. …… 마법이었다! 허수가 없었더라면 불투명했을 문제들에 대한 해결책이 차례로 등장했다. 게다가 그것은 성

세계를 바꾼 17가지 방정식

공을 보장했다. 복소 해석 어쩌고저쩌고 하는 그 복잡한 이야기들이 걱정이라면, 여러분은 얻은 결과가 진짜 답인지를 직접 확인해 볼 수도 있었다.

이것은 그저 시작일 뿐이었다. 이런 특별한 풀이들과 더불어 일반 원리들, 즉 물리학 법칙의 숨겨진 패턴들도 입증할 수 있었다. 파동을 분석하고 미분 방정식을 풀 수 있었다. 복소수를 포함하는 방정식을 이용하면 어떤 모양들을 다른 모양들로 바꿀 수도 있었고, 같은 방정식으로 물체 주변에 있는 유체의 선들을 변화시킬 수도 있었다. 그런 방법은 평면의 계에서만 가능했는데, 평면이 복소수가 자연적으로 사는 곳이었기 때문이었다. 하지만 이전에는 평면 위의 문제들조차 다루지 못했으니, 그 방법은 하늘이 내린 선물이었다. 오늘날, 모든 공학자는 대학 교육의 초급 과정에 복소 해석을 이용해 현실의 문제들을 푸는 법을 배운다. 주콥스키 변형인 $z+1/z$은 원을 항공기 날개의 단면 형상인 에어포일(airfoil)로 바꾼다. (그림 20) 따라서 그것은 원을 지나는 유체의 흐름을 에어포일을 지나는 유체의 흐름으로

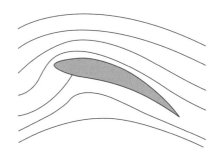

그림 20 주콥스키 변형에서 도출된 날개를 지나는 유체의 흐름.

바꾸는데, 그 분야의 전문 지식을 아는 사람이라면 쉽게 구할 수 있다. 이런 계산들을 비롯해 실제 문제들을 개선해 내는 것이 항공 역학과 항공기 설계 초창기에 중요했다.

이 실용적 경험의 풍요로움은 근본적 문제들을 고려할 가치가 없게 만들었다. 왜 굳이 받은 선물에 대해 트집을 잡으려고 하겠는가? 복소수에는 합리적인 의미가 있는 것이 틀림없었다. 그렇지 않다면 작동하지 않았을 테니 말이다. 대다수 과학자와 수학자들은 황금이 어디서 나왔는지, 그리고 무엇이 황금을 황철광과 구분해 주는지를 찾기보다 황금을 파내는 데 훨씬 더 관심이 많았다. 그렇지만 유달리 고집 센 몇 사람이 있었다. 마침내 아일랜드 수학자인 윌리엄 로언 해밀턴(William Rowan Hamilton)이 그 모두에게 충격을 줄 만한 업적을 이룩했다. 그는 베셀, 아르강, 가우스가 제시한 기하학적 표현들을 좌표로 나타냈다. 이제 복소수 하나는 실수 쌍인 (x, y)가 되었다. 실수는 $(x, 0)$의 형태였다. 허수 i는 $(0, 1)$이었다. 이런 쌍들을 더하고 곱하는 간단한 공식들이 있었다. $ab = ba$ 같은 교환 법칙을 비롯해 대수 법칙이 지켜질지 걱정이라면, 여러분은 일반적인 방법으로 좌푯값을 계산해서 동일한지 확인해 보면 된다. (그 결과는 동일했다.) 여러분이 $(x, 0)$을 단순히 x와 동일시하게 되었다면, 여러분은 복소수 체계에 실수를 도입한 것이다. 더욱 좋은 것은, $x+iy$는 이제 (x, y)로 작동했다.

이것은 그저 표상이 아니라 **정의**였다. 해밀턴의 말에 따르면, 복소수는 그저 평범한 실수 쌍일 뿐이었다. 이렇게 정의하고 나니 그들을 더하고 곱할 수 있게 되었다. 실제로 허수란 무엇인가는 옛날 이야기가 되었다. 마법을 만드는 것은 허수를 사용하는 방법이었다. 이

　　　　　　　　　　　　　세계를 바꾼 17가지 방정식

간단하지만 천재적 술수로, 해밀턴은 수 세기의 뜨거운 논쟁과 철학적 논박들을 단박에 끝내 버렸다. 하지만 그무렵, 수학자들은 복소수와 복소 함수를 사용하는 데 이미 너무 익숙해져 있어서 아무도 신경쓰지 않았다. 해야 할 일은 그저 $i^2 = -1$임을 기억하는 것뿐이다.

6

세상의 모든 매듭

오일러의 다면체 공식

$$F - E + V = 2$$

면의 수　　　모서리의 수　　　꼭짓점의 수

$$F - E + V = 2$$

무엇을 말하는가?

다면체의 면, 모서리, 꼭짓점의 개수는 서로 무관하지 않으며, 그들 사이에는 단순한 관계가 성립한다.

왜 중요한가?

최초의 위상 불변량을 이용해 서로 다른 위상을 가진 다면체들을 구분할 수 있게 되었다. 이를 토대로 좀 더 일반적이면서도 강력한 수학적 기법을 가진, 새로운 수학 분야가 탄생했다.

어디로 이어졌는가?

순수 수학에서 가장 중요하고도 강력한 분야에 속하는 위상 수학으로 이어졌다. 위상 수학은 연속적인 변형에도 변하지 않는 기하학적 성질들을 연구하는 학문이다. 그 예로는 곡면, 매듭, 고리가 있다. 응용은 대개 간접적으로 이루어지지만, 그 밑바탕에서 이 공식은 엄청난 영향력을 발휘한다. 덕분에 우리는 효소가 세포의 DNA에서 어떻게 작용하는지, 왜 천체들의 움직임이 카오스적일 수 있는지 등을 이해할 수 있게 되었다.

19세기 말 수학자들은 새로운 종류의 기하학을 발전시키기 시작했다. 길이와 각도 같은 친숙한 개념들이 아무런 역할도 하지 않고, 삼각형과 정사각형과 원 들 사이에 어떤 구분도 만들어지지 않는 기하학이었다. 처음에 그것은 **위치 해석**(analysis situs)이라고 불렸다. 하지만 수학자들은 재빨리 **위상 수학**(topology)이라는 이름에 정착했다.

위상 수학은 데카르트가 1639년에 에우클레이데스의 다섯 가지 정다면체에 관해 생각하다가 알아차린 흥미로운 패턴에 뿌리를 두고 있다. 데카르트는 프랑스 태생의 박식가인데 생애 대부분을 현대의 네덜란드에 해당하는 네덜란드 7개주 연합 공화국에서 보냈다. 그는 주로 철학 분야에서 명성을 얻었고, 오랫동안 서구 철학의 큰 부분이 데카르트에 대한 응답으로 이루어질 정도로 큰 영향을 미쳤다. 여러분이 항상 그의 주장에 동의하지는 않겠지만, 그럼에도 그의 주장에서 자극을 받은 적은 있을 것이다. "코기토 에르고 숨(*cogito ergo sum*)", 즉 "나는 생각한다. 고로 존재한다." 같은 그의 인상적인 격언은 문화적으로 널리 통용되었다. 그렇지만 데카르트는 철학을 넘어 과학과 수학에도 관심이 많았다.

1639년에 데카르트는 정다면체가 가진 흥미로운 패턴을 알아차렸다. 정육면체는 면 6개, 모서리 12개, 꼭짓점 8개를 가졌다. 6−12+8은 2이다. 십이면체는 면 12개와 모서리 30개와 꼭짓점 20개를 가졌고 그 합은 12−30+20=2다. 정이십면체는 면 20개와 모서리 30개와 꼭짓점 12개를 지녔고 그 합은 20−30+12=2다. 정사면체와 정팔면체도 동일한 관계를 갖고 있다. 사실, 그것은 모양을 막론하고 모든 다면체에 적용된다. 꼭 정다면체가 아니라도 상관없었다. 만약 그 다면체가 면 F개, 모서리 E개, 꼭짓점 V개를 가졌다면

$F-E+V=2$였다. 데카르트는 이 공식을 그저 사소한 흥밋거리로 치부하고 널리 알리지 않았다. 수학자들이 이 간단한 방정식을 20세기 수학자들의 위대한 성공담, 막을 수 없는 위상 수학의 탄생을 향한 조심스러운 첫걸음으로 보게 된 것은 그로부터 한참 후였다. 19세기에 순수 수학의 세 기둥이 대수학, 해석학, 기하학이었다면, 20세기 말에는 대수학, 해석학, 그리고 위상 수학이었다.

위상 수학은 종종 '고무판 기하학'으로 일컬어지는데, 왜냐하면 그것이 고무판 위에 그려진 물체들에게 어울릴 유형의 기하학이기 때문이다. 거기서는 선이 휘거나 줄어들거나 늘어날 수 있고, 원이 찌그러져서 사각형이나 정사각형이 될 수도 있다. 중요한 것은 오로지 **연속성**(continuity)이므로 여러분은 그 판을 찢어서는 안 된다. 연속성이라는 그 기묘한 성질이 중요하다는 사실이 놀라워 보일지도 모르지만, 연속성은 자연계의 기본적 양상이며 수학의 근본 성질 중 하나다. 오늘날 우리는 위상 수학을 간접적으로, 수많은 수학적 기술들 중 하나로 이용한다. 여러분 집 부엌에서 정확히 위상 수학 같은 무엇을 찾아낼 수는 없다. 하지만 한 일본 회사는 실제로 카오스 원리를 이용한 식기 세척기를 시장에 내놓았다. 그 회사 영업 사원들이 하는 말에 따르면 그 기계는 접시를 더 효율적으로 닦는다고 한다. 카오스에 대한 우리 이해는 위상 수학을 기반으로 하고 있다. 또한 양자장 이론(quantum field theory)의 몇 가지 중요한 양상들과 그 이론을 대표하는 아이콘인 DNA 분자 구조도 그렇다. 그렇지만 데카르트가 정다면체의 면과 모서리와 꼭짓점 들이 서로 독립적이지 않음을 발견했을 당시에만 해도 이 모든 것은 그저 먼 미래의 이야기였다.

이 관계를 입증하고 발표한 사람은 불굴의 정력을 보이며 역사상 가장 많은 저서를 남긴 수학자인 오일러였다. 오일러는 1750년과 1751년 사이에 그 일을 해냈다. 현대식으로 그 대략을 보여 주면 다음과 같다. $F-E+V$라는 표현이 꽤 제멋대로인 것처럼 보일지도 모르지만, 여기에는 흥미로운 구조가 있다. 면(F)은 평면 다각형으로 2차원이고, 모서리(E)는 선이라서 1차원이며, 꼭짓점(V)은 점으로 0차원이다. 그 식에서 계산 부호들은 +, -, +가 번갈아 가며 나오는데, 짝수 차원에는 덧셈(+) 부호가 붙고 홀수 차원에는 뺄셈(-) 부호가 붙는다. 이것은 그 면을 합치거나 모서리와 꼭짓점을 없앰으로써 다면체를 단순화하더라도 $F-E+V$의 값은 바뀌지 않는다는 뜻이다. 면 하나를 없앨 때마다 모서리도 하나씩 없애거나, 꼭짓점을 하나 없앨 때마다 모서리도 하나씩 없앴다면 말이다. 번갈아 가며 나오는 부호들이 이런 식의 변화를 상쇄한다.

이제는 이 교묘한 구조가 어떻게 그 관계를 증명하는지 설명하겠다. 그 핵심 단계들은 그림 21에 나와 있다. 먼저 다면체를 하나 정한다. 그것을 구로 변형시켜서, 다면체의 모서리들이 구의 곡선을 이루게 한다. 두 면이 하나의 모서리를 공유한다면, 그 모서리를 없애고 면을 하나로 합친다. 이렇게 하면 F와 E는 1씩 줄어들므로, $F-E+V$의 값은 줄지 않는다. 이 과정을 면 하나만 남을 때까지 계속한다. 그러면 그 면은 거의 구 전체를 덮을 것이다. 이 면을 빼면 모서리와 꼭짓점 들만 남을 것이다. 이들은 나무 구조를 형성한다. 그것은 닫힌 고리가 없는 연결망인데, 그 이유는 한 구 위의 닫힌 고리는 적어도 내부와 외부라는 두 면을 만들기 때문이다. 이 나무 구조의 가지들은 그 다면체에서 남은 모서리들이며, 그들은 남은 꼭짓점

그림 21 다면체를 단순화하는 핵심 단계들. 왼쪽에서 오른쪽으로 ① 시작. ② 인접한 면들 합치기. ③ 모든 면을 합쳤을 때 남는 나무 구조. ④ 나무 구조에서 가지와 꼭짓점을 하나씩 제거하기. ⑤ 끝이다.

들에서 만난다. 이 단계에서는 면이 하나만 남는다. 나무 구조를 빼면 온전한 구다. 이 나무 구조의 일부 가지들은 양 끝에서 다른 가지들과 이어지지만, 일부는 더 이상 가지가 뻗어 나오지 않는 꼭짓점과 만난다. 이 가지들 중 하나를 그 꼭짓점과 같이 제거하면 나무는 더 작아진다. 그렇지만 E와 V가 모두 1만큼 감소하므로, $F-E+V$의 값은 이번에도 변하지 않는다.

이 과정을 거치고 나면 구 위에는 꼭짓점 하나만 달랑 남는다. 이제 $V=1$, $E=0$, $F=1$이므로 $F-E+V=1-0+1=2$다. 그렇지만 각 단계에서 $F-E+V$의 값은 불변하므로, 시작할 때 그 값 또한 2였음에 틀림없다. 이것이 우리가 증명하려던 것이다.

이 기묘한 발상은 멀리까지 확장되는 원리의 근원을 담고 있다. 그 증명에는 두 가지 구성 요소가 있다. 하나는 한 면과 인접한 한 모서리, 또는 한 꼭짓점과 인접한 한 모서리를 없애는 **단순화 과정**이다. 다른 하나는 단순화 과정에서 각 단계를 밟아 갈 때마다 변치 않고 남아 있는 수학적 표현, 즉 **불변량**(invariant)이다. 이 두 요소가 공존하는 한, 여러분은 최초의 물체가 무엇이든 그것을 가능한 한 단순화해 그 단순화된 형태에서 불변량을 구할 수 있다. 그것은 불변량이므로, 최초의 값과 동일해야 한다. 최종 형태가 단순하므로, 불변량은 쉽게 구해진다.

이제 내가 아직 밝히지 않은 한 가지 기술적인 문제를 인정할 때가 온 듯하다. 사실, 데카르트의 공식은 어떤 다면체에서는 적용되지 않는다. 그것이 들어맞지 않는 가장 친숙한 다면체는 사진틀이다. 기다란 나무 막대 4개로 만들어진 사진틀을 생각해 보자. 각각의 수직 횡단면은 직사각형이고, 네 모서리에서 45도로 만난다. 그림 22 왼쪽을 보자. 나무 막대 하나마다 면이 4개씩 보태지므로 $F=16$이다. 또한 각 나무 막대는 모서리를 4개씩 만든다. 그렇지만 접합부는 각 모서리마다 모서리 4개를 더 만들어 낸다. 그러므로 $E=32$다. 각 모서리는 꼭짓점이 4개씩이므로 $V=16$이다. 따라서 $F-E+V=0$이다.

　무엇이 잘못된 것일까?

　$F-E+V$의 값이 불변이라는 데는 문제가 없다. 단순화 과정에도 딱히 문제는 없다. 그렇지만 여러분이 사진틀을 단순화하는 과정에서 한 면을 한 모서리에 대해 상쇄하거나 한 꼭짓점을 한 모서리에 대해 상쇄하다 보면, 한 면에 한 꼭짓점이 남아 있는 것이 최종

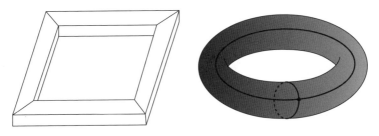

그림 22　F−E+V=0인 사진틀. (왼쪽) 사진틀을 둥글리고 단순화한 최종 형태. (오른쪽)

형태가 아니다. 가장 일반적인 방식으로 그 작업을 해 보면, 여러분이 얻는 것은 그림 22 오른쪽에 있는 $F=1$, $V=1$, $E=2$인 형태이다. 나는 금세 알 수 있는 이유들 때문에 면들과 모서리를 둥글렸다. 이 단계에서 한 모서리를 없애면 그저 유일하게 남은 면이 그 자신과 합쳐질 뿐이므로 수의 변화가 더 이상 상쇄되지 않는다. 이것이 단순화 과정을 멈추는 이유지만 어쨌거나 목적은 달성되었다. 이 형태에서 $F-E+V=0$이다. 그러므로 그 **방법**은 완벽하게 맞아떨어진다. 그저 사진틀에 대해 다른 결과를 낼 뿐이다. 사진틀과 정육면체 사이에 있는 어떤 근본적 차이를 $F-E+V$의 불변량이 포착한 것이다.

그 차이는 알고 보면 위상 수학과 관련이 있다. 앞서 내 식으로 오일러의 공식을 증명했을 때, 나는 여러분에게 그 다면체를 가져다 구로 변형시키라고 말했다. 하지만 사진틀에 대해서는 그렇게 할 수 없다. 아무리 단순화시켜도 사진틀은 구가 되지 않는다. 이런 모양을 토러스(torus, 원환면)라고 한다. 토러스는 가운데에 구멍이 뚫려 있는 고무 반지처럼 생겼다. 원래 모양에서도 그림이 끼워질 부분인 그 구멍은 분명히 보인다. 그것과는 달리 구에는 구멍이 없다. 단순화 과정이 다른 결과를 낳는 이유가 바로 이 구멍이다. 그러나 우리는 패배를 목전에 두고 간신히 승리를 낚아챌 수 있으니, $F-E+V$의 값은 여전히 불변이기 때문이다. 따라서 그 증명은 우리에게 토러스로 변형시킬 수 있는 물체는 **모두** 약간 다른 방정식인 $F-E+V=0$을 만족시킬 것이라고 말해 준다. 그 결과, 우리는 토러스가 구로 변형될 수 없다는 확실한 증거로 그 두 곡면이 위상 수학적으로 다르다는 것을 알게 되었다.

물론 이것은 직관적으로 명백하지만, 이제 우리는 논리로 직관

그림 23 구멍이 2개 있는 이중 토러스. (왼쪽) 구멍이 3개 있는 삼중 토러스. (오른쪽)

을 뒷받침할 수 있다. 에우클레이데스가 점과 선이라는 특성들을 가지고 엄밀한 기하학 이론을 정립했듯이, 19세기와 20세기의 수학자들 또한 이제 엄밀한 위상 수학 이론을 발전시킬 수 있게 되었다.

어디서 시작할 것인가는 생각할 필요도 없다. 그림 23과 같이 구멍이 2개 이상인 토러스들이 존재한다. 그리고 동일한 위상 불변량은 우리에게 그들에 대해 유용한 무언가를 말해 준다. 알고 보니 이중 토러스로 변형 가능한 모든 다면체는 $F-E+V=-2$를 만족시키고, 삼중 토러스로 변형 가능한 모든 다면체는 $F-E+V=-4$를, 그리고 일반적으로 g개의 구멍을 가진 토러스로 변형 가능한 모든 다면체는 $F-E+V=2-2g$를 만족시킨다. g는 '구멍의 수'를 가리키는 전문 용어인 '종수(genus)'의 줄임말이다. 데카르트와 오일러가 시작한 생각의 흐름을 따라가다 보면 다면체들의 양적인 성질인 면, 꼭짓점, 모서리의 수와 질적인 성질인 구멍의 유무 사이의 관계로 이어진다. 우리는 $F-E+V$를 다면체의 오일러 지표(Euler characteristic)라고 부른다. 그것은 우리가 어떤 다면체를 생각하고 있는가에만 달려 있지, 우리가 그것을 어떻게 면들, 모서리들, 꼭짓점들로 자르는가에 달려 있지 않다. 그리하여 오일러 지표는 다면체 자체의 고유한 특성이 된다.

물론 우리가 구멍의 수를 세는 행위는 양적인 작용이지만, '구멍' 자체는 다면체의 특성이라 할 수 없다는 점에서 질적 요소이다. 직관적으로 구멍은 다면체가 **존재하지 않는** 공간 영역이다. 그렇지만

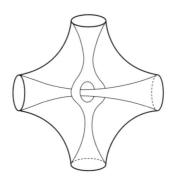

그림 24 구멍 속의 구멍을 통과하는 구멍.

그런 영역은 없다. 결국 그 정의는 다면체를 둘러싼 모든 공간에 적용되며 누구도 그 공간 전체를 구멍으로 생각하지 않는다. 그 정의는 한 구를 둘러싼 공간 전체에도 적용된다. …… 구멍을 가지고 있지 않은 구 말이다. 여러분이 구멍이 무엇인가에 대해 생각하면 할수록, 그것을 정의하기가 무척 까다롭다는 사실을 깨닫게 될 것이다. 그 모든 것이 얼마나 복잡해지는가를 보여 주는 예 중 내가 가장 좋아하는 것이 그림 24에 있는, 이른바 '구멍 속의 구멍을 통과하는 구멍(a hole-through-a-hole-in-a-hole)'이다. 여기서 여러분은 한 구멍을 통해 다른 구멍으로 갈 수 있는데, 그것은 실상 세 번째 구멍 속 구멍이다.

　이것은 광기로 가는 길이다.

　구멍이 있는 다면체들이 중요한 곳에 절대로 등장하지 않는다면 신경쓰지 않아도 될 것이다. 하지만 19세기 말에 그들은 복소 해석학, 대수 기하학, 그리고 리만의 미분 기하학 등 수학 전반에 등장했다. 그뿐만이 아니었다. 고차원 유사체들이 순수 수학과 응용 수학의 모든 분야들에서 갈수록 핵심 무대를 차지하고 있었다. 앞에서

세계를 바꾼 17가지 방정식

살펴보았듯이, 태양계의 역학은 물체당 6개의 차원을 요한다. 그리고 그들은 고차원의 구멍 유사체를 가진다. 어떻게든 그 영역들에 일편의 질서를 부여할 필요가 생겼다. 그 답은 알고 보니 …… 불변량이었다.

위상 불변량(topological invariant)이라는 개념은 자성에 대한 가우스의 연구로 거슬러 올라간다. 가우스는 자기장과 전기장이 어떻게 서로 연관되는지에 관심이 있었고, 그 관계를 수로 정의했다. 그 수는 한 장선(field line)이 다른 것을 몇 번이나 감는가를 센 값이었다. 이것은 위상 불변량이었다. 즉 만약 곡선들이 계속해서 변형되더라도 그 값은 여전히 같았다. 그는 적분을 이용해 이 수를 구하는 공식을 찾아냈고, 그림들의 '기하학적 기본 성질'을 더 잘 이해하고 싶다는 바람을 자주 내비쳤다. 그러한 이해로 향하는 본격적인 첫걸음이 가우스의 제자인 요한 리스팅(Johann Listing)의 작업을 통해 이루어졌다는 것은 결코 우연이 아니었다. 그리고 가우스의 조수였던 아우구스트 뫼비우스(August Möbius) 역시 그러했다. 리스팅은 1847년에 쓴 『위상 수학의 기초(*Vorstudien zur Topologie*)』에서 '위상 수학'이라는 어휘를 처음 사용했고, 뫼비우스는 연속 변형의 역할을 명확하게 밝혔다.

리스팅은 오일러의 공식을 일반화해 보자는 기발한 생각을 떠올렸다. $F-E+V$ 의 값은 면, 모서리, 꼭짓점 들로 다면체를 기술하는 조합 불변량(combinatorial invariant)이다. 구멍의 수 g는 위상 불변량, 즉 다면체가 어떻게 변형되든 그 변형이 연속이라면 결코 변하지 않는 값이다. 위상 불변량은 한 도형의 질에 대한 개념적 특징을 짚어 낸다. 한편 조합 불변량은 위상 불변량을 구하는 법을 제시한다. 그 둘

이 같이 있으면 매우 강력한 도구가 될 수 있다. 모양에 대해서는 개념적 불변량을, 우리가 지금 이야기하고 있는 것에 대해서는 조합 불변량을 이용할 수 있기 때문이다.

사실, 그 공식은 우리가 '구멍'을 정의하는 까다로운 문제를 몽땅 옆으로 미뤄둘 수 있게 해 준다. 그 대신, 우리는 구멍을 하나하나 정의하거나 그 개수를 세지 않고, '구멍의 수'를 한 덩어리로 친다. 어떻게? 방법은 쉽다. 그냥 오일러의 공식 $F-E+V=2-2g$의 일반화된 형태를 다음과 같이 다시 쓰기만 하면 된다.

$$g=1-F/2+E/2-V/2$$

이제 우리는 다면체에 면 등등을 그려 넣고 F, E, V의 값을 구해 공식에 대입함으로써 g를 계산할 수 있다. 그 값은 불변이므로, 우리가 다면체를 어떻게 자르느냐는 문제가 되지 않는다. 우리는 늘 같은 답을 얻는다. 하지만 우리가 무엇을 어떻게 하든 그것은 구멍에 정의가 존재하는지 여부와는 관련이 없다. 그 대신, '구멍의 수'는 우리가 느끼기에 그 말이 무엇을 의미하는지를 보여 주는 단순한 예들을 살펴봄으로써 얻어지는, 하나의 직관적인 해석이 된다.

속임수처럼 보일지 몰라도, 그것은 위상 수학에서 한 가지 핵심적인 문제로 나아간다. 한 도형은 어떤 경우에 다른 도형으로 연속적으로 변형될 수 있는가? 즉 위상 수학자들이 볼 때 그 두 도형은 동일한가 그렇지 않은가? 만약 동일하다면 그들의 불변량도 반드시 같아야 한다. 역으로, 만약 불변량이 다르다면 도형들도 다른 것이다. (그러나 가끔은 두 도형이 동일한 불변량을 갖되 다를 수 있다. 그것은 불변량에 달려 있다.) 구의 오일러 지표는 2지만, 토러스의 오일러 지표는 0이므로, 구를 토러스로 연속적으로 변형시킬 방법은 없다. 그 이유는 빤해 보일지도 모른다. 구멍 때문 아닌가……. 그렇지만 우리는 사고의 흐름이 얼마나 어지러운 소용돌이로 이어질 수 있는지를 봤다. 도형들을 구분하는 데 사용하려고 오일러 지표를 해석할 필요는 없다. 여기서 오일러 지표는 확실한 것이다.

그만큼 확실하지 않은 사실은, 오일러 지표가 그 헷갈리는 구멍 속의 구멍을 통과하는 구멍(그림 24)이 실제로는 삼중 토러스임을 보여 준다는 것이다. 우리 눈에 복잡해 보이는 이유는 대개 그 곡면의 고유한 위상에서 비롯되기보다는 내가 곡면을 공간에 표현하는 방식에서 비롯된다.

위상 수학에서 진정 중요한 최초의 정리는 오일러 지표에서 나왔다. 그것은 구의 표면이나 토러스의 표면 같은 2차원 곡면들을 완벽하게 분류했다. 한두 가지의 기술적 조건들 역시 부과되었다. 그 곡면은 경계가 없어야 하고, 유한해야 한다. (전문 용어를 쓰자면, 그 곡면은 '콤팩트(compact)'해야 한다.)

이 조건을 충족시키기 위해서 어떤 곡면을 그 자체로 기술해야 한다. 즉 그 곡면을 어떤 공간 안에 존재하는 것으로 보면 안 된다. 이렇게 하는 한 가지 방법은 그 곡면을, 종이 접기를 할 때처럼 'A를 B에 붙인다.'와 같은 특정한 규칙에 따라 모서리를 서로 풀로 붙인 몇 개의 다각형들(위상 수학적으로 둥근 원반에 상응하는)로 보는 것이다. 예를 들어 구는 2개의 원반으로 기술할 수 있다. 두 원반의 가장자리를 서로 붙인 것이 구다. 하나는 북반구가 되고 다른 하나는

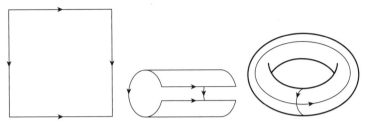

그림 25 한 정사각형의 마주 보는 모서리들을 붙이면 토러스가 만들어진다.

남반구가 된다. 토러스는 마주 보는 모서리들을 서로 붙인 정사각형으로 매우 우아하게 기술된다. 어떤 구조물은 그것을 둘러싼 공간을 통해 시각화될 수 있다. (그림 25) 공간은 토러스가 왜 토러스인지 설명해 주지만, 직사각형의 마주 보는 모서리를 붙여라 같은 수학적 규칙들은 곡면 그 자체의 본질이 무엇인지 명확하게 보여 준다. 이것은 이점이 여럿 있다.

경계의 일부를 서로 붙이다 보면 면이 하나밖에 없는 곡면들이라는, 다소 이상한 현상으로 이어진다. 가장 유명한 사례가 뫼비우스의 띠인데, 이것은 1858년에 뫼비우스와 리스팅이 처음 소개했다. 그것은 양 끝이 180도로 비틀려 서로 붙어 있는 직사각형 띠다. (보통 360도가 한 번 비틀기를 의미하므로 이를 반비틀기(halftwist)라고 부른다.) 뫼비우스의 띠는 그림 26 왼쪽에서 보듯이 모서리를 하나 가지고 있는데, 그 모서리는 어떤 것과도 붙어 있지 않은 직사각형의 모서리들로 이루어져 있다. 이것은 유일한 모서리이기도 하다. 그 직사각형의 분리된 두 모서리들은 각 모서리의 끝과 끝을 서로 잇는 반비틀기에 의해 닫힌 고리로 한데 연결되어 있기 때문이다.

종이로 뫼비우스의 띠의 모형을 만드는 것은 가능하다. 원래부터 3차원 공간 안에 파묻혀 있기 때문이다. 뫼비우스의 띠에는 면이 1개만 있어서 여러분이 그 면 중 하나를 칠하다 보면 결국 전체 면을 앞뒤로 색칠하게 된다. 이것은 반비틀기가 앞면과 뒷면을 연결하기 때문에 일어난다. 하지만 그 설명은 그 띠가 파묻혀 있는 공간을 전제하고 있기 때문에 뫼비우스의 띠를 그 자체로 기술하고 있지 못하다. 그렇지만 거기에 상응하는, '방향성(orientability)'이라는 좀 더 전문적인 속성은 본질적이다.

이와 관련하여 모서리가 전혀 없고 면도 하나밖에 없는 곡면이 그림 26 오른쪽에 나와 있다. 그것은 직사각형의 두 모서리를 뫼비우스의 띠처럼 비틀어 붙인 후 띠의 모서리를 비틀지 않고 붙이면 만들어진다. 이 규칙 어디에도 자기 자신을 뚫고 지나가라는 말은 없지만, 3차원 공간에서 이 곡면의 모형을 만들려고 하다 보면 곡면 자신을 뚫고 지나갈 수밖에 없다. 실제로 그려 보면, 자신의 목이 몸통 옆면을 뚫고 들어가 바닥에서 만나는 병처럼 보인다. 그것은 펠릭스

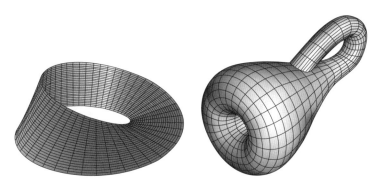

그림 26 왼쪽은 뫼비우스의 띠고, 오른쪽은 클라인 병이다. 눈에 띄는 특징인 자기 교차는 그 모습을 3차원적으로 표현한 결과다.

클라인(Felix Klein)이라는 사람이 발명했기 때문에 클라인 병(Klein bottle)이라고 불린다. 발명자 클라인은 이것을 클라인 곡면(Kleinsche Fläche)이라고 불렀지만, 독일어 말장난에 기반해서, 클라인 '곡면'을 클라인 '병'으로 바꾼 것이 분명하다. (독일어로 곡면을 뜻하는 Fläche와 병을 뜻하는 Flasche는 철자가 비슷하다. — 옮긴이)

클라인 병은 경계가 없는 콤팩트한 곡면이므로 모든 곡면 분류는 그것을 포함해야 한다. 클라인 병은 면이 하나만 있는 곡면들 중에서 가장 유명한 것이지만, 놀랍게도 가장 단순한 것이 아니다. 그 영예는 사영 평면(projective plane)에게 돌아간다. 그것은 한 정사각형에서 마주 보는 모서리들끼리 각각 반비틀기로 붙이면 만들 수 있다. (종이로 이것을 하려면 종이가 너무 뻣뻣해서 힘들다. 클라인 병처럼 그것은 자기 자신을 가로지른다. 이것은 '개념적으로', 즉 정사각형 위에 그림을 그려서 가장 잘 만들 수 있다. 단 선이 모서리를 벗어나 '감쌀' 때, 풀을 붙이는 규칙을 기억해야 한다.) 곡면 분류 정리는 1860년경에 리스팅이 증명했는데, 곡면들을 두 집합으로 구분한다. 면이 2개인 것들은 구, 토러스, 이중 토러스, 삼중 토러스 등이다. 면이 하나밖에 없는 것들은 사영 평면과 클라인 병으로 시작해서 무한히 많다. 그들은 상응하는 두 면 곡면에서 조그만 원반을 하나 도려내고 그 자리에 뫼비우스 띠를 붙임으로써 얻을 수 있다.

곡면은 수학의 많은 영역들에서 자연적으로 나타난다. 그들은 복소 해석학에서 중요한데, 거기서 곡면들은 특이점(singularity)과 관련되어 있다. 특이점이란 예를 들어 도함수가 존재하지 않는 것처럼 함수들이 이상하게 행동하는 지점들이다. 특이점들은 복소 해석학에서 많은 문제들의 열쇠다. 어떤 의미에서 그들은 함수의 본질을 포착한다. 특이점은 곡면들과 관련이 있으므로, 곡면들의 위상 수학은 복소 해석학에서 중요한 수학적 기술을 제공한다. 역사적으로 이것은 분류를 자극했다.

최근의 위상 수학은 대단히 추상적이고, 그 다수는 4차원 이상의 차원을 배경으로 한다. 우리는 매듭이라는 좀 더 친숙한 물체를 가지고 이 주제에 대한 감을 잡아 볼 수 있다. 현실에서 매듭은 일정한 길이를 가진 한 끈의 꼬임이다. 위상 수학자들은 매듭을 묶고 나면 한쪽 끝에서 풀리지 않도록 끈의 양 끝을 서로 붙여 닫힌 고리를 만든다. 이제 매듭은 공간 속에 묻혀 있는 원이 된다. 본질적으로, 위상 수학에서 매듭은 원과 동일하다. 그렇지만 이 경우에는 그 원이 어떻게 공간 안에 존재하느냐가 중요하다. 이것은 위상 수학의 원래 목적과는 대립하는 것처럼 보일지 몰라도, 매듭의 본질은 끈의 고리와 그것을 둘러싼 공간 사이의 관계에 있다. 그저 고리만이 아니라 고리와 주변 공간이 어떤 관계를 갖는지를 생각함으로써, 위상 수학은 매듭에 관한 중요한 문제들을 정면으로 들이받는다. 그중에는 다음과 같은 것들이 있다.

- 우리는 매듭이 정말 풀 수 없는 매듭인지 어떻게 알 수 있는가?
- 우리는 위상 수학적으로 서로 다른 매듭들을 어떻게 구분하는가?
- 우리는 가능한 모든 매듭들을 분류할 수 있는가?

우리는 경험을 통해 다양한 종류의 매듭들이 있음을 알고 있다. 그림 27은 그중 외벌매듭(overhand knot), 세잎매듭(trefoil knot), 참매

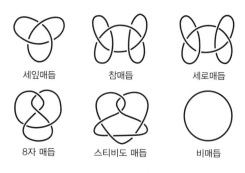

그림 27 다섯 매듭들과 비매듭을 나타낸 매듭 다이어그램.

듭(reef knot, 암초 매듭), 세로매듭(granny knot, 할머니 매듭), 8자 매듭 (figure-8), 스티비도 매듭(Stevedore's knot)을 보여 주고 있다. 또한 일 반적인 둥근 고리인 비매듭(unknot)도 있다. 이름에서 보듯 원래 고리 에는 매듭이 **없다.** 다양한 종류의 매듭들이 수 세대 동안 선원, 등반 가, 보이 스카우트 대원 들에 의해 사용되어 왔다. 물론 모든 위상 수 학 이론은 이 풍부한 경험들을 반영해야겠지만, 모든 것은 위상 수 학의 체계적인 틀 안에서 엄격하게 증명되어야 한다. 에우클레이데 스가 그저 몇몇 삼각형을 그리고 측량하는 것을 넘어 피타고라스 정 리를 증명했듯이 말이다. 공간 안에 묻혀 있는 원 중에 비매듭으로 변형될 수 없는 것이 있음을 보여 줌으로써 매듭의 존재를 위상 수 학적으로 증명한 것은 독일 수학자인 쿠르트 라이데마이스터(Kurt Reidemeister)가 처음이다. 그 증명은 1926년에 쓴 『매듭들과 군들 (*Knoten und Gruppen*)』에서 볼 수 있다. '군(群, group)'이라는 단어는 추 상 대수학에서 쓰는 전문 용어였는데, 곧 위상 수학의 불변성을 나 타내는 가장 효과적인 원천이 되었다. 라이데마이스터, 미국인인 제임스 워델 알렉산더(James Waddell Alexander)와 그 제자인 갈란드 베어드 브리그스(Garland Baird Briggs)는 1927년에 각자 '매듭 다이어그램(knot diagram)'을 사용해 매듭의 존재를 더 간단하게 증명해 냈다. 매듭 다이어그램이란 그림 27에서 보듯 끈이 어떻게 겹치는가를 보여 주기 위해 고리 중간에 틈을 표시한, 만화 같은 그림이다. 그 틈들이 매듭을 이룬 고리들 자체에 실제 존재하는 것은 아니지만, 2차원 그림에서 3차원 구조를 나타내는 역할을 한다. 이제 우리는 그 틈들을 이용해 매듭 다이어그램을 여러 개의 분리된 조각들, 즉 그 구성 요소들로 쪼갤 수 있다. 그리고 나서 그 다이어그램을 조작해 구성 요소들에서 무슨 일이 일어나는지를 확인할 수 있다.

앞에서 내가 오일러 지표들의 불변성을 어떻게 활용했는지를 돌이켜본다면 내가 특별한 변형들을 잇달아 이용해 그 다면체들을 단순화했던 것이 기억날 것이다. 그 변형은 한 모서리를 없앰으로써 두 면을 합하고, 한 꼭짓점을 없앰으로써 두 모서리를 합하는 것이었다. 같은 기법이 매듭 다이어그램에도 적용된다. 하지만 여기에서는 세 유형의 단순화 변형이 필요한데, 이를 '라이데마이스터 변형(Reidemeister move)'이라고 한다. (그림 28) 각 변형은 양방향으로 수행된다. 꼬임을 하나 더하거나 없애고, 두 끈을 겹치거나 떨어뜨리고,

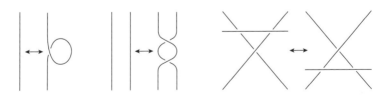

그림 28 라이데마이스터 변형.

그림 29 꼬임이 하나 더 있는 세잎매듭 칠하기.

한 끈을 다른 두 끈이 교차하는 평면 위아래로 움직이는 식이다.

　세 곡선이 교차하는 점들을 수정하는 등 몇몇 사전 손질을 통해 매듭 다이어그램을 깔끔하게 정리해 보면 그 어떤 매듭이라도 거기에 적용된 라이데마이스터 변형들의 유한 급수로 나타낼 수 있음을 알 수 있다. 이제 우리는 '오일러 게임'을 할 수 있다. 즉 우리는 불변량 하나를 찾아내기만 하면 된다. 불변량들 가운데 매듭 군이 있기는 하지만, 세잎매듭이 실제로 매듭임을 입증하는 훨씬 단순한 불변량이 있다. 매듭 다이어그램에서는 서로 다른 구성 요소들을 색칠하는 식으로 그것을 설명할 수 있다. 그 개념의 몇몇 특징들을 설명하기 위해 약간 복잡한, 고리가 하나 더 있는 매듭 다이어그램(그림 29)에서 시작해 보겠다.

　한 번 더 꼬았더니 서로 다른 구성 요소가 4개 만들어졌다. 내가 각각을 세 가지 색, 예를 들어 빨강, 노랑, 파랑으로 색칠한다고 해 보자. (그림에는 검은색, 회색, 진회색으로 표시되어 있다.) 색칠 과정은 두 가지 단순한 규칙을 따른다.

● 적어도 서로 다른 두 가지 색을 사용해야 한다. (실제로는 셋 모두 사용되지만, 그것은 내게 필요 없는 잉여 정보다.)

● 각 교차점에서 만나는 세 끈은 각각 다른 색이든가 아니면 모두 같
   은 색이어야 한다. 내 여분의 고리가 만든 교차점 주변에서 구성 요
   소 3개는 모두 노랑이다. 이들 중 둘(노랑)은 결국 하나로 이어져 있
   지만, 교차점 부근에서는 별개의 끈이다.

관측 결과 밝혀진 놀라운 사실 중 하나는, 어떤 매듭 다이어그램이
두 규칙에 따라 세 가지 색으로 칠해진다면, 어떤 라이데마이스터 변
형 이후에도 동일하다는 명제가 참이라는 것이다. 라이데마이스터
변형이 색깔에 어떻게 영향을 미치는지를 알아보면 이것을 매우 쉽
게 증명할 수 있다. 예를 들어 내가 반꼬임으로 고리를 하나 더 만들
더라도 색깔들은 변하지 않으며 모든 규칙들은 여전히 통한다. 왜 이
것이 놀라울까? 이는 세잎매듭이 실제로 매듭지어져 있다는 사실을
증명하기 때문이다. 일단 논리 전개를 위해 그것이 비매듭이 될 수
있다고 가정해 보자. 그러면 몇몇 잇따른 라이데마이스터 변형을 통
해 그것은 비매듭 고리가 된다. 세잎매듭이 그 두 규칙에 따라 칠해
질 수 있으므로, 비매듭 고리도 동일한 규칙을 따라야 한다. 하지만
비매듭 고리는 겹침이 없는 하나의 끈으로 이루어져 있으므로, 전체
고리를 같은 색으로 칠할 수밖에 없다. 하지만 그러면 첫 번째 규칙
이 깨진다. 그러니 그런 종류의 라이데마이스터 변형들은 존재할 수
없다. 즉 세잎매듭은 비매듭이 될 수 없다.

이것은 세잎매듭이 매듭임을 증명해 주지만, 세입매듭을 참매듭이나
스티비도 매듭과 구분해 주지는 않는다. 그것을 구분하는 최초의 유
용한 방식들은 알렉산더에 의해 발명되었다. 그것은 라이데마이스터

표 2 매듭과 그 매듭에 해당하는 알렉산더 다항식.

매듭	알렉산더 다항식
비매듭	1
세잎매듭	$x-1+x^{-1}$
8자 매듭	$-x+3-x^{-1}$
참매듭	$x^2-2x+3-2x^{-1}+x^{-2}$
세로매듭	$x^2-2x+3-2x^{-1}+x^{-2}$
스티비도 매듭	$-2x+5-2x^{-1}$

의 추상 대수학 방법들에서 도출되었지만, (좀 더 친숙한 학교 대수학에 가까운) 대수학적인 불변량들로 이어진다. 그것은 '알렉산더 다항식 (Alexander Polynomial)'이라고 불리는데, 그 다항식은 어떤 매듭을 변수 x의 거듭제곱들로 이루어진 한 공식과 연관시킨다. 엄격하게 말하면 '다항식'이라는 용어는 거듭제곱의 지수가 양수일 때에만 적용되지만, 여기서는 지수가 음수인 거듭제곱들도 허용한다. 표 2는 몇 가지 알렉산더 다항식을 보여 준다. 목록에 있는 두 매듭이 서로 다른 알렉산더 다항식을 갖고 있으면—여기서는 참매듭과 세로매듭을 제외한 나머지 매듭들이 모두 그렇다.—그 매듭들은 반드시 위상 수학적으로 달라야 한다. 역은 참이 아니다. 참매듭과 세로매듭은 동일한 알렉산더 다항식을 갖고 있지만, 1952년에 랄프 폭스(Ralph Fox)가 밝힌 바에 따르면 두 매듭은 위상 수학적으로 다르다. 그 증명은 놀라울 정도로 정교한 위상 수학을 요구했으며, 그 누가 예상했던 수준보다도 훨씬 더 어려웠다.

1960년 이후 매듭 이론은 위상 수학과 함께 침체기에 들어섰다.

해결되지 않은 문제들의 광막한 대양 앞에서 멈춰선 채 창조적인 통찰력의 미풍을 기다리고 있었다. 그리고 그것은 1984년, 뉴질랜드 수학자인 본 존스(Vaughan Jones)가 너무나 간단해서 라이데마이스터의 후예라면 누구라도 할 수 있었을 발상을 떠올렸을 때 찾아왔다. 존스는 매듭 이론가도, 심지어 위상 수학자도 아니었다. 그는 수리 물리학과 밀접히 연계된 분야인 작용소 대수(operator algebra, 함수 해석학에서 연속적인 선형 연산자의 대수를 연구하는 학문. — 옮긴이)를 연구하던 해석학자였다. 하지만 그 개념들이 매듭 이론에 적용된다는 것이 전적으로 놀라운 일만은 아니었던 것이, 수학자들과 물리학자들은 이미 작용소 대수와 특별한 종류의 다중 매듭인 브레이드(braid, 댕기머리를 만드는 매듭을 연상하라. — 옮긴이) 사이의 흥미로운 관계를 알고 있었기 때문이다. 그가 발명한 새로운 매듭 불변량인 존스 다항식(Jones polynomial) 또한 매듭 다이어그램과 세 가지 변형들을 통해 정의되었다. 그러나 그 변형들은 매듭의 위상 수학적인 요소들을 보존하지도, 새로운 '존스 다항식'을 지키지도 않는다. 그러나 놀랍게도 그 개념은 여전히 기능한다. 그리고 존스 다항식은 매듭의 불변량이다.

매듭에서 이 불변량을 구하기 위해서는 화살표로 표시된 특정 방향을 선택해야 한다. 존스 다항식 $V(x)$에서 비매듭은 1로 정의된다. 먼저 어떤 매듭 L_0이 주어져 있다고 해 보자. 분리되어 있는 두 끈을 다이어그램상의 겹침이 바뀌지 않게 하면서 서로 접근시켜 보자. 이때, 그림 30처럼 선의 방향이 바뀌지 않도록 주의해야 한다. 화살표가 그래서 필요한 것이다. 그렇게 하지 않으면 이 과정은 무의미하다. L_0을 가능한 두 방식(그림 30)으로 교차하는 두 끈으로 대체한다. 그 결과로 나오는 매듭을 L_+와 L_-라고 하자. 이제 다음을 정의하

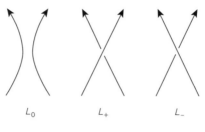

L_0 L_+ L_-

그림 30 존스 변형.

면 된다.

$$(x^{1/2} - x^{-1/2})V(L_0) = x^{-1}V(L_+) - xV(L_-)$$

비매듭에서 시작해 그런 변형들을 올바르게 적용함으로써, 여러분
은 모든 매듭에 대해 존스 다항식을 만들어 낼 수 있다. 신비롭게도,
그것은 위상 수학적 불변량임을 알게 된다. 게다가 전통적인 알렉산
더 다항식보다 더 낫다. 한 예로 참매듭과 세로매듭을 구분할 수 있
게 해 준다. 그들이 서로 다른 존스 다항식을 갖기 때문이다.

그 발견으로 존스는 수학 분야에서 가장 권위 있는 상인 필즈
상(Fields Medal)을 받았다. 또한 새로운 매듭 불변량들이 쏟아지는 계
기를 제공했다. 1985년에는 서로 다른 네 그룹의 수학자들 총 여덟
명이 따로 또 같이 존스 다항식의 동일한 일반화를 발견해 논문을
쓰고 동일한 학술지에 제출했다. 네 증명 방식은 모두 달랐다. 편집
자는 여덟 저자들에게 머리를 맞대고 하나의 논문으로 통합해서 발
표하라고 설득했다. 그 불변량은 종종 그들 이름의 첫 글자를 따서
'홈플라이 다항식(HOMFLY polynomial)'이라고 불린다. 그렇지만 제

아무리 존스 다항식과 홈플라이 다항식이라도 매듭 이론의 세 문제에 대해서는 완벽한 대답을 내놓지 못했다. 먼저, 존스 다항식이 1인 매듭이 비매듭인지는 아직 밝혀지지 않았다. 비록 많은 위상 수학자들이 이것이 아마 참일 것이라고 생각하지만 말이다. 또, 동일한 존스 다항식을 가졌지만 위상 수학적으로는 다른 매듭들도 존재한다. 지금까지 알려져 있는 가장 단순한 예로는 10개의 교차가 있는 매듭 다이어그램이 있다. 마지막으로, 가능한 모든 매듭들에 대한 체계적 분류는 수학자들의 몽상으로 남아 있다.

예쁘기는 하다. 하지만 과연 쓸모가 있나? 위상 수학은 많은 쓰임새가 있지만, 대개는 간접적이다. 위상 수학의 원리들은 다른, 좀 더 직접적이고 응용 가능한 분야들에 대한 통찰을 제공한다. 예를 들어 카오스에 대한 우리의 이해는 동역학계의 위상 수학적 성질들, 예를 들어 푸앵카레가 상을 받은 논문을 쓸 때 지목한 기이한 거동 같은 것들에 기반을 두고 있다. (4장 참조) 행성 간 초고속 도로도 태양계 역학의 위상 수학적 특징에 기인하고 있다.

위상 수학은 기초 물리학의 최전선에서 한층 더 전문적으로 사용되고 있다. 여기서 위상 수학의 주된 소비자는 양자장 이론가들인데, 양자 역학과 상대성 이론을 통합해 줄 기대주로 여겨지는 초끈 이론이 위상 수학에 기반하기 때문이다. 이 분야에서는 매듭 이론의 존스 다항식과 비슷한 것이 사용된다. 바로 파인만 다이어그램(Feynman diagram)의 맥락에서 유래한 것이다. 그 다이어그램은 전자와 광자 같은 양자 역학적 입자들이 시공간 속에서 어떻게 움직이며 충돌하고 결합하고 쪼개지는지를 보여 준다. 파인만 다이어그램은 매듭 다이어그램과 약간 비슷하다. 그리고 존스의 생각들은 이 맥락으로 확장될 수 있다.

내가 생각하는 위상 수학의 가장 매혹적인 적용 분야들 중 하나는 생물학이다. 위상 수학은 생명의 분자인 DNA의 작용들을 이해하는 데 도움이 된다. DNA가 바로 이중 나선이기 때문이다. 그 나선은 마치 2개의 나선형 계단이 서로를 싸고도는 형상이다. 두 가닥의 끈은 복잡하게 서로 얽혀 있고, 특히 세포가 분열하면서 DNA를 복제하는 것과 같은 중요한 생물학적 과정들은 이 복잡한 위상 수학을 감안해야 한다. 프랜시스 크릭(Francis Crick)과 제임스 왓슨(James Watson)이 1953년에 DNA 분자 구조에 대한 연구 결과를 발표했을 때, 그들은 복제 메커니즘에 대한 짧은 암시로 끝을 맺었다. 아마도 그 이중 나선 구조는 세포 분열과 관련이 있을 테고, 두 가닥의 끈은 서로 떨어져 각각이 새 복제본을 위한 형틀로 사용되리라는 것이었다. 그들은 서로 꼬인 끈들을 떨어뜨려 놓는 데 위상 수학적 장애물들이 있음을 알았기 때문에 그 이상의 주장을 피했다. 어떤 학문의 초기 단계에서 그 분야의 창시자들이 자신들의 제안을 너무 구체적으로 밝히는 것은 상황을 복잡하게 만들 수도 있다.

크릭과 왓슨이 옳았다는 것은 훗날 밝혀졌다. 위상 수학적 장애물들은 실재했지만, 진화는 DNA의 끈들을 자르고 붙이는 특수 효소 같은 극복 방법들을 제공했다. 이들 중 하나가 '토포이소머레이스(topoisomerase, DNA 회전 효소)'라고 불리는 것은 우연이 아니다. 1990년대에 수학자들과 분자 생물학자들은 위상 수학을 이용해 DNA의 꼬임을 분석할 수 있었다. 또한 DNA가 결정상을 이루지 않아 일반적으로 사용하던 엑스선 회절 방법이 통하지 않을 때에도 세

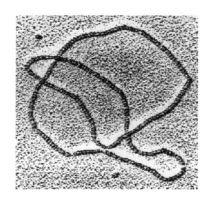

그림 31 세잎매듭 모양의 DNA 고리.

포 안에서 DNA가 어떻게 작용하는지를 연구할 수 있었다.

'재조합 효소(recombinase)'라고 불리는 어떤 효소들은 DNA 끈을 잘라서 다른 방식으로 재결합한다. 그런 효소가 세포 안에서 어떻게 작용하는지를 알아내기 위해, 생물학자들은 그 효소를 닫힌 고리 모양의 DNA 안에 집어넣어서 분자 현미경을 이용해 바뀐 모양을 관찰했다. 그 효소가 별개의 끈들을 결합시키면, 그 모양은 그림 31과 같이 매듭이 된다. 그 효소가 끈들을 계속 따로 놔두면 그 모양은 2개의 고리가 연결된 모습이 된다. 존스 다항식이나 '엉킴(tangles)'이라고 알려진 매듭 이론의 방법들은 어떤 매듭들과 고리들이 나타나는지를 알려 준다. 따라서 그 효소가 무슨 작용을 하느냐에 관해 상세한 정보를 얻을 수 있다. 그들은 또한 실험을 통해 검증 가능한 새로운 예측들도 내놓는다. 그리하여 위상 수학적 계산들을 통해 짐작한 메커니즘이 옳다는 확신을 어느 정도 준다.[1]

대체로 여러분은 일상 생활에서 위상 수학과 만날 일이 없다. 이 장 서두에서 언급한 식기 세척기를 제외하면 말이다. 하지만 무대 뒤에서 위상 수학은 주류 수학 전체에 정보를 제공하고, 좀 더 실용적인 다른 기술들의 개발에 도움을 준다. 이 때문에 수학자들이 위상 수학을 엄청 중요하게 여기는 것이다. 일반적인 사람들은 거의 들어본 적도 없는 것을 말이다.

7

우연에도 패턴이 있다

정규 분포

$$\Phi(x) = \frac{1}{\sqrt{2\pi}\sigma} e^{-\frac{(x-\mu)^2}{2\sigma^2}}$$

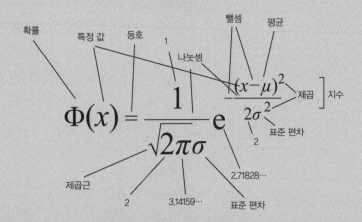

무엇을 말하는가?

특정 값을 관측할 확률은 평균값 근처에서 가장 높고, 평균값에서 멀어질수록 그 확률은 급속히 낮아진다. 얼마나 빨리 낮아지는지는 표준 편차에 달려 있다.

왜 중요한가?

실제 세계를 관측하는 데 유용한 모형이 되는 종 모양의 확률 분포를 규정한다.

어디로 이어지는가?

'보통 사람'이라는 개념, 신약 임상 시험 같은 실험의 결과들이 유의미한지에 대한 검증, 그리고 마치 다른 것들은 존재하지 않는 양 종형 곡선만을 기준으로 삼는 안타까운 경향 등으로 이어진다.

수학은 패턴의 학문이다. 우연의 무작위적인 작용은 패턴과는 무관해 보인다. 사실, '무작위(random)'라는 말의 수많은 현대적 정의는 '어떤 뚜렷한 패턴이 없음'으로 수렴된다. 수학자들은 무작위성조차 나름의 패턴을 가졌음을 깨닫기 전에 수 세기 동안 기하학, 대수학, 해석학에서 패턴을 연구했다. 우연의 패턴들은 무작위적 사건들에 패턴이 존재하지 않는다는 생각과 모순되지 않는데, 무작위적 사건들에서 나타나는 규칙성은 확률적이기 때문이다. 그런 패턴들은 장기간에 걸쳐 반복되는 평균적 행동처럼, 연속적 사건들이 보여 주는 전체적인 특징일 뿐이다. 그것들은 우리에게 어떤 사건이 어떤 순간에 일어날지에 관해서는 아무것도 알려 주지 않는다. 예를 들어 여러분이 주사위(dice)[1]를 거듭 던지면, 여섯 번에 한 번꼴로 1이 나올 것이다. 2, 3, 4, 5, 6 역시 마찬가지다. 이는 명확한 확률적 패턴이다. 하지만 그렇다고 해서 다음번에 던질 때 어떤 수가 나올 것인가를 조금이라도 알 수 있는 것은 아니다.

19세기에 이르러서야, 수학자들과 과학자들은 우연적 사건에서 나타나는 확률적 패턴의 중요성을 깨달았다. 심지어 자살과 이혼 같은 인간의 행위들조차 평균적, 그리고 장기적으로 보면 정량적 법칙에 복속된다. 일견 자유 의지와 모순되어 보이는 이러한 사실을 사람들이 받아들이기까지는 시간이 걸렸다. 그렇지만 오늘날 이러한 확률적 규칙성들은 임상 시험, 사회 정책, 보험 조건 설계, 위험성 평가, 프로 스포츠 등의 기반을 형성한다.

그리고 이 모든 것은 바로 도박에서 시작되었다.

참 그럴싸하게도, 이 모든 것은 학자이자 도박꾼이었던 카르다노와 함께 시작되었다. 다소 게으르고 씀씀이가 헤펐던 카르다노는 체스 게임과 확률 게임에서 판돈을 따서 절실히 필요했던 현금을 벌었다. 그는 자신의 뛰어난 지능을 양쪽에서 발휘했다. 체스는 확률에 의존하지 않는다. 승리는 정해진 위치와 수를 기억하는 탁월한 기억력, 그리고 게임의 전반적 흐름에 대한 직관적 감각에 달려 있다. 그러나 확률 게임에서 선수들은 행운의 여신이 부리는 변덕의 지배를 받는다. 카르다노는 이런 역동적인 관계에서도 자신의 수학적 재능을 발휘하면 좋은 결과를 얻을 수 있음을 깨달았다. 확률 게임에서는 확률—이기거나 질 가능성—을 상대편보다 더 잘 이해함으로써 승리할 가능성을 높일 수 있었다. 카르다노는 그 주제에 관해 『리베르 데 루도 알레아이(*Liber de Ludo Aleae*)』('확률 게임에 관한 책'이라는 뜻이다.)라는 책을 썼는데, 그 책은 1633년에 출판되었다. 거기에는 확률 이론을 최초로 체계적으로 다룬, 학술적인 내용이 포함되어 있었다. 그러나 어떻게 들키지 않고 상대를 속일 수 있는가를 다루는, 다소 떳떳하지 못한 내용이 책의 한 장을 차지하고 있기도 했다.

카르다노의 기본 원칙 중 하나는 공정한 베팅이었다. 판돈은 각 선수들이 승리할 수 있는 방법들의 가짓수에 비례해야 했다. 예를 들어 선수들이 주사위 하나를 굴린다고 해 보자. 그리고 6이 나오면 첫 선수가 이긴 것이고, 나머지 모든 수에 대해서는 다음 선수가 이긴다고 하자. 각자가 그 게임을 하기 위해 같은 돈을 건다면 이는 매우 불공평한 일이다. 첫 번째 선수는 이길 방법이 오로지 하나밖에 없는데 두 번째 선수는 다섯 가지나 있기 때문이다. 그러나 첫 번째 선수가 1파운드를 걸고 두 번째 선수가 5파운드를 건다면, 게임이 공정해진다. 카르다노는 공정한 승률을 계산하는 방법이 다양한 승리

세계를 바꾼 17가지 방정식

방법들이 얼마나 엇비슷하게 평등한가에 달려 있음을 알아냈다. 주사위 굴리기 게임이나 동전 던지기 게임에서는 공정성 조건을 만족하는지 간단하게 확인할 수 있다. 동전을 던지면 앞면이나 뒷면 중하나가 나온다. 동전이 조작되지 않았다면 각 확률은 동일하다. 만약 뒷면보다 앞면이 더 많이 나온다면, 확실히 그 동전은 편향되어 있다. 불공정하다는 뜻이다. 마찬가지로 공정한 주사위에서 나오는 여섯 가지 결과는 각각 확률이 동일하다. 트럼프 카드 한 벌에서 한 장을 뽑았을 때 나오는 52가지 결과도 마찬가지다.

　여기에서 공정성이라는 개념을 뒷받침하는 논리는 약간 순환논리인데, 우리는 결과가 명확한 수적 조건들에 부합하지 못할 때 편향을 추론하기 때문이다. 그렇지만 그 조건들을 뒷받침하는 것은 그저 셈만이 아니다. 그것은 대칭성(symmetry)에도 기반을 두고 있다. 만약 동전이 균일한 밀도로 이루어진 납작한 금속 원반이라면, 두가지 결과는 그 동전의 대칭성(뒤집기)과 관련이 있다. 주사위의 경우, 여섯 가지 결과는 정육면체의 대칭성과 관련이 있다. 카드의 경우에 대칭성은 앞면에 써 있는 값 말고는 어떤 카드도 다른 카드들과 유의미한 차이가 있지 않다는 것을 의미한다. 특정 결과의 빈도수, 즉 1/2, 1/6, 1/52는 이런 기본적 대칭성에 의존한다. 편향된 동전이나 편향된 주사위는 추를 몰래 삽입해서 만들어진다. 편향된 카드는 뒷면에 미세한 표식을 해서 만들 수 있다. 그 표식의 존재와 의미를 아는 사람들은 그 값을 알게 된다.

　날렵한 손재주를 요하는 또 다른 속임수도 있다. 예를 들어 늘 6만 나오게 되어 있는 편향된 주사위를 게임에 사용하고, 아무도 눈치채지 못하게 정상적인 주사위로 재빨리 바꿔치는 것이다. 하지만 더 안전한 '속임수'는 정직한 방법을 쓰되, 상대보다 확률을 더 잘 아는 것이다. 그러면 도덕적 우위는 지키면서, 승률이 아니라 승률에 대한 상대방의 기대를 조작함으로써 적절하게 순진한 상대를 찾아낼 가능성을 높일 수 있다. 확률 게임에는 많은 사람들이 자연스럽게 가정하는 승률과 실제 승률이 크게 다른 경우가 많다.

한 예로 18세기 영국 선원들이 많이 하던 '왕관과 닻(crown and anchor)'이라는 게임이 있다. 주사위 3개를 이용하는데, 각 면에는 1~6까지의 숫자가 아니라 6개의 기호가 그려져 있다. 왕관, 닻, 그리고 트럼프 카드에 쓰이는 다이아몬드, 스페이드, 클로버, 하트였다. 이 기호들은 게임판 위에도 그려져 있다. 선수들은 게임판 위에 판돈을 놓고 주사위 3개를 던져 게임을 했다. 그들이 건 기호들 중 하나라도 나오면, 물주는 그 기호가 나온 주사위의 수에 판돈을 곱한 만큼의 돈을 주었다. 예를 들어 왕관에 1파운드를 걸었는데 왕관이 나온 주사위가 2개라면 내건 판돈에다 2파운드를 더 땄다. 만약 왕관이 나온 주사위가 3개라면 3파운드를 더 얻었다. 이 모든 규칙은 매우 합리적으로 보인다. 하지만 확률 이론에 따르면 선수는 장기적으로 자기 판돈의 8퍼센트를 잃을 것으로 예상된다.

확률 이론은 블레즈 파스칼(Blaise Pascal)의 주목을 받으면서 날개를 펴기 시작했다. 루앙의 세금 징수원의 아들로 태어난 파스칼은 어릴 때부터 신동이었다. 1646년에 로마 가톨릭의 분파인 얀센주의로 개종했는데, 가톨릭 교황인 인노켄티우스 10세는 1655년에 그 종파를 이단으로 공표했다. 그러기 1년 전에, 파스칼은 자기가 "두 번째 전향"이라고 부른 사건을 경험했는데, 아마도 그가 탄 마차를 몰던 말

세계를 바꾼 17가지 방정식

들이 뇌이 다리(Neuilly bridge)에서 떨어지면서 하마터면 마차도 같이 떨어질 뻔해 거의 죽음 직전까지 갔던 일이 그 방아쇠가 된 듯하다. 거기서 나온 그의 결과물 대부분은 종교 철학에 관한 것이었다. 그렇지만 그 사고 직전, 그와 페르마는 도박과 관련된 한 수학 문제를 논하는 서신을 교환하고 있었다. 자칭 기사였지만 실은 그렇지 않았던 프랑스 작가 슈발리에 드 메레(Chevalier de Meré)는 친구였던 파스칼에게 일련의 확률 게임들에서 만약 게임이 중도에 끝나 버린다면 판돈을 어떻게 나누어야 하는지 물었다. 이 문제는 새로운 것이 아니었다. 그 기원은 중세로 거슬러 올라간다. 새로운 것은 그 해법이었다. 서신을 교환하면서 파스칼과 페르마는 옳은 답을 찾아냈다. 그 과정에서 확률 이론이라는 새로운 수학 분야가 만들어졌다.

그들의 해법에서 핵심은 오늘날 '기댓값(expectation)'이라고 부르는 개념이다. 확률 게임에서 이것은 선수의 장기적인 평균 수익을 말한다. 예를 들어 1파운드의 판돈이 걸린 왕관과 닻 게임에서 기댓값은 92펜스다. 두 번째 전향 이후 파스칼은 도박을 끊었지만, 유명한 철학적 논쟁인 파스칼의 내기(Pascal's Wager)에서 도박을 사용했다.[2] 주장을 입증하기 위한 반론의 일환으로, 파스칼은 신이 존재할 가능성이 매우 낮다고 생각하는 사람이 있다고 가정했다. 그의 1669년작 『팡세(Pensées)』에서 파스칼은 확률의 관점에서 그 결과를 분석했다.

신이 존재하는가 하는 내기에서 득과 실을 따져 보자. 양쪽의 확률을 측정해 보자. 만약 여러분이 이긴다면, 모든 것을 얻는다. 만약 여러분이 지면, 아무것도 잃지 않는다. 그렇다면 망설임 없이 신이 존재한다는 데에 걸어라. …… 그러면 여러분이 건 판돈을 잃을 확률은 유한한 반면 승리할 확률, 즉 무한히 행복한 영생을 얻을 확률은 무한하다. 따라서 우리의 문제는 무한한 힘을 가진다. 거기서 잃고 얻을 확률은 동일하고, 판돈은 유한하며, 얻을 것은 무한하다.

확률 이론은 1713년에 야코프 베르누이(Jacob Bernoulli)가 『추측의 기술(*Ars Conjectandi*)』을 발표했을 때 완전히 독립적인 분야로서 제 모습을 갖췄다. 베르누이는 한 사건이 일어날 확률에 대한 조작적 정의로 그 책을 시작한다. 거기에서 확률은 장기적으로 거의 늘 일어날 사건의 비율이다. 내가 "조작적 정의"라고 말한 이유는 그가 말한 확률 개념이 본질적인 정의가 되면 곤란해지기 때문이다. 예를 들어 내가 편향되지 않은 동전 하나를 계속 던진다고 하자. 앞면과 뒷면은 대다수의 경우에 무작위로 보이는 순서로 연달아 나올 테고, 충분히 오래 던진다면 그중 절반은 앞면이 나오게 될 것이다. 그러나 앞면이 정확히 절반 나오는 일은 거의 없을 것이다. 예를 들어 홀수 번 던졌을 때 그런 일은 불가능하다. 만약 미적분으로부터 영감을 얻어 그 정의를 '던지는 횟수가 무한일 때 앞면이 나올 확률의 극한'이라고 수정한다면, 나는 이 극한의 존재를 입증해야 한다. 그렇지만 그렇지 않을 때도 있다. 예를 들어 앞면(H)과 뒷면(T)이 다음과 같은 순서로 나타난다고 해 보자.

THHTTTHHHHHHTTTTTTTTTTTT……

뒷면 하나, 앞면 둘, 뒷면 셋, 앞면 여섯, 뒷면 열둘, ……. 뒷면이 세 번 나온 다음에는 매 단계에서 수들이 두 배가 된다. 세 번 던졌을

세계를 바꾼 17가지 방정식

때 앞면이 나온 확률은 2/3이고, 여섯 번 던졌을 때는 1/3, 12번 던졌을 때는 도로 2/3, 그리고 24번 후에는 1/3, 하는 식이다. 그렇게 확률은 2/3과 1/3 사이에서 진동하므로 명확히 정의된 극한은 존재하지 않는다.

물론 던졌을 때 앞뒷면이 그런 순서로 나타날 가능성이 그다지 높지는 않다. 그렇지만 "그다지 높지는 않다."가 어느 정도인지 규정하려면 우리는 확률을 그 극한이 도달해야 하는 것이라고 정의해야 한다. 이는 순환 논리다. 게다가 그 극한이 실제로 존재한다고 해도, 그것이 1/2이라는 '참' 값이 아닐 수도 있다. 극단적 사례는 늘 동전의 앞면이 나올 때다. 이럴 때 극한은 1이다. 다시, 이럴 가능성은 그다지 높지 않지만 앞서도 이야기했듯이……

베르누이는 전체 문제를 반대 방향에서 접근했다. 단순히 앞면 또는 뒷면이 나올 확률을 0과 1사이의 어떤 수 p라고 **정하는** 것에서 시작한다. $p=1/2$이면 그 동전은 공정하고, 그렇지 않으면 편향되었다고(즉 공정하지 않다고) 하자. 그러고 나서 베르누이는 '큰 수의 법칙(law of large numbers)'이라는 기본 정리를 증명해 냈다. 이것은 일련의 반복된 사건들에 대해 확률을 구하는 합리적인 규칙이다. 큰 수의 법칙은, 무작위로 작아지는 시행들 일부를 예외로 하면, 앞면이 나올 확률이 장기적으로는 p라는 극한을 가진다고 말한다. 철학적으로 이 정리는 자연스럽게 확률—즉 숫자—을 배정함으로써 '예외들을 무시한, 장기적인 발생 비율'이라는 해석을 뒷받침한다. 따라서 베르누이는 확률로 배정된 수들이 동전을 몇 번이고 거듭 던지는 과정의 일관된 수학 모형을 제공한다고 본다.

그의 증명은 파스칼과 친숙한 수 패턴에 의존한다. 그 패턴은 보통 '파스칼의 삼각형(Pascal's triangle)'이라고 불리는데, 파스칼이 그것을 처음 알아낸 인물은 아니다. 역사학자들은 그 기원을 핑갈라(Pingala)가 썼다고 하는 『찬다스 사스트라(*Chandas Shastra*)』에서 찾는데, 그것은 기원전 500년과 기원전 200년 사이에 산스크리트 어로 쓰인 문헌이다. 원본은 남아 있지 않지만 그 책은 10세기 힌두 어 판 주석을 통해 알려져 있다. 파스칼의 삼각형은 다음과 같다.

$$
\begin{array}{ccccccccc}
& & & & 1 & & & & \\
& & & 1 & & 1 & & & \\
& & 1 & & 2 & & 1 & & \\
& 1 & & 3 & & 3 & & 1 & \\
1 & & 4 & & 6 & & 4 & & 1
\end{array}
$$

모든 줄이 1로 시작하고 끝나며, 각 수는 바로 위에 있는 두 수의 합이다. 오늘날 이 수들은 이항 계수라고 불린다. 그 수들은 대수학에 있는 이항식(2개의 변수가 있는 식) $(p+q)^n$에서 나오기 때문이다. 말하자면 다음과 같다.

$$(p+q)^0 = 1$$
$$(p+q)^1 = p+q$$
$$(p+q)^2 = p^2+2pq+q^2$$
$$(p+q)^3 = p^3+3p^2q+3pq^2+q^3$$
$$(p+q)^4 = p^4+4p^3q+6p^2q^2+4pq^3+q^4$$

세계를 바꾼 17가지 방정식

여기서 파스칼의 삼각형에 있는 수들은 각 항의 계수들로 보인다.

베르누이의 핵심적인 통찰은, 우리가 동전을 n번 던졌을 때 앞면이 나올 확률이 p라면 특정 시행 횟수 중 앞면이 나올 확률은 $(p+q)^n$에 조응한다는 것이었다. 여기서 $q=1-p$이다. 예를 들어 내가 동전을 세 번 던진다고 해 보자. 그러면 여덟 가지의 가능한 결과들은 다음과 같다.

HHH
HHT   HTH   THH
HTT   THT   TTH
TTT

여기서는 앞면이 나온 경우의 수에 따라 결과들을 분류해 보겠다. 그렇게 여덟 가지의 가능한 결과들을 정리하면 다음과 같다.

앞면이 3개인 수열이 1개
앞면이 2개인 수열이 3개
앞면이 1개인 수열이 3개
앞면이 0개인 수열이 1개

이항 계수들과의 관련성은 우연이 아니다. $(H+T)^3$이라는 대수학 공식을 전개하되 항들을 정리하지 않으면 다음과 같다.

HHH+HHT+HTH+THH+HTT+THT+TTH+TTT

H의 수를 기준으로 항들을 정리하면 다음과 같다.

$$H^3+3H^2T+3HT^2+T^3$$

그 후에는 H와 T를 확률값인 p나 q로 각각 대체하는 것이 문제가
된다.

심지어 이 경우에도 각 극단인 HHH와 TTT는 여덟 번의 시행
중에서 오로지 한 번씩만 나타나고, 더 공평한 수는 여섯 번 나타난
다. 이항 계수의 표준적 성질들을 이용한 한층 정교한 계산은 베르
누이의 큰 수의 법칙을 입증한다.

인간의 무지 덕분에 수학이 진보하는 경우가 종종 있다. 수학자들은
중요한 것을 직접 구할 수 없을 때, 그것을 간접적으로 도출하는 방
법을 찾아본다. 이 경우에 문제는 이항 계수들을 계산하는 것이었
다. 명시적인 공식은 있었다. 하지만 예를 들어 한 동전을 100번 던져
서 앞면이 42번 나오는 확률을 알고 싶다고 할 때, 여러분은 200번
의 곱셈을 하고 나서 무척 복잡한 분수를 단순화해야 한다. (지름길이
있기는 하지만 그래도 복잡하다.) 물론 내 컴퓨터는 1초도 채 지나지 않
아 다음과 같이 답을 알려 준다.

$$282588088711162574166368460400 p^{42} q^{58}$$

그렇지만 베르누이는 그런 사치를 누리지 못했다. 1960년대까지는
누구도 그러지 못했고, 컴퓨터 대수학 시스템은 1980년대 후반까지

도 실제로 널리 이용되지 않았다.

　이런 종류의 계산은 실제로 할 수 있는 것이 아니었기 때문에 베르누이의 뒤를 잇는 수학자들은 쓸 만한 근삿값을 찾아내려고 했다. 1730년경 아브라함 드 무아브르(Abraham de Moivre)는 편향된 동전을 반복해 던지는 것과 관련된 확률에 대한 근사식을 도출했다. 이것은 오차 함수 또는 정규 분포로 이어졌는데, 그 모양 때문에 '종형 곡선(bell curve)'이라고 불렸다. 그가 입증한 것을 살펴보자. 평균이 μ이고 분산이 σ^2일 때 **정규 분포** $\Phi(x)$는 다음 공식으로 정의된다.

$$\Phi(x) = \frac{1}{\sqrt{2\pi}\sigma} e^{-\frac{(x-\mu)^2}{2\sigma^2}}$$

편향된 동전을 n번 던져 앞면이 m번 나올 확률은

$$x = m/n - p \quad \mu = np \quad \sigma = npq$$

일 때, 정규 분포 $\Phi(x)$에 수렴한다. 여기서 '평균'은 평균값을 뜻하고 '분산'은 데이터들이 얼마나 멀리 퍼져 있는가를 측정한 수치, 즉 종형 곡선의 너비다. 분산의 제곱근인 σ는 표준 편차다. 그림 32 왼쪽은 $\Phi(x)$의 값이 어떤 식으로 x에 의존하는지를 보여 준다. 그 곡선이 약간 종처럼 생겨서 거기에는 비공식적으로 종형 곡선이라는 이름이 붙었다. 종형 곡선은 확률 분포의 한 예다. 이것은 주어진 두 값 사이에서 특정 값을 얻을 확률이 곡선 아래, 즉 각 값에 상응하는 수직선을 합친 넓이와 동일하다는 뜻이다. 곡선 아래의 전체 넓이는 1인데, 예기치 않은 요소인 $\sqrt{2\pi}$ 덕분이다.

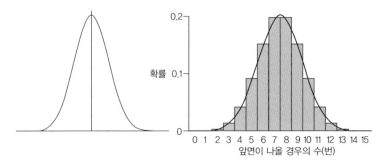

그림 32 종형 곡선. (왼쪽) 공정한 동전을 15번 던졌을 때 앞면이 나올 각 경우의 수에 대응하는 근삿값. (오른쪽)

　그 아이디어는 예를 하나 들어 보면 가장 쉽게 이해할 수 있다. 그림 32 오른쪽은 공정한 동전을 15번 던졌을 때 앞면이 나올 경우의 수에 대한 확률을 그래프(직사각형들)와 그 근삿값인 종형 곡선으로 보여 준다.

종형 곡선은 그저 수학 이론에서뿐만이 아니라 사회 과학의 경험적 데이터들에서도 모습을 드러내면서 그 상징적 지위를 얻기 시작했다. 1835년, 다양한 분야들 중에서도 특히 사회학에서 정량적 분석 방법을 개척했던 벨기에의 아돌프 케틀레(Adolphe Quetelet)는 범죄, 이혼, 자살, 출생, 사망, 키, 몸무게 등에 대한 데이터들을 수집하고 분석했다. 당시에는 아무도 그 변수들이 어떤 수학적 법칙에도 순응하리라고 예측하지 않았다. 그 기저에 놓인 원인들이 너무 복잡할뿐더러 인간의 선택과도 관련 있기 때문이다. 예를 들어 누군가를 자살로 몰아가는 감정적 고문이 단순한 공식으로 축약된다고 생각하는 것은 터무니없지 않은가.

여러분이 정확히 누가 언제 자살을 할 것인가를 예측하고 싶다면 이런 반박은 타당하다. 그렇지만 케틀레가 다양한 집단, 다양한 지역, 다양한 연령의 자살률 같은 통계적 문제들에 집중하자 패턴이 나타나기 시작했다. 이 주제에 대해서는 논란이 많다. 여러분이 파리에서 내년에 6건의 자살이 있을 것이라고 예측했다고 치자. 관련된 사람들이 자유 의지를 가질 텐데 그 예측이 말이 된다고 생각하는가? 그들 모두는 마음을 바꿀 수 있다. 그렇다고 실제 자살하는 사람들만 고려해 인구수를 미리 명시할 수는 없다. 인구수는 그저 자살하는 사람들만이 아니라, 자살을 생각해 보았지만 실행에 옮기지 않은 사람들이 내린 일련의 선택들을 종합한 결과이기 때문이다. 사람들은 다양한 맥락 속에서 자유 의지를 행사한다. 많은 요소들은 사람들의 자유로운 결정에 영향을 미친다. 여기서는 재정적 문제들, 인간 관계 문제들, 정신적 상태, 종교적 배경을 비롯해 여러 제약 요소들이 있다 ⋯⋯. 어떤 경우든, 종형 곡선은 정확한 예측을 하지 않는다. 그저 어떤 수치가 가장 그럴싸한지를 말할 뿐이다. 자살 사건은 5건이 발생할 수도, 7건이 발생할 수도 있다. 하지만 자유 의지를 사용해 마음을 바꿀 여지는 누구나 충분히 갖고 있다.

결국 데이터가 승리했다. 이유가 무엇이든, 개인보다는 집단으로 볼 때 사람들의 행동은 좀 더 예측 가능했다. 아마 가장 단순한 사례는 키였을 것이다. 케틀레가 특정 키를 가진 사람들의 비율을 그래프로 그리자 그림 33과 같은 아름다운 종형 곡선이 나왔다. 그는 다른 사회적 변수들에 대해서도 같은 모양을 얻었다.

케틀레는 그런 결과들에 너무 충격을 받아서 『인간과 능력 개발에 관한 연구(*Sur L'homme et le Développement de ses Facultés*)』를 써서

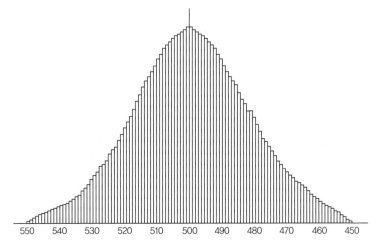

그림 33 특정 키(가로축)을 갖고 있는 사람들의 수(세로축)를 나타낸 케틀레의 그래프.

1835년에 출간했다. 거기서 그는 '보통 사람(average man)'이라는 개념을 소개하는데, 보통 사람이란 모든 면에서 평균적인 허구의 개인을 말한다. 이것은 오래전부터 전혀 현실에 맞지 않는 생각이라고 지적되어 왔다. 1개(보다 약간 적은)의 가슴, 하나의 고환, 2.3명의 자녀 등을 가진, 남자와 여자를 아우르는 평균적 '인간'이라니 말이다. 그럼에도 케틀레는 보통 사람을 그저 시사점이 많은 수학적 허구가 아니라 사회 정의의 목표로 보았다. 그것은 듣기만큼 불합리한 이야기는 아니다. 예를 들어 인간의 부가 모든 이에게 평등하게 분배된다면 모든 이가 평균적 부를 갖게 될 것이다. 거대한 사회적 변화가 일어나지 않는 한 그것은 실현 가능한 목표가 아니지만, 강경한 평등주의적 관점을 지닌 누군가는 바람직한 목표로 삼을지도 모른다.

종형 곡선은 확률 이론의 한 상징으로 급속히 자리를 잡아 나갔다. 특히 그것의 주요한 응용 분야는 통계학이었다. 그 이유로는 두 가지 가 있었다. 종형 곡선은 비교적 계산하기 단순했다. 그리고 실제에 적 용할 만한 이론적 근거가 있었다. 이런 생각이 처음 생겨난 주요 원 천 중 하나가 18세기의 천문학이었다. 데이터에는 오차가 있을 수 있 었다. 장치의 사소한 변화나 인간의 실수, 혹은 단순히 대기의 흐름 이 오차를 일으킬 수 있다. 당시 천문학자들은 행성, 혜성, 소행성 들 을 관측해 그 궤도를 구하려고 했다. 그러려면 어떤 궤도가 실제 데 이터에 가장 잘 부합하는지를 알아낼 필요가 있었다. 완벽하게 들어 맞는 궤도는 존재하지 않을 터였다.

　이 문제에 대한 최초의 실용적 해법은 데이터에 한 직선을 통과 시키되, 전체 오차를 최소로 만드는 직선을 선택하는 것이다. 여기서 오차들은 양수로 취급되어야 하는데, 대수 법칙들을 어기지 않으면 서 그렇게 하는 쉬운 방법은 오차들을 제곱하는 것이다. 따라서 전 체 오차는 직선 모형과 관찰 결과들 사이의 편차를 제곱해 합한 값 이 된다. 그리고 바람직한 선은 전체 오차를 최소화한다. 1805년에 프랑스 수학자인 아드리앵마리 르장드르(Adrien-Marie Legendre)는 이 선을 쉽게 계산해 내는 간단한 공식을 발견했는데, 그것을 '최소 제 곱법(method of least square)'이라고 부른다. 그림 34는 설문으로 측정한 스트레스 수치와 혈압 간의 관계를 구하는 방법을 설명해 준다. 그림 의 선은 르장드르의 공식으로 찾아낸 것으로 제곱된 관측 오차에 가장 가까운 데이터들과 맞아떨어진다. 10년 안에 최소 제곱법은 프 랑스, 프러시아, 이탈리아의 천문학자들 사이에서 표준이 되었고, 그 로부터 20년 내에 영국에서도 표준이 되었다.

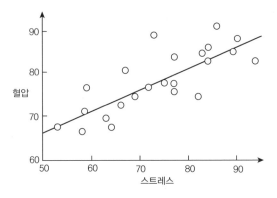

그림 34 최소 제곱법을 이용해 구한 혈압과 스트레스의 관계. (점들) 실제 관측 데이터. (직선) 실제 관측 데이터에 가장 잘 부합하는 직선.

가우스는 최소 제곱법을 자신의 천체 역학 연구의 주춧돌로 삼았다. 그는 1801년에 소행성 세레스(Ceres)의 귀환을 올바르게 예측함으로써 그 분야에 들어섰다. 당시에 세레스 소행성이 눈부신 태양 뒤에 가려져서, 대다수 천문학자들은 자기들이 사용할 수 있는 데이터가 너무 부족하다고 생각했다. 가우스는 그 승리 덕분에 수학자로서의 평판을 굳건히 다졌고, 괴팅겐 대학교 천문학과의 종신 교수직도 얻었다. 가우스는 이 예측에 최소 제곱법을 사용하지 않았다. 대신 자신이 특별히 발명한 수치 해법(numerical method)을 사용해 8차 대수 방정식을 풀었다. 그렇지만 1809년에 나온 『천체 운행 이론 (*Theoria Motus Corporum Coelestium in Sectionibus Conicis Solem Ambientum*)』으로 마무리한 훗날 작업에서 가우스는 최소 제곱법을 크게 강조했다. 그는 또한 자기가 그 방법을 개발하고 르장드르보다 10년 먼저 사용했다고 주장해 약간의 분란을 일으켰다. 그러나 그 주장은 사실일 가능성이 매우 높다. 그리고 그 방법에 대한 가우스의 근거는 무

　　　　　　　　　　　　　　　　　　　세계를 바꾼 *17가지 방정식*

척 달랐다. 르장드르는 그것을 곡선 맞춤(curve-fitting)의 연습으로 보았던 반면 가우스는 그것을 확률 분포를 맞추는 방법으로 보았다. 가우스는 그 공식을 정당화하기 위해 그 직선에 들어맞는 기저 데이터가 종형 곡선을 따른다고 가정했다.

그 근거의 정당화는 아직 해결되지 않았다. 왜 관측 오차들이 정규 분포를 보일까? 1810년, 라플라스는 놀라운 대답을 내놓았는데, 그 또한 천문학에서 자극을 받은 것이었다. 많은 과학 분야에서는 동일한 관측을 독립적으로 여러 차례 하고 나서 평균을 취하는 것이 표준이었다. 그러니 이 과정을 수학적으로 모형화하는 것이 자연스럽다. 라플라스는 9장에 나오는 푸리에 변환을 이용해서 수많은 관측값들의 평균이 종형 곡선으로 나타난다는 것을 입증했다. 개별적 관측값들은 그렇지 않더라도 말이다. 라플라스가 얻어 낸 결과인 중심 극한 정리(central limit theorem)는 확률과 통계 분야에서 중요한 전환점이 되었는데, 관측 오차들을 분석하는 데 수학자들이 가장 좋아하는 분포, 즉 종형 곡선을 사용할 수 있는 이론적 근거를 제공했기 때문이다.[3]

중심 극한 정리는 종형 곡선이 여러 번 반복해서 얻은 관측값들의 평균에 유일하게 부합하는 확률 분포라고 가르쳐 준다. 그 결과, 종형 곡선은 '정규 분포'라는 이름을 얻었고 기본적인 확률 분포로 여겨졌다. 정규 분포에는 만족스러운 수학적 성질들뿐만 아니라, 실제 데이터를 모형화한다고 간주될 만한 탄탄한 이유도 있었다. 케틀레처럼 사회 현상에 대해 통찰을 얻고자 하는 과학자들에게 이런 특징들은 무척 매력적이었다. 그것이 공식적 기록에서 나온 데이터를 분석하는 한 방법을 제공했기 때문이다. 1865년에 프랜시스 골턴 (Francis Galton)은 부모의 키와 자녀의 키가 어떤 관계가 있는지를 연구했다. 이 연구는 유전―인간의 특성들이 어떻게 부모에게서 아이에게로 전해지는가?―을 이해한다는 더 큰 목적을 이루기 위한 작업의 일부였다. 역설적이게도 라플라스의 중심 극한 정리는 처음에 골턴으로 하여금 이런 종류의 유전이 존재한다는 것을 의심하게 만들었다. 그리고 존재한다 해도, 그것을 입증하기란 쉽지 않은 일이었다. 중심 극한 정리는 양날의 검이었다. 케틀레는 일찍이 인간의 키에 대한 아름다운 종형 곡선을 찾아냈지만, 그 곡선이 키에 영향을 미치는 다양한 요인들에 관해 말해 주는 것은 거의 없었다. 중심 극한 정리는 그런 요인들의 분포가 무엇이든 상관없이 어떻게든 정규 분포를 예측했기 때문이다. 부모의 특성도 그 요인들에 포함되지만, 영양, 건강, 사회적 지위 같은 다른 요인들이 더 압도적일 수도 있었다.

그러나 1889년 무렵, 골턴은 이 딜레마를 벗어날 한 가지 방법을 찾아냈다. 라플라스의 놀라운 정리를 증명하려면 수많은 개별 요인들이 미치는 영향력들의 평균을 구해야 했고, 그 요인들은 몇 가지 엄격한 조건들을 만족시켜야 했다. 1875년 무렵, 골턴은 이 조건들이 "고도로 인공적"이라고 기술하며 그 영향력들에 대해 다음과 같이 설명했다.

(1) 영향력들이 모두 독립적이어야 하고 (2) 모두 동등하며(동일한 확률 분포를 지녔으며) (3) 모두 '평균 이상' 또는 '평균 이하' 중에서 선택 가능한 것으로 취급되어야 하고 (4) …… 가변적인 영향력이 무한히 많다는 가정을 바탕으로 계산되어야 한다.

세계를 바꾼 17가지 방정식

이 모든 조건들은 인간 유전 연구에 적용되었다. 조건 (4)는 추가되는 요인들의 수가 무한히 많아지는 **경향이 있다**는 라플라스의 가정에 부합한다. 그리하여 "무한히 많다."라는 조건은 다소 과장된 표현이다. 그러나 수학이 확립한 것은, 정규 분포로의 근사를 얻으려면 다수의 요인들을 종합해야 한다는 점이었다. 각 요인들이 전체 평균에 미치는 영향은 작았다. 말하자면 100가지 요인이 있을 때, 각각이 전체 평균값에 미치는 기여도는 100분의 1이었다. 골턴은 그런 요인들을 "사소하다."라고 언급했다. 각각은 자체만으로 아무런 중요한 영향력을 갖지 못했다.

골턴은 가능해 보이는 출구를 놓치지 않았다. 중심 극한 정리는 정규 분포의 충분 조건이었지만, 필수 조건은 아니었다. 그 가정들이 들어맞지 않는 경우에서도 확률 분포는 **다른 이유들로** 정규 분포가 될 수 있었다. 골턴이 수행해야 할 과업은 그 이유들의 정체를 밝히는 것이었다. 유전으로 연결될 희망이 조금이라도 있으려면, 그들은 엄청난 수의 중요하지 않은 영향력들이 아니라 몇몇 커다랗고 이질적인 영향력들의 조합에 적용되어야 했다. 그는 해결책을 향해 천천히 나아갔다. 그리고 1877년에 이루어진 두 실험을 통해 해결책을 찾아냈다. 하나는 그가 퀸컹스(quincunx)라고 부른, 금속 공이 빗면을 따라 늘어선 핀들에 맞아 튀어 오르며 내려가는 장치를 사용하는 실험이었다. 이 장치에서 공들이 왼쪽으로 갈 확률과 오른쪽으로 갈 확률은 같았다. 그렇다면 이론적으로는 공들이 이항 분포, 즉 정규 분포에 대한 이산적 근사(discrete approximation)에 따라 바닥에 쌓여야 했다. 따라서 그 공들은 그림 32 오른쪽 같은 종 모양의 더미를 이루어야 했고, 실제로도 그랬다. 골턴의 핵심적 통찰은 공들이 중간쯤 내려갔을 때 일시적으로 멈춘다고 상상하는 것에서 나왔다. 그 공들은 여전히 종형 곡선을 형성할 테지만, 바닥에서 형성하는 것보다 좁을 터였다. 이번에는 공들 중 일부만 내려 보낸다고 상상해 보자. 그 공들은 바닥에 떨어져 아주 작은 종형 곡선으로 넓게 퍼질 것이다. 나머지 모든 공들도 같은 결과를 가져올 터였다. 그렇다 함은 마지막의 커다란 종형 곡선을 작은 종형 곡선들 여럿의 합으로 볼 수 있다는 뜻이었다. 종형 곡선은 저마다 별개의 종형 곡선을 따르는 몇몇 요인들이 결합되어 재생산된다.

골턴은 스위트피 재배 실험에서 결정적인 사실을 얻었다. 그는 1875년에 친구 일곱 명에게 스위트피 씨앗을 나눠 주었다. 한 명에게는 무척 가벼운 씨앗을, 한 명에게는 좀 더 무거운 씨앗을 주는 식으로 1인당 70개씩 나누었다. 1877년에 그는 그 자손들의 씨앗 무게를 측정했다. 각 그룹은 정규 분포를 가졌지만 평균 무게는 다 달라서, 원래 그룹의 각 씨앗의 무게에 비할 만했다. 그가 모든 그룹의 데이터를 종합한 결과는 다시금 정규 분포를 보였지만 분산이 더 커져서 종형 곡선이 더 넓어졌다. 다시금, 이것은 종형 곡선 몇 개를 결합하면 또 다른 종형 곡선이 만들어진다는 것을 보여 준다. 골턴은 그렇게 되는 수학적 이유를 추론했다. 임의의 두 변수들이 정규 분포를 이룬다고 하자. 평균이나 분산이 같을 필요는 없다. 이 변수들을 합쳐 놓았더니 또한 분포를 이룬다고 해 보자. 그 평균은 두 평균의 합이다. 그리고 그 분산은 두 분산의 합이다. 확실히 셋, 넷 혹은 그 이상의 정규 분포를 갖는 임의의 변수들을 합해도 같은 이야기를 할 수 있다.

이 정리는 적은 수의 요인들이 결합될 때 적용되는데, 각 요인들은 상수로 곱해질 수 있으므로 사실상 모든 선형 결합(linear combination)에 들어맞는다. 정규 분포는 심지어 각 요인의 영향이 클 때도 유효하다. 이제 골턴은 이 결론이 어떻게 유전에 적용되는지를 볼 수 있었다. 한 아이의 키에서 주어진 임의의 변수들이 부모의 키에서 주어진 임의의 변수들의 어떤 결합이라고 하자. 그리고 이들은 정규 분포다. 유전 요인이 덧셈에 의해 작용한다고 가정하면, 아이의 키 또한 정규 분포일 것이다.

골턴은 1889년에 『자연적 유전(*Natural Inheritance*)』에서 이러한 생각을 발표했다. 특히 그는 회귀(regression)라는 개념을 논했다. 키가 큰 사람과 키가 작은 사람이 만나 아이를 낳으면 자녀들의 평균 키는 중간값, 즉 부모의 평균 키여야 했다. 자녀들의 분산 또한 마찬가지지만, 부모의 분산들은 비슷해 보이므로 많이 변하지 않았다. 이후 세대들이 이어지면서, 분산은 크게 변하지 않고 원상태를 유지하는 한편 평균 키는 고정된 중간값으로 '회귀'한다. 그러니 케틀레의 깔끔한 종형 곡선은 한 세대에서 다음 세대로 이어질 수 있다. 그 종형 곡선의 정점은 재빨리 고정값인 전반적 평균으로 안착하는 한편, 그 넓이는 동일하게 유지된다. 따라서 평균이 회귀해도 상관없이 각 세대는 키에 대해 동일한 다양성을 가질 것이다. 다양성은 충분히 많은 인구를 구성하는 개인들을 통해 유지될 터였다.

당대에는 종형 곡선이 튼튼한 이론적 기반을 가지고 핵심적인 역할을 수행하고 있어서, 통계학자들은 골턴의 통찰을 바탕으로 연구해 나갔고, 다른 분야의 연구자들은 그것들을 자신들의 연구에 적용했다. 초기 수혜자는 사회 과학자였지만 생물학자도 곧 그 뒤를 따랐고 자연 과학자는 이미 르장드르, 라플라스, 가우스 덕분에 게임에서 한참 앞서가고 있었다. 이내 데이터들에서 패턴을 찾아내려는 사람들이라면 모든 통계적 기법들을 이용할 수 있게 되었다. 여기에서는 그중 한 가지를 집중적으로 설명할 것이다. 그 기법은 다른 많은 것들 중에서도 약물과 의료 시술의 효과를 검증하는 데에 일상적으로 사용되기 때문이다. 가설 검정(hypothesis testing)이라 불리는 그 기법의 목표는 데이터들에서 명확히 나타나는 패턴들의 유의성을 평가하는 것이다. 그 기법의 확립에는 네 사람이 기여했다. 그들은 영국인 로널드 에일머 피셔(Ronald Aylmer Fisher), 칼 피어슨(Karl Pearson)과 그의 아들인 에곤 피어슨(Egon Pearson), 러시아계 폴란드 인으로 일생을 거의 미국에서 보낸 예지 네이만(Jerzy Neyman)이었다. 여기서는 피셔에 초점을 맞출 것이다. 피셔는 로댐스테드 연구소(Rothamstead Experimental Station)에서 농업 통계학자로 일하면서 새로운 품종의 식물들을 분석할 때 그 아이디어를 발전시켰다.

여러분이 신종 감자를 재배하고 있다고 해 보자. 여러분의 데이터는 이 품종이 몇몇 해충에 더 저항력이 있음을 보여 준다. 하지만 그 데이터는 수많은 오차들로부터 자유롭지 못하므로 여러분은 그 결론을 뒷받침하는 숫자들을 완전히 믿을 수 없다. 대다수의 오차를 제거하면서 아주 정확히 측정할 수 있는 물리학자만큼 자신할 수는 없을 것이다. 피셔는 순전히 우연으로 생기는 차이와 진짜 차이를 구분하는 것이 핵심 문제이며 두 차이를 구분하는 방법은 오로지 우연에만 의존했을 때 그 차이가 일어날 가능성이 얼마나 되는지를 알아내는 것임을 깨달았다.

예를 들어 신품종은, 해충을 이겨 내는 비율이 구품종의 두 배

세계를 바꾼 17가지 방정식

라는 점에서, 저항력이 구품종의 두 배나 된다고 하자. 이 효과는 우연 때문일 가능성이 있는데, 여러분은 그 확률을 계산해 볼 수 있다. 사실, 여러분이 계산하는 것은 적어도 그 데이터에서 관측된 것만큼이나 극단적인 결과가 나올 확률이다. 해충을 견뎌낸 신품종의 비율이 구품종의 최소 두 배일 확률은 얼마인가? **정확히** 두 배의 비례를 얻을 가능성은 매우 적기 때문에 여기서는 두 배보다 큰 비례도 허용하자. 여러분이 포함시키는 결과들의 범주가 넓을수록 우연이 영향을 미칠 가능성은 높아진다. 계산 결과, 그 결과가 우연의 산물이 아니라면 여러분은 자신의 결론에 더 큰 신뢰를 가질 수 있다. 이 계산에서 도출된 확률이 낮다면, 예를 들어 0.05라면, 그 결과가 우연의 결과일 가능성은 낮다. 그것은 95퍼센트 수준에서 유의미하다고 말할 수 있다. 그 백분율은 우연만으로는 그 결과가 전체 집단의 95퍼센트 또는 99퍼센트 중에서 관측될 수 없음을 가리킨다.

피셔는 자신의 방법이 별개의 두 가설을 비교하는 것이라고 설명했다. 하나는 데이터가 특정 수준에서 유의미하다는 가설이다. 다른 하나는 결과가 우연 때문이라는 이른바 귀무 가설(null hypothesis, 영(零) 가설)이다. 그는 자신의 방법이 데이터가 유의미하다는 가설을 확증하는 것이 아니라고 주장했다. 그것은 귀무 가설을 거부하는 방법이었다. 즉 그것은 데이터가 유의미하지 **않음**에 대한 반증을 제공한다.

이 구분은 매우 미묘해 보일 수도 있다. 데이터가 유의미하지 않음에 대한 반증은 데이터가 유의미하다는 증거로 여겨지기 때문이다. 그러나 그것은 완전히 참이 아니다. 귀무 가설에 내재된 가정이 하나 더 있기 때문이다. 적어도 그만큼 극단적인 결과가 우연 때문일 확률을 계산하려면, 여러분은 이론적 모형이 필요하다. 그런 모형을 얻는 가장 간단한 방법은 특정한 확률 분포를 가정하는 것이다. 이 가정은 귀무 가설과 연계해서만 적용된다. 그것은 여러분이 그 합을 내기 위해 사용하는 것이기 때문이다. 여러분은 그 값들이 정규 분포를 이룰 것이라고 가정하지 않는다. 하지만 귀무 가설에 내재된 기본 확률 분포는 정규 분포, 즉 종형 곡선이다.

이 내재된 모형에는 중요한 결과가 있는데, '귀무 가설을 거부한다.'가 그것을 덮어 버린다. 귀무 가설은 '우연으로 인한 데이터'이다. 그러므로 여러분은 그 명제를 '데이터가 우연 때문이라는 것을 거부한다.'라고 읽고서, 데이터가 우연 탓이 **아니다**로 받아들이기 쉽다. 그렇지만 실제로 귀무 가설은 '데이터가 우연**이고** 우연의 영향들은 정규 분포를 가진다.'이므로, 귀무 가설을 거부할 이유로는 두 가지가 있다. 데이터가 우연 때문이 아니거나 **또는** 데이터가 정규 분포가 아니기 때문이다. 첫째는 데이터의 유의미함을 지지하지만, 둘째는 그렇지 않다. 그것은 여러분이 잘못된 통계 모형을 사용하고 있을지도 모른다고 말한다.

피셔의 농업 연구 데이터에는 전반적으로 정규 분포가 많았으므로, 내가 든 구분이 사실 중요하지 않았다. 그렇지만 가설 검정을 다른 부분에 응용할 때에는 중요할 수도 있다. 그 계산들이 귀무 가설을 부정한다고 말하는 것은 참이지만, 정규 분포의 가정이 명시적으로 언급되지 않으므로, 여러분은 자신의 결과가 통계적으로 유의미하다고 결론을 내리기 전에 **데이터** 분포의 정규성(normality)을 확인할 필요가 있다는 점을 잊어 버리기가 너무 쉽다. 그 방법이 점점 더 많은 사람들에게 이용될수록, 그리고 그 사람들이 어떻게 합을

세계를 바꾼 17가지 방정식

내는가에 대해서는 교육을 받지만 그 뒤에 있는 가정에 대해서는 그렇지 않다면, 가설 검정이 여러분의 데이터가 유의미함을 보여 준다고 잘못 생각할 위험이 점점 커진다. 특히 정규 분포가 자동적으로 기본 가정이 되고 있는 상황에서는 더욱 그렇다.

대중의 의식 속에서, '종형 곡선'이라는 용어는 1994년에 수많은 논란을 불러일으켰던 『종형 곡선 이론(The Bell Curve)』과 밀접하게 연결되어 있다. 저자는 둘 다 미국인으로 한 사람은 심리학자 리처드 헤른슈타인(Richard J. Herrnstein)이고, 다른 사람은 정치 과학자 찰스 머리(Charles Murray)이다. 이 책의 주된 주제는 지능 지수(IQ)로 측정된 지능과 수입, 고용, 임신율, 범죄율 같은 사회적 변수들 사이에 연결 고리가 있다는 주장이다. 저자들은 그런 변수들을 예측하는 데 지능 지수 점수가 부모의 사회적, 경제적인 지위나 교육 수준보다 더 효과적이라고 주장한다. 그 논쟁의 이유, 그리고 관련된 논쟁은 복잡하다. 한번 훑어보는 것만으로는 그 논쟁을 제대로 다룰 수 없지만, 그 문제는 케틀레로 곧장 연결되므로 언급할 가치는 있다.

　그 책의 학구적 장단점이 무엇이든, 논쟁은 불가피했다. 인종과 지능 간의 관계라는 민감한 부분을 건드렸기 때문이다. 언론 보도들은 지능 지수의 차이에 유전적 기원이 지배적이라는 주장을 강조하는 듯했다. 그렇지만 그 책은 유전자, 환경, 그리고 지능 사이의 상호 작용에 대한 모든 가능성을 열어 둠으로써 그 연결 고리에 대해 조심스러운 입장을 견지하고 있었다. 논쟁이 된 또 다른 문제는 미국에서(그리고 실상 모든 곳에서) 사회적 계층화가 20세기에 전반적으로 증가했으며 그 주된 이유는 지성의 차이라는 것이었다. 이 문제에 대처하는 일련의 정책적 권장 사항들 또한 논란거리였다. 그중 하나는 이민—그 책에서 평균 지능을 낮추는 요인으로 지목한 것이다.—을 감축하는 것이었다. 아마도 가장 큰 논쟁거리는 사회 복지 프로그램을 통해 가난한 여성들의 출산을 억제해야 한다는 제안이었으리라.

역설적이게도 이런 생각은 골턴에게서 그 기원을 찾을 수 있다. 1869년에 출간된 『유전적 천재(*Hereditary Genius*)』에서 골턴은 이전 글들을 바탕으로 "사람의 천부적 능력들은 유기체적 세계가 갖는 형태들과 동일하게 직면하는 물리적 한계 아래서 유전적 요인들로부터 도출된다. 결과적으로 …… 몇몇 연속적 세대들에 걸쳐 신중한 결혼에 의해 대단히 뛰어난 인종의 사람들을 낳는 것은 실제로 가능한 이야기다."라는 주장을 발전시켰다. 골턴은 지능이 낮은 부류의 다산성이 더 높다고 주장했지만, 노골적으로 높은 지능을 선호하지는 않았다. 그 대신, 좀 더 똑똑한 사람들이 더 많은 아이를 가져야 한다는 것을 이해할 수 있도록 사회가 변할지도 모른다는 희망을 피력했다.

많은 이들에게 복지 체계를 재조정하자는 헤른슈타인과 머리의 제안은 20세기 초의 우생학 운동과 불편할 정도로 비슷해 보였다. 그것은 정신적 질병의 혐의를 내세워 6만 명의 미국인들을 불임으로 만들었다. 우생학은 나치 독일과 홀로코스트와 연결되면서 널리 신뢰를 잃었고, 그 다수는 이제 인권법에 위배되는 것으로 여겨지며, 몇몇 경우는 반인류적 범죄로 간주된다. 인간들을 선택적으로 번식시키자는 제안은 그 본질이 인종주의적인 것으로 널리 인식되었다. 수많은 사회 과학자들이 그 책의 과학적 결론을 지지했지만 인종주의라는 오명은 거부했으며, 일부는 정책적 제안에 대해서 이론만큼

　　　　　　　　　　　　세계를 바꾼 17가지 방정식

확신하지 않았다.

『종형 곡선 이론』은 데이터를 편집하는 방식, 그 과정에서 사용한 수학적 기법들, 결과의 해석, 그리고 그 해석에 기반을 둔 정책 제안과 관련해 긴 논쟁을 촉발시켰다. 미국 심리학회(American Psychological Association)에서 조직한 대책 위원회는 그 책의 몇몇 주장들이 유효하다는 결론을 내렸다. 지능 지수 점수는 학문적 성취를 예측하는 데 쓸모가 있고, 고용 상태와 상관 관계가 있으며, 남성과 여성의 수행 능력 사이에는 어떤 유의미한 차이도 없다는 것이었다. 다른 한편, 대책 위원회의 보고는 유전자와 환경 모두 지능 지수에 영향을 미친다는 것을 재확인해 주었고, 인종별 지능 지수 점수의 차이가 유전적으로 결정된 것이라는 유의미한 증거를 내놓지 못했다.

다른 비평가들은 과학적 방법론에 오류가 있다고 주장했다. 입맛에 맞지 않는 데이터는 무시되었으며, 연구와 그에 대한 일각의 반응에는 이전부터 어느 정도 정치적 의도가 있다는 것이다. 예를 들어 사회적 계층화가 미국에서 극적으로 이루어졌다는 것은 사실이지만, 그것은 지능의 차이보다는 세금 납부에 대한 부유층의 반대 때문일 수도 있었다. 또한 주장된 문제와 제시된 해결책 사이의 비일관성도 거론되었다. 만약 가난 때문에 사람들이 더 많은 아이를 낳는다면, 그리고 이것이 잘못된 일이라면, 도대체 왜 그들을 더욱 가난하게 만들어야 하는가?

그 논란의 배경에서 중요하지만 종종 간과되는 것이 지능 지수의 정의다. 그것은 키나 체중처럼 직접 측정 가능한 것이 아니라 검사를 통해 통계적으로 추론된다. 피험자들은 질문을 받고, 그들의 점수는 일종의 최소 제곱법인 분산 분석(analysis of variance)을 통해 분석된다. 최소 제곱법과 마찬가지로 이 기법은 데이터가 정규 분포라고 가정하고, 데이터의 분산을 가장 크게 만드는 요소, 즉 데이터를 모형화하는 데 가장 중요한 요소들을 고립시키려 한다. 1904년에 심리학자 찰스 스피어먼(Charles Spearman)은 이 기술을 몇몇 다른 지능 측정 검사들에 적용했다. 그는 피험자들이 다양한 검사들에서 얻은 점수들 사이에 관련성이 대단히 높다는 사실을 발견했다. 즉 한 검사에서 좋은 결과를 보인 사람은 모든 검사에서 좋은 결과를 보이는 경향이 있었다. 직관적으로 그 검사들은 동일한 것을 측정하는 것처럼 보였다. 스피어먼의 분석은 하나의 단일한 공통 요인 ─ 그가 '일반 지능(general intelligence)'을 가리키기 위해 g라고 부른 한 수학적 변수 ─ 이 그 상호 관계 모두를 거의 다 설명한다는 것을 보여 주었다. 지능 지수는 스피어먼의 g가 정규화된 형태다.

핵심적인 문제는 g가 실제 수치냐 아니면 수학적 허구냐이다. 답은 지능 지수 검사들을 선택할 때 이용되는 방법에 의해 복잡해진다. 이들은 특정 인구에서 지능의 '옳은' 확률 분포가 정규 분포라고 가정한다. 그것은 책과 동일한 이름의 종형 곡선이다. 그리고 그 평균과 표준 편차를 표준화하기 위한 수학적 조작을 통해 시험 점수를 보정한다. 여기서 잠재적 위험은 여러분이 기대하는 것을 얻게 된다는 점이다. 여러분은 그것과 대조될 모든 것을 걸러 내기 위한 단계들을 밟아 가기 때문이다. 스티븐 제이 굴드(Stephen Jay Gould)는 1981년에 펴낸 『인간에 대한 오해(The Mismeasure of Man)』에서 그런 위험성을 폭넓게 비판하면서 무엇보다도 지능 지수 검사의 원점수들이 전혀 정규 분포가 아닐 때가 더러 있다고 지적했다.

*g*가 인간 지능의 본래 특징을 나타낸다고 생각하는 주된 이유는 그것이 **한** 요인이기 때문이다. 수학적으로 말하면 그것은 하나의 단일 차원만을 규정한다. 다른 많은 검사들이 모두 같은 무엇을 측정하는 것처럼 보인다면, 관련된 그 무엇이 사실이라고 결론 내리고 싶은 것이 인지상정이다. 그렇지 않다면 왜 결과들이 모두 그토록 비슷비슷하겠는가? 이 질문에 대해서 지능 지수 검사들의 결과들이 하나의 점수로 축약된다는 것이 부분적인 답이 될 수 있다. 이것은 여러 다차원적 질문들과 잠재적 태도들을 1차원적 답으로 욱여넣어 버린다. 게다가 그 검사는 점수와 설계자가 생각하는 지적인 정답이 밀접한 연관성을 갖도록 —그렇지 않다면 아무도 사용하지 않을 것이므로— 선별되어 왔다.

유추를 위해, 동물계에서 몇 가지 다른 '크기'에 대한 데이터를 수집한다고 해 보자. 어떤 사람은 질량을, 어떤 사람은 높이를, 어떤 사람은 길이를, 어떤 사람은 너비를, 어떤 사람은 왼쪽 뒷다리의 지름을, 어떤 사람은 이빨 크기를 측정할 것이다. 그런 치수들 각각은 하나의 단일한 수치일 것이다. 그들은 전반적으로 밀접한 연관성을 가질 것이다. 키 큰 동물들은 몸무게도 더 많이 나갈 테고, 이빨도 더 크고, 다리통도 더 굵고……. 여러분이 그 데이터에 분산 분석을 돌려 보면 이 데이터들의 조합이 그 변동성의 방대한 부분을 설명한다는 것을 알게 될 것이다. 스피어먼의 *g*가 지능에 연관된다고 여겨지는 요인들의 서로 다른 측정값에 대해 그렇듯이 말이다. 이것은 반드시 동물들의 이 모든 특징들이 동일한 근본 원인을 갖는다는 뜻인가? 그 **한** 가지가 모든 것을 통제하는가? 그것은 혹시 성장 호르몬 수준일까? 아닐지도 모른다. 동물의 형태는 너무나 다양해서 하나의 단일한 수로 편리하게 압축되지 않는다. 하늘을 나는 능력을 비롯해 줄무늬인가 점박이인가, 육식인가 초식인가와 같은 다른 많은 특징들은 크기와 전혀 연관되지 않는다. 그 차이 대부분을 설명해 주는 특정 치수들의 묶음은 그것을 찾는 데 쓰인 방법들의 수학적 결과일 수도 있다. 특히 그 방법들이, 여기서처럼, 처음부터 공통점을 많이 가진 것들로 선택된다면 말이다.

다시 스피어먼으로 돌아가 보자. 우리는 그가 그토록 밀었던 g가 1차원적일 수 있음을 보았다. 지능 지수 검사 자체가 1차원적이기 때문이다. 지능 지수는 특별한 종류의 문제 해결 능력을 계량화하는 통계적 방법이다. 수학적으로는 편리하지만 반드시 인간 뇌의 실제 속성에 조응하지는 않는다. 그리고 '지능'이라는 말을 우리가 어떤 뜻으로 사용하든 그것을 나타내지도 않는다.

지능 지수, 그리고 정책을 세우는 데 그것을 이용한다는 문제에 초점을 맞춤으로써 『종형 곡선 이론』은 더 넓은 맥락을 무시했다. 한 나라의 인구를 유전적으로 조작하는 것이 합리적이라고 해도, 왜 그 과정을 빈민에게만 제한하는가? 평균적으로 빈민이 부자보다 낮은 지능 지수를 가졌다 해도, 멍청한 부잣집 아이와 영리한 가난한 집 아이는 반드시 있을 것이다. 그 부잣집 아이가 아무리 사회적, 교육적으로 더 우월한 지위를 누리고 있어도 말이다. 진짜 문제인 지능 자체에 좀 더 정확히 초점을 맞출 수 있는데 왜 복지 삭감에 의존하는가? 왜 교육을 개선하지 않는가? 따지고 보면 왜 지능을 높이는 것 자체를 겨냥한 정책을 세우지 않는가? 또한 지능 말고도 바람직한 인간 자질은 많이 있다. 왜 어리석음, 공격성, 혹은 탐욕을 줄이려 하지는 않는가?

세계를 바꾼 17가지 방정식

수학 모형을 현실인 양 생각하는 것은 잘못이다. 모형들이 현실과 자주 매우 잘 들어맞는 자연 과학에서는 그런 생각이 거의 무해하고 편리한 사고 방식일 수 있다. 그렇지만 사회 과학에서, 모형들은 캐리커처 이상의 무엇을 하지 못할 때가 많다. 『종형 곡선 이론』을 제목으로 선택한 것은 모형을 현실과 융합하는 이런 경향을 암시한다. 단순히 지능 지수가 수학적 기반을 가진다는 이유만으로 그것이 인간 능력에 대한 일종의 정확한 측정값이라고 생각하는 것 같은 오류를 범하는 셈이다. 광범위한 영향력을 미치는, 심각한 논란의 여지가 있는 사회적 정책을 지나치게 단순한, 오류가 있는 수학 모형에 기반을 두고 세우는 것은 합리적이지 않다. 『종형 곡선 이론』의 진짜 핵심, 그 책이 무심코 그러나 광범위하게 드러내고 있는 그 핵심은, 총명함, 지능, 그리고 지혜가 서로 별개라는 것이다.

확률 이론은 의학 분야에서 새로운 약물과 치료법을 시도하기 위해 데이터의 통계적 유의미성을 검사할 목적으로 폭넓게 이용된다. 그 검사들은 정규 분포라는 가정을 바탕으로 할 때가 많지만, 늘 그런 것은 아니다. 전형적인 예는 암 집단 발생 지역의 추적이다. 어떤 질병의 집단 발생이란 전체 인구에서 예측치보다 더 자주 그 질병이 일어나는 경우를 말한다. 집단 발생은 지리적인 것일 수도 있고, 특정한 생활 양식을 가진 사람들이나 특정한 시기에 태어난 사람들같이 좀 더 은유적인 것일 수도 있다. 예를 들어 은퇴한 프로 레슬링 선수들 혹은 1960년대와 1970년대 사이에 태어난 소년들을 들 수 있다.

집단 발생으로 보이는 것들은 철저히 우연일 수도 있다. 난수가 거의 균일하게 퍼지는 일은 거의 없다. 그 대신 그들은 자주 한데 모인다. 영국 국립 복권의 무작위적 시뮬레이션에서는 1에서 49 사이의 여섯 숫자가 임의로 뽑혔는데, 그중 절반 이상이 일종의 규칙적인 패턴을 보여 주었다. 두 수가 연속적이거나 5, 9, 13처럼 세 수가 같은 간격으로 나뉘거나 하는 식이었다. 흔한 직관과는 반대로, 무작위는 군집을 형성한다. 군집처럼 보이는 것을 발견했을 때, 의학계의 권위자들은 그것이 우연 때문인지 아니면 어떤 가능한 인과 관계 때문인지를 평가하려 한다. 한때 이스라엘 전투 비행사들의 자녀들은 대부분이 남자아이들이었다. 이에 대해서는 그럴법한 설명—비행사들은 무척 남성적이고 남성적인 남자들은 사내아이를 낳을 확률이 좀 더 높다(사실은 그렇지 않다.), 비행사들은 보통 사람들보다 방사선에 더 많이 노출된다, g포스를 더 많이 겪는다 등등—을 생각해 내기가 더 쉬울 것이다. 그렇지만 이 현상은 잠시 동안만 존재한, 그저 단순한 무작위적 군집이었다. 이후 데이터에서는 그런 현상이 사라졌다. 어떤 인구에서든, 어느 한 성의 아이가 다른 성의 아이보다 더 많이 태어나는 것은 언제든 일어날 수 있는 일이다. 완벽한 균일성은 거의 가능성이 없다. 군집의 유의미성을 평가하려면 계속 관측해서 그것이 유지되는지를 확인해야 한다.

하지만 무기한으로 미룰 수는 없다. 특히 그 군집이 심각한 질병과 관련된 경우에는 더욱 그렇다. 예를 들어 에이즈는 1980년대에 처음 발생했을 때 미국인 동성애자 남성들 사이의 집단적 폐렴 발생 사건으로 추정되었다. 폐암의 한 유형인 중피종(mesothelioma)은 그 원인이 석면 섬유인데, 처음에는 전직 석면 노동자들 사이에서 집단적으로 나타났다. 따라서 통계적 방법들은 그런 군집이 우연히 생길 확률이 얼마나 높은지를 측정하는 데 사용된다. 피셔의 유의미성 검사

세계를 바꾼 17가지 방정식

와 관련된 방법들은 이 방면에서 폭넓게 이용된다.

확률 이론은 위험(risk)에 대한 우리의 이해에도 근본적이다. 이 말은 구체적, 기술적 의미를 지닌다. 그것은 바람직하지 않은 결과로 이어지는 어떤 행동의 잠재성을 언급한다. 예를 들어 항공기를 띄우는 것은 충돌과 관련된 결과를 낳을 수 있고 담배를 피우는 것은 폐암을 유발할 수 있으며 원자력 발전소를 건설하는 것은 사고나 테러리스트 공격이 일어났을 때 방사성 물질의 유출로 이어질 수 있다. 수력 발전을 위해 댐을 지으면 댐이 무너졌을 때 사망자가 나올 수 있다. 여기서 '행동'은 무언가를 하지 않는 것을 가리킬 수도 있다. 예를 들어 아이에게 백신 접종을 하지 않으면 질병으로 죽는 결과가 나올 수 있다. 반면 아이에게 백신 접종을 했을 때의 위험, 예를 들어 알러지 반응 같은 것도 존재한다. 전체 인구에서 이 위험은 적은 편이지만, 특정 군집에서는 더 클 수도 있다.

위험이라는 개념은 맥락에 따라 다르게 쓰인다. 일반적인 수학적 정의에 따르면 일부 행동을 하는 것 또는 행동을 하지 않는 것과 관련된 위험은 반대 결과가 나올 확률에 일어날 손실을 곱한 것이다. 이 정의에 따르면 10명 중 10분의 1 확률로 죽을 경우의 위험과 100만 명 중 100만분의 1 확률로 죽을 경우의 위험은 동일하다. 수학적 정의는 구체적인 근거를 토대로 한다는 점에서 타당하지만, 그렇다고 꼭 합리적이라는 뜻은 아니다. 우리는 이미 '확률'이 장기간을 대상으로 한다는 것을 보았다. 그렇지만 드물게 일어나는 일의 경우 그 시간은 정말이지 아주 길다. 인간, 그리고 인간 사회는 반복된 적은 수의 죽음에 적응할 수 있지만, 국가 차원에서 갑자기 100만 명의 국민이 한꺼번에 죽는다면 심각한 문제에 처할 것이다. 모든 공공 서비스와 산업 들이 동시에 엄청난 압박을 받을 터이기 때문이다. 앞으로 1000만 년을 두고 보면 그 두 사건의 전체 사망률이 비슷한 수준이 된다고 해도, 그것은 별로 위안이 되지 않는다. 그래서 그런 사례들에서 위험을 계량화하기 위한 새로운 방법들이 개발되고 있다.

도박에 관한 물음들에서 나온 통계학적 방법들은 용도가 엄청나게 다양하다. 그들은 사회적, 의학적, 그리고 과학적 데이터를 분석하는 도구를 제공한다. 모든 도구와 마찬가지로, 일어나는 일은 그 도구를 어떻게 이용하느냐에 달려 있다. 통계적 방법들을 사용하는 사람이라면 누구나 그 방법들의 기저에 놓인 가정과 그 함의를 인지할 필요가 있다. 그러나 사용되는 방법의 한계를 이해하지 않고 맹목적으로 컴퓨터에 숫자를 입력하고 그 결과를 성서처럼 떠받드는 것은 재앙을 향해 가는 길이다. 어쨌든 통계학의 적절한 이용은 우리 세계를 몰라보게 향상시켜 왔다. 그리고 그 모든 것은 케틀레의 종형 곡선과 더불어 시작되었다.

8

조화로운 진동

파동 방정식

$$\frac{\partial^2 u}{\partial t^2} = c^2 \frac{\partial^2 u}{\partial x^2}$$

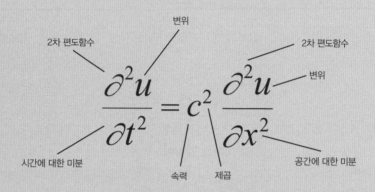

$$\frac{\partial^2 u}{\partial t^2} = c^2 \frac{\partial^2 u}{\partial x^2}$$

2차 편도함수 · 변위 · 2차 편도함수 · 변위 · 시간에 대한 미분 · 속력 · 제곱 · 공간에 대한 미분

무엇을 말하는가?

바이올린 현의 한 부분이 가지는 가속도는 인접한 부분의 평균 변위에 비례한다.

왜 중요한가?

현에서 일어나는 파동을 예측하며, 파동이 일어나는 다른 물리계에도 일반적으로 적용할 수 있다.

어디로 이어졌는가?

이 방정식 덕분에 물, 소리, 빛의 파동과 탄성 진동 등에 대한 이해가 크게 발전했다. 지진학자들은 이 방정식을 수정한 방정식을 이용해 지구 내부의 진동을 바탕으로 지질 구조를 추론한다. 석유 회사들도 석유를 찾기 위해 비슷한 방법을 사용한다. 이 방정식이 어떻게 전자기파의 존재를 예측했으며 라디오, 텔레비전, 레이더를 비롯한 현대 통신 기술들로 이어졌는지는 11장에서 살펴볼 것이다.

우리는 파동(wave)의 세계에 산다. 우리 귀는 공기의 압축파를 감지한다. 우리는 이것을 "듣는다."라고 표현한다. 우리 눈은 전자기 복사의 파동도 감지한다. 우리는 이것을 "본다."라고 말한다. 한 도시를 강타하는 지진의 파괴력은 지구의 고체 표면이 만드는 파동에서 나온다. 바다에 떠서 위아래로 흔들리는 배는 물의 파동에 반응한다. 서퍼들은 바다의 파도를 이용한다. 라디오, 텔레비전, 이동 통신망의 많은 부분들이 전자기파를 이용한다. 그것은 우리가 사물을 볼 수 있게 해 주는 가시광선과 비슷하지만, 파장이 다르다. 마이크로웨이브 오븐(microwave oven, 전자레인지)을 보라. 글쎄, 그 이름만 봐도 알 수 있지 않은가?

수 세기 전에도 일상 생활에 영향을 미치는 파동들이 많이 존재했으므로, 자연이 법칙을 가지고 있다는 전설적 발견을 해낸 뉴턴의 뒤를 잇는 수학자들은 파동에 관해 생각하지 않을 수 없었다. 그러나 그들이 그 분야에 첫발을 내딛게 만든 요인은 예술, 구체적으로 음악이었다. 바이올린 현이 어떻게 소리를 내는 것일까? **그 현은 무엇을 하는 것일까?**

바이올린으로 시작하는 데는 이유가 있다. 그러나 그 이유는 수학자들에게나 호소력을 가진 것이다. 빠른 연구비 상환을 기대하며 수학자들에게 투자할지 말지 고려 중인 정부나 사업가에게는 그렇지 않겠지만 말이다. 바이올린 현은 무한히 가느다란 선으로 모형화할 수 있고, 그 운동—바이올린 소리의 원인—은 평면 위에서 일어나는 것으로 가정할 수 있다. 이렇게 그 문제의 '차원'을 낮추면, 문제를 풀 가능성이 높아진다. 일단 여러분이 단순한 형태의 파동을 이해하고 나면, 몇몇 단계를 거쳐 현실에 존재하는 파동들을 이해할 가능성이 높아진다.

　매우 복잡한 문제들에 곧장 덤벼드는 편이 정치가들과 기업가들에게는 좀 더 매력적일 수도 있다. 그러나 이는 복잡함에 갇혀 꼼짝 못 하게 되는 상황을 초래할 수 있다. 수학자들은 단순성을 선호하며 좀 더 복잡한 문제들로 가는 진입 경로를 얻기 위해 필요하다면 일부러 문제를 단순한 것으로 바꾸기도 한다. 수학자들은 그런 모형들을 비하하듯 '장난감(toy)'이라고 부르지만, 이것들은 진지한 목적을 지닌다. 파동의 장난감 모형들은 오늘날의 전자 공학과 전 지구적 고속 통신, 대형 제트 여객기와 인공 위성, 라디오, 텔레비전, 해일 경보 시스템 등으로 이어졌다. 일부 수학자들이 바이올린보다도 더 비현실적인 모형을 이용해 바이올린의 작동 원리를 밝히지 못했다면, 그중 단 하나도 만들어지지 못했으리라.

피타고라스 학파는 세계가 수로 이루어졌다고 믿었다. 여기서 말하는 수는 정수나 정수비를 의미한다. 그 믿음의 일부는 특정 수를 인간의 특징과 연관시키는, 신비주의 사상으로 나아갔다. 2는 남성, 3은 여성, 5는 결혼을 상징하는 식이었다. 10이라는 수는 1+2+3+4이기 때문에 피타고라스 학파에게 매우 중요했다. 그들은 흙, 공기, 불, 물이라는 네 가지 기본 원소가 세상을 구성한다고 믿었다. 이런 종류의 생각은 현대인이 보기에(적어도 내가 보기에) 다소 말도 안 되는 것 같지만, 인간이 자기 주변 세계를 막 탐사하기 시작하면서 핵심적인 패턴을 찾고 있던 시대에는 합리적이었다. 단지 그 패턴들 중에 어떤 것들이 유의미하고 어떤 것들이 쭉정이인지 가려내는 데 시간이 좀 필요했을 뿐이다.

피타고라스적 세계관의 위대한 업적 중 하나는 음악에서 이루어졌다. 그와 관련된 이야기는 다양한데, 그중 하나에 따르면 피타고라스가 대장장이의 작업장을 지나가다가 다른 크기의 망치들이 다른 높낮이의 소리를 내는 것을, 그리고 단순한 숫자 비를 이루는 망치들(예를 들어 한 망치는 다른 망치의 두 배 크기라든가 하는 것)이 조화로운 소리를 내는 것을 알아차렸다고 한다. 이 이야기는 매혹적이기는 하다. 하지만 실제로 망치를 가지고 그런 소리를 내 보려고 애써 본 사람이라면 대장장이의 작업에 특별히 음악 따위는 없다는 사실을 깨닫게 될 것이다. 그리고 망치는 조화롭게 진동하기에는 너무 모양이 복잡하다. 하지만 여기에는 진리의 씨앗이 적어도 하나 있다. 일반적으로 작은 물체가 큰 물체보다 더 높은 소리를 낸다.

피타고라스가 캐논(canon)이라고 알려진, 아주 단순한 멜로디 악기의 현을 사용해 일련의 실험들을 수행했다는 이야기가 좀 더 믿을 만하다. 우리는 프톨레마이오스가 150년경에 쓴 『조화(*Harmonics*)』에서 그 실험들과 관련된 이야기들을 볼 수 있다. 피타고라스 학파는 그 현의 버팀대를 여러 위치로 이동시켜 보면서 같은 장력을 가진 두 현의 길이가 2:1이나 3:2처럼 단순한 비를 이룰 때 대체로 화음(和音)을 이룬다는 사실을 발견했다. 현의 길이의 비가 좀 더 복잡해지면 음이 조화를 이루지 못했고 듣기에 불편했다. 이후의 과학자들은 이 아이디어를 발전시켜 나갔는데, 여기서 다루기에는 너무 앞서 나간 듯하다. 듣기 좋은 소리인지 아닌지는 현 하나의 물리학보다 훨씬 복잡한 귀의 물리학에 달려 있으니 말이다. 또한 거기에는 문화적 차원도 있다. 성장 중인 아이들의 귀는 자신이 속한 사회에서 흔히 들을 수 있는 소리들에 노출됨으로써 훈련되기 때문이다. 나는 오늘날의 아이들이 휴대폰 벨소리의 차이에 민감할 것이라고 예측한다. 그러나 이런 복잡성 뒤에는 탄탄한 논거를 가진 과학적 설명이 있으며, 그 설명의 상당 부분은 초기 피타고라스 학파가 현이 하나뿐인 실험 악기를 통해 발견한 사실을 입증해 준다.

음악가들은 음계에서 음 높이에 따라 나눈 간격인 음정을 기준으로 음의 쌍들을 묘사한다. 가장 기본적인 음정은 옥타브(octave, 8도 음정), 즉 피아노의 하얀색 건반 8개다. 한 옥타브 떨어진 음들은 높낮이는 다르지만 놀라울 정도로 서로 비슷한 소리를 낸다. 그리고 그들은 매우 조화롭다. 너무나 조화로와서, 옥타브에 기반한 화음들은 약간 단조롭게 들리기도 한다. 바이올린의 경우, 한 개방현에서 한 옥타브 위의 음을 연주하는 방법은 그 현의 중간을 지판에 대고 누르는 것이다. 길이가 절반이 된 현은 한 옥타브 더 높은 음을 낸다. 따라서 옥타브는 2:1이라는 단순한 정수비와 관련 있다.

조화를 이루는 다른 음들도 단순한 정수비와 관련 있다. 서양 음악에서 가장 중요한 것은 4도 화음을 만드는 4:3의 비율과 5도 화음을 만드는 3:2의 비율이다. 그 이름들은 온음인 C, D, E, F, G, A, B, C로 구성된 음계를 생각해 보면 말이 된다. 베이스인 C를 기준으로, 네 번째 음이 F, 다섯 번째 음이 G, 그리고 옥타브는 C이다. 만약 여러분이 베이스를 제1음으로 놓고 연속적으로 번호를 매기면, F, G, C는 각각 제4음, 제5음, 제8음이 된다. 기타 같은 악기에서는 기하학이 특히 두드러진다. 기타의 현에는 '프렛(fret)'이 삽입되어 있다. 넷째 프렛은 그 현에서 1/4 지점에 있다. 다섯째 프렛은 1/3 지점에, 그리고 옥타브 프렛은 가운데에 있다. 줄자로 이것을 직접 확인할 수 있다.

이런 비들은 음계에 대한 이론적 기반을 제공하고 대다수 서양 음악에서 오늘날 사용하는 음계로 이어졌다. 그 이야기는 좀 복잡하므로, 여기서는 단순화시켜서 설명하겠다. 편의상 이제부터는 3:2 같은 비율을 3/2 같은 분수로 쓰겠다. 기본음에서 5도 음들로 올라가면, 현들의 길이는 다음과 같다.

$$1 \quad \left(\frac{3}{2}\right) \quad \left(\frac{3}{2}\right)^2 \quad \left(\frac{3}{2}\right)^3 \quad \left(\frac{3}{2}\right)^4 \quad \left(\frac{3}{2}\right)^5$$

거듭제곱을 계산하면 이 분수들을 다음과 같이 쓸 수 있다.

$$1 \quad \frac{3}{2} \quad \frac{9}{4} \quad \frac{27}{8} \quad \frac{81}{16} \quad \frac{243}{32}$$

이 모든 음들은, 처음 둘만 빼고는, 한 옥타브 안에 있기에 음조가 너무 높다. 그렇지만 옥타브 하나에 포함되도록 그 음조를 낮출 수는 있다. 그 값이 1과 2 사이에 놓일 때까지 반복해서 2로 나누면 된다.

$$1 \quad \frac{3}{2} \quad \frac{9}{8} \quad \frac{27}{16} \quad \frac{81}{64} \quad \frac{243}{128}$$

마지막으로 이 숫자들을 점점 커지는 순서로 나열하면 다음과 같다.

$$1 \quad \frac{9}{8} \quad \frac{81}{64} \quad \frac{3}{2} \quad \frac{27}{16} \quad \frac{243}{128}$$

이것은 피아노의 음인 C, D, E, G, A, B에 매우 밀접하게 조응한다. F가 없음에 유의하자. 사실 귀로 듣기에 81/64과 3/2 사이의 음높이 차이는 다른 간격들보다 더 크게 들린다. 그 간격을 메우기 위해 우리는 4/3를 넣는데, 그것은 제4음을 위한 비율로 피아노의 F에 매우 가깝다. 또한 한 옥타브 위의, 비율이 2인 둘째 C로 음계를 마무리하는 것이 매우 유용하다. 이제 우리는 다음과 같이 숫자비로 나타낸 제4음, 제5음, 그리고 제8음에 기반한 음계를 얻는다.

$$1 \quad \frac{9}{8} \quad \frac{81}{64} \quad \frac{4}{3} \quad \frac{3}{2} \quad \frac{27}{16} \quad \frac{243}{128} \quad 2$$
$$\text{C} \quad \text{D} \quad \text{E} \quad \text{F} \quad \text{G} \quad \text{A} \quad \text{B} \quad \text{C}$$

현의 길이는 음에 반비례하므로, 우리는 상응하는 현의 길이를 얻으려면 분수를 뒤집어야 한다.

우리는 지금까지 피아노의 모든 흰 건반에 대한 설명을 들었다. 하지만 피아노에는 검은 건반도 있다. 검은 건반이 있는 이유는 음계의 잇따른 숫자들 사이의 비율이 9/8(음(tone)에 해당한다.), 그리고 256/243(반음(semitone)에 해당한다.)로 2개이기 때문이다. 예를 들어 81/64 대 9/8의 비율은 9/8이지만 4/3 대 81/64는 256/243이다. '음'과 '반음'이라는 이름들은 각 비율의 근삿값을 비교한 결과에서 나온 것이다. 숫자로 나타내면 각각 1.125와 1.05이다. 처음이 더 크므로, 음은 반음보다 더 큰 변화라고 할 수 있다. 두 반음은 $(1.05)^2$의 비를 갖는데, 그것은 대략 1.11로 1.125와 비슷하다. 그러니 두 반음은 한 음에 가깝다. 물론, **매우** 가깝지는 않다.

이런 식으로 계속하면 우리는 각 음들을 반음에 가깝게 절반으로 나누어 12음계를 얻을 수 있다. 이렇게 하는 방법은 몇 가지가 있는데, 그 결과들은 약간씩 다르다. 어떤 식으로 하든, 예를 들어 어떤 음악의 조성(key)을 바꾸면 미묘하되 귀에 들리는 문제들이 있을 수 있다. 우리가 모든 음을 반음 하나만큼 움직이면 음 높낮이 간격들이 약간 변한다. 이 효과는 우리가 반음에 대해 특정한 비율을 택하고, 그 반음의 12제곱이 2가 되도록 배열한다면 피할 수도 있다. 그러고 나면 두 음이 정확한 반음을 만들고, 12반음은 하나의 옥타브가 되며, 여러분은 정해진 양만큼 음을 올리거나 내림으로써 음계를 바꿀 수도 있다.

그런 수도 있다. 2의 12제곱근은 대략 1.059인데, 그 수는 이른바 '똑같이 조절된 음계(equitempered scale)'를 구성한다. 그것은 일종의 타협이다. 예를 들어 똑같이 조절된 음계에서 제4음은 $4/3 = 1.333$이 아니라 $(1.059)^5 = 1.335$가 된다. 고도로 숙련된 음악가는 그 차이를 감지할 수 있지만, 우리 귀는 그런 작은 차이에 쉽게 익숙해져서 우리 대다수는 절대 알아차리지 못한다.

자연 세계의 조화를 연구하는 피타고라스 학파의 이론은 서양 음악의 기초를 다졌다. 왜 단순한 정수비들이 음악적 화음에 조응하는지를 설명하기 위해, 우리는 진동하는 현의 물리학을 들여다보아야 한다. 인지 심리학 또한 한몫하지만, 아직은 때가 아니다.

열쇠는 힘과 가속도 사이의 연관 관계를 나타내는, 뉴턴의 제2법칙이다. 여러분은 또한 팽팽하게 당겨진 한 현에 가해지는 힘이, 현이 약간 늘어나거나 줄어들 때 어떻게 변하는지 알고 있어야 한다. 이를 위해 뉴턴의 달갑잖은 스파링 상대인 훅이 1660년경에 발견한, 훅의 법칙(Hooke's law)을 살펴보자. 그 법칙에 따르면 한 스프링의 길이는 거기에 가해지는 힘에 비례해서 변한다. (현, 즉 줄이라고 써야 하는데 스프링으로 잘못 쓴 것이 아니다. 바이올린 현도 일종의 스프링이므로 같은 법칙이 적용된다.) 여기서 문제가 하나 있다. 우리는 뉴턴의 법칙을 유한한 수의 덩어리들로 구성된 하나의 계에 적용할 수 있다. 다시 말해 우리는 덩어리당 방정식을 하나씩 얻은 다음, 전체 계에 대한 해를 구하려고 한다. 그렇지만 바이올린 현은 연속체, 즉 무한히 많은 점들로 구성된 하나의 선이다. 그러므로 당대의 수학자들은 현을 조밀하게 배치된 수많은 점질량들이 훅의 법칙에 나오는 스프링처럼 연결된 것이라고 생각했다. 그들은 풀기 쉽도록 약간 단순화시킨 방정식을 세우고 풀었다. 마침내 그들은 점질량의 수를 무작위로 늘려서 그 답을 확인했다.

요한 베르누이(Johann Bernoulli)는 1727년에 이 프로그램을 실행했는데, 카펫 아래에 보이지 않게 쓸어 담은 난제들을 감안한다면 그 결과는 극도로 아름다운 편이었다. 앞으로 할 설명에서 헷갈리지 않도록, 그 바이올린의 현을 가로 방향으로 눕혀 놓았다고 해 보자. 여러분이 줄 하나를 퉁기면 그것은 바이올린과 직각 방향으로 상하 진동을 한다. 이 이미지를 마음에 새겨 두어야 한다. 활을 상상하면 현이 좌우 수평으로 진동하므로 활을 사용해 설명하는 것은 혼란을 일으킨다. 수학 모형에서는 오로지 현이 하나뿐이라고 가정한다. 그 현은 양 끝이 고정되어 있고, 바이올린 활이나 울림통은 없으며, 현은 평면에서 위아래로 진동한다. 이러한 설정에서 베르누이는 진동하는 현의 모양이, 모든 순간에 사인 곡선을 그린다는 사실을 발견했다. 진동의 진폭—이 곡선의 최대 높이—또한 사인 곡선을 따르는데, 공간적이라기보다는 시간적으로 그랬다. 그의 해를 기호로 나타내면 $\sin ct \sin x$가 된다. 여기서 c는 상수다. 그림 35를 보자. 공간적 변화인 $\sin x$는 우리에게 모양을 말해 주지만, 이것은 시간 t에 대한

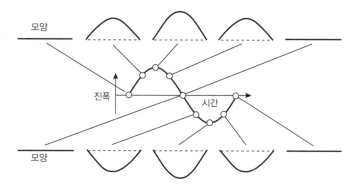

그림 35 진동하는 현의 연속 스냅 사진. 매 순간 모양은 사인 곡선이다. 진폭 역시 시간에 따라 사인 곡선처럼 변한다.

인수인 $\sin ct$에 곱해져 있다. 그 공식은 현이 위아래로 진동하면서 몇 번이고 같은 운동을 반복한다고 말해 준다. 진동 주기, 즉 잇따른 반복 운동 사이의 시간 간격은 $2\pi/c$이다.

이것은 베르누이가 얻은 가장 단순한 해다. 하지만 다른 해들도 있다. 그 해들 역시 모두 사인 곡선 모양을 그린다. 현을 따라 1개, 2개, 3개 또는 그 이상의 파동들을 가지는데, 이를 서로 다른 진동 '모드(mode)'들이라고 한다. (그림 36) 이번에도 어떤 순간에든 현의 모양을 스냅 촬영하면 사인 곡선이 나타났고, 그 진폭은 시간 의 · 존적 인수에 곱해졌다. 진폭 또한 사인 곡선처럼 변했다. 공식들은 $\sin 2ct \sin 2x$, $\sin 3ct \sin 3x$ 등이었다. 진동 주기는 $2\pi/2c$, $2\pi/3c$ 등이었다. 즉 파동이 많을수록 현은 더 빨리 진동했다.

악기의 구조상, 그리고 수학 모형의 가정상, 현의 양쪽은 늘 고정되어 있다. 게다가 1차 모드를 제외한 모든 모드에는 현이 진동하지 않는 지점들이 있다. 그 지점들은 사인 곡선이 수평축을 가로지를

그림 36 진동하는 현의 1차 모드, 2차 모드, 3차 모드. 현은 위아래로 진동한다. 진폭은 시간에 따라 사인 곡선처럼 변한다. 파동이 더 많을수록 진동은 더 빠르다.

때 나타난다. 이 '마디(node)'들이 바로 피타고라스 실험에서 간단한 정수비가 나타나는 수학적 이유다. 예를 들어 2차 모드와 3차 모드의 파동이 같은 길이의 현에서 일어날 때, 2차 모드에서 잇따른 마디들 사이의 간격은 3차 모드에서 그에 상응하는 간격의 3/2배이다. 이것은 왜 3:2 같은 비가 진동하는 스프링의 역학에서 자연스레 등장하는지를 설명해 준다. 그렇지만 왜 하필이면 특정 비들만 조화롭고 다른 것들은 그렇지 않은지를 설명해 주지는 못한다. 이 문제를 본격적으로 파고 들기 전에 이번 장의 주인공을 소개하겠다. 그 주인공은 바로 파동 방정식이다.

풀이보다 방정식 자체 수준에서 베르누이의 접근법을 응용하면, 뉴턴의 제2법칙에서 파동 방정식을 도출할 수 있다. 1746년에 장 르 롱 달랑베르(Jean Le Rond d'Alembert)는 진동하는 바이올린 현을 점질량들의 집합으로 취급하는 일반적인 접근법을 따랐다. 하지만 그는 방정식을 풀어서 점질량들의 수가 무한으로 수렴할 때의 패턴을 찾는 대신, 방정식 자체에 무슨 일이 일어나는지를 연구했다. 그리고 현의 모양이 시간에 따라 어떻게 변하는지를 설명하는 방정식을 도출했다. 그 방정식이 어떻게 생겼는지 보여 주기 전에, 여러분은 '편도함

세계를 바꾼 17가지 방정식

수(partial derivative)'라는 새로운 개념을 배워야 한다.

여러분이 대양 한가운데 있다고 상상해 보자. 다양한 모양과 크기의 파도들이 지나가고 있다. 파도들이 지나갈 때 여러분은 위아래로 움직인다. 물리학적으로 여러분은 주위가 어떻게 변화하는지 몇몇 다양한 방식들로 설명할 수 있다. 구체적으로 말하면 여러분은 시간에 따른 변화나 공간의 변화에 초점을 맞출 수 있다. 여러분의 위치를 기준으로 시간이 지남에 따라 여러분의 높이가 변하는 비율은 시간에 대한 높이의 도함수다. (3장의 미적분 개념 참조) 그렇지만 이 함수는 여러분 주위 대양의 모양을 설명하지 못하며, 그저 여러분을 지나가는 파도가 얼마나 높은지를 말해 줄 뿐이다. 대양 전체의 모양을 설명하기 위해서는 시간을 (개념적으로) 잠시 정지시킨 후 여러분이 있는 위치에서만이 아니라 근처 다른 위치에서도 파도들이 얼마나 높은지를 알아내야 한다. 그러고 나면 미적분을 이용해 여러분 자리에서 파도들이 얼마나 가파르게 **기우는지**를 알아낼 수 있다. 여러분은 고점이나 저점에 있는가? 만약 그렇다면 기울기는 0이다. 여러분은 파도의 측면에 절반쯤 내려가 있는가? 그렇다면 기울기는 매우 크다. 미적분의 관점에서 여러분이 공간에 대한 파도 높이의 도함수를 알아내면, 그 기울기를 수로 나타낼 수 있다.

함수 u가 x라고 부르는 변수 하나에 의존한다면 우리는 그 도함수를 du/dx라고 쓴다. 이는 'u의 작은 변화를 x의 작은 변화로 나눈 것'이라는 뜻이다. 그렇지만 대양의 파도라는 맥락에서 함수 u, 즉 파도의 높이는 그저 공간 x만이 아니라 시간 t에도 의존한다. 우리는 여전히 특정 시점에서의 du/dx―파도의 기울기―를 알아낼 수 있다. 그렇지만 시간을 고정하고 공간을 변화시키는 대신, 우리는 공간을 고정하고 시간을 변화시킬 수도 있다. 그러면 우리는 우리가 오르락내리락하는 속도를 알 수 있다. 우리는 이 '시간에 대한 도함수'를 나타내기 위해 그 식 du/dt를 사용하고, 그것을 'u의 작은 변화를 t의 작은 변화로 나눈 것'으로 해석할 수 있다. 하지만 이런 표기에는 한 가지 모호한 점이 있다. 높이의 작은 변화 du는 두 사례에서 각각 다를 수 있으며 실제로도 종종 다르다. 이 사실을 깜빡한다면 틀린 답을 내기 쉽다. 공간에 대해 미분할 때, 우리는 공간 변수를 약간 변하게 하고 높이가 어떻게 변하는지를 본다. 시간에 대해 미분할 때, 우리는 시간 변수가 약간 변하게 두고 높이가 어떻게 변하는지를 본다. 따라서 시간에 따른 변화가 공간에 따른 변화와 동일해야 할 이유는 없다.

수학자들은 이런 모호한 점을 까먹지 않고 기억하기 위해 '조그만 변화'를 (곧장) 떠올리지 않도록 d라는 기호를 수정했다. 그 결과, d를 살짝 둥글린 ∂가 나왔다. 그리고 수학자들은 두 도함수를 $\partial u/\partial x$와 $\partial u/\partial t$로 썼다. 여러분은 이것이 그리 대단한 진보가 아니라고 생각할지도 모른다. ∂u의 다른 두 의미를 혼동하는 것 역시 가능하기 때문이다. 이 비판에 대해서 두 가지 대답을 해 줄 수 있는데, 하나는 이 맥락에서 여러분은 ∂u를 u에 일어난 구체적인 작은 변화로 생각해서는 안 된다는 것이고, 다른 하나는 멋진 새 기호를 사용하면 여러분이 헷갈리지 않게 된다는 것이다. 두 번째 답은 분명 사실이다. 여러분은 ∂를 보는 순간, 이것이 서로 다른 여러 변수들에 관련된 변화율임을 인식한다. 이런 변화율들을 **편도함수**라고 부르는데, 개념적으로 변수들 중 일부만 변하게 놔두고 나머지는 고정시키기 때문이다.

진동하는 현에 대해 자신이 세운 방정식을 풀었을 때, 달랑베르는 바로 이 상황에 직면했다. 현의 모양은 공간―현에서 여러분이 얼마나 멀리까지 보는가―과 시간에 의존했다. 그는 뉴턴의 제2법칙에 따라 현의 조그만 부분의 가속도는 거기에 작용하는 힘에 비례한다고 알고 있었다. 가속도는 시간에 대한 (2차) 도함수다. 하지만 그 힘은 우리가 관심 있는 부분을 잡아당기는, 그 현의 인접한 부분들에 의해 생겨난다. 그리고 '인접한' 부분들의 움직임은 **공간**에서 일어나는 작은 변화들이다. 그 힘들을 계산했을 때, 달랑베르는 다음 방정식에 도달했다.

$$\frac{\partial^2 u}{\partial t^2} = c^2 \frac{\partial^2 u}{\partial x^2}$$

$u(x, t)$는 시간 t, 현 위의 지점 x에서의 수직 위치이며, c는 현의 장력에 관한 상수로 현이 얼마나 탄성이 있는가를 말해 준다. 달랑베르의 계산은 베르누이의 계산보다 더 쉬운데, 그것은 특정한 해결책의 구체적 특징들을 들먹이지 않기 때문이다.[1]

달랑베르의 아름다운 공식이 바로 **파동 방정식**이다. 뉴턴의 제2법칙과 마찬가지로 이것은 u의 (2차) 도함수와 관련된 미분 방정식이다. 또한 편도함수이기 때문에 이것은 **편미분 방정식**이다. 공간에 대한 2차 도함수는 현에서 작용하는 전체 힘을, 시간에 대한 2차 도함수는 가속도를 나타낸다. 파동 방정식은 선례를 세웠다. 고전적 수리물리학의 핵심 방정식들 다수는, 그리고 그 문제에 관한 현대 수리물리학의 수많은 방정식들도 편미분 방정식이다.

일단 파동 방정식을 세우고 나니 달랑베르는 그 방정식을 풀 수 있었다. 이 일은 훨씬 쉬워졌는데, 그것은 알고 보니 **1차 (선형) 방정식**이었기 때문이다. 편미분 방정식은 초기 단계 하나하나마다 각자 별개의 해로 이어지기 때문에 많은 해, 대개 무한히 많은 해를 가진다. 예를 들어 여러분은 파동 방정식을 적용하기 전에 바이올린 현을 원하는 어떤 모양으로든 구부릴 수 있다. '1차'란 $u(x, t)$와 $v(x, t)$가 해일 때, $au(x, t) + bv(x, t)$와 같은 모든 선형 결합도 그렇다는 것이다. 여기서 a와 b는 상수다. 또 다른 용어는 '중첩(superposition)'이다. 파동 방정식의 1차성은 베르누이와 달랑베르가 자신들이 풀 수 있는 방정식을 손에 넣기 위해 만들어 내야만 했던 근삿값에서 나온다. 모든 장애물들은 사소한 것으로 가정된다. 이제 개별적 덩어리들의 운동을 선형 결합해 현이 가하는 힘을 근삿값으로 구할 수 있다. 더 나은 근삿값은 1차가 아닌 편미분 방정식에서 구해질 테지만, 그러면 문제는 훨씬 더 복잡해질 것이다. 장기적으로 볼 때 이 복잡성들은 작정하고 덤벼들어야 하는 문제지만, 이 분야의 개척자들은 이미 씨름할 문젯거리가 충분히 많았고, 그래서 근삿값이나마 무척 아름다운 방정식을 가지고 작업하면서 진폭이 작은 파동에만 집중했다. 그것은 매우 효과가 좋았다. 사실, 그것은 더 큰 진폭의 파도들에도 꽤 잘 먹힐 때가 많았다. 운 좋게 손에 넣은 보너스였다.

달랑베르는 자기가 올바른 길을 향해 가고 있음을 알았다. 마치 파도처럼, 고정된 모양이 현을 따라 움직이는 문제에 대한 해법을 찾아냈기 때문이었다.[2] 파도의 속도는 방정식에서의 상수 c로 밝혀졌다. 파도는 왼쪽이나 오른쪽 어느 쪽으로도 움직일 수 있었고, 여기서 중첩의 원리가 작용했다. 달랑베르는 모든 해들이 하나는 왼쪽으로 또 하나는 오른쪽으로 가는 두 파도의 중첩임을 입증했다. 게다가 각 파도는 그 어떤 모양이든 가질 수 있었다.[3] 끝이 움직이지 않는 바이올린 줄의 정상파(standing waves)는 알고 보니 동일한 모양의 두 파도가 조합된 것이었다. 서로 뒤집힌 상태로 하나는 왼쪽으로, 다른 하나는 (뒤집힌 상태에서) 오른쪽으로 갔다. 양 끝에서 그 두 파도는 서로를 정확히 상쇄했다. 하나의 고점은 다른 하나의 저점이었다. 그래서 둘은 물리적 경계 조건들을 만족시킨다.

수학자들은 이제 좋은 풀이법이 너무 많아서 하나만 고르기가 힘들어졌다. 파동 방정식을 푸는 방법은 두 가지였다. 베르누이의 풀이는 사인 함수와 코사인 함수로 이어졌고, 달랑베르의 풀이는 모양에 상관없이 모든 모양의 파도로 이어졌다. 처음에는 달랑베르의 풀이가 좀 더 일반적인 것처럼 보였다. 사인 함수와 코사인 함수는 함수였지만, 대다수 함수는 사인 함수와 코사인 함수가 아니었기 때문이다. 그러나 파동 방정식은 1차이므로 여러분은 베르누이의 해에 상수를 곱한 후 모두 더해서 구할 수 있었다. 복잡하지 않고 단순하게 가려면, 시간 의존성을 배제하고 특정 시점에 스냅 촬영을 한 번 한다고 생각해 보자. 예를 들어 그림 37은 $5\sin x + 4\sin 2x - 2\cos 6x$를 나타낸 곡선이다. 그것은 모양이 대단히 불규칙하고 약간 들쭉날쭉하지만 여전히 부드러운 파동이다.

좀 더 생각이 깊은 수학자들을 괴롭힌 것은 사인 함수와 코사인 함수의 선형 결합으로는 결코 얻어 낼 수 없는, 무척 거칠고 톱니처럼 삐죽삐죽한 함수들이었다. 단 여러분이 무한히 많은 항들을 사용한다면 방법이 하나 있다. 사인 함수와 코사인 함수의 수렴하는(무한

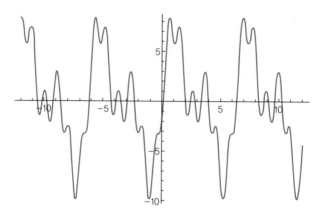

그림 37 사인 함수와 코사인 함수를 더해 다양한 진폭과 진동수를
가진 파동을 만들어 낸 전형적인 사례.

합이 존재하는) 무한 급수 또한 파동 방정식을 만족시킨다. 그렇다면 그것은 매끈한 함수만이 아니라 삐죽삐죽한 함수들도 허용하는가? 선구적 수학자들이 이 문제를 두고 논쟁을 벌였다. 열(熱) 이론에서 동일한 문제가 제기되자 그 논쟁은 정점에 달했다. 열 흐름에 관한 문제들은 삐죽삐죽한 함수들보다 더 심하게 갑자기 확 튀는 불연속 함수들과 자연스레 연관되었다. 그 이야기는 9장에서 할 테지만, 그 결론은 사인 함수와 코사인 함수의 무한 급수들로 파동의 모양들을 '그럴듯하게' 나타낼 수 있다는 것이었다. 그래서 사인 함수와 코사인 함수의 무한한 결합을 통해 여러분이 원하는 만큼 엄밀한 근삿값을 구할 수 있다.

사인 함수와 코사인 함수는 피타고라스 학파를 그토록 감탄시킨 조화로운 비례를 설명한다. 이 특별한 파도 모양들은 '순수한' 음을 나타내기 때문에 음악 이론에서 특히 중요하다. '순수한' 음이란,

말하자면 이상적인 악기가 내는 단일한 음을 말한다. 실제 악기가 내는 음은 순수한 음들의 혼합이다. 만약 여러분이 바이올린 줄 하나를 당기면, 여러분이 듣는 주된 음은 $\sin x$ 형 파동이지만, 그 위에 $\sin 2x$ 약간, 어쩌면 $\sin 3x$ 약간이 중첩되는 식이다. 주된 음은 기본음(fundamental)이라 불리고 나머지는 조화음(harmonics)이라 불린다. x 앞에 있는 수는 파동수(wave number)라고 한다. 베르누이의 계산은 그 파동수가 진동수에 비례한다고 말해 준다. 진동수란 기본음이 한 번 울리는 동안 현에 특정 사인파가 몇 번 반복되는가를 말한다.

구체적으로, $\sin 2x$의 진동수는 $\sin x$의 진동수의 두 배. 그것은 어떻게 들릴까? 그것은 **한 옥타브 더 높은** 음이다. 이것은 기본음과 함께 연주했을 때 가장 조화로운 음이다. 그림 36에서 2차 모드($\sin 2x$)에서의 현의 모양을 보면, 여러분은 그것이 양 끝에서만이 아니라 중간 지점에서도 축을 가로지른다는 것을 알아차릴 것이다. 그 지점, 이른바 마디에서, 현은 고정된 상태다. 그 지점에 손가락을 갖다 대더라도 그 현의 절반은 여전히 $\sin 2x$ 패턴으로 진동할 수 있지만, $\sin x$ 패턴으로 진동할 수는 없다. 이것은 길이가 절반인 현은 한 옥타브 더 높은 음을 낸다는 피타고라스 학파의 발견을 설명해 준다. 그들이 발견한 다른 단순한 비에도 비슷한 설명이 가능하다. 그 비들은 진동수가 그 비를 가지는 사인 곡선들과 모두 연관되어 있고, 그 곡선들은 양 끝이 고정된 일정 길이의 현에 깔끔하게 들어맞는다.

이 비들은 왜 조화로울까? 그에 대한 설명 중 하나는, 진동수가 단순한 정수비로 되어 있지 않은 사인파들이 서로 겹쳐지면 '맥놀이(beats)'라는 효과가 나타난다는 것이다. 예를 들어 11:23은 $\sin 11x + \sin 23x$에 상응하며 그림 38 같은 모양을 하고 있다. 여기서

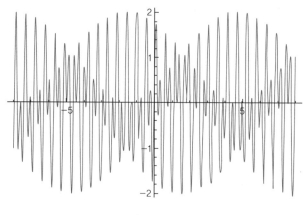

그림 38 맥놀이.

는 모양에 급작스러운 변화가 많이 일어난다. 또 다른 설명은 들어오는 소리들에 대해 바이올린 현과 비슷하게 귀가 반응한다는 것이다. 귀 역시 진동한다. 두 음이 울릴 때, 거기에 상응하는 소리는 반복해서 점점 더 커지고 부드러워지는 윙윙 소리와 같다. 그러니 조화롭게 들리지 않는다. 그러나 세 번째 설명도 있다. 아기들의 귀는 그들이 가장 자주 듣는 소리에 맞춰 조율된다는 것이다. 뇌에서 귀까지는 다른 경로들에 비해 더 많은 신경 연결망이 있다. 그리하여 뇌는 들어오는 소리들에 맞게 귀의 반응을 조정한다. 다시 말해, 우리가 조화롭다고 여기는 것들에는 문화적 차원이 있다는 것이다. 그렇지만 가장 단순한 비는 그 본질상 조화롭다. 그리하여 대다수 문화는 그 비들을 이용한다.

수학자들은 처음에 파동 방정식을 그들이 떠올릴 수 있는 가장 단순한 설정, 즉 선 하나가 진동하는 1차원 계에서 이끌어 냈다. 현실적 적용들은 2차원과 3차원에서 파동들을 모형화하는 좀 더 일반적인 이론을 요구했다. 심지어 음악으로만 한정해도, 드럼은 드럼 표면의 진동 패턴들을 나타내기 위해 2차원을 요구한다. 대양 표면의 바닷물이 일으키는 파도들도 마찬가지다. 지진이 일어나면 지구 전체가 종처럼 떠는데, 우리 행성은 3차원으로 되어 있다. 물리학의 다른 많은 영역들도 2차원이나 3차원 모형들과 관련이 있다. 파동 방정식을 더 높은 차원들로 확장하는 법은 알고 보니 간단했다. 해야 할 일은 그저 바이올린 현에 통했던 계산들을 반복하는 것이었다. 단순한 설정에서 경기의 규칙을 배우고 나니, 그 경기를 현실에서 하는 것은 어렵지 않았다.

예를 들어 3차원에서 우리는 3차원 공간 좌표인 (x, y, z)와 시간 t를 사용한다. 그 파동은 이 네 좌표에 의존하는 함수 u로 나타낸다. 예를 들어 이것은 음파가 공기를 가로지를 때 공기의 압력을 나타낼 수도 있다. 특히 그 파동의 진폭이 작은 경우에 달랑베르와 동일한 가정을 하면, 동일한 접근법이 똑같이 아름다운 방정식으로 이어진다.

$$\frac{\partial^2 u}{\partial t^2} = c^2 \left(\frac{\partial^2 u}{\partial x^2} + \frac{\partial^2 u}{\partial y^2} + \frac{\partial^2 u}{\partial z^2} \right)$$

괄호 안의 공식은 라플라스 작용소(Laplacian)라고 하는데, 그것은 문제의 지점에서의 u 값과 그 근처 u 값 사이의 평균적인 차이에 해당한다. 이 표현은 수리 물리학에 너무 자주 등장해서, $\nabla^2 u$라는 자기만의 특수한 기호를 가진다. 2차원 라플라스 작용소를 얻으려면 이 식에서 z와 관련된 항을 그냥 생략하면 된다.

차원이 높아지면 파동이 발생할 때 어떤 모양을 동반한다. 이것을 방정식의 정의역(domain of equation)이라고 한다. 이것은 아주 복잡해질 수도 있다는 것이다. 1차원에서 유일하게 연관된 모양은 한 간격, 즉 그 직선의 일부이다. 그렇지만 2차원에서 그것은 여러분이 한 평면 위에 그리는 모양이면 무엇이든 될 수 있다. 그리고 3차원에서는 어떤 모양의 공간이든 될 수 있다. 여러분은 정사각형 드럼, 직사각형 드럼, 원형 드럼[4], 또는 고양이 윤곽선 모양의 드럼 모형을 만들 수 있다. 지진과 관련해서 여러분은 구형 영역을 택하거나 아니면 더 정확성을 높이기 위해 양극이 약간 뭉개진 타원체를 택하는 것도 가능하다. 만약 여러분이 차를 설계하는 중인데 원치 않는 진동을 제거하고 싶다면 방정식의 영역은 자동차 모형이어야 한다. 아니면 그 차의 어떤 부분이든 공학자들이 초점을 맞추고 싶어 하는 부분이면 된다.

어떤 모양의 영역을 택했든, 거기에 대해서는 베르누이의 사인함수 및 코사인 함수와 유사한 함수들이 있다. 이들은 가장 단순한 진동의 패턴들이다. 이 패턴들은 모드 또는 오해가 없도록 정확하게 말하면 정상 모드(normal mode)라고 한다. 다른 모든 파동들은 정상 모드들을 중첩시켜 얻을 수 있다. 이번에도 필요하다면 무한 급수를 이용하면 된다. 정상 모드들의 진동수는 그 영역의 자연적인 진동수를 나타낸다. 만약 영역이 직사각형이라면 이들은 정수 m과 n에 대해서 그림 39 왼쪽 같은 모양의 파동을 만드는, $\sin mx \cos ny$의 형태를 가진 삼각 함수들이 된다. 만약 영역이 원형이라면 그들은 베셀 함수(Bessel function)라는 새로운 함수들에 의해 결정된다. 그것은 그림 39 오른쪽 같은 좀 더 흥미로운 모양을 가진다. 그 결과는 드럼

세계를 바꾼 17가지 방정식

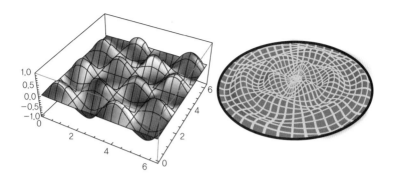

그림 39 파동수가 2와 3일 때, 진동하는 직사각형 드럼의 한 모드를 포착한 것. (왼쪽) 진동하는 원형 드럼의 한 모드를 포착한 것. (오른쪽)

뿐만 아니라 물결, 음파, 빛(11장 참조) 같은 전자기파, 심지어 양자파 (14장 참조)에도 적용된다. 그것은 이 모든 영역들에 근본적이다. 라플라스 작용소 또한 다른 물리적 현상들을 설명하는 방정식들에서도 등장한다. 특히 전기장, 자기장, 중력장 같은 것들이 그 예다. 수학자들이 가장 좋아하는, 장난감 같은 문제를 가지고 시작하는 방법, 도저히 현실적일 수 없을 정도로 단순한 그 방법은 파동에는 더할 나위 없는 효과를 발휘한다.

그렇기 때문에, 수학에서 어떤 생각을 그저 그 생각이 처음 나온 맥락만으로 판단하는 것은 현명하지 못하다. 여러분이 알고 싶은 것은 지진인데 바이올린 현을 모형화하는 것이 과연 무슨 의미가 있을까 싶을 수도 있다. 하지만 처음부터 핵심적인 부분으로 뛰어들어 실제 지진이 보여 주는 모든 복잡성에 맞서려고 한다면 여러분은 그곳에서 헤어 나오지 못할 것이다. 그보다는 얕은 곳에서 물장구를 치는 것으로 시작해서 수심이 다양한 풀장들 몇 군데를 헤엄치며 점점 자신감을 얻어야 한다. 그러고 나면 높은 다이빙대에 올라설 준비가 될 것이다.

파동 방정식은 막대한 성공을 거두었고, 물리학의 몇몇 분야에서 그것은 현실을 매우 치밀하게 기술한다. 하지만 그것을 이끌어 내려면 매우 단순한 몇몇 가정들이 필요하다. 그런 가정들이 비현실적이라면, 동일한 물리적 발상들을 맥락에 맞게 수정할 수도 있다. 그 결과, 다른 여러 형태의 파동 방정식들이 나오게 되었다.

지진이 그 전형적 예다. 여기서 주된 문제는 파동의 진폭이 작다는 달랑베르의 가정이 아니라, 그 영역의 물리적 속성상 일어나는 변화다. 이 특징들은 지진파에 강력한 영향을 미칠 수 있다. 지진파란 지구를 가로질러 이동하는 진동들이다. 그런 영향들을 이해함으로써, 여러분은 우리 행성 내부를 깊숙이 들여다보고 그것이 무엇으로 만들어졌는지를 알아낼 수 있다.

지진파에는 크게 두 가지 종류가 있는데, 각각을 압력파와 전단파라고 한다. 보통은 P파와 S파라고 줄여서 말한다. (다른 종류의 지진파들도 많다. 이것은 지진파를 포괄적으로 단순하게 분류한 것이다.) 둘 다 고체 매질은 통과하지만, S파는 유체를 통과하지 못한다. P파는 대기 속 음파와 같이 압력의 파동이다. 그리고 압력의 변화는 파동의 진행 방향을 가리킨다. 그런 파를 종파라고 한다. S파는 횡파로 진행 방향에 직각으로 진동하는데, 바이올린 현의 파동과 같다. 지진파는 고체를 부러뜨리고, 양옆으로 밀린 카드 더미에서 카드가 미끄러져 내려가듯 고체의 형태를 바꾼다. 유체는 카드 더미처럼 행동하지 않는다.

세계를 바꾼 17가지 방정식

지진이 일어나면 두 지진파가 모두 생성된다. P파가 더 빨리 움직이기 때문에 지구 표면에 거주하는 지진학자들은 P파를 먼저 포착한다. 그러고 나면 더 느린 S파가 도달한다. 1906년에 영국 지질학자인 리처드 올덤(Richard Oldham)이 그 차이를 이용해 우리 행성의 내부 구조를 밝혀냈다. 간단하게 말해서, 지구는 철로 된 핵을 암석으로 된 맨틀이 에워싸고, 그 위를 대륙들이 떠다니는 구조로 되어 있었다. 올덤은 핵의 바깥층이 액체라고 주장했다. 만약 그렇다면 S파는 그 영역들을 통과할 수 없지만 P파는 통과할 수 있다. 그러므로 S파가 감지되지 않는 일종의 그림자 영역이 있을 것이다. 여러분은 지진으로 발생되는 신호들을 관측함으로써 그 영역이 어디 있는지를 알아낼 수 있다. 영국 수학자인 해럴드 제프리(Harold Jeffrey)는 1926년에 그 세부 사항들을 정리해 올덤이 옳았음을 입증했다.

지진이 충분히 크다면 행성 전체가 정상 모드들 중 하나로 진동할 것이다. 바이올린에서의 사인 곡선과 코사인 곡선을 지구에 적용시켜 생각해 보자. 행성 전체는 종처럼 떨 것이다. 우리가 그 진동과 관련된 아주 낮은 진동수들을 들을 수만 있다면 정말 그럴 것이다. 그런 모드들을 기록할 만큼 민감한 장비들은 1960년대에 등장했고, 지금까지 과학적으로 기록된 지진들 중 가장 강력한 두 지진들을 관측하는 데 이용되었다. 그 지진들은 1960년의 칠레 대지진(지진 규모 9.5)과 1964년의 알래스카 대지진(지진 규모 9.2)이었다. 처음 것은 5000명 정도의 인명을 앗아 갔고 두 번째 것은 그곳이 오지였던 덕분에 130명 정도의 인명 피해에 그쳤다. 둘 다 해일을 일으키고 막대한 피해를 입혔다. 또한 지구의 기본 진동 모드들을 보여 줌으로써 지구의 내부 구조에 대한 전례 없는 광경들을 제공했다.

더 가다듬어진 형태의 파동 방정식들은 지진학자들에게 우리 발 아래 수백 킬로미터에서 무슨 일이 벌어지고 있는지를 보여 주었다. 지진학자들은 서로 겹쳐진 지구의 지구조판(판상을 이루어 움직이는 지각의 일부. ─ 옮긴이) 지도를 그릴 수 있었다. 지구조판들끼리 겹치는 것을 섭입(subduction)이라고 부른다. 섭입은 지진, 특히 방금 언급한 그 둘과 같은 이른바 메가스러스트(megathrust) 지진들을 일으킨다. 또한 안데스 산맥같이 대륙의 가장자리를 따라 놓인 산맥들, 그리고 지구조판이 너무 깊게 들어가 녹으면서 마그마가 표면으로 솟아오른 결과물인 화산들을 만든다. 최근의 발견에 따르면 꼭 지구조판이 통째로 섭입할 필요는 없지만 거대한 판(slab)들로 쪼깨져 다양한 깊이로 맨틀에 도로 가라앉을 수는 있다.

이 분야에서 나올 가장 큰 성과는 지진과 화산 분출을 예측할 수 있는 믿음직한 방법일 것이다. 물론 지진과 화산 폭발 같은 사건들은 여러 지역들의 많은 요인들이 복잡하게 결합된 결과들이기 때문에 그 방법들을 찾기란 무척 어렵다. 그러나 조금씩 진전이 이루어지고 있다. 그리고 지진학자들이 응용해서 만든 파동 방정식들이 그 연구의 밑거름이 된다.

이 방정식은 한층 상업적인 쓰임새도 가지고 있다. 석유 회사들은 지표면 아래 수 킬로미터 지하에 있는 액체로 된 검은 황금을 탐사한다. 그 작업은 지표면에서 폭발을 일으켜서 생성된 파들을 지하로 보낸 후 반사되는 반향을 이용해 지하의 지질 구조도를 그리는 식으로 이루어진다. 이 경우에는 수신된 신호들로부터 지질 구조를 재구성하는 것이 주된 수학적 문제다. 그 과정은 파동 방정식을 거꾸로 사용하는 것과 약간 비슷하다. 파동들이 어떻게 움직이는지를 알아내기 위해 알려진 영역에서 방정식을 푸는 대신, 수학자들은 관측된 파동 패턴으로부터 그 지역의 지질학적 특성들을 알아낸다. 자주 그렇듯이, 이처럼 거꾸로 작업하는 것—전문 용어로는 역문제(inverse problem) 풀기라고 한다.—은 더 어렵다. 그렇지만 실용적 방법들이 존재한다. 주요 석유 회사 중 한 곳은 매일 25만 번씩 그런 계산들을 한다.

석유를 위한 굴착은 그 자체로 문제가 있다. 2010년 석유 시추선 딥워터 호라이즌 호가 일으킨 석유 유출 사고는 그 문제를 명확히 보여 주었다. 하지만 지금, 인간 사회는 석유에 크게 의존하고 있고, 그 비중을 대폭 줄이는 데는 수십 년이 걸릴 것이다. 모든 사람들이 한마음으로 원한다 해도 말이다. 여러분이 다음번에 주유소에 들를 때, 바이올린이 어떻게 소리를 내는지 알고 싶어 했던 수학의 선구자들을 한번쯤 생각해 보자. 그것은 당시에도 그리고 오늘날에도 실용적 문제가 아니었다. 하지만 그들의 발견이 없었더라면 여러분의 차는 꿈쩍도 하지 않았을 것이다.

9

디지털 시대의 주역

푸리에 변환

$$\hat{f}(\xi) = \int_{-\infty}^{\infty} f(x) e^{-2\pi i x \xi} dx$$

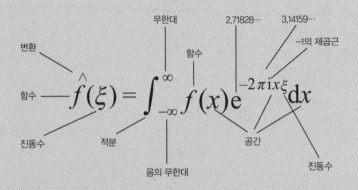

변환

함수

진동수 · 적분

무한대

함수

음의 무한대

2.71828··· 3.14159···

−1의 제곱근

공간

진동수

무엇을 말하는가?

공간과 시간 속의 모든 패턴은 서로 다른 진동수를 지닌 사인 곡선들의 중첩으로 생각될 수 있다.

왜 중요한가?

각 성분이 갖는 진동수들은 패턴들을 분석하고, 거기서 질서를 만들어 내고, 중요한 특징들을 추출하고, 무작위적 소음을 제거하는 데 이용된다.

어디로 이어졌는가?

푸리에 방법은 매우 폭넓게 이용된다. 한 예로 영상 처리와 양자 역학이 있다. DNA와 같은 커다란 생물 분자들의 구조를 알아내고, 영상 데이터를 디지털 사진으로 압축하고, 오래되거나 손상된 음성 녹음에서 잡음을 제거하고, 지진을 분석하는 데에도 이용된다. 또한 현대에 들어서는 지문 데이터를 효율적으로 저장하고 의학용 스캐너들을 개선하는 데 사용된다.

뉴턴의 『프린키피아』는 자연에 대한 수학적 연구의 문을 열어젖혔지만 뉴턴의 동료들은 우선권 논쟁에 목을 매느라 미적분 뒤에 무엇이 놓여 있는지를 알아낼 여력이 없었다. 영국에서 가장 뛰어난 이들이 당시 조국의 가장 위대한 수학자가 명예 훼손을 당했다는 데 집착해 속을 끓이는 사이 ─ 뜻은 좋았지만 현명하지 못한 친구들의 말에 귀를 기울인 뉴턴 본인의 탓이 컸다. ─ 유럽 대륙에 있는 그들의 동료들은 자연 법칙에 관한 뉴턴의 발상들을 물리학 전반으로 확장시켜 나갔다. 파동 방정식의 뒤를 이어 놀라울 정도로 비슷한 중력, 정전기, 탄성, 열 흐름에 대한 방정식들이 재빨리 따라 나왔다. 라플라스 방정식, 푸아송 방정식처럼 많은 방정식들이 그 발명자의 이름을 따랐다. 하지만 열 방정식은 그렇지 않았다. 그것은 그다지 정확하지도 않고 상상력도 없어 보이는 '열 방정식'이라는 이름을 가진다. 열 방정식은 조제프 푸리에(Joseph Fourier)가 소개했다. 푸리에의 발상들은 출발점을 훨씬 넘어서까지 뻗어 나갈 영향력을 가진, 새로운 수학 분야를 창조했다. 그 발상들의 방아쇠를 당긴 것은 파동 방정식이었는지도 모른다. 파동 방정식과 비슷한 방법들이 수학자들의 의식 속에 맴돌고 있었으니 말이다. 그렇지만 역사는 열을 택했다.

새로운 방법의 시작은 그 전망이 밝아 보였다. 1807년에 푸리에는 프랑스 과학 아카데미에 새로운 편미분 방정식을 바탕으로 열 흐름에 관한 글을 써 제출했다. 비록 그 유명한 학회는 푸리에의 논문을 출판하지 않았지만, 푸리에가 자신의 생각을 더 한층 갈고닦아서 다시금 도전하도록 격려했다. 당시에 프랑스 과학 아카데미는 자기들이 보기에 충분히 흥미로운 주제라면 무엇에 관해서든 연례 연구 포상금을 제공했다. 그리고 1812년 포상금의 주제는 열이었다. 푸리에는 연구 결과를 보강해 때맞춰 제출했고 포상금을 탔다. 그의 열 방정식은 다음과 같다.

$$\frac{\partial u}{\partial t} = \alpha \frac{\partial^2 u}{\partial x^2}$$

여기서 $u(x, t)$는 위치 x와 시간 t에서 금속 막대의 온도다. 금속 막대는 무한히 가늘고, α는 열 확산율을 나타내는 상수다. 그러니 이 방정식은 사실 온도 방정식이라 불러야 맞다. 푸리에는 2차원 이상의 공간에서 쓰일 수 있는 형태도 개발했다.

$$\frac{\partial u}{\partial t} = \alpha \nabla^2 u$$

이 식은 평면이나 공간의 특정한 영역에서 모두 유효하다.

열 방정식은 파동 방정식과 신기할 정도로 닮았지만, 중요한 차이가 하나 있다. 파동 방정식은 시간에 대한 2차 도함수인 $\partial^2 u/\partial t^2$을 썼지만 열 방정식에서는 이것이 1차 도함수인 $\partial u/\partial t$로 대체되어 있다. 이 차이는 비록 작아 보일지 몰라도 그 물리적 의미는 엄청나게 크다. 열은 바이올린 현이 영원히 진동하듯이 (파동 방정식에 따르면, 마찰 같은 감쇠 요인이 없어야 한다.) 무한정 유지되지 않는다. 열은 열원이 없다면 시간이 지나면서 서서히 사라지다가 결국 소멸한다. 그러니 전형적인 열 흐름 문제는 다음과 같다. 일정 온도를 유지하면서 막대의 한쪽 끝을 데운다. 다른 쪽 끝도 마찬가지로 일정 온도를 유지하면서 차갑게 식힌다. 온도가 안정적인 상태로 자리 잡을 때 막대의 온도가 어떻게 달라지는지를 알아낸다. 왼쪽 절반은 더 높은 온도에서, 오른쪽 절반은 더 낮은 온도에서 시작한다고 해 보자. 그러고 나면 방정식에 따라 뜨거운 부분의 열이 어떻게 더 차가운 부분으로 확산되는지 알 수 있다.

포상금을 탄 푸리에의 연구 보고서에서 가장 흥미로운 부분은 그 방정식이 아니라 그가 방정식을 푼 방법이다. 초기 열 분포 상태가 $\sin x$와 같은 삼각 함수를 따를 때, 그 방정식의 해는 (그런 문제를 다루어 본 적이 있다면) 간단하다. 답은 $e^{-\alpha t}\sin x$다. 이것은 파동 방정식의 기본 형태를 닮았는데, 거기서 그 식은 $\sin ct \sin x$였다. $\sin ct$에 상응하는 바이올린 현의 영원한 진동은 e라는 지수 함수로 대체되었고, 지수 함수 $-\alpha t$에 있는 음수 부호는 우리에게 전체 온도가 막대 전반에서 동일한 속도로 사라진다는 것을 말해 준다. (여기서 물리적 차이는 파동은 에너지를 보존하지만 열 흐름은 보존하지 않는다는 것이다.) 마찬가지로 초기 열 분포 상태가 $\sin 5x$를 따를 때, 답은 $e^{-25\alpha t}\sin 5x$이다. 여기서도 열은 사라진다. 하지만 그 속도는 훨씬 빠르다. 25는 5^2이다. 이는 $\sin nx$나 $\cos nx$와 같은 초기 열 분포 상태에 적용이 가능한 일반적 패턴의 한 예이다.[1] 열 방정식을 풀려면 그냥 $e^{-n^2\alpha t}$을 곱하면 된다.

이제 이야기는 파동 방정식과 전반적으로 같은 윤곽을 따른다. 열 방정식은 1차 도함수이므로 우리는 해들을 중첩시킬 수 있다. 만약 초기 열 분포 상태가 다음과 같다면

$$u(x, 0) = \sin x + \sin 5x$$

그 해는 다음과 같다.

$$u(x,\, t) = e^{-\alpha t} \sin x + e^{-25\alpha t} \sin 5x$$

그리고 각 모드는 저마다 다른 속도로 서서히 사라진다. 그렇지만 이와 같은 초기 열 분포 상태는 약간 인위적이다. 앞서 말한 문제를 해결하기 위해, 우리는 막대 절반에서는 $u(x,\, 0) = 1$이지만 다른 절반에서는 -1인 초기 열 분포 상태가 필요하다. 이런 상태는 불연속적이다. 이를 공학 용어로 말하면 구형파(矩形波, square wave. 네모파 또는 사각파라고도 한다. — 옮긴이)라고 한다. 그렇지만 사인 곡선과 코사인 곡선 들은 연속적이다. 따라서 사인 곡선과 코사인 곡선을 어떻게 중첩해도 구형파를 나타낼 수 없다.

확실히 유한한 중첩을 해서는 절대로 구형파를 얻을 수 없다. 그렇지만 **무한히 많은** 항을 쓸 수 있다면 어떨까? 그러면 우리는 초기 열 분포 상태를 무한 급수로 나타내 볼 수 있다. 그 형태는 다음과 같다.

$$u(x,\, 0) = a_0 + a_1 \cos x + a_2 \cos 2x + a_3 \cos 3x + \cdots$$
$$+ b_1 \sin x + b_2 \sin 2x + b_3 \sin 3x + \cdots$$

적절한 상수 a_0, a_1, a_2, a_3, $\cdots$, b_1, b_2, b_3, $\cdots$ 에 대해서($\sin 0x = 0$이므로 b_0 항은 없다.) 구형파를 얻는 것이 이제는 가능해 보인다. (그림 40) 사실 대다수 계수들은 0으로 설정할 수 있다. n에 대한 b_n만 있으면 된다. 그러면 $b_n = 8/n\pi$이다.

세계를 바꾼 17가지 방정식

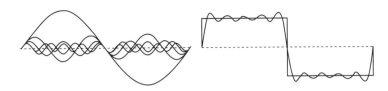

그림 40 사인 곡선과 코사인 곡선에서 구형파를 얻는 법. 왼쪽은 성분 사인파이고, 오른쪽은 그것들의 합과 구형파이다. 여기에서는 푸리에 급수의 첫 몇 항만을 보여 준다. 항이 더 늘어나면 구형파에 대한 근사는 더욱 정확해진다.

푸리에는 심지어 일반 열 분포 상태인 $f(x)$를 위한 계수 a_n과 b_n를 포함하는 일반 공식도 가지고 있었다. 적분 형태로 표현하면 다음과 같다.

$$a_n = \frac{1}{\pi} \int_0^{2\pi} f(x) \cos(nx) \mathrm{d}x, \qquad b_n = \frac{1}{\pi} \int_0^{2\pi} f(x) \sin(nx) \mathrm{d}x$$

차수가 올라가는 삼각 함수를 기다랗게 늘어놓고 나서, 푸리에는 이 공식들을 끌어내는 훨씬 간단한 방법이 있음을 깨달았다. 만약 여러분이 서로 다른 두 삼각 함수, 예를 들어 $\cos 2x$와 $\sin 5x$를 서로 곱해서 0에서 2π까지 적분하면, 0을 얻게 된다. 심지어 $\cos 5x$와 $\sin 5x$일 때조차 결과는 같다. 그렇지만 그들이 동일하다면—말하자면 둘 다 $\sin 5x$라면—그들의 곱을 적분한 값은 0이 아니라 π가 된다. 여러분이 처음 시작할 때 $f(x)$가 한 삼각 급수의 합이라고 가정하고 모든 것에 $\sin 5x$를 곱한 후 적분하면, 그 모든 항들은 $\sin 5x$에 상응하는 한 항, 말하자면 $b_5 \sin 5x$만 남기고 모두 사라진다. 여기서 적분값은 π다. 그 값으로 나누면, 여러분은 b_5에 대한 푸리에 공식을 얻는다. 다른 모든 계수들에 대해서도 마찬가지다.

비록 아카데미에서 포상금을 타기는 했지만 푸리에의 논문은 충분히 엄밀하지 못하다는 거센 비판을 받았다. 그리고 아카데미는 그것을 출판해 주지 않았다. 이는 매우 흔치 않은 일이었다. 푸리에는 속이 뒤집혔지만 아카데미의 입장은 바뀌지 않았다. 푸리에는 분노에 타올랐다. 그는 물리학자로서의 직관에 따라 자신이 옳다고 느꼈다. 실제로 그의 급수를 이 방정식에 적용하면 답이 나왔다. 그것은 **제대로 기능했다.** 진짜 문제는 그가 부지불식간에 오래된 상처를 다시 건드렸다는 것이었다. 8장에서 보았듯이 오일러와 베르누이는 오랫동안 파동 방정식에서 비슷한 문제를 놓고 다투어 왔다. 거기서 푸리에의 시간에 따른 기하급수적 소멸(exponential dissipation)은 파동 진폭의 끝없는 사인 진동으로 대체된다. 밑에 놓인 수학적 문제는 동일했다. 사실, 오일러는 이미 파동 방정식의 맥락에서 계수에 대한 적분 공식들을 발표했다.

그러나 오일러는 한 번도 그 공식이 푸리에의 연구 결과에서 가장 큰 논쟁거리였던 불연속 함수 $f(x)$에 대해 적용된다고 주장한 적이 없었다. 바이올린 현 모형은 어쨌거나 불연속적인 초기 조건─전혀 진동하지 않는 끊어진 현의 모형─과는 관련이 없었다. 그렇지만 열의 경우에는 막대의 한 영역을 특정 온도로 유지하고 인접 영역을 다른 온도로 유지하는 것이 자연스러웠다. 실제에서 열 전도 곡선은 연속적으로 급격히 변하는 모양일 터였다. 하지만 불연속적 모형은 합리적이고 계산하기 좀 더 편리했다. 사실, 열전도 방정식의 해는 열이 양편으로 **왜** 그렇게 연속적으로 급격히 사라지는지 설명해 주었다. 그러니 오일러에게는 걱정거리가 아니었던 문제가 푸리에에게는 불가피한 것이었고, 푸리에는 그 좋지 못한 결과로 고생했다.

수학자들은 무한 급수가 위험한 맹수임을 깨달아 가는 참이었다. 그들은 늘 착한 유한합들처럼 행동하지 않았다. 결국 이 뒤엉킨 복잡성들은 정리되었지만, 그 과정에서 수학에 대한 새로운 시각과 수백 년의 고된 노동이 필요했다. 푸리에가 살던 시대에 모두가 이미 적분, 함수, 무한 급수가 무엇인지 안다고 믿었지만, 현실에서 그 개념들 모두는 '뭔지는 아는데 설명하기는 어렵다.'라는 식으로 다소 흐릿했다. 그래서 푸리에가 그의 미증유의 논문을 제출했을 때 아카데미 간부들이 경계했던 것은 합당한 일이었다. 그들은 자리를 내주기를 거부했고, 그래서 1822년에 푸리에는 그의 연구 결과를 『열 분석 이론(*Théorie Analytique de la Chaleur*)』으로 출간함으로써 그들의 뒤통수를 쳤다. 1824년에 그는 아카데미의 서기로 지명되어 그 모든 비평가들을 조롱했으며, 1811년에 나온 원래의 논문을 개정하지 않고 그대로 아카데미의 저명한 학술지에 발표했다.

비록 푸리에가 옳았지만 그의 비판자들이 엄밀성을 놓고 우려했던 데는 합리적인 이유가 있었다. 문제는 미묘하고 답은 그다지 직관적이지 않다. 오늘날 '푸리에 해석(Fourier analysis)'이라고 부르는 그것은 무척 효율적이지만 푸리에가 알지 못했던 숨은 문제점들이 있었다.

문제는 이것인 듯하다. 푸리에 급수는 언제 그것이 나타낸다고 하는 함수로 수렴하는가? 즉 여러분이 얼마나 많은 항을 취해야 그 함수로의 근사가 점점 더 정확해지는가? 푸리에조차도 그 답이 '항상'은 아니라는 것을 알았다. 그 답은 '대개는 그렇지만 불연속성이 있으면 문제가 생길지도 모름'인 듯했다. 예를 들어 온도가 확 튀는 중간 지점에서 구형파의 푸리에 급수는 수렴하기는 하지만 틀린 수로 수렴한다. 합은 0이지만 구형파는 1의 값을 취한다.

여러분이 어떤 점 하나에서 함숫값을 바꾼다고 해서 물리학에서 대다수의 목적을 달성하는 데 큰 문제는 없다. 그렇게 수정된 구형파는 여전히 네모로 **보인다.** 그저 불연속성에서 뭔가 약간 다른 모습을 보일 뿐이다. 푸리에게 이런 종류의 문제는 실제로 문제가 되지 않았다. 그는 열의 흐름을 모형화하고 있었고, 그 모형이 약간 인위적이든 아니면 최종 결과에 중요한 영향을 미치지 않는 기술적 변화들을 필요로 하든 신경 쓰지 않았다. 그렇지만 수렴 문제는 그렇게 가볍게 일축할 수 없었다. 함수들은 구형파보다는 좀 더 복잡한 불연속성들을 가질 수 있기 때문이었다.

그러나 푸리에는 자신의 방법이 어떤 함수든 잘 맞아떨어진다고 주장하고 있었으므로, 그의 방법은 x가 유리수일 때 $f(x)=0$, x가 무리수일 때는 $f(x)=1$인 함수에서도 통해야 했다. 이 함수는 모든 곳에서 불연속적이다. 당시에는 그런 함수에서 적분이 무엇을 **뜻하는지** 조차 명확하지 않았다. 알고 보니 바로 그 점이 논쟁을 촉발하는 주된 원인이었다. 아무도 적분이 무엇인지 정의한 적이 없었다. 이처럼 이상한 함수에 대해서는 말할 것도 없었다. 더 심각한 문제는 아무도 **함수**가 무엇인지 정의한 적도 없다는 것이었다. 심지어 이렇게 건너뛴 문제들을 말끔히 정리할 수 있다 쳐도, 푸리에 급수가 수렴하느냐 마느냐만이 문제가 아니었기 때문이다. 진짜 난관은 그것이 수렴한다는 것이 **어떤 의미냐**를 알아내는 것이었다.

이런 문제들을 푸는 것은 까다로운 일이었다. 수렴 문제를 해결하는 데는 앙리 르베그(Henri Lebesgue)가 제공한 새로운 적분 이론, 게오르크 칸토어(Georg Cantor)가 창시했으며 전례 없는 복잡한 문제들을 열어젖힌 집합론을 토대로 수학의 기반을 재구축하는 작업, 리만과 같은 위대한 인물들이 제시한 커다란 통찰, 그리고 20세기의 추상 수학이 필요했다. 최종 판결은, 올바른 해석이 있으면, 푸리에의 아이디어는 정교해질 수 있다는 것이었다. 그것은 비록 보편적인 것은 아니라 해도 무척 폭넓은 범주의 함수들에 들어맞았다. 푸리에 급수가 모든 x에 대해서 $f(x)$에 수렴하느냐는 올바른 물음이 아니었다. 엄밀하면서도 기술적인 측면에서 볼 때, $f(x)$에 수렴하지 않는, 예외적인 x값이 드물다면 그것으로 충분했다. 함수가 연속적인 부분에서 모든 x에 대해 푸리에 급수는 수렴했다. 구형파에서 1에서 −1로 변화하는 점같이 확 튀는 불연속점에서 푸리에 급수는 그 점의 양측면 값들의 평균으로 수렴했다. 그렇지만 '수렴'을 올바르게 해석한다고 하면, 그 급수는 늘 그 함수에 수렴한다고 볼 수 있다. 하나씩 수렴하기보다는 전체로서 수렴했다. 이것을 엄밀하게 말하려면 연속적인 부분과 불연속적인 부분 사이의 거리를 측정하는 올바른 방법을 찾아내야 한다. 이 모두가 제자리에 있으면 푸리에 급수는 실제로 열 방정식을 풀었다. 그렇지만 그 중요성은 훨씬 폭이 넓었고, 순수 수학 바깥의 주된 수혜자는 열 물리학이 아니라 공학, 특히 전자 공학이었다.

가장 일반적인 형태에서, 푸리에 방법은 가능한 모든 진동수의 파동들을 조합한 함수 f에 의해 정의되는 신호를 나타낸다. 이것은 파동의 '푸리에 변환(Fourier transform)'이라고 불린다. 푸리에 변환은 원래 신호를 그 스펙트럼, 즉 사인 성분 함수와 코사인 성분 함수의 진폭들과 진동수들의 목록으로 대체한다. 이는 동일한 정보를 다르게 부호화하는 작업으로, 공학자의 말을 빌리면 시간 영역의 신호를 진동수 영역의 신호로 변환하는 과정이라고 할 수 있다. 데이터들이 다른 방식들로 제시될 때, 하나의 표상에서 어렵거나 불가능한 작용들이 다른 표상에서는 쉬워질 수도 있다. 예를 들어 전화 통화를 살펴보자. 전화 통화를 통해 전달되는 신호에 푸리에 변환을 적용해 인간 귀가 듣기에는 너무 높거나 너무 낮은 주파수를 띠는 모든 푸리에 성분을 제거한다. 그러면 동일한 채널로 좀 더 많은 음성 신호를 보낼 수 있게 된다. 그것이 바로 오늘날 전화 요금이 상대적으로 싸진 이유 가운데 하나다. 변환되지 않은 원래 신호에 대해서는 그럴 수 없다. 원래 신호는 '주파수'라는 특성을 명백히 갖지 않기 때문이다. 여러분은 무엇을 제거해야 하는지 알 수 없다.

이 기법은 지진을 견딜 건물들을 설계하는 데에도 적용된다. 무엇보다도 지진으로 인해 생겨난 진동에 푸리에 변환을 적용하면 떨리는 땅을 통해 전해진 에너지가 어느 진동수에서 가장 높은가를 알 수 있다. 건물 자체는 지진과 유난히 강하게 공명하는 진동 모드를 가진다. 따라서 건물의 내진성 향상을 위해 가장 먼저 해야 할 합리적인 조치는 건물의 진동수를 지진의 진동수와 다르게 만드는 것이다. 지진의 진동수는 관측을 통해 알 수 있다. 건물의 진동수는 컴퓨터 모형을 사용해 계산할 수 있다.

이것은 푸리에 변환이 무대 뒤에 숨어서 우리 삶에 영향을 미치는 수많은 사례들 중 그저 하나일 뿐이다. 지진 지대의 건물에서 살거나 일하는 사람들이 푸리에 변환을 어떻게 계산하는지를 알 필요는 없다. 하지만 몇몇 연구자들 덕분에 그들이 지진에서 살아남을 가능성은 상당히 높아졌다. 푸리에 변환은 과학과 공학에서 일상적인 도구로 쓰여 왔다. 그 적용 분야에는 오래전에 녹음된 비닐 레코드가 긁혀서 나는 삑 소리 같은 소음을 제거하는 것, 엑스선 회절을 이용해 DNA 같은 생화학적 거대 분자들의 구조를 밝히는 것, 전파 수신 품질을 개선하는 것, 공중에서 찍은 사진을 말끔하게 하는 것, 잠수함 등에서 사용하는 음파 탐지 시스템을 개선하고, 자동차 설계 단계에서 불필요한 진동을 제거하는 것 등이 포함된다. 여기서 나는 푸리에의 위대한 통찰이 매일 이용되는 수천 가지 쓰임새 중 단 하나에만 초점을 맞추겠다. 그것은 우리 대다수가 휴가를 갈 때마다 무심코 이용하고 있는 디지털 카메라다.

나는 최근 캄보디아로 여행을 가서 디지털 카메라를 이용해 1400장의 사진을 찍었는데, 2기가바이트 메모리 카드에는 그 사진들이 전부 들어갔을 뿐만 아니라 약 400장을 더 담을 공간이 남았다. 나는 특별히 고해상도 사진을 찍지 않는다. 그래서 각 사진 파일은 대략 1.1메가바이트다. 그렇지만 사진들은 컬러이고, 대각선 폭이 69센티미터가 넘는 컴퓨터 화면에서도 튀는 화소를 보여 주지 않는 것으로 보아서는 화질이 손상된 것 같지도 않다. 어떻게 해서인지는 모르겠지만, 내 카메라는 2기가바이트짜리 메모리 카드에 그 메모리 카드가 담을 수 있는 데이터의 거의 10배 이상을 욱여넣을 수 있다. 마치 달걀 컵에 1리터의 우유를 부어 넣는 것처럼 말이다. 그렇지만 모두 들어간다. 여기에서 질문은 이거다. "어떻게?"

답은 데이터 압축이다. 이미지를 나타내는 정보를 가공하면 그 양을 줄일 수 있다. 이 가공 방법에는 여러 가지가 있는데 그중 하나가 '무손실(lossless)' 압축이다. 무손실이란 필요하다면 압축된 데이터에서 원래 정보를 손실 없이 도로 가져올 수 있다는 뜻이다. 이것은 현실 세계 이미지 대부분이 불필요한 정보를 담고 있기 때문에 가능하다. 예를 들어 하늘의 큰 구역들은 대체로 동일한 농담(濃淡)의 파란색이다. (우리가 가려는 지점이 거기다.) 개별 파란색 화소의 색깔과 밝기 정보를 몇 번이고 반복하는 대신, 여러분은 같은 파란색 구역을 직사각형으로 나누고 그 직사각형의 두 마주 보는 꼭짓점들에 좌표를 부여한 후, '이 구역 전체를 파란색으로 칠하라.'라는 뜻의 짧은 명령어를 앞의 좌표와 함께 저장하면 된다. 물론 이것이 정확한 방법은 아니지만, 무손실 압축의 원리를 일부나마 보여 준다. 그렇게 할 수 없는 경우에는 '손실' 압축 방법을 쓰면 된다. 이것도 어느 정도 받아들일 만한 수준은 된다. 인간의 눈은 이미지의 몇몇 특징들에 유난히 둔하다. 그래서 이런 특징들은 우리 대다수가 눈치채지 못하는 더 거친 형태로 저장해도 된다. 특히 우리가 비교할 원본을 갖고 있지 않다면 말이다. 이런 식으로 정보를 압축하는 것은 달걀을 휘저어 스크램블을 만드는 과정과 비슷하다. 우리가 원하는 결과를 간단하게 내놓지만, 그것을 되돌리는 일은 불가능하다. 중복되지 않는 정보는 손실된다. 인간의 시각이 어떻게 작용하는지를 감안하면, 그것은 처음부터 큰 역할을 하지 않는 정보였다.

내 카메라는 대다수 똑딱이 카메라들과 마찬가지로 이미지들을 P1020339.JPG 같은 파일로 저장한다. 뒤에 붙은 JPG는 JPEG(Joint Photographic Experts Group)를 뜻한다. 이 말은 특정한 데이터 압축 시스템을 이용했다는 뜻이다. 포토샵이나 아이포토같이 사진을 조작하고 인쇄하는 소프트웨어들은 JPEG 형식의 압축을 풀어서 데이터를 다시 사진으로 만들도록 짜여 있다. 수백만 명의 일반인들이

JPEG 파일을 일상적으로 사용하지만, 그 파일들이 압축된 형태라는 것을 아는 사람은 매우 드물고, 그 압축 방법을 아는 사람은 더욱 드물다. 잘못이라는 이야기는 아니다. 여러분이 그것들을 사용하기 위해 그것이 어떻게 작동하는지를 반드시 알아야 할 필요는 없다. 카메라와 소프트웨어가 여러분 대신 그 모든 것을 처리해 줄 테니 말이다. 단 소프트웨어가 무엇을 어떻게 하는지에 관해 어느 정도 아는 편이 현명할 때가 많다. 그저 그 작업이 얼마나 정교한지를 알기 위해서라도 말이다. 여러분은 원한다면 여기서 세세한 부분을 넘어가도 좋다. 나는 그저 여러분이 카메라 메모리 카드에 담긴 사진 한 장 한 장에 수학이 얼마나 **많이** 관여하는지를 제대로 알기를 바랄 뿐이다. 수학이 정확히 **무엇을** 하는지는 그보다 덜 중요하다.

JPEG 형식[2]은 다섯 단계의 압축 과정을 거쳐 만들어진다. 첫째 단계에서는 빨간색, 초록색, 파란색으로 표현되는 색과 밝기 정보를 인간의 뇌가 인지하는 방식에 좀 더 걸맞은, 수학적으로 거의 동등한 세 가지 정보로 변환한다. 하나는 전반적 밝기─이미지를 흑백이나 '회색 음영(greyscale)'으로 나타낸 것─를 나타낸다. (이것을 휘도(luminance)라고 한다.) 다른 둘은 각각, 이것과 파란색, 그리고 빨간색 광량 간의 차이를 나타낸다. (이것을 색차(chrominance)라고 한다.)

다음 단계에서 색차 데이터는 보다 조잡해진다. 즉 데이터 수치의 범위가 줄어든다. 이 단계만으로도 데이터의 양이 절반으로 준다. 하지만 그것은 아무런 인식 가능한 손실도 일으키지 않는다. 인간의 시각 체계는 카메라에 비해 색 차이에 훨씬 둔감하기 때문이다.

셋째 단계에서는 변형된 형태의 푸리에 변환을 이용한다. 다만, 이번에는 시간에 따라 변하는 신호에 적용되는 것이 아니라, 2차

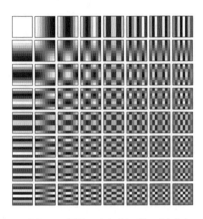

그림 41 어떤 8×8 픽셀들도 얻어 낼 수 있는 기본 패턴 64가지.

원 공간의 패턴에 적용된다. 수학적 과정은 거의 동일하다. 여기서 공간이란, 이미지를 8×8 픽셀 블록으로 나눈 것을 말한다. 단순하게 휘도 성분 하나만 생각하자. 물론 색 차이 정보에도 같은 생각을 적용할 수 있다. 먼저, 64개 픽셀 블록 하나하나의 밝기 값을 지정한다. 여기에 푸리에 변환의 일종인 이산 코사인 변환(discrete cosine transform)을 적용하면 그 이미지는 표준적인 '줄무늬' 이미지들의 중첩으로 분해된다. 그 줄무늬 이미지들의 절반은 수평 줄무늬를 그리고 나머지 절반은 수직 줄무늬를 그린다. 푸리에 변환에서의 다양한 화음처럼, 그 줄무늬들의 간격은 각각 다르다. 그리고 그들의 회색 음영 값들은 코사인 곡선에 가까운 근삿값들을 갖는다. 블록의 좌표들에서 그들은 다양한 정수 m과 n에 대해 $\cos mx \cos ny$의 각자 다른 버전들이다. (그림 41)

  이 단계는 넷째 단계로 가는 길을 놓는다. 그것은 인간의 시각적인 결함을 두 번째로 이용하는 단계다. 우리는 가까운 간격에서의 명도(또는 색) 변화보다는 넓은 영역에서의 변화에 더 민감하다. 그래서 그림의 줄무늬 패턴을 더 조밀하게 배치하면 덜 정확히 기록된다. 그 결과, 데이터는 더욱 압축된다. 다섯째이자 마지막 단계에서는 64가지 기본 패턴들 각각의 강도(세기)를 활용하는 '허프만 부호(Huffman code)'를 이용해 압축의 효율성을 높인다.

여러분이 JPEG를 이용해 디지털 사진을 찍을 때마다, 여러분의 카메라는 아마도 첫째 단계만 제외하고 이 모든 전자 공학적 작용들을 할 것이다. (전문 사진 작가들은 이제 RAW 파일들을 사용한다. 그것은 날짜, 시간, 노출 같은 통상적인 '메타데이터(metadata)'들과 함께 압축 없이 원래 데이터를 기록한다. 이런 파일들은 더 많은 용량을 차지하지만, 저장 공간은 매달 더 커지고 값은 더 싸지기 때문에 문제가 되지 않는다.) 숙련된 눈은 데이터의 양이 원본의 10퍼센트 수준으로 감소했을 때 JPEG 압축으로 인한 이미지 품질의 손상을 포착할 수 있다. 파일이 원래 크기의 2~3퍼센트 수준으로 줄어들면, 숙련되지 않은 눈이라고 해도 그 손상을 명확히 알아차릴 수 있다. 그러니 여러분 카메라는 한 메모리 카드에 원래 이미지 데이터에 비해 대략 10배 이상의 이미지를 저장할 수 있다. 그래도 전문가 아니면 누구도 눈치채지 못한다.

이와 같은 응용력 때문에 푸리에 분석은 공학자들과 과학자들 사이에서 반향을 일으켰다. 그렇지만 일부 목적들에서는 그 기술을 적용하기에 커다란 오류가 하나 있었는데, 바로 사인 함수와 코사인 함수가 영원히 지속된다는 것이었다. 푸리에 방법은 그것이 콤팩트 신호(compact signal)를 나타내려고 할 때 문제에 부딪힌다. 부분적인 깜빡임(blip, 삑 소리와 함께 나타나는 신호. ― 옮긴이)을 흉내 내기 위해 엄청나게 많은 사인과 코사인이 필요하다. 문제는 깜빡임의 기본적 모양을 올바로 얻어 내는 것이 아니라, 깜빡임 외의 모든 것을 0으로 만드는 것이다. 여러분은 그 모든 사인 곡선들과 코사인 곡선들의 끝없이 길게 물결치는 꼬리들을 죽여야 하고, 그러기 위해 원치 않는 중복을 상쇄시키려고 발버둥을 치면서 심지어 더 높은 진동수의 사인 함수들과 코사인 함수들을 더해야 한다. 그래서 푸리에 변환은 깜빡임 같은 신호들에서는 무용지물이다. 변환된 버전은 원본에 비해 좀 더 복잡하고, 그것을 설명하기 위해서는 더 많은 데이터가 필요하다.

그 상황을 해결해 주는 것이 푸리에 방법의 일반화다. 사인 함수와 코사인 함수는 수학적으로 서로 독립적이라는 단순한 조건을 만족하기 때문에 작동한다. 공식적인 수학의 언어로 말하면, 이것은 그들이 **직교**한다는 뜻이다. 그들이 서로 직각을 이룬다는 것은 추상적이지만 의미가 있다. 이것은 푸리에가 결국 재발견한 오일러의 방법이 끼어드는 부분이다. 기본적인 형태의 사인 함수 둘을 곱해 한 기간에 걸쳐 적분하는 것은 그들이 서로 얼마나 밀접한 관련이 있는지를 측정하는 방식 중 하나다. 만약 그 적분값이 크다면 그들은 매우 비슷하다. 만약 0(직교의 조건)이라면 그들은 독립적이다. 푸리에 해석은 기본 파형들이 직교하면서 완비되기 때문에 작용한다. 그들이 독립적이고 적절하게 중첩되면, 어떤 신호든 수로 나타낼 수 있다. 그리하여 사실상 그들은 3개의 공간축들로 이루어진 일반적인 공간 좌표계와 똑같이 생긴, 모든 신호에 대한 공간 좌표계를 제공한다. 주된 새로운 특징은, 이제 우리가 각 기본 파형에 대해 하나씩, **무한히 많은** 축을 가진다는 것이다. 그렇지만 일단 익숙해지고 나면 수학적인 어려움은 별로 없다. 그것은 그저 여러분이 유한합 대신 무한합을 구해야 한다는 뜻일 뿐이다. 그리고 그 급수가 언제 수렴하는지에 관해서도 신경만 좀 쓰면 된다.

심지어 유한 차원의 공간에서도 다양한 좌표계들이 많이 있다. 예를 들어 축들은 새로운 방향들로 회전될 수 있다. 무한 차원의 공간에 있는 신호에서 푸리에의 좌표계와 매우 다른 대안적 좌표계가 있다는 것을 발견한다 해도 놀라운 일은 아니다. 전반적으로 최근 몇 년 동안, 가장 중요한 발견 중 하나는 기본 파형들이 유한한 공간 영역에 한정되는 새로운 좌표계다. 그들은 웨이블릿(wavelet)이라 불리며, 모두가 **깜빡임**이기 때문에 깜빡임들을 매우 효율적으로 나타낼 수 있다.

깜빡임 같은 푸리에 분석이 가능하다는 것을 알아차리게 된 것은 불과 얼마 되지 않았다. 시작은 간단하다. 특정한 모양의 깜박임을 선택한다. 이것이 엄마 웨이블릿이다. (그림 42) 이 엄마 웨이블릿들을 다양한 위치들로 양옆으로 미끄러뜨리거나 확장하거나 그 비율을 압축함으로써 딸 웨이블릿(과 손녀 웨이블릿, 증손녀 웨이블릿 등등)을 만든다. 동일한 방식으로 푸리에의 기본 사인 곡선들과 기본 코사

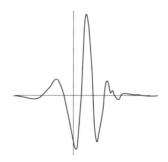

그림 42 도브시 웨이블릿(Daubechies wavelet).

인 곡선들은 엄마 '사인릿(sinelet)'이 되고, 더 진동수가 높은 사인 곡선들과 코사인 곡선들은 딸 사인릿이 된다. 이 곡선들은 주기적이므로 깜빡임과 같을 수는 없다.

웨이블릿들은 깜박임 같은 데이터들을 효율적으로 나타내게끔 설계된다. 게다가 딸 웨이블릿과 손녀 웨이블릿들은 그저 엄마 웨이블릿 형태에서 스케일을 바꿔서 특정 세부 사항에 초점을 맞춘 것이다. 여러분이 축소된 구조를 보기 싫으면 그저 웨이블릿 변형에서 그모든 손녀 웨이블릿들을 제거하면 된다. 웨이블릿들로 표범을 나타내려면, 몸을 나타낼 큰 웨이블릿 몇 개와 눈, 코, 얼룩을 나타낼 더 작은 웨이블릿들, 그리고 털 한 올 한 올을 나타낼 아주 작은 웨이블릿들이 있으면 된다. 이제 표범을 나타내는 데이터를 압축할 때 여러분은 털 한 올 한 올은 중요하지 않다고 결정을 내릴지도 모른다. 그러면 그 특정 성분의 웨이블릿들을 제거하면 된다. 정말 좋은 것은, 그 이미지가 여전히 얼룩 무늬가 살아 있는 표범을 나타낸다는 것이다. 여러분이 푸리에 변환을 표범 이미지에서 시도한다면, 성분의 목록이 어마어마하게 길 것이다. 어떤 성분을 제거해야 하는지도 명확하지 않을뿐더러 그 결과물이 표범임을 알아보기도 어려울 것이다.

전부 다 좋다. 그렇다면 엄마 웨이블릿은 어떤 모양이어야 하는가? 오랫동안 아무도 그것을 알아내지 못했을뿐더러 합당한 모양이 존재하는지조차 보여 주지 못했다. 그러다 1980년대 초에 장 모르예(Jean Morlet)와 수리 물리학자인 알렉산더 그로스만(Alexander Grossmann)이 적절한 엄마 웨이블릿을 최초로 찾아냈다. 1985년에는 이브 마이어(Yves Meyer)가 더 좋은 엄마 웨이블릿을 찾아냈다. 1987년에 벨 연구소(Bell Laboratories)의 수학자 잉그리드 도브시

세계를 바꾼 17가지 방정식

(Ingrid Daubechies)는 그 분야 전체를 열어젖혔다. 비록 이전의 엄마 웨이블릿들도 적절해 보였지만, 그 모두는 무한히 씰룩거리는 아주 작은 수학적 꼬리들을 갖고 있었다. 도브시는 전혀 꼬리가 없는, 다시 말해 어느 정도 간격 밖에서는 항상 0인 엄마 웨이블릿을 하나 찾아냈다. 즉 이것은 유한한 공간 영역에 완벽히 국한된 진짜 깜빡임이었다.

웨이블릿은 그 깜빡임 같은 특징들 때문에 이미지를 압축하는 데 특히 유용하다. 최초의 실용적 쓰임새들 중 하나는 지문을 저장하는 것으로, 고객은 미국 연방 수사국(FBI)이었다. 미국 연방 수사국의 지문 데이터베이스는 3억 개의 지문 기록을 저장하고 있으며, 각각은 8개의 손가락 지문과 2개의 엄지손가락 지문으로 이루어져 있다. 그것은 원래 종이 카드에 찍힌 잉크 자국으로 저장되었다. 이것은 편리한 저장 매체가 아니므로, 이미지들을 디지털화하고 그 결과물을 컴퓨터에 저장하는 식으로 기록 관리 시스템이 현대화되어 왔다. 그 명확한 이점 중에는 범죄 현장에서 발견된 지문들과 일치하는 지문들을 데이터베이스에서 신속히 자동 검색할 수 있다는 점이 있다.

각 지문에 대한 컴퓨터 파일은 길이가 10메가바이트다. 이진법 자릿수로 8000만 자리다. 그러니 전체 저장량은 3000테라바이트의 메모리를 차지한다. 이진법 자릿수로 2.4×10^{25}자리다. 더 큰 문제는 새로운 지문들이 매일 3만 세트씩 늘고 있어서, 저장 공간에 대한 수요가 매일 이진법 자릿수로 2.4조 자리만큼 늘어난다는 것이다. 미국 연방 수사국은 데이터를 압축해 저장할 방법이 필요하다는 합리적 결정을 내렸다. JPEG는 적절하지 않았다. 그래서 2002년에 다양한 이유로 웨이블릿들을 사용하는 새로운 압축 방법을 개발하기로 결정했다. 그 결과, 웨이블릿/스칼라 양자화(Wavelet/Scalar Quantization, WSQ) 방식이 고안되었다. 그 방식은 이미지 전반에서 자잘한 세부 사항들을 제거함으로써 데이터를 원래 크기의 5퍼센트로 줄여 준다. 그렇다고 해도 컴퓨터든 사람이든 지문을 식별해 내는 데는 아무 문제가 없다.

또한 최근에는 의료 영상 촬영에서도 웨이블릿이 자주 사용된다. 오늘날 병원들은 인간이 신체나 뇌 같은 중요한 장기들의 2차원 단면들을 조립한 이미지를 보여 주는 다양한 종류의 스캐너들을 사용한다. 그 기술들에는 CT(컴퓨터 단층 촬영), PET(양전자 방출 단층 촬영), 그리고 MRI(자기 공명 영상) 등이 있다. 단층 촬영에서 기계는 몸을 한 방향으로 관찰했을 때의 전체 조직 밀도 같은 수치 정보를 보여 준다. 그것은 모든 조직들이 약간씩 투명해진다면 한 고정된 시점에서 볼 수 있을 법한 방식이다. 다양한 각도에서 찍은 그런 '투사들'에 몇 가지 교묘한 수학 기술들을 적용함으로써 2차원 사진 하나를 재구성한다. CT에서 각 투사는 엑스선 노출을 요하므로, 거기서 얻는 데이터의 양을 제한할 합리적 이유들이 있다. 그런 모든 촬영 작업에서 얻어야 할 데이터가 줄어들면 걸리는 시간도 짧아져서 더 많은 환자들을 촬영할 수 있기 때문이다. 한편 더 선명한 이미지를 만들어 내려면 재구성하는 과정에서 더 많은 데이터가 필요하다. 웨이블릿들은 타협점을 제공한다. 쓸 만한 이미지들을 만들어 내면서도 데이터의 양을 줄여 주기 때문이다. 웨이블릿 변형을 취해서 원치 않는 성분들을 제거하고, 한 이미지로 다시 '역변형(detransforming)'함으로써, 지저분한 이미지를 매끄럽게 정제할 수 있다. 또한 웨이블릿

세계를 바꾼 17가지 방정식

들은 스캐너들이 처음에 데이터를 얻는 전략들도 개선한다.

사실 웨이블릿들은 거의 모든 곳에서 등장한다. 지구 물리학이나 전자 공학처럼 서로 동떨어진 분야의 연구자들조차 웨이블릿들을 가져다 자기들 분야에 적용한다. 로널드 코이프만(Ronald Coifman)과 빅터 비커하우저(Victor Wickerhauser)는 녹음 파일에서 잡음을 제거하기 위해 웨이블릿들을 사용해 왔다. 최근에 이루어진 한 업적은 브람스가 직접 연주한 헝가리 무곡 녹음본에 이루어졌다. 원래 그것은 1889년에 왁스 실린더에 녹음되었는데, 일부가 녹아 버렸다. 그리하여 78아르피엠(rpm) 디스크에 재녹음되었다. 코이프만은 그 디스크의 라디오 방송 녹음본을 가지고 작업을 시작했는데, 당시에 그 음악은 온통 잡음에 파묻혀 아예 들을 수도 없을 정도였다. 웨이블릿 세척을 하고 나니 브람스가 무엇을 연주했는지 완벽하지는 않지만 들을 수는 있었다. 그것은 비록 출시되지 못했지만 200년 전 열역학에서 처음 나온 한 아이디어가 낳은 인상적인 성과였다.

10

하늘을 지배하는 공식

나비에-스토크스 방정식

$$\rho \left(\frac{\partial \mathbf{v}}{\partial t} + \mathbf{v} \cdot \nabla \mathbf{v} \right) = -\nabla p + \nabla \cdot \mathbf{T} + \mathbf{f}$$

$$\rho \left(\frac{\partial \mathbf{v}}{\partial t} + \mathbf{v} \cdot \nabla \mathbf{v} \right) = -\nabla p + \nabla \cdot \mathbf{T} + \mathbf{f}$$

밀도 · 속도 · 압력 · 응력 · 체적력

시간에 대한 도함수 · 점곱 · 기울기 · 발산 연산자

무엇을 말하는가?

변형된 뉴턴의 제2법칙이라 할 수 있다. 방정식의 좌변은 일정 영역에서 유체가 갖는 가속도이다. 우변은 거기에 작용하는 압력, 응력, 그리고 체적력이다.

왜 중요한가?

유체가 어떻게 움직이는가를 정확히 알아내는 방법을 제공한다. 이는 수많은 과학적, 기술적 문제들에서 핵심적인 역할을 한다.

어디로 이어졌는가?

현대 여객기, 빠르고 조용한 잠수함, 트랙을 이탈하지 않으면서도 고속으로 달릴 수 있는 포뮬러 1 레이싱 카, 그리고 정맥과 동맥의 혈류에 대한 의학적 진보로 이어졌다. 유체 역학 방정식들을 컴퓨터로 푸는 전산 유체 역학이 그런 분야의 기술을 향상시키려는 공학자들 사이에서 폭넓게 사용된다.

우주에서 본 지구는 초록색과 갈색의 덩어리들이 있는, 아름답게 빛나는 파란색과 흰색의 구다. 태양계의 그 어떤 행성들—지금 다른 별들 주위를 돌고 있다고 알려진 500개 남짓한 행성들—과도 매우 다르다. 'Earth'라는 말 그 자체만으로도 그 이미지가 바로 생각난다. 그렇지만 약 50년 전만 해도 그 단어의 보편적 이미지는 정원에서나 볼 수 있는 한 줌의 흙이었다. 20세기 전부터 사람들은 하늘의 별들과 행성들을 궁금해 했지만, 지상에 머물러 있었다. 인간의 비행은 그저 신화나 전설 들에서나 볼 수 있는 꿈일 뿐이었다. 다른 세계로 여행하는 꿈조차 꾸지 못한 사람들이 대부분이었다.

용감무쌍한 몇몇 선구자들이 하늘로의 느린 비상을 시작했다. 선두에 선 사람은 중국인들이었다. 기원전 500년경 노반(魯班)이라는 사람이 나무 새를 발명했는데 그것은 아마도 원시적 글라이더였을 것이다. 559년에 북제의 문선제 고양(高洋)이 멸망한 동위의 황족인 원황두(元黃頭)를 강제로 연에 매달아서 하늘로 날려 보냈다. 원황두는 2킬로미터 이상을 날았고 무사히 땅에 내려왔지만 고양의 명에 따라 감옥에 갇혔고 굶어 죽었다. 17세기에 수소가 발명되면서 하늘을 날려는 욕구가 유럽 전역에 퍼졌고, 영감을 받은 용감한 사람들이 풍선을 타고 지구 대기의 낮은 부분으로 올라갔다. 수소는 위험한 폭발성 물질이었기 때문에 1783년에 프랑스 인 형제인 조제프미셸 몽골피에(Joseph-Michel Montgolfier)과 자크에티엔 몽골피에(Jacques-Étienne Montgolfier)는 새롭고 훨씬 안전한 발명품인 열기구를 대중에 선보였다. 처음에는 무인 시험 비행이었지만, 나중에는 자크에티엔이 직접 조종했다.

진보의 속도, 그리고 인간이 올라갈 수 있는 고도는 급속도로 치솟기 시작했다. 1903년에 오빌 라이트(Orville Wright)와 윌버 라이트(Wilbur Wright) 형제가 최초의 동력 비행에 성공했다. 최초의 항공사인 DELAG(Deutsche Luftschiffahrts-Aktiengesellschaft)는 1910년에 운영을 시작해 체펠린(Zeppelin) 사가 만든 비행선들을 이용해 프랑크푸르트에서 바덴바덴과 뒤셀도르프로 승객들을 실어 날랐다. 1914년에는 세인트피터즈버그-탬파 에어보트 라인(St. Petersburg-Tampa Airboat Line)이 플로리다 주에 있는 두 도시 사이를 잇는 상업적 여객 수송 서비스를 개시했다. 그것은 토니 재너스(Tony Jannus)의 플라잉 보트로 23분이 걸리는 여정이었다. 상업 비행은 금세 일상이 되었고, 제트 여객기가 등장했다. 드 하빌랜드 항공사(De Havilland Aircraft Company)의 코멧 여객기는 1952년에 정기 운항을 시작했지만 금속 피로가 몇 건의 충돌 사고를 불러왔다. 그리고 보잉 707은 1958년 출시 이후 시장을 장악했다.

오늘날 일반인들은 민항기의 비행 한계인 8킬로미터 상공을 날 수 있다. 우주 관광 회사인 버진 갤럭틱(Virgin Galactic)이 저궤도 비행 서비스를 시작하자 그 비행 한계는 깨져 버렸다. 군용 폭격기들과 실험용 항공기들은 더 높은 고도까지 비상한다. 지금까지 몇몇 선지자들의 꿈에 불과했던 우주 비행은 이제 누구에게나 가능한 이야기가 되기 시작했다. 1961년에 (구)소련의 유리 가가린(Yuri Gagarin)은 보스토크 1호를 타고 최초로 지구 궤도를 도는 데 성공했다. 1969년에 NASA의 아폴로 11호는 미국인 우주 비행사인 닐 암스트롱(Neil Armstrong)과 버즈 올드린(Buzz Aldrin)을 달에 착륙시켰다. 1982년에 처음 임무 비행을 한 우주 왕복선은 예산 제한 때문에 원래의 목적―회송이 빠른 재활용 가능한 우주선―달성을 눈앞에 두고 주춤 대다, 러시아의 소유즈 우주선과 함께 저궤도 우주 비행선 중 하나가 되었다. 2011년 7월에 발사된 아틀란티스 호의 비행이 우주 왕복선 프로그램의 마지막 비행이 되었다. 오늘날 대개 새로운 비행선 개발은 사기업들을 중심으로 이루어지고 있다. 유럽, 인도, 중국, 일본은 각각 우주 프로그램들을 주관하는 정부 부처를 두고 있다.

인류의 비상은 말 그대로 우리가 누구인지와 우리가 어디에 사는지에 관한 시각을 바꾸어 놓았다. 그로 인해 'Earth'는 파랗고 흰 구를 의미하게 되었다. 새로 찾아낸 우리의 비행 능력에서 그 색들의 실마리가 있다. 파란색은 물이고, 흰색은 구름의 형태를 한 수증기다. 지구는 대양과 바다, 강과 호수로 이루어진 물의 세계다. 물이 가장 잘 하는 것은 **흐르는** 것이다. 종종 그것을 원하지 않는 곳들로 흐르기도 한다. 그 흐름은 지붕에서 떨어지는 빗방울이나 폭포의 거센 급류일 수도 있다. 점잖고 부드러울 수도, 거칠고 난폭할 수도 있다. 사막이 되었을 땅 위로 나일 강을 따라 꾸준히 흐르는 물이나, 그 강에 있는 6개의 대폭포들에서 거품을 일으키는 물처럼 말이다.

19세기 수학자들의 눈길을 잡아끈 것은 물, 아니 좀 더 일반적으로 어떤 움직이는 유체가 형성하는 패턴들이었다. 그들은 유체의 흐름에 대한 최초의 방정식들을 유도해 냈다. 비행에 핵심적인 역할을 하는 유체는 물처럼 뚜렷하게 보이지는 않지만, 어디에나 있는 공기였다. 공기의 흐름은 수학적으로 좀 더 복잡한데, 공기는 압축이 가능하기 때문이다. 수학자들이 압축 가능한 유체에 적용할 수 있도록 방정식을 수정함으로써, 결국 비행의 시대를 열어젖힐 새로운 과학인 항공 역학이 시작되었다. 초기 선구자들은 어림짐작만으로도 날 수 있었을지 모른다. 하지만 상업용 여객기들과 우주 왕복선들은 공학자들이 (가끔 일어나는 사고들은 제외하고) 안전하고 믿음직스러운 비행에 관한 계산을 해낸 덕분에 날 수 있었다. 항공기 설계는 유체의 흐름, 즉 유체 유동(fluid flow)에 대한 깊은 수학적 이해를 요한다. 유체 역학의 선구자는 유명한 수학자인 오일러였다. 그는 몽골피에 형제가 최초의 열기구 비행에 성공한 해에 세상을 떠났다.

오일러는 연구하지 않은 수학 분야가 거의 없을 정도로 왕성한 활동을 펼쳤다. 그가 그처럼 엄청나고 다재다능한 성과들을 내놓을 수 있었던 한 가지 이유는 정치학, 좀 더 정확히 말하자면 정치 기피 때문이었다는 설이 있다. 그는 러시아 예카테리나 대제의 궁정에서 오랫동안 연구했다. 그런 그로 하여금 재앙을 불러올지 모를 정치적 음모에 말려드는 것을 피할 수 있도록 해 준 효과적인 방법은 아무도 그가 정치 같은 것에 낭비할 시간이 없다고 믿도록 수학 연구에 극도로 몰두하는 것이었다. 정말로 그가 그런 의도였다면 우리는 그의 수많은 놀라운 발견들 때문에라도 예카테리나 대제의 궁정 정치에 감사해야 할지도 모른다. 그렇지만 나는 오일러가 천성이 원래 그런 사람이라서 그처럼 왕성한 연구 활동을 펼쳤다고 생각하는 편이다. 다른 것을 할 줄 모르는 사람이라서 엄청나게 많은 수학적 업적을 세웠다고 말이다.

　　오일러보다 먼저 이 분야를 연구한 선배들이 있었다. 2200년 전에 아르키메데스는 물에 뜨는 물체의 안정성을 연구했다. 1738년에 네덜란드 수학자인 다니엘 베르누이(Daniel Bernoulli)는 『유체 역학(Hydrodynamica)』을 발표했는데, 유체는 압력이 더 낮은 영역에서 더 빨리 흐른다는 법칙을 담고 있었다. 베르누이 법칙은 오늘날 왜 항공기가 날 수 있는가를 설명하는 데 자주 거론된다. 날개 모양은 압력을 줄이고 비행기가 떠오르게 하면서 공기가 날개 표면을 가로질러 더 빨리 흐르도록 설계되어 있다. 비행에 연관된 다른 많은 요소들을 생각해 보면 이 설명은 너무 단순해 보이지만, 기본적인 수학 원리들과 실제 항공기 설계 사이의 밀접한 관계를 설명해 주는 것이 사실이다. 베르누이는 그의 법칙에서 비압축성 유체의 속도와 압력에 대한 대수 방정식을 유도했다.

1757년에 오일러는 그의 비옥한 정신을 유체의 흐름으로 돌려, 『베를린 아카데미 기요(*Memoirs of the Berlin Academy*)』에 「유체 운동의 일반 원리들(Principes généraux du mouvement des fluides)」이라는 논문을 발표했다. 그것은 편미분 방정식을 이용해 유체의 흐름을 모형화하기 위한 최초의 시도였다. 문제를 이해 가능한 수준에서 다루기 위해 오일러는 몇 가지 단순한 가정들을 취했다. 특히 유체가 공기라기보다는 물처럼 압축이 불가능하고 점도가 0이라고(끈적임이 없다고) 가정했다. 이 가정들 덕분에 오일러는 몇 가지 해를 찾아낼 수 있었지만, 그것들 때문에 그의 방정식은 다소 비현실적인 것이 되었다. 오일러 방정식은 몇 가지 유형의 문제들에 아직 사용되지만, 아주 실용적이라고 하기에는 전반적으로 너무 단순하다.

두 과학자들이 좀 더 현실적인 방정식을 내놓았다. 클로드루이 나비에(Claude-Louis Navier)는 프랑스 공학자이자 물리학자였다. 조지 가브리엘 스토크스(George Gabriel Stokes)는 아일랜드 수학자이자 물리학자였다. 나비에는 1822년에 점성이 있는 유체의 흐름에 대한 편미분 방정식 체계를 세웠고, 20년 후에 스토크스가 그것을 발표했다. 그 결과인 유체 유동 모형은 이제 나비에-스토크스 방정식이라 불린다. (이 방정식은 벡터 방정식이라서 성분을 여러 개 가지기 때문이다.) 그 방정식은 너무나 정확해서 오늘날의 공학자들은 풍동 실험 대신 컴퓨터를 자주 이용한다. 전산 유체 동역학(Computational Fluid Dynamics, CFD)으로 알려져 있는 이 기법은 이제 유체의 흐름과 관련된 모든 문제에서 표준적인 도구다. 우주 왕복선의 항공 역학, 포뮬러 1 레이싱 카와 일반적인 도로 주행용 자동차의 디자인, 그리고 인체나 인공 심장에서 순환하는 피가 모두 유체의 흐름과 관련이 있다.

어떤 유체의 기하를 보는 방법은 두 가지가 있다. 하나는 유체의 아주 작은 개별 입자들의 움직임을 뒤따라 그들이 어디로 가는지 추적하는 것이다. 다른 방법은 그런 입자들의 속도에 초점을 맞추는 것이다. 즉 어떤 순간에 입자들이 얼마나 빨리, 그리고 어떤 방향으로 움직이고 있는가를 보는 것이다. 그 둘은 밀접한 관련이 있지만, 근삿값을 배제하고 그 관계를 풀어내기란 너무 어렵다. 오일러, 나비에, 그리고 스토크스의 위대한 통찰들 중 하나는 모든 것이 속도의 측면에서 보면 훨씬 단순해 보인다는 깨달음이었다. 유체의 흐름은 속도장 (velocity field)의 측면에서 보면 가장 잘 이해할 수 있다. 그것은 공간상 한 지점에서 다른 지점으로, 그리고 시간상 한 순간에서 다른 순간으로 속도가 어떻게 달라지는가를 수학적으로 기술한다. 그래서 오일러, 나비에, 스토크스는 속도장을 기술하는 방정식들을 작성했다. 그러고 나면 유체의 실제 흐름이 갖는 패턴들을 계산할 수 있었다. 적어도 쓸 만한 근삿값을 얻는 것은 가능했다.

　　나비에-스토크스 방정식은 다음과 같다.

$$\rho \left(\frac{\partial \mathbf{v}}{\partial t} + \mathbf{v} \cdot \nabla \mathbf{v} \right) = -\nabla p + \nabla \cdot \mathbf{T} + \mathbf{f}$$

ρ는 밀도, $\mathbf{v}$는 속도장, p는 압력, $\mathbf{T}$는 응력, $\mathbf{f}$는 체적력(body force)을 나타낸다. 체적력이란 표면만이 아니라 영역 전체에 작용하는 힘이다. 가운뎃점($\cdot$)은 벡터의 내적 연산, 즉 점곱을 뜻하고 ∇는 편도함수인데, 말하자면 다음과 같다.

$$\nabla = \left(\frac{\partial}{\partial x}, \frac{\partial}{\partial y}, \frac{\partial}{\partial z} \right)$$

이 방정식은 기초 물리학에서 도출된다. 파동 방정식과 마찬가지로 핵심적 첫 단계는 뉴턴의 제2법칙을 적용해 한 유체 입자의 운동과 거기에 작용하는 힘을 관련짓는 것이다. 주된 힘은 탄성력(elastic stress)인데, 이와 관련된 두 구성 요인은 유체의 점성으로 인해 야기되는 마찰력, 그리고 양(압축) 또는 음(이완) 작용을 하는 압력의 영향이다. 또한 체적력이 있는데, 이것은 유체 입자 자체의 가속도에서 비롯된다. 이 모든 정보를 조합하면 나비에-스토크스 방정식이 유도되는데, 이 맥락에서 나비에-스토크스 방정식은 일종의 운동량 보존 법칙이라고 할 수 있다. 기저의 물리학은 흠잡을 데가 없다. 모형은 대다수 주요 요인들을 포괄하기에 충분히 현실적이어서, 실제 세계와 잘 부합한다. 고전 수리 물리학의 모든 전통적인 방정식들과 마찬가지로, 이것은 연속체 모형이다. 즉 그것은 유체를 무한히 나눌 수 있다고 가정한다.

이 가정이 나비에-스토크스 방정식과 현실과의 밀접한 관계를 다소 약화시킬지도 모른다. 하지만 그 불일치는 운동이 개별 분자 수준에서의 급속한 변화와 관련될 때에만 나타난다. 그런 소규모 운동은 한 가지 핵심적 맥락, 바로 난류(turbulence) 측면에서 매우 중요하다. 수도꼭지를 틀고 물이 천천히 흘러나오게 하면 물이 부드럽게 똑똑 떨어진다. 그러나 꼭지를 완전히 열어 놓으면 물이 흰 거품을 일으키면서 쏟아져 나올 것이다. 그처럼 거품 이는 물줄기를 강의 급류에서 볼 수 있다. 이런 효과는 난류에서도 나타난다. 특히 비행을 자주 하는 사람들은 난류의 효과를 잘 알고 있다. 난류를 통과할 때 우리는 마치 자동차가 무척 울퉁불퉁한 도로를 따라 달릴 때와 같은 느낌을 받는다.

나비에-스토크스 방정식을 푸는 것은 어렵다. 어찌나 어려운지 고성능 컴퓨터가 발명되기 전까지 수학자들은 몇몇 요령들과 근삿값에 만족해야 했다. 그렇지만 실제로 유체가 하는 운동을 생각해 보면, **어려울 수밖에 없다.** 개울의 흐르는 물이나 해변에 부딪혀 깨지는 파도를 보면 유체가 극도로 복잡하게 흐를 수도 있음을 알 수 있다. 잔물결과 회오리, 파도와 소용돌이 같은 패턴들뿐만 아니라, 조류가 밀려올 때 남서부 영국의 세번 강 어귀를 달리는 물의 벽처럼 매혹적인 구조들도 있다. 유체의 흐름 패턴들은 수많은 수학 연구의 대상이 되어 왔지만, 그 분야에서 가장 크고 가장 근본적인 질문들 중 하나에 대해서는 아직도 답이 나오지 않고 있다. "미래에도 유효한, 나비에-스토크스 방정식의 해가 실제로 존재한다는 보증이 있는가?" 클레이 재단의 밀레니엄 현상 공모에서 제시한 일곱 문제 중 하나가 바로 그 문제였다. 너무나도 중요하지만 아직 해결되지 않은 우리 시대의 수학 난제들을 대표하는 그 일곱 문제는 고심 끝에 선택된 것들로, 그 문제를 푸는 사람이라면 누구나 100만 달러의 상금을 받게 된다. 지금까지 나온 답은 '2차원에서는 있다.'였다. 하지만 3차원 흐름에 대해서는 아무도 모른다.

그럼에도 나비에-스토크스 방정식은 난류에 대한 유용한 모형을 제공한다. 공기 분자들이 매우 작기 때문이다. 한편, 너비가 몇 밀리미터밖에 안 되는 난류 소용돌이들이라도 난류의 주요 특징들을 많이 갖고 있다. 따라서 연속성 모형이 적절함을 유지한다. 난류는 실제로 중요한 문제들을 야기한다. 따라서 나비에-스토크스 방정식을 수리적으로 계산하기란 사실상 불가능하다. 아무리 컴퓨터라 할지라도 무한히 복잡한 계산들을 다룰 수는 없기 때문이다. 편미분 방정식의 해는 격자 눈금을 이용해 공간을 별개의 영역들로, 그리고 시간을 별개의 간격들로 나눈다. 난류가 작용하는 방대한 규모의 범주를 포착하려면—거대한 소용돌이, 중간 크기의 소용돌이에서 밀리미터 단위의 아주 작은 소용돌이까지—불가능할 정도로 정교한 계산을 해낼 수 있는 그리드 컴퓨팅(grid computing) 시스템이 필요하다. 이런 이유로 공학자들이 난류의 통계 모형들을 이용하는 것이다.

나비에-스토크스 방정식은 현대의 운송 시스템에 혁신을 불러일으켰다. 그중에서도 여객기의 설계에 가장 큰 영향을 미쳤을 텐데, 여객기들은 효과적으로 나는 것은 둘째 치고 안정적이고 믿음직하게 **날아야** 하기 때문이다. 하지만 이제는 일반 가정용 자동차들조차 항공 역학 원리들을 바탕으로 설계된다. 그것이 보기에 딱 떨어지고 멋지기 때문이 아니라 차량을 지나는 공기의 흐름이 야기하는 저항을 최소화해 연료 소비를 효율적으로 만들 수 있기 때문이다. 따라서 여러분의 탄소 발자국을 줄이는 한 가지 방법은 항공 역학적으로 효율적인 차를 모는 것이다. 물론 다른 방법들도 있다. 더 작은 차, 더 느린 차, 또는 전기 모터가 달린 차를 몰거나 그냥 운전을 덜 해도 된다. 연비를 크게 개선할 수 있었던 원동력에는 향상된 엔진 기술도 있었지만 개선된 항공 역학도 있었다.

항공기 설계의 초기 시절에 선구자들은 어림계산과 물리적 직관, 그리고 시행착오를 거쳐 항공기를 제작했다. 여러분의 목적이 땅에서 3미터 정도 떨어진 상태에서 100미터 이상 나는 것이라면 그 정도로 충분했다. 라이트 형제의 라이트 플라이어 1호가 3초 만에 시동이 꺼져서 경미한 손상을 입은 첫 번째 시도 이후 이뤄진 두 번째 시도에서 최초로 땅에서 제대로 떠올랐을 때, 그 비행기는 겨우 시속 11킬로미터 이하로 약 37미터를 날았다. 당시 파일럿이었던 오빌 라이트는 12초간 비행기를 공중에 띄우는 데 성공했다. 그 후 경제적인 이유로 여객기는 급속히 커졌다. 한 번에 사람을 더 많이 실어 나를수록 이익이 증가하기 때문이다. 따라서 항공기 설계도 좀 더 합리적이고 믿음직한 방법에 기반을 두어야 했다. 그 결과, 항공 역학이라는 과학이 태어났고, 그 기본적 수학 도구들은 유체 역학에 관한 방정식들이었다. 공기는 점성이 있으며 압축이 가능하므로, 나비에-스토크스 방정식, 또는 주어진 문제에 적합하게 수정된 방정식들은 이론의 발전과 함께 항공 산업의 핵심 무대를 차지해 나갔다.

그러나 현대적인 컴퓨터가 없던 시절에 이 방정식들을 푸는 것은 사실상 불가능했다. 그리하여 공학자들은 아날로그 컴퓨터에 의존했다. 모형 항공기를 풍동에서 실험하는 것이었다. 이 방정식들의 일반적인 특징들을 바탕으로 모형 비행기의 크기를 변화시켜 가면서 변수들이 어떻게 변화해 가는지 파악해 나가는 이 방법은 신뢰할

그림 43 포뮬러 1 레이싱 카를 지나는 공기의 흐름.

수 있는 기본 정보를 빠르게 제공했다. 오늘날 대부분의 포뮬러 1 레이싱 팀들은 그 설계안을 실험해 보고 잠재적 개선점들을 평가하기 위해 풍동을 이용하기도 하지만 오늘날의 컴퓨터 성능이 너무 좋아졌기 때문에 전산 유체 역학도 많이 사용한다. 예를 들어 그림 43은 BMW의 레이싱 카인 자우버(Sauber)를 지나는 공기 흐름을 전산 유체 역학으로 계산한 결과를 보여 준다. 이 글을 쓰는 지금도 버진 레이싱 팀(현재 마루시아 팀. ─옮긴이)은 오로지 전산 유체 역학만 사용하고 있다. 내년에는 풍동도 사용할 테지만 말이다.

풍동은 엄청나게 편리하지는 않다. 풍동을 짓고 운영하는 데는 돈도 많이 들고 축척 모형도 많이 필요하다. 가장 큰 난제는 공기의 흐름을 정확히 측정하면서도 그 측정이 흐름에 영향을 미치지 않게 하는 것이다. 예를 들어 여러분이 풍동에서 공기 압력을 측정하기 위해 어떤 관측 장비를 넣는다고 하면, 그 장비 자체가 공기의 흐름을 방해할 수 있다. 아마도 전산 유체 역학의 가장 큰 실용적 이점은, 여러분이 공기의 흐름에 영향을 미치지 않으면서도 그 흐름을 계산할 수 있다는 것이리라. 여러분이 측정하고 싶은 것이면 무엇이든 쉽게 얻을 수 있다. 게다가 여러분은 소프트웨어로 차 전체 또는 한 부품의 설계를 수정할 수 있다. 그것은 서로 다른 모형들을 여러 개 만드는 것보다 훨씬 빠르고 싸다. 현대의 제조 공정들은 설계 단계에서 컴퓨터 프로그램들을 자주 이용한다.

특히 항공기가 소리보다 더 빨리 가는 초음속 비행에서는 바람 속도가 엄청나기 때문에 풍동과 모형을 사용해 연구하기가 어렵다. 그런 속도에서 공기는 항공기가 자신을 밀어내는 속도만큼 항공기에서 빨리 도망칠 수 없다. 그 결과, 충격파가 발생한다. 충격파란 공기 압력의 급속한 단절로, 지상에서는 소닉 붐(sonic boom, 음속 폭음)을 일으킨다. 이런 환경 문제 때문에 수송기로는 유일하게 상용으로 운용되었던 앵글로프렌치(Anglo-French) 사의 콩코드가 대양 위를 제외한 다른 곳에서 초음속 비행 허가를 받지 못했고, 결국 제한적인 성공밖에 거두지 못했다. 전산 유체 역학은 초음속 항공기를 지나는 공기의 흐름을 예측하는 데 폭넓게 이용된다.

전산 유체 역학의 이런 응용들은 최첨단 기술처럼 보인다. 하지만 지구에 대략 6억 대의 자동차와 수만 대의 민간 항공기가 있는 오늘날, 전산 유체 역학은 일상에서도 매우 중요하다. 또한 의학에서 전산 유체 역학을 사용하기도 한다. 예를 들어 그것은 의학 연구자들이 인체의 혈류를 이해하는 데에 폭넓게 사용된다. 심장 자체의 문제나 폐쇄된 동맥이 일으키는 심부전은 선진국에서 손꼽히는 주요 사망 원인 중 하나인데, 혈류를 방해하고 혈전을 야기할 수 있다. 인체의 혈류를 수학적으로 분석하기는 매우 힘든데, 그 이유는 동맥벽들이 탄성력이 있기 때문이다. 딱딱한 관을 통해 흐르는 유체의 움직임을 계산하는 것도 어려운데, 유체의 압력에 따라 그 관의 모양이 바뀐다면 계산할 영역도 계속 바뀌는 셈이기 때문에 문제는 훨씬 더 어려워진다. 영역의 모양이 유체의 흐름 패턴에 영향을 미치고, 동시에 그 유체의 흐름 패턴도 영역의 모양에 영향을 미친다. 종이와 연필로 하는 수학으로는 그런 종류의 되먹임 고리를 다루기 어렵다.

컴퓨터는 초당 수십억 회의 계산을 해낼 수 있기 때문에 전산 유체 역학은 이런 종류의 문제에 이상적이다. 방정식을 탄성력 있는 벽들의 효과를 포함하는 형태로 수정하기는 해야 하지만, 그것은 주로 탄성 이론의 필수 원리들을 도출하는 문제로 고전 연속체 역학에서 잘 발달된 부분 중 하나이다. 예를 들어 피가 어떻게 심장에 들어가서 대동맥을 흐르는가에 대한 전산 유체 역학 계산은 스위스 로잔 연방 공과 대학이 수행했다. 그 덕분에 의사들이 심혈관 문제들을 더 잘 이해할 수 있게 되었다.

전산 유체 역학은 스텐트(stent, 혈관 폐색을 막기 위해 혈관에 주입하는 작은 금속망 튜브) 같은 의료 도구들을 개량하는 공학자들에게도 도움을 준다. 순치차 차니즈(Suncica Canic)는 전산 유체 역학과 탄성 모형들을 가지고 기존 설계안을 버리고 더 나은 설계안을 제시할 수 있는 수학 정리들을 도출해 더 나은 스텐트를 설계했다. 이런 유형의 모형들은 너무나 정확해져서, 미국 식품 의약국(U. S. Food and Drug Administration, FDA) 스텐트를 설계하는 모든 그룹이 의학 테스트를 수행하기 전에 수학적 모형화를 거치도록 요청할 것을 고려 중이다. 수학자들과 의사들이 협력해 심장마비의 주된 원인들을 더 잘 예측하고 더 나은 치료 방법을 얻어 내고자 나비에-스토크스 방정식을 이용하고 있다.

이와 관련된 또 다른 응용 분야는 심장 우회 수술이다. 그것은 몸의 다른 곳에서 떼어 온 동맥을 관상 동맥에 접목하는 수술이다. 접목한 혈관 부위의 기하 구조는 혈류에 큰 영향을 미치며, 이것은 다시 혈전에 영향을 미치는데, 만약 혈류에 소용돌이가 있다면 그럴 가능성이 더 높다. 피가 소용돌이에 갇혀서 제대로 순환되지 못할 수 있기 때문이다. 이 부분에서 우리는 혈류의 기하 구조와 잠재적인 의학적 문제가 직접적으로 연관되어 있음을 알 수 있다.

나비에-스토크스 방정식의 또 다른 응용 분야는 기후 변화, 다르게는 지구 온난화로 알려진 현상이다. 기후와 날씨는 관련이 있지만 서로 다르다. 날씨는 특정 장소, 특정 시간에 나타나는 것이다. 런던에는 비가 오고, 뉴욕에는 눈이 내리며, 사하라는 찌는 듯이 더울 수 있다. 날씨는 예측이 어렵기로 악명 높은데, 거기에는 수학적으로 타당한 이유가 있다. (카오스에 대해서는 16장 참조) 그러나 대다수 예측 불가능성은 공간과 시간 양측에 일어나는 작은 변화, 즉 미세한 세부 사항들과 관련이 있다. 만약 텔레비전의 기상 캐스터가 내일 오후 여러분의 도시에 소나기가 온다고 예보했는데, 실제로는 20킬로미터 떨어진 지점에서 6시간 늦게 소나기가 왔다면 기상 캐스터는 만족할지언정 여러분은 크게 실망할 것이다. 기후는 날씨의 장기적 '텍스처(texture)'이다. 여기서 텍스처란 수십 년 규모의 장기간에 걸친 강우

량과 기온의 평균 추세를 뜻한다. 기후가 차이들을 평균으로 만들기 때문에, 역설적으로 기후를 예측하기가 더 쉽다. 그럼에도 어려움은 상당히 크다. 이 주제를 다루는 과학 서적 대다수는 모형을 개선해 나가면서 오류의 근원을 찾으려는 여러 노력을 다루고 있다.

기후 변화는 거의 지난 세기 내내 정치적인 논쟁거리였다. 인간 활동이 지구의 평균 기온을 오르게 만들어 왔다는 무척 강력한 과학적 여론에도 아랑곳하지 않고 말이다. 오늘날까지 지구의 평균 기온은 20세기 전반에 걸쳐 대략 섭씨 0.75도 상승했다. 이는 미미한 변화처럼 들린다. 하지만 기후는 전 지구적 기온 변화에 매우 민감하다. 따라서 그런 변화는 날씨를 더 극단적으로 만들어서, 가뭄과 홍수가 더 자주 발생할 것이다.

'지구 온난화'는 모든 곳에서 기온이 같은 정도로 조금씩 변화한다는 뜻이 아니다. 오히려 장소에 따라, 그리고 시간에 따라 큰 변동이 있다. 2010년에 영국은 31년 만에 가장 추운 겨울을 경험했는데, 이를 두고 《데일리 익스프레스(Daily Express)》는 "이런데도 그들은 지구 온난화를 말한다."라는 머리기사를 내보냈다. 공교롭게도 2010년은 2005년과 함께 전 지구적으로 가장 더운 해로 기록되었다.[1] 그러니 '그들'은 옳았다. 사실, 그 일시적 한파는 제트 기류의 위치가 바뀌면서 생겨났다. 북극이 흔치않게 **따뜻했기** 때문에 북극에서 오는 차가운 공기가 남쪽으로 밀려난 것이다. 런던 한복판에서 2주간 서리가 얼었다고 지구 온난화를 반증할 수 있는 것은 아니다. 이상하게도 같은 매체인 《데일리 익스프레스》에서는 2011년 부활절 일요일이 기록적으로 가장 더운 날씨였다고 보도했지만, 이번에는 지구 온난화를 운운하지 않았다. 이번만큼은 기후와 날씨를 옳게 구분한 것이었다. 그 선택적 접근법에는 감탄이 나올 따름이다.

마찬가지로 '기후 변화'는 그저 기후가 변화하고 있다는 뜻이 아니다. 기후는 인간의 조력 없이도 반복적으로 변화해 왔지만, 그 시간 단위는 대개 장기적이었고, 그 원인은 화산에서 분출된 재와 가스, 지구 공전의 장기적 변화들, 심지어 히말라야 산맥을 만든 인도판과 아시아판의 충돌 등등이었다. 현재 논쟁의 대상인 '기후 변화'는 '인위적 요인으로 인한 기후 변화'를 줄인 말이다. 즉 인간 활동으로 야기된 지구 기후의 변화라는 뜻이다. 주된 이유는 이산화탄소와 메테인(메탄)이라는 두 온실 기체의 생성이다. 이런 온실 기체들은 태양으로부터 들어오는 복사선(열)을 가둔다. 기초 물리학에 따르면, 대기가 온실 기체들을 더 많이 함유한다는 것은 대기가 더 많은 열을 가둔다는 뜻이다. 일부 열을 복사열로 방출하는 행성도 있지만, 모든 것을 감안할 때 지구는 더 더워진다. 지구 온난화는 이런 기반에서 1950년대에 예측되었고, 예측된 기온 상승은 지금까지 관측된 것과 맞아떨어진다.

이산화탄소가 매우 증가했다는 증거는 많은 자료들에서 나온다. 가장 직접적인 것은 얼음 코어다. 극지방에 눈이 내리면 그것은 한데 모여 얼음이 된다. 이 과정에서 가장 최근 눈이 꼭대기를, 가장 오래된 눈이 밑바닥을 차지한다. 얼음 속에 갇힌 공기는 극지방의 환경 조건 덕분에 매우 오랜 시간 동안 변하지 않는다. 그 조건에서 원래 공기는 안에 갇히고 좀 더 최근 공기는 밖으로 빠져나가기 때문이다. 갇힌 공기의 구성 성분을 면밀히 분석하면 그 공기가 갇힌 시점을 매우 정확히 판단할 수 있다. 남극에서 구한 그 측정값들은 대기의 이산화탄소 농도가 지난 10만 년간 상당히 일정했다는 결과를 보여 준다. 단 지난 200년간을 제외하고 말이다. 지난 200년간 그 농도는 30퍼센트나 증가했다. 과도한 이산화탄소의 원천은 탄소의 동위원소(다른 원자 형태) 중 하나인 탄소 13의 비율로부터 추론할 수 있다. 단연코 인간 활동이 그에 대한 가장 그럴싸한 설명이다.

회의론자들이 조금이라도 자기들 주장에 근거를 댈 수 있다면 그것은 기후 예보의 복잡성 덕분이다. 기후 예보는 미래에 대한 예측이기 때문에 수학 모형에서 도출된다. 하지만 어떤 모형도 현실 세계의 모든 특색 하나하나를 전부 아우를 수는 없다. 만약 그렇게 한다 해도 그 모형을 시뮬레이션할 수 있는 컴퓨터는 존재하지 않기 때문에 여러분은 그것이 무엇을 예측하는지 결코 알아낼 수 없다. 모형과 현실 사이의 모든 불일치는, 아무리 사소하더라도, 회의론자들의 귀에는 음악처럼 들린다. 확실히 기후 변화의 그럴싸한 효과들에 관해서는, 혹은 우리가 그것을 경감하기 위해 무엇을 해야 하는가에 관해서는 의견의 차이를 받아들일 여지가 있다. 그렇지만 모래에 머리를 파묻는 것은 합리적인 선택지가 아니다.

기후의 두 가지 핵심적인 구성 요소는 대기와 대양이다. 둘 다 유체이고, 나비에-스토크스 방정식을 통해 연구될 수 있다. 2010년에 영국의 주요 과학 기금 제공 단체인 공학 및 물리학 연구 위원회(Engineering and Physical Science Research Council)에서는 기후 변화에 대한 보고서 한 편을 발표하면서 수학에 주목했다. "기상학, 물리학, 지리학을 비롯한 수많은 분야들의 연구자들 모두 자기들의 전문성을 기여하지만, 수학은 이 다양한 사람들의 아이디어를 기후 모형에서 실현시켜 주는 통합적 언어다." 수학의 통합적인 힘을 높게 평가한 것이다. 그 보고서는 또한 "기후 시스템의 비밀은 나비에-스토크스 방정식에 감춰져 있다. 그렇지만 그것은 곧장 풀기에 너무 복잡하다."라고 설명했다. 그 대신, 기후 모형들은 대양의 깊숙한 지점에서 대기의 가장 높은 지점까지 지구를 뒤덮는 3차원 그리드의 꼭짓점들로 유체의 흐름을 계산하기 위해 수학적 기법들을 사용한다. 그리드의 수평 간격은 100킬로미터다. 그보다 더 작아지면 계산은 실용적이지 못하다. 더 빠른 컴퓨터도 그다지 도움이 안 될 것이므로, 가장 좋은 방법은 더 열심히 생각하는 것이다. 수학자들은 나비에-스토크스 방정식을 푸는 더 효율적인 방법을 놓고 연구 중이다.

나비에-스토크스 방정식은 기후 퍼즐에서 고작해야 일부일 뿐이다. 다른 요소들은 대양들과 기후 내의 그리고 그 사이의 열 흐름, 구름의 영향이나 화산 같은 비인간적 요인, 심지어 성층권에서 항공기의 배출 같은 것들을 포함한다. 회의론자들은 모형들이 틀렸음을 시사하기 위해 그런 요인들을 강조하기를 좋아하지만, 그 대다수는 기후 변화와 무관한 것으로 알려져 있다. 예를 들어 매년 화산은 인간 활동으로 생성되는 이산화탄소의 겨우 0.6퍼센트를 내놓는다. 모든 주요 모형들은 실제로 기후 변화 문제가 심각하며, 인간이 기후 변화를 야기했다는 점을 시사한다. 주된 문제는 그저 지구가 얼마나 더 뜨거워질 것인가, 그리고 어느 정도로 심각한 재앙이 일어날 것인가이다. 완벽한 예보는 불가능하므로, 우리가 만들어 낼 수 있는 기후 모형들이 과연 최고인가를 확실히 하는 것이 첫걸음이다. 그래야 적절한 행보를 취할 수 있다. 빙하가 녹고 북극 얼음이 줄어들면서 북서 항로가 열리고 남극 빙붕(氷棚)이 깨져 대양으로 미끄러지는 지금, 상황이 저절로 해결될 것이고 우리가 할 일은 아무것도 없을 것이라고 믿는 위험을 더 이상 감수할 수는 없다.

11

빛은 전자기파다

맥스웰 방정식

$$\nabla \cdot \mathbf{E} = 0 \qquad \nabla \times \mathbf{E} = -\frac{1}{c}\frac{\partial \mathbf{H}}{\partial t}$$

$$\nabla \cdot \mathbf{H} = 0 \qquad \nabla \times \mathbf{H} = \frac{1}{c}\frac{\partial \mathbf{E}}{\partial t}$$

$$\nabla \cdot \mathbf{E} = 0$$

$$\nabla \times \mathbf{E} = -\frac{1}{c}\frac{\partial \mathbf{H}}{\partial t}$$

자기장

전기장

발산 연산자

회전 연산자

빛의 속도

시간에 대한 변화율

자기장

$$\nabla \cdot \mathbf{H} = 0$$

$$\nabla \times \mathbf{H} = \frac{1}{c}\frac{\partial \mathbf{E}}{\partial t}$$

전기장

무엇을 말하는가?

전기와 자기는 그냥 새어 나가지 않는다. 전기장에서 회전하는 영역은 그 방향과 직각으로 자기장을 만든다. 자기장에서 회전하는 영역도 그 방향과 직각으로 전기장을 만든다. 단 방향은 반대다.

왜 중요한가?

물리적 힘을 통합한 최초의 시도로 전기와 자기가 서로 밀접하게 연관되어 있음을 보여 주었다.

어디로 이어졌는가?

빛의 속도로 여행하는 전자기파가 존재할 것이므로 빛 자체가 그런 파동이라는 예측으로 이어졌다. 이로 인해 라디오, 레이더, 텔레비전, 컴퓨터 장비에 사용되는 무선 연결을 비롯해 대다수의 현대 통신 기술들이 발명되었다.

19세기 초에 대다수 사람들은 초와 랜턴을 이용해 집을 밝혔다. 가스등은 1790년대부터 있었는데, 가정과 사업장에서는 드문드문 쓰였고 주로 발명가들과 사업가들이 사용했다. 1820년 파리에서는 가스등으로 거리를 밝히기 시작했다. 당시에 메시지를 보내는 일반적인 방법은 편지를 써서 말이 끄는 마차로 보내는 것이었다. 급한 메시지를 보내기 위해서는 마차 없이 말을 사용했다. 그 외에는 군사와 행정 분야에서 시각적 통신 수단이 주로 사용되었다. 이것은 신호탑을 이용했다. 신호탑에는 딱딱한 팔들을 다양한 각도로 배치해 글자나 단어를 약호로 나타내는 기계들이 설치되어 있었다. 이런 배치는 망원경을 통해 볼 수 있었고, 일렬로 늘어선 다음 탑에 전달되었다. 이런 종류의 통신을 최초로 확장한 시스템은 1792년부터 등장하기 시작했는데, 당시 프랑스 공학자인 클로드 샤프(Claude Chappe)는 프랑스 전역에 4800킬로미터의 통신망을 만들기 위해 556개의 신호탑을 건설했다. 그 통신망은 그 후로 60년간 사용되었다.

그로부터 100년도 지나지 않아 가정과 거리에서 전기등이 사용되고, 전보가 나타났다 사라졌으며, 사람들이 전화기로 대화를 나누기 시작했다. 물리학자들은 연구실에서 무선 통신들을 선보였고, 한 사업가는 이미 '무선(wireless)' 라디오 세트를 대중에게 팔려고 공장을 차리기도 했다. 두 과학자가 이러한 사회적, 기술적 혁명을 일으킨 발견을 해냈다. 하나는 영국의 물리학자인 마이클 패러데이로 전자기―이전에는 별개의 현상으로 간주되었던 전기와 자기를 긴밀하게 결합한 것이다.―의 기초 물리학을 건설한 인물이었다. 다른 하나는 스코틀랜드 사람인 제임스 클러크 맥스웰(James Clerk Maxwell)로 패러데이의 역학 이론에서 유도한 수학 방정식을 사용해 빛의 속도로 여행하는 전파(radio wave, 라디오파)의 존재를 예측했다.

런던 피카딜리 서커스 근처 골목길에 숨겨져 있는 왕립 학회는 앞에 고전적 기둥들이 늘어서 있는 인상적인 건물이다. 오늘날 왕립 학회의 주된 활동은 일반 대중을 위한 과학 행사들을 주최하는 것이지만, 1799년에 창립되었을 당시에는 "지식을 확산시키고 유용한 기계적 발명의 폭넓은 소개를 가능케 하는 것"도 업무에 포함되었다. 존 '매드 잭' 풀러(John 'Mad Jack' Fuller)가 왕립 학회의 화학 부문에 한 자리를 마련했을 때, 그 자리를 최초로 차지한 사람은 학자가 아니었다. 그는 대장장이 견습생의 아들로, 출판업자의 수련생으로 직업 훈련을 받았다. 덕분에 그는 가난한 가정 형편에도 책을 읽을 수 있었다. 그리고 제인 마르셋(Jane Marcet)의 『화학에 대한 대화(*Conversations on Chemistry*)』와 아이작 와츠(Isaac Watts)의 『정신의 개선(*The Improvement of the Mind*)』은 전반적으로는 과학에 대한, 구체적으로는 전기에 대한 그의 깊은 관심을 일깨웠다.

　이 젊은이가 바로 패러데이였다. 그는 저명한 화학자인 험프리 데이비(Humphrey Davy)가 하는 왕립 학회 강의에 참석했다. 그러고 나서 데이비에게 300쪽짜리 강연 기록 노트를 보냈다. 그 후 데이비는 사고를 당해 그만 시력에 손상을 입었고, 패러데이에게 비서가 되어 달라고 요청했다. 그 후 왕립 학회의 조수 한 사람이 해고되자, 데이비는 그 후임으로 패러데이를 추천했다. 그리하여 패러데이는 염소 화학 분야를 연구하게 되었다.

　왕립 학회는 패러데이가 독자적으로 관심을 가졌던 과학 분야도 연구할 수 있도록 허락했다. 그래서 패러데이는 당시 최신 주제였

　　　　　　　　　　　　　　　　세계를 바꾼 17가지 방정식

던 전기에 관해 여러 가지 실험을 했다. 1821년에 그는 덴마크 과학자인 한스 크리스티안 외르스테드(Hans Christian Ørsted)가 전기를 그보다 훨씬 오래된 현상인 자기와 연관시키는 작업을 하고 있다는 소식을 듣게 되었다. 패러데이는 이 연결 고리를 이용해 전기 모터를 발명했지만, 데이비는 자신에게 공로가 돌아오지 않자 화가 나서 패러데이에게 다른 것을 연구하라고 지시했다. 데이비는 1831년에 죽었고, 2년 후에 패러데이는 전기와 자기에 대한 일련의 실험들을 통해 당대 최고의 과학자 중 한 사람으로 명성을 굳혔다. 그가 그토록 광범위한 연구를 수행한 데는 과학에 대한 대중의 이해를 독려한다는 왕립 학회의 임무에 따라 거리에 있는 일반인들을 교화시키는 동시에 엘리트 계층을 즐겁게 하기 위해 많은 혁신적 실험들을 찾아내야 하는 필요도 있었다.

패러데이의 발명 중에는 전기를 자기로 바꾸는 방법, 그 둘을 운동으로 바꾸는 방법(모터), 그리고 운동을 전기로 바꾸는 방법(발전기)이 있었다. 이 발명품들은 그의 가장 위대한 발견인 전자기 유도를 활용한 결과물이었다. 패러데이는 전기를 유도할 수 있는 물질이 자기장 속에서 움직이면 그 물질에 전류가 흐른다는 것을 1831년에 발견했다. 프란체스코 찬테데스키(Francesco Zantedeschi)는 1829년에 이미 그 현상을 보았고, 조지프 헨리(Joseph Henry) 또한 조금 늦게 그것을 목격했다. 하지만 헨리는 그의 발견을 뒤늦게 발표했고, 패러데이는 그 아이디어를 찬테데스키보다 훨씬 더 발전시켰다. 패러데이의 업적은 최전선의 물리학을 이용해 혁신적 기계들을 만들어 냄으로써 유용한 발명을 촉진한다는 왕립 학회의 과업을 한참 넘어섰다. 이것은 전력, 조명을 비롯해 수천 가지 다른 장치들로 이어졌다. 다른 이들이 바통을 이어받았을 때, 라디오에서부터 텔레비전, 레이더, 그리고 장거리 통신들에 이르는 현대 전기 제품들과 전자 장비들이 무더기로 쏟아져 나왔다. 현대의 기술 문명을 만들어 낸 사람을 하나만 꼽으라면, 물론 수백 명의 재능 있는 공학자들과 과학자들과 사업가들의 매우 중요한 새로운 발상들 덕분이기는 하지만, 다른 그 누구보다도 패러데이를 꼽아야 한다.

노동자 출신으로 엘리트 교육을 받지 못한 패러데이는 과학을 독학으로 배웠지만 수학은 그러지 못했다. 그는 실험들을 설명하기 위해 자신만의 이론들을 개발했다. 그렇지만 그의 이론들은 역학적 유추와 상상 속 기계들에 의존했지 공식과 방정식에 의존하지 않았다. 그의 업적은 스코틀랜드의 가장 위대한 과학 지성 중 하나인 맥스웰을 거쳐 물리학의 기초 이론으로 정립되었다.

맥스웰은 패러데이가 전자기 유도의 발견을 발표한 바로 그해에 태어났다. 그것을 응용해 만든 전보가 곧이어 등장했다. 여기에는 가우스와 그의 조수인 베버의 공이 컸다. 가우스는 자신이 주로 활동하는 괴팅겐 천문대와 1킬로미터 떨어진 베버가 일하는 물리학 협회 사이에 전선을 사용해 전기적 신호들을 주고받는 실험을 했다. 선견지명이 있었는지 가우스는 양의 전류와 음의 전류를 이용하는 이진법 부호를 도입함으로써 알파벳의 글자들을 일일이 구분하던 이전 기술—글자 하나당 전선 하나—을 단순화했다. (15장 참조) 1839년에 영국의 그레이트 웨스턴 철도 회사(Great Western Railway)는 패딩턴에서 21킬로미터 떨어진 웨스트 드레이튼까지 전보를 통해 메시지를 보내고 있었다. 같은 해에 새뮤얼 모스(Samuel Morse)는 미국에서 독자적으로 전보를 발명했다. 그것은 (그의 조수 앨프리드 베일(Alfred Vail)이 발명한) 모스 부호를 이용한 것이었고, 최초의 전보는 1838년에 전달되었다.

맥스웰이 죽기 3년 전인 1876년, 알렉산더 그레이엄 벨(Alexander Graham Bell)이 음향 전보(acoustic telegraph)라는 새로운 장비에 대한 최초의 특허를 따냈다. 그것은 소리를, 특히 발화를 전기 충격으로 바꿔서 전선을 통해 보내고, 그것을 다시 소리로 바꿔 주는 수신기에 전송하는 장비였다. 그것이 오늘날 우리가 아는 전화였다. 벨은 그것을 최초로 생각해 내거나 만든 사람이 아니었지만, 특허를 차지했다. 토머스 에디슨(Thomas Edison)은 1878년에 탄소 마이크로폰을 사용해 그 설계를 개선했다. 1년 후, 에디슨은 탄소 필라멘트 전구를 발명했고, 대중의 마음속에서 전기 조명의 발명자로 굳게 자리 잡았다. 사실을 따지자면 그는 적어도 23명의 발명가에게 뒤처진 상태였는데, 그중 가장 잘 알려진 인물은 조지프 스완(Joseph Swan)이었다. 그는 자신의 발명품에 대해 1878년에 특허를 얻었다. 맥스웰이 죽고 1년 후인 1880년, 일리노이 주 워배시에서는 최초로 거리에 전기등이 사용되었다.

통신과 조명에서 일어난 이러한 혁신은 패러데이에게 큰 빚을 지고 있다. 전기 발전 또한 맥스웰에게 빚지고 있다. 그렇지만 맥스웰의 유산이 가져온 가장 큰 영향을 보면 전화는 어린애 장난감처럼 보인다. 그것은 맥스웰의 전자기 방정식에서 곧장 나올 수밖에 없는 당연한 결과였다.

맥스웰은 에든버러 출신으로, 그의 집안사람들은 재능이 넘치지만 좀 괴짜 같은 사람들이었다. 개중에는 법률가, 판사, 음악가, 정치가, 시인, 광산 투기꾼, 그리고 사업가도 있었다. 10대 시절 그는 수학의 매력에 푹 빠져 핀과 줄을 이용해 어떻게 타원 곡선을 만드는가에 관한 에세이를 써내 학내 경연 대회에서 우승하기도 했다. 16세에는 에든버러 대학교에 들어가 수학을 공부하고 화학, 자기, 그리고 광학 실험을 수행했다. 또한 에든버러 왕립 학회지에 순수 수학과 응용 수학에 관한 여러 논문을 발표하기도 했다. 1850년에는 한층 본격적으로 수학을 업으로 삼으면서 케임브리지 대학교 트리니티 칼리지로 적을 옮겼고, 거기서 윌리엄 홉킨스(William Hopkins)에게 수학 우등 졸업 시험을 위해 개인 교습을 받았다. 당시 우등 졸업 시험은 제한 시간 안에 교묘한 방법과 폭넓은 계산을 통해 복잡한 문제를 푸는 것이었다. 훗날 케임브리지 교수이자 영국의 가장 뛰어난 수학자의 한 사람인 고드프리 해럴드 하디(Godfrey Harold Hardy)는 창의적 수학이란 무엇인가에 대해 그것은 까다로운 시험을 위해 벼락치기 공부를 하는 것이 아니라는 견해를 강력하게 표명하게 된다. 1926년에 그는 자신의 목적이 "우등 졸업 시험을 개혁하려는 것이 아니라 아예 없애려는 것"이라고 말했다. 어쨌든 맥스웰은 벼락치기를 했고, 우수한 성적을 거두었는데, 그런 시스템이 맥스웰에게는 맞았던 모양이다.

그는 별난 실험들도 계속했다. 그중에는 어떻게 고양이가 침대에서 겨우 몇 센티미터 위에서 거꾸로 떨어져도 발로 착지할 수 있는지를 알아내는 것도 있었다. 문제는 이것이 뉴턴의 운동 법칙을 위반하는 것처럼 보였다는 것이다. 그렇게 착지하려면 고양이는 180도를 돌아야 한다. 그렇지만 딛을 것이 아무것도 없다. 맥스웰은 그 정확한 메커니즘을 파악할 수 없었다. 그것은 프랑스 의사인 쥘 마레 (Jules Marey)가 1894년에 떨어지는 고양이를 연속 촬영한 후에야 밝혀졌다. 비밀은 고양이가 뻣뻣하지 않다는 데 있었다. 고양이는 머리와 꽁무니를 반대 방향으로 꼬았다가 다시 원래대로 편다. 동시에 이런 움직임들이 상쇄되도록 네 발을 움츠렸다 폈다 한다.[1]

맥스웰은 수학 학위를 얻은 후에도 대학원생으로 계속 트리니티 칼리지에서 지냈다. 거기서 맥스웰은 패러데이의 『실험 연구(Experimental Research)』를 읽고 전기와 자기에 대해 연구했다. 그는 애버딘 대학교에서 자연 철학과 교수직을 맡아 토성의 고리와 기체 속 분자들의 역학을 연구했다. 1860년에는 런던 대학교 킹스 칼리지로 옮겼는데 여기서 가끔 패러데이와 만났다. 이제 맥스웰은 그의 가장 중요한 원정에 나섰다. 그것은 패러데이의 실험과 이론의 수학적 기반을 구축하는 것이었다.

당시에 전기와 자기를 연구하는 대다수 물리학자들은 중력과의 유사성을 찾고 있었다. 그것은 합리적으로 보였다. 반대되는 전하들은 마치 중력처럼 그들을 갈라놓는 거리의 역제곱에 비례하는 힘으로 서로를 끌어당긴다. 같은 전하는 비슷하게 변화하는 힘으로 서로를 밀어 낸다. 전하가 자극(磁極)으로 대체된다는 것을 빼면 자기도 마찬가지였다. 당시에는 중력이 한 물체가 어떤 것도 주고받지 않으면서 멀리 떨어져 있는 물체에 작용하는 신비로운 힘이라고 생각했다. 전기와 자기도 같은 방식으로 행동한다고 여겨졌다. 하지만 패러데이는 생각이 달랐다. 그는 둘 다 공간에 스며 있으며 그들이 내는 힘을 통해 추적이 가능한 '장(場, field)'의 현상이라고 생각했다.

그렇다면 장이란 무엇인가? 맥스웰은 그 개념을 수학적으로 기술하기 전까지 연구에서 거의 진전을 보지 못하고 있었다. 하지만 패러데이는 수학적 지식이 부족해서 이론을 기하 구조로, 다시 말해 장을 밀고 당기는 '힘의 선(역선(力線))들'로만 설명하고 있었다. 맥스웰이 이뤄낸 최초의 위대한 혁신은 유체의 흐름에 대한 이런 아이디어들을 수학적 유추를 통해 재구축한 것이었다. 거기서 장은 실제 **흐름**이었고, 힘의 선들은 유체 분자들이 따르는 경로들이었다. 전기장이나 자기장의 힘은 유체의 속도와 유사했다. 비공식적으로 장은 보이지 않는 유체였다. 그것이 실제로는 무엇이든 간에 수학적 관점에서는 그랬다. 맥스웰은 유체의 흐름에 관한 수학에서 아이디어들을 빌려, 그것들을 수정해 자기를 기술했다. 그의 모형은 전기에서 관측되는 많은 특성들을 설명했다.

이런 초기 시도에 만족하지 못한 맥스웰은 자기 자체만이 아니라 자기와 전기 간의 관련성을 아우르기 위해 한 걸음 더 나아갔다. 전기 유체는 흐르면서 자기 유체에 영향을 미쳤고 그 역도 마찬가지였다. 맥스웰은 자기장을 회전하는 아주 작은 소용돌이 이미지로 상상했다. 전기장 이미지도 비슷하게 생겼지만, 아주 작은 전하를 띤 구들로 구성되었다. 이러한 비유를 통해 맥스웰은 전기력의 변화가 어떻게 자기장을 만들어 내는지를 이해할 수 있었다. 마치 회전식 문을 지나는 사람처럼 전기 구가 움직이면 자기 소용돌이가 회전했다. 사람은 돌지 않고 움직인다. 회전문은 움직이지 않고 돈다.

맥스웰은 이 비유가 썩 마음에 들지 않았다. "나는 그것을 …… 자연에 존재하는 연관 관계의 모형으로 …… 자신 있게 제시하는 것은 아니다. 그렇지만 …… 그것은 …… 기계 장치로 설명되고 쉽게 연구될 수 있다. 그리고 그것은 알려진 전자기 현상들 사이의 실제 역학적 관계를 보여 주기는 한다." 자신의 의도를 보여 주고자 그는 왜 반대 방향의 전류가 흐르는 평행 전선들이 서로를 밀어내는지 설명하는 데 그 모형을 사용했다. 또한 전자기 유도(electromagnetic induction)라는 패러데이의 중요한 발견도 설명해 냈다.

다음 단계는 그 비유를 이끌어 낸 기계 장치들을 제거하되 수학은 그대로 두는 것이었다. 그 결과, 전기장과 자기장 사이의 기본적인 상호 관계를 나타내는 방정식이 나왔다. 그 방정식은 역학적인 모형에서 도출되었지만, 그 근원과는 결별했다. 맥스웰은 1864년에 유명한 논문인 「전자기장의 동역학적 이론(A dynamical theory of the electromagnetic field)」에서 그 목표를 달성했다.

오늘날 우리는 맥스웰 방정식을 크기만이 아니라 방향도 갖는 양인 '벡터(vector)'를 이용해 해석한다. 가장 친숙한 벡터로는 속도가 있다. 크기는 속력, 즉 한 물체가 얼마나 빨리 움직이는가이다. 방향은 물체가 가는 쪽이다. 방향은 실로 중요하다. 초속 10킬로미터로 수직 상향으로 움직이는 물체는 초속 10킬로미터로 수직 하향으로 움직이는 물체와 매우 다르게 행동한다. 수학에서 벡터는 세 성분, 즉 동/서, 남/북, 위/아래 같은 서로 직각을 이루는 세 축을 따라 그것이 어떤 효과를 갖는지로 표현된다. 따라서 그림 44와 같이 세 수 (x, y, z)가 벡터를 이루는 기본 뼈대가 된다. 예를 들어 주어진 지점에서 한 유체의 속도는 벡터다. 그와 반대로, 주어진 지점에서 압력은 하나의 수로 나타나는 양이다. 그것을 벡터와 구분하기 위해 사용하는 폼 나는 용어가 있는데, 그것이 바로 '스칼라(scalar)'다.

이 용어들을 가지고 전기장을 무엇이라고 말해야 할까? 패러데

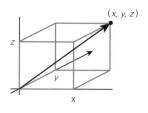

그림 44 3차원 벡터.

이의 시각에서 전기장은 전기적 힘의 선들로 규정된다. 맥스웰의 비유에서는 전기적 유체가 흐르는 유선들이다. 유선은 유체가 어느 방향으로 흐르는지를 말해 준다. 그리고 한 분자가 그 유선을 따라 움직일 때, 우리는 그 속력 또한 관측할 수 있다. 공간에 있는 각 지점에서, 그 지점을 지나가는 유선은 한 벡터를 결정하는데, 그 벡터는 전기장의 속력과 방향, 즉 **그 지점에서의** 전기장의 힘과 방향을 나타낸다. 역으로 우리가 공간의 모든 지점에서 속력과 방향을 알고 있다면, 우리는 그 유선들이 어떻게 생겼는지를 추론할 수 있다. 그러니 이론상 우리는 전기장을 안다고 할 수 있다.

간단히 말해 전기장은 공간의 각 점에 배당된 벡터들로 이루어진 게다. 각 벡터는 그 지점에서 작용하는 전기장의 (아주 작은 전하를 띤 실험 입자에 가해진) 힘과 방향을 결정한다. 수학자들은 그런 것을 '벡터장(vector field)'이라 부른다. 그것은 공간의 각 지점에 대응하는 벡터를 배정한다. 마찬가지로 자기장은 자기를 띤 선들로 결정되며, 그 또한 아주 작은 자기 실험 입자들에게 가해지는 힘들에 조응하는 벡터장이다.

전기장과 자기장이 무엇인지 정리하고 나자 맥스웰은 그들이 어

세계를 바꾼 17가지 방정식

떤 작용을 하는지를 나타내는 방정식들을 세울 수 있었다. 우리는 이제 발산 연산자(divergence operator)와 회전 연산자(curl operator)라는 두 벡터 연산자들을 이용해 이 방정식들을 나타낼 수 있다. 맥스웰은 전기장과 자기장의 세 구성 요소와 관련된 공식들을 이용했다. 어떤 전기를 띤 금속 선이나 금속 판도 없고, 자석도 없으며, 모든 것이 진공 상태인 특수한 상황일 때, 그 방정식들은 약간 더 단순한 형태를 취하게 된다. 여기서 나는 논의를 이 경우로 한정하겠다.

그 방정식들 중 둘은 우리에게 전기 유체와 자기 유체들이 압축될 수 없다고, 즉 전기와 자기가 새어나갈 수 없으며 어디론가 **가야만** 한다고 말한다. 이것은 '발산은 0이다.'라고 해석되며 다음 방정식들로 이어진다.

$$\nabla \cdot \mathbf{E} = 0 \qquad \nabla \cdot \mathbf{H} = 0$$

거꾸로 선 삼각형(∇)과 가운뎃점($\cdot$)은 발산 연산자를 나타내는 기호다. 방정식은 2개가 더 있는데, 이들은 전기장의 한 영역이 작은 원을 그리며 회전할 때 그 원에 직각으로 자기장이 생성된다는 것을 말해준다. 마찬가지로 회전하는 자기장 영역은 그 원에 직각으로 전기장을 만든다. 단 여기에는 흥미로운 반전이 있다. 전기장과 자기장은 특정 회전 방향에서 보면 서로 반대를 향한다. 그 방정식은 다음과 같다.

$$\nabla \times \mathbf{E} = -\frac{1}{c}\frac{\partial \mathbf{H}}{\partial t} \qquad \nabla \times \mathbf{H} = \frac{1}{c}\frac{\partial \mathbf{E}}{\partial t}$$

여기서 거꾸로 선 삼각형(∇)과 곱표($\times$)는 회전 연산자를 나타낸다. t

는 시간, $\partial/\partial t$는 시간에 따른 변화율이다. 첫 방정식은 음수 부호를 가지고 있지만, 둘째는 그렇지 않음에 주목하자. 이것이 내가 말한 반대 방향을 나타낸다.

c는 무엇인가? 그것은 전자기 대 정전기 단위의 비율을 나타내는 상수다. 실험 결과, 이 비율은 초속 30만 킬로미터에 약간 못 미치는 것으로 밝혀졌다. 맥스웰은 이 수가 진공 상태에서 빛의 속력임을 바로 알아보았다. 왜 그 수가 모습을 드러낸 것일까? 맥스웰은 그 이유를 알아내기로 마음먹었다. 한 가지 실마리는 뉴턴이 떠올리고 다른 사람들이 발전시킨 것으로, 빛이 일종의 파동이라는 발견이었다. 그렇지만 무엇이 그 파동을 이루는지는 아무도 몰랐다.

한 단순한 계산이 답을 제공했다. 일단 여러분이 전자기에 관한 방정식을 알고 나면, 그 방정식을 풀어서 전기장과 자기장이 서로 다른 상황들에서 어떻게 행동하는지를 예측할 수 있다. 또한 일반적인 수학적 결과들을 도출할 수도 있다. 예를 들어 두 번째에 쌍으로 등장한 방정식들은 **E**와 **H**를 연관시킨다. 수학자라면 누구나 곧장 **E**만, 그리고 **H**만 가진 방정식들을 유도해 내려고 애쓸 것이다. 그러면 전기장과 자기장 각각에 집중할 수 있기 때문이다. 이 작업은 그 전설적 결과들을 고려한다면 말도 안 되게 간단했다. 여러분이 벡터 계산법을 약간만 안다면 말이다. 자세한 계산 과정은 후주에서 설명하기로 하고,[2] 여기에는 간단히 요약한 내용만 가지고 설명하겠다. 직감에 따라 셋째 방정식에서 시작해 보자. 그것은 **E**의 회전 연산자와 **H**의 시간에 대한 도함수를 연관시킨다. 우리는 **H**의 시간에 대한 도함수와 관련된 다른 방정식을 갖고 있지 않지만 **H**의 회전 연산자에 관한 방정식, 즉 넷째 방정식은 확실히 갖고 있다. 그렇다면 셋째 방정식을 가져다 양변에 회전 연산자를 취해 보자. 그리고 나서 넷째 방정식을 적용해 단순화시키면 다음 방정식이 나온다.

$$\frac{\partial^2 \mathbf{E}}{\partial t^2} = c^2 \nabla^2 \mathbf{E}$$

이것은 **파동 방정식**이다!

동일한 방법을 $\mathbf{H}$의 회전 연산자에 적용하면 $\mathbf{E}$ 대신 $\mathbf{H}$가 들어갈 뿐 동일한 방정식이 나온다. (음수 부호는 두 번 나타나므로 상쇄된다.) 그러니 전기장과 자기장은 둘 다 진공에서 파동 방정식을 따른다. 또한 동일한 상수 c가 각 파동 방정식에 나타나므로, 둘 다 동일한 속력 c로 움직인다. 이 간단한 계산을 통해 전기장과 자기장 모두가 동시에 한 파동을 지탱할 수 있음을 예측할 수 있다. 전기장과 자기장은 그 파동을 전자기파로 만들고, 거기서 서로 조화를 이루며 변화한다. 그리고 그 파동의 속력은 …… 빛의 속력이다.

또 다른 까다로운 질문이 하나 더 있다. 무엇이 빛의 속도로 여행하는가? 이 답은 여러분이 예상할 만한 것이다. 빛이다. 그렇지만 여기에는 중대한 함의가 있다. **빛은 전자기파다.**

이것은 엄청난 소식이었다. 맥스웰이 방정식을 세우기 전에는 빛과 전기와 자기 사이에 그런 근본적인 관계가 있다고 상상할 이유가 전혀 없었다. 게다가 그것이 전부가 아니었다. 빛은 다양한 색들을 가진다. 일단 빛이 파동이라는 것을 알고 나면, 여러분은 빛이 서로 다른 파장을 지닌 파동임을 알게 된다. 파장이란 연이은 마루들 사이의 거리다. 파동 방정식은 파장에 아무런 조건도 부과하지 않으므

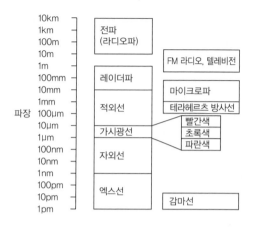

그림 45 전자기파 스펙트럼.

로, 파장은 무엇이든 될 수 있다. 가시광선의 파장은 좁은 범주로 제한되어 있는데, 눈의 감광 색소의 화학 작용 때문이다. 물리학자들은 이미 '가시광선'을 비롯해, 자외선, 적외선을 알고 있었다. 물론 그것들은 가시 범위 바로 바깥의 파장을 가졌다. 이제 맥스웰의 방정식들은 극적인 예측으로 이어졌다. 또 다른 파장들을 가진 전자기파 역시 존재해야 한다는 것이었다. 상상컨대 길든 짧든 모든 파장이 가능하다. 그림 45를 보라.

이전에는 누구도 이런 결과를 예측하지 못했지만, 이론상 필요가 생기자, 실험가들은 그것을 찾아내는 일에 착수했다. 그중 한 사람은 독일인인 하인리히 헤르츠(Heinrich Hertz)였다. 1886년에 그는 전파를 생성하고 수신할 수 있는 기계를 각각 만들었다. 송신기는 그저 고전압 전기 불꽃(spark, 스파크)을 낼 수 있는 기계일 뿐이었지만, 이론에 따르면 그런 전기 불꽃은 전파를 방출해야 했다. 송신기는

세계를 바꾼 17가지 방정식

구리 전선으로 만든 둥근 고리로, 그 크기는 들어오는 파에 따라 선택되었다. 전파가 이 고리에 도달하면 너비가 100분의 몇 밀리미터에 불과한 고리의 작은 간극은 작은 전기 불꽃들을 일으킬 터였다. 1887년에 헤르츠는 그 실험을 해서 성공을 거두었다. 그는 계속해서 전파들의 많은 다양한 특징들을 연구했다. 또한 전파들의 속력을 측정해 보니 빛의 속력에 가깝다는 답을 얻었는데, 그것은 맥스웰의 예측과 그의 실험 기구가 실제로 전자기파를 탐지하고 있다는 사실을 입증해 주었다.

헤르츠는 그의 작업이 물리학에서 중요하다는 것을 알았고, 그 결과를 『전기파: 전기 작용이 유한한 속도로 전파되는 것에 대한 연구(*Electric Waves: Being Researches on the Propagation of Electric Action with Finite Velocity through Space*)』로 펴냈다. 그렇지만 그는 자신의 아이디어에 실용적 쓰임새가 있으리라는 생각은 끝끝내 하지 못했다. 누군가가 물으면 그는 "그것은 아무런 쓸모도 없습니다. …… 그저 위대한 맥스웰이 옳았음을 입증하는 실험일 뿐입니다. 그저 우리가 맨눈으로는 보지 못하는 이 신비로운 전자기파들이 존재한다는 것뿐입니다. 그렇지만 그들은 존재합니다."라고 대답했다. 거기에 담긴 숨은 의미를 말해 달라는 재촉에 그는 "글쎄요, 아무것도 없을 걸요."라고 말했다.

상상력이 부족해서였을까 아니면 그저 관심이 부족해서였을까? 무엇 때문인지는 모른다. 그렇지만 맥스웰의 전자기 복사의 예측을 확정해 준 헤르츠의 '쓸모없는' 실험은 곧 전화기를 어린애 장난감 수준으로 보이게 만들 발명으로 이어졌다.

그것은 라디오였다.

라디오는 전자기 스펙트럼에서 각별히 흥미로운 범주의 전자기파들, 즉 빛보다 훨씬 긴 파장들을 가진 전자기파들을 이용한다. 그런 전자기파들은 먼 거리를 날아가도 그 구조를 그대로 유지할 가능성이 높다. 헤르츠가 놓친 핵심 발상은 단순하다. 여러분이 어떻게든 그런 종류의 신호나 전자기파를 낼 수 있다면 전 세계 사람들에 말을 걸 수 있다.

좀 더 상상력이 풍부한 다른 물리학자들, 공학자들, 그리고 사업가들은 재빨리 라디오의 잠재력을 포착했다. 그러나 그 잠재력을 실현하려면 숱한 기술적 문제들을 해결해야 했다. 우선 충분히 강력한 신호를 만들어 낼 수 있는 송신기와 그 신호를 수신할 어떤 장치가 필요했다. 헤르츠의 실험 기구는 그 사정 거리가 겨우 몇 십 센티미터였다. 이제야 여러분은 헤르츠가 왜 그 실용적 쓰임새로 통신을 생각하지 못했는지를 이해할 수 있을 것이다. 두 번째 문제는 어떻게 신호를 만들어 낼 것인가였다. 세 번째 문제는 신호가 얼마나 멀리까지 갈 수 있는가 하는 문제였는데, 그것은 지구의 굴곡 때문에 방해받을 수 있었다. 송신기와 수신기 사이를 잇는 직선 경로가 땅에 닿으면, 신호가 가로막힐 가능성이 있었다. 나중에 그 문제에 관하여 자연은 우리 편이었음이 밝혀졌다. 지구의 전리층이 다양한 파장을 가진 전파를 반사하기 때문이다. 그렇지만 그 사실이 밝혀지기 전에는 어쨌거나 문제가 될 수 있는 가능성을 피해 가는 확실한 방법이 있었다. 높은 탑을 세워서 전신기와 수신기를 그 위에 두면 된다. 한 탑에서 다른 탑으로 신호들을 중계함으로써 여러분은 지구 전역으로 신속히 메시지들을 보낼 수 있다.

전파로 신호를 보내는 간단한 두 가지 방법이 있다. 진폭을 다양하게 하거나 주파수를 다양하게 하면 된다. 각각을 진폭 변조

(amplitude-modulation, AM), 주파수 변조(frequency-modulation, FM) 라고 하는데, 둘 다 지금까지 사용되고 있다. 그로써 한 문제가 해결되었다. 1893년에 세르비아 출신의 미국 공학자인 니콜라 테슬라(Nikola Tesla)는 라디오 전송에 필요한 주된 장비들을 모두 발명하고 만들었으며, 그의 방법들을 대중에 선보였다. 1894년에 올리버 로지(Oliver Lodge)와 알렉산더 뮤어헤드(Alexander Muirhead)는 옥스퍼드에 있는 클래런던 연구소(Clarendon Laboratory)에서 근처 강에 있는 극장으로 전파를 보내는 데 성공했다. 그로부터 1년 후 이탈리아의 발명가인 굴리엘모 마르코니(Guglielmo Marconi)는 그가 발명한 새로운 기구를 사용해서 1.5킬로미터 거리까지 신호를 전송했다. 그 후 이탈리아 정부가 연구비 지원을 중단하는 바람에 마르코니는 영국으로 이주했다. 그리고 영국 우정 공사의 지원하에 곧 16킬로미터로 그 거리를 넓혔다. 더 많은 실험은 신호가 전송되는 거리는 대략 전송 안테나 높이의 제곱에 비례한다는 마르코니의 법칙으로 이어졌다. 탑을 두 배 더 높이 만들면 신호는 네 배 더 멀리 갔다. 이것 역시 좋은 소식이었다. 장거리 송신이 가능하다는 뜻이었으니까 말이다. 마르코니는 1897년 영국 화이트 섬에 송신국을 설치했고, 다음해에 공장을 열어, 그의 말을 빌리자면 '무선'을 만들었다. 영국에서는 1952년까지도 그 명칭이 사용되었다. 나는 그때 침실에서 무선으로 코미디 프로그램인 「군 쇼(Goon Show)」와 SF 드라마인 「댄 데어(Dan Dare)」를 들었다. 그렇지만 이미 그때부터 우리는 그 장비를 "라디오"라고도 불렀다. '무선'이라는 말은 물론 다시 유행하게 되었지만, 이제 그 말은 여러분의 수신기와 멀리 있는 송신기 사이의 연결보다는 여러분의 컴퓨터와 키보드, 마우스, 모뎀, 그리고 인터넷 라우터 사

이의 연결을 말한다. 하지만 그 과정은 여전히 라디오파(전파)로 이루어진다.

처음에 마르코니는 라디오에 대한 주요 특허를 소유했지만, 법정 분쟁 끝에 1943년에 테슬라가 그 특허를 차지하게 되었다. 기술의 진보로 이 특허들은 곧 시대에 뒤처졌다. 1906년부터 1950년대까지 라디오의 핵심적인 전자 부품은 작은 전구처럼 생긴 진공관이었기 때문에 라디오는 어느 정도 덩치가 있어야 했다. 그보다 훨씬 작고 훨씬 견고한 장비인 트랜지스터는 1947년에 벨 연구소에서 윌리엄 쇼클리(William Shockley), 월터 브래튼(Walter Brattain), 그리고 존 바딘(John Bardeen) 등이 속한 팀이 발명했다. (14장 참조) 1954년에는 트랜지스터 라디오가 시장에 나와 있었지만 라디오는 이미 으뜸가는 연예 매체라는 지위를 내준 후였다.

1953년 무렵, 나는 이미 미래를 보았다. 엘리자베스 2세 여왕의 대관식 때였다. 톤브리지에 살던 우리 이모 집에는 …… **텔레비전**이 있었다! 그래서 우리는 아버지의 부서질 것 같은 고물차를 타고 60여 킬로미터를 운전해 그 행사를 구경하러 갔다. 나는 솔직히 말해 대관식보다는 「빌과 벤의 플라워팟 멘(Bill and Ben the Flowerpot Men)」이 더 재미있었지만, 그 순간부터 라디오는 더 이상 현대 가정의 전형적인 오락 기구가 아니었다. 곧 우리 집도 텔레비전을 들여 놓았다. 48인치(약 122센티미터) 고해상도 평면 컬러 텔레비전과 1000개의 채널을 보며 성장한 사람들은 그 시절에 화면이 흑백이었고, 너비가 대략 12인치(약 30센티미터)였으며, 당시 영국에서는 채널이 BBC밖에 없었다는 이야기를 들으면 기함할 것이다. 당시에 우리가 '텔레비전'을 본다고 할 때, 우리는 모두 **같은** 것을 보는 셈이었다.

세계를 바꾼 17가지 방정식

연예 산업은 전파의 그저 한 쓰임새일 뿐이다. 전파는 군사 통신을 비롯해 다양한 목적에 핵심적 역할을 했다. 어쩌면 레이더(radar, radio detecting and ranging)의 발명이 제2차 세계 대전 때 연합군에게 승리를 안겨 준 것인지도 모른다. 최고의 기밀 통신 장비였던 레이더는 전파 신호들을 반사시켜 그 반사파를 관측함으로써 비행기, 특히 적 비행기를 탐지했다. 당근이 시력에 좋다는 도시 괴담은 전시의 거짓 정보에서 생겨났다. 나치가 영국 사람들이 어쩌면 그렇게 기습 폭격기들을 잘 찾아내는지 의문을 갖지 못하게 하려는 의도였다. 레이더는 평화 시에도 쓸모가 있다. 항공 교통 관제사들은 충돌을 방지하기 위해 레이더를 이용해 모든 비행기들이 어디 있는가를 예의주시한다. 레이더는 안개 속에서 제트 여객기를 활주로로 안내한다. 레이더는 조종사들에게 곧 난기류가 다가온다고 경고도 해 준다. 고고학자들은 무덤의 잔해와 고대 유물들을 찾아내기 위해 땅을 투과하는 레이더를 사용한다.

엑스선은 빌헬름 뢴트겐(Whilhelm Röntgen)에 의해 1875년에 처음 체계적으로 연구되었는데, 빛보다 훨씬 짧은 파장을 지녔다. 따라서 상대적으로 더 강력하다 할 수 있는 엑스선은 불투명한 물체, 특히 인체를 투과할 수 있다. 의사들은 엑스선을 이용해 부러진 뼈를 비롯해 여러 생리학적 문제들을 찾아낼 수 있었고 지금도 그렇게 한다. 비록 현대의 방법들은 좀 더 정교해져서 환자들이 해로운 방사선에 노출되는 것을 훨씬 더 잘 막아 주지만 말이다. 오늘날 엑스선 스캐너는 컴퓨터로 인체나 그 일부를 보여 주는 3차원 영상을 만들어 낼 수 있다. 다른 종류의 스캐너들은 다른 물리 법칙을 이용해 같은 일을 해낸다.

마이크로파(microwave)는 전화 신호를 보내는 효율적인 방법으로, 음식을 데우는 주방 가전 기구인 전자레인지에서도 사용된다. 가장 최근에 등장한 마이크로파의 적용처는 공항의 보안 검색이다. 테라헤르츠 방사선(Terahertz radiation, T-wave라고도 한다.)은 옷을 뚫고 심지어 몸속까지 탐지할 수 있다. 세관 공무원들은 테라헤르츠 방사선을 이용해 마약 밀수범들과 테러리스트들을 찾아낸다. 이는 전자기파를 이용한 알몸 수색이라는 논란이 있지만, 대부분의 사람들은 비행기가 폭파되거나 코카인이 거리로 퍼지는 것을 막을 수 있다면 그 정도 대가는 치러도 괜찮다고 생각하는 듯하다. 또한 테라헤르츠 방사선은 예술사 학자들에게도 유용하다. 여러 층의 석고로 겹겹이 덮인 벽화들을 찾아 주기 때문이다. 제조업자들과 항공사들은 테라헤르츠 방사선을 이용해 상자를 뜯지 않고도 내용물을 조사할 수 있다.

전자기의 스펙트럼은 매우 다재다능하고 매우 효율적이어서, 그 영향력은 인간 활동 전반에서 느낄 수 있다. 그것은 과거의 어떤 세대에게도 기적으로 보였을 일들을 가능하게 만든다. 수학 방정식에 내재된 가능성들을 실제 장비들과 상거래 시스템으로 구현하는 데는 온갖 분야의 수많은 전문가들이 필요하다. 그렇지만 누군가가 전기와 자기가 힘을 합쳐 파동을 이룰 수 있다는 것을 깨닫기 전에는 이런 변화들 중 어떤 것도 가능하지 않았다. 만약 그 깨달음이 없었더라면, 라디오에서 텔레비전과 레이더, 휴대폰을 위한 초고주파 무선 통신에 이르는 모든 종류의 현대 통신은 존재하지 않았을 것이다. 그리고 이 모든 것은 네 방정식과 두 벡터 계산법에서 뻗어 나왔다.

맥스웰 방정식은 세상을 바꾸지 않았다. 그것은 새로운 세상을 열었다.

12

무질서는 증가한다

열역학 제2법칙

$$dS \geq 0$$

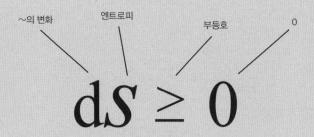

~의 변화   엔트로피   부등호   0

$$\mathrm{d}S \geq 0$$

무엇을 말하는가?
열역학계에서 무질서의 양은 늘 증가한다.

왜 중요한가?
열에서 추출 가능한 유용한 일의 한계를 설정했다.

어디로 이어졌는가?
더 효율적인 증기 기관, 재생 가능한 에너지의 효율성 측정, '우주의 열사망' 시나리오와 물질이 원자로 이루어졌다는 원자론의 증명, 그리고 시간의 흐름과 관련된 역설들로 이어졌다.

1959년 5월, 물리학자이자 소설가인 찰스 퍼시 스노(Charles Percy Snow)는 "두 문화"라는 제목의 강연을 했는데, 그 강연은 광범위한 논란을 불러일으켰다. 저명한 문예 평론가인 프랭크 레이먼드 리비스(Frank Raymond Leavis)의 반응은 그 반대 진영의 전형을 보여 준다. 리비스는 문화란 오로지 **하나**, 즉 그 자신의 문화밖에 없다고 퉁명스레 말했다. 스노는 과학과 인문학이 서로 단절되었으며, 이것이 세계의 문제들을 해결하는 일을 무척 어렵게 만들고 있다고 주장했다. 오늘날 우리가 목격하는 기후 변화에 대한 부정과 진화론에 대한 공격 역시 그런 현상과 맥을 같이한다. 각각의 원인은 무척 다르지만, 문화적 장벽들 때문에 그런 터무니없는 주장들이 통용되고 있다. 비록 그 모든 것을 이끄는 것은 정치이지만 말이다.

스노는 정규 교육이 쇠퇴하고 있다는 데 강력한 불만을 제기했다.

> 나는 전통적 문화의 기준에서 볼 때 높은 수준의 교육을 받았다는 사람들의 모임에 자주 참석한 적이 있는데 그들은 과학자들의 무지(無知)에 대한 불신을 표명하는 일에 상당한 취미를 가진 사람들이었다. 참을 수가 없었던 나는 그들 중에서 몇 사람이 열역학 제2법칙, 즉 엔트로피 법칙을 설명할 수 있느냐고 물었다. 반응은 냉담했고 또 부정적이었다. 나는 '당신은 셰익스피어의 작품을 읽은 일이 있습니까?'라는 질문과 맞먹는 과학의 질문을 던진 셈이었다.

아마도 그는 자신이 너무 무리한 질문을 하고 있음을 느꼈는지도 모른다. 전문적 과학자들 중에도 열역학 제2법칙을 설명하지 못하는 사람들이 많기 때문이다. 그래서 그는 나중에 이렇게 덧붙였다.

그보다 더 간단한 질문, 예컨대 '질량 혹은 가속도란 무엇인가?'(이 질문은 '당신은 읽을 줄 아는가?'라는 질문과 동등한 과학의 질문이다.)라고 물었다면, 그 교양 있는 사람들 열 명 중 한 명은 내가 그들과 같은 언어를 사용했다고 느꼈으리라고 믿는다. 이처럼 현대 물리학의 위대한 체계는 진보한다는데, 서구의 가장 현명하다는 사람 중의 대부분은 물리학에 대해서 말하자면 신석기 시대의 선조와 같은 통찰력밖에는 없는 실정이다.

스노의 말대로, 이 장에서 내 목표는 우리를 신석기 시대에서 벗어나게 하는 것이다. '열역학(thermodynamics)'이라는 단어에 그 실마리가 담겨 있다. 열역학은 열의 역학이라는 말 같다. 열에 역학이 있을 수 있을까? 그렇다. 열은 **흐른다**. 열은 한 장소에서 다른 장소로, 한 물체에서 다른 물체로 움직일 수 있다. 어느 겨울날에 밖에 나가면 여러분은 곧 추위를 느낀다. 9장에서 살펴보았듯 푸리에는 최초로 열 흐름에 대한 진정한 모형을 비롯해 몇 가지 아름다운 수학 공식을 만들어 냈다. 그렇지만 과학자들이 열 흐름에 관심을 갖게 되었던 주된 이유는 수익성이 매우 높은 신종 기계였던 증기 기관 때문이었다.

제임스 와트(James Watt)가 어린 시절, 부엌에서 팔팔 끓는 증기 때문에 주전자 뚜껑이 들썩거리는 것을 보고 문득 **증기가 일을 할 수 있음**을 깨달았다는 일화가 전해진다. 어린 시절의 경험을 토대로 그가 증기 기관을 발명했다는 것이다. 인상적이기는 하지만, 그런 이야기들이 그렇듯 이 이야기 또한 거짓에 불과하다. 와트는 증기 기관을 발명하지 않았으며, 어른이 되기 전까지 증기의 힘에 관해 알지도 못했다. 그 이야기 속에서 증기의 힘에 관한 결론은 참이지만, 와트가 살던 시대에는 이미 누구나 아는 사실이었다.

　기원전 50년경에 로마의 건축가이자 공학자인 비트루비우스 (Vitruvius)는 『건축에 관하여(*De Architectura*)』에서 '증기구(aedipile)'라는 기계를 설명했다. 그리고 그리스 수학자이자 공학자인 알렉산드리아의 헤론은 한 세기 후에 그 기계를 실제로 만들었다. 증기구는 그림 46처럼 안에 물이 약간 든 속이 빈 구로, 동일한 각도로 굽은 튜브 2개가 튀어나와 있다. 그 구를 데우면 물이 증기로 변해 튜브의 끝으로 빠져나가면서 구가 돌아간다. 그것은 최초의 증기 기관으로, 증기가 일을 할 수 있음을 보여 주었다. 하지만 헤론은 사람들을 즐겁게 하는 것 외의 다른 용도로 증기구를 사용하지 않았다. 그는 사방이 막힌 방에서 데워진 공기를 이용해 신전의 문을 여는 밧줄을 당기는, 증기 기관과 비슷한 기계를 만들기는 했다. 이 기계는 종교적

그림 46 헤론의 증기구.

기적을 만들어 내는 용도로 쓰였다. 하지만 그것은 증기 기관이 아니었다.

와트는 26세가 되던 1762년에 증기가 힘의 근원이 될 수 있음을 배웠다. 그는 주전자를 보고 증기를 발견하지 않았다. 그의 친구이자 에든버러 대학교의 자연 철학 교수인 존 로비슨(John Robison)이 그 힘에 관해 이야기했다. 하지만 증기력(steam power)의 유래는 훨씬 오래되었다. 그 발견의 공로자로는 이탈리아 공학자이자 건축자인 조반니 브랑카(Giovanni Branca)가 흔히 거론되는데, 그가 1629년에 발표한 『기계(La Machine)』에는 63가지 기계들을 묘사한 목판화들이 수록되어 있다. 하나는 파이프에서 나온 증기가 그 날개와 충돌해 축을 중심으로 도는 외륜을 보여 준다. 브랑카는 아마도 밀을 갈고 물을 퍼 올리고 나무를 자르는 데 이 기계를 쓸 수 있을 것이라고 생각했지만, 아마 그 기계는 끝내 만들어지지 않았을 것이다. 그것은 레오나르도 다 빈치의 비행 기계처럼 사고 실험, 다시 말해 상상의 기계에 더 가까웠다.

어쨌든 브랑카의 선배라 할 만한 이가 있었으니, 그는 1550년경에 오토만 제국에서 살았고, 당대 가장 위대한 과학자로 널리 칭송받던 타키 알딘 무함마드 이븐 마루프 알샤미 알아사디(Taqi al-Din Muhammad ibn Ma'ruf al-Shami al-Asadi)였다. 그의 업적들은 인상적이다. 그는 점성술에서 동물학까지, 시계 제작, 의학, 철학, 신학을 포함해 모든 분야를 연구했으며 90권이 넘는 책을 썼다. 그의 1551년작 『영적 기계의 숭고한 방법들(Al-turuq Al-samiyya fi Al-alat Al-ruhaniyya)』에서 타키 알딘은 원시적 증기 기관을 설명하면서 꼬챙이에 꿴 고기를 돌려서 굽는 데 그 기계를 사용할 수도 있을 것이라 말했다.

세계를 바꾼 17가지 방정식

진정 실용적이라고 할 수 있는 최초의 증기 기관은 토머스 세이버리(Thomas Savery)가 1698년에 발명한 배수 펌프였다. 1712년에 토머스 뉴커먼(Thomas Newcomen)이 제조해 최초로 상용화시킨 증기 기관은 산업 혁명을 촉발했다. 하지만 뉴커먼의 증기 기관은 무척 비효율적이었다. 와트의 공헌은 증기를 실린더 밖에서 냉각시키는 응축기(condenser)를 도입해 열 손실을 줄여 준 것이었다. 모험을 즐기는 사업가인 매슈 볼턴(Matthew Bolton)의 지원금으로 개발된 이 새로운 유형의 증기 기관은 석탄을 기존의 4분의 1만 사용하므로, 막대한 비용 절감을 가져다주었다. 볼턴과 와트의 기계는 타키 알딘의 책이 나온 지 220년도 더 지난 1775년에 생산되었다. 1776년에는 그 기계 세대가 활발히 돌아가고 있었는데, 하나는 팁턴의 석탄 광산에, 하나는 슈롭셔 제철소에, 하나는 런던에 있었다.

증기 기관은 여러 산업에서 다양한 업무들을 수행했다. 그중 현재까지 가장 흔한 용도는 석탄 채굴 과정에서 나오는 물을 퍼내는 것이다. 석탄 광산을 개발하는 데는 많은 돈이 들었지만, 상부층에서 채굴이 끝나서 어쩔 수 없이 땅속으로 깊이 들어가게 되면 굴착기가 지하수면을 건드렸다. 하지만 물을 퍼내는 일에는 상당히 많은 돈을 들일 가치가 있었다. 그 대안은 탄광을 닫고 다른 곳에서 새로 시작하는 것뿐이었기 때문이다. 그 대안마저 아예 불가능할 때도 있었다. 하지만 필요 이상으로 돈을 쓰고 싶어 하는 사람은 없을 테니, 한결 효율적인 증기 기관을 설계하고 만들 수 있는 제조업자가 시장을 장악하는 것은 당연했다. 그리하여 증기 기관이 얼마나 효율적일 수 있는가 하는 기본적인 문제가 이목을 끌게 되었다. 그 답은 그저 증기 기관의 한계를 설명하는 것 이상의 일을 했다. 그것은 새로운 물리학 분야를 개척했으니, 적용처는 무궁무진했다. 새로운 물리학은 기체에서 우주 전체의 구조까지 모든 것에 조명을 비추었다. 그것은 물리학과 화학의 무생물들뿐만 아니라, 생명 그 자체의 복잡한 과정들에도 적용되었다. 그것이 바로 열역학, 즉 열의 운동에 대한 학문이었다. 그리고 역학에서 보존 법칙이 영구 기관의 가능성을 배제했듯이, 열역학 역시 열을 이용하는 비슷한 기계들의 영구 운동 가능성을 배제했다.

그 법칙들 중 하나, 열역학 제1법칙은 열과 관련된 새로운 형태의 에너지를 밝혀 주었고, 에너지 보존 법칙(3장 참조)을 새로운 열 기관의 영역으로 확장했다. 선례가 없는 또 한 법칙은, 그럼에도 에너지 보존 법칙과 충돌하지 않으면서 열을 교환하는 숨은 방식이란 존재할 수 없음을 보여 주었다. 무질서로부터 질서를 창조해야 하기 때문이었다. 이것이 열역학 제2법칙이었다.

열역학은 기체의 수리 물리학이다. 그것은 기온과 압력 같은 거시적 특성들이 어떻게 기체 분자들이 상호 작용하는 방식에서 만들어지는가를 설명한다. 그 주제는 온도, 압력, 부피의 관계를 나타내는 일련의 자연 법칙들과 더불어 시작되었다. 이것을 고전 열역학(classical thermodynamics)이라고 하는데, 고전 열역학은 분자와 관계가 없었다. 당시에 분자를 믿는 과학자는 거의 없었다. 나중에 기체 법칙들은 한층 진보된 설명들의 뒷받침을 받았는데, 그 설명들은 분자를 명시적으로 고려한, 단순한 수학 모형에 기반을 두었다. 여기서 기체 분자들은 완벽한 탄성을 지닌 당구공들처럼 충돌에서 아무런 에너지를 잃지 않으며 서로 부딪혀 튕기는 조그만 구로 여겨졌다. 비록 실제 분자는 구형이 아니지만, 이 모형은 놀라울 정도로 효과적이었다.

그 모형은 기체 운동론이라 불리며, 분자가 존재한다는 실험적 증거로 이어졌다.

초기 기체 법칙들은 거의 50년이라는 시간 간격을 두고 띄엄띄엄 등장하며 첫선을 보였다. 아일랜드 물리학자이자 화학자인 로버트 보일(Robert Boyle), 프랑스 수학자이자 열기구 개척자인 자크 알렉상드르 세사르 샤를(Jacques Alexandre César Charles), 그리고 프랑스 물리학자이자 화학자인 조제프 루이 게이뤼삭(Joseph Louis Gay-Lussac)의 공헌이 컸다. 그러나 그 법칙들을 발견하는 데 기여한 사람들은 그 밖에도 많았다. 1834년에 프랑스 공학자이자 물리학자인 에밀 클라페롱(Émile Clapeyron)은 이 모든 법칙들을 이상 기체 방정식으로 통합했는데, 현재는 다음과 같이 쓴다.

$$pV = RT$$

여기서 p는 압력, V는 부피, T는 온도, R는 상수다. 이 방정식은 압력 곱하기 부피는 온도에 비례함을 보여 준다. 다양한 기체들을 이용한 여러 연구를 거쳐 각 법칙을 확립하고, 클라페롱의 실험을 통해 그 법칙들을 통합하는 데는 수많은 노력이 있었다. '이상(理想, ideal)'이라는 말이 들어가는 이유는 실제 기체는 그 법칙을 따르지 않기 때문이다. 원자간력(interatomic force)이 상호 작용하는 고압력 상황에서는 특히 더 그렇다. 그렇지만 이상 기체라는 가정은 증기 기관을 설계하는 데 유용했다.

열역학은 기체 법칙의 정확한 형태에 국한되기보다는, 좀 더 일반적인 법칙들에 압축되어 있다. 그렇지만 열역학이 확실히 몇몇 기체 법칙을 필요로 하기는 한다. 온도, 압력, 부피는 독립적이지 않기 때문이다. 그들 사이에는 어떤 관계든 존재해야 한다.

열역학 제1법칙은 역학적 에너지 보존 법칙에서 나온다. 우리는 3장에서 고전 역학에 두 종류의 에너지가 있음을 배웠다. 질량과 속도로 결정되는 운동 에너지와, 중력 같은 힘의 효과로 결정되는 위치 에너지다. 이 두 유형의 에너지 중 스스로 보존되는 것은 없다. 여러분이 공을 떨어뜨리면, 그것은 속도가 증가함에 따라 운동 에너지를 얻는다. 그것은 또한 낙하면서 위치 에너지를 잃는다. 뉴턴의 제2법칙에 따르면 이런 에너지의 변화는 정확히 상쇄된다. 그리하여 운동 내내 총 에너지는 변하지 않는다.

하지만 거기서 이야기가 끝나지 않는다. 여러분이 탁자 위에 책을 놓고 밀면, 탁자가 수평일 때 위치 에너지는 변하지 않는다. 하지만 속도는 확실히 변한다. 여러분이 민 힘 때문에 최초의 에너지가 증가한 후, 그 책은 금세 속도가 떨어지다 멈춘다. 그러니 그 책의 운동 에너지는 민 직후 0이 아닌 초깃값에서 시작해 그 후 0으로 떨어진다. 따라서 총 에너지 또한 감소한다. 이 경우, 에너지는 보존되지 않는다. 에너지는 어디로 간 것일까? 책은 왜 멈췄을까? 뉴턴의 제1법칙에 따르면 책은 동일한 힘이 거기에 맞서지 않는 한 계속 움직여야 한다. 그 힘은 책과 탁자 사이의 마찰인 것으로 밝혀졌다. 그렇다면 마찰은 도대체 무엇인가?

마찰은 거친 표면이 서로 비빌 때 일어난다. 책의 거친 표면에는 약간 튀어나와 있는 부분들이 있다. 이들은 역시 약간 튀어나와 있는 탁자의 부분들과 접촉한다. 책이 탁자를 밀면, 탁자는 뉴턴의 제3법칙에 따라 저항하면서 책의 운동 방향에 반대로 작용하는 힘을

세계를 바꾼 17가지 방정식

만들어 낸다. 그리하여 책은 느려지고 에너지를 잃는다. 그렇다면 그 에너지는 어디로 가는 것일까? 에너지 보존 법칙이 여기서는 통하지 않는 것인지도 모른다. 그렇지 않다면 그 에너지는 눈에 띄지 않을 뿐 여전히 어딘가에서 어정거리고 있을 것이다. 열역학 제1법칙이 우리에게 말해 주는 것이 바로 그것이다. 사라진 에너지는 열로 변신한다. 책과 탁자 둘 다 약간 뜨거워진다. 인간은 두 막대를 서로 비벼서 불을 피우는 법을 발견한 이래로 마찰이 열을 만들어 낸다는 것을 알고 있었다. 여러분이 밧줄을 너무 빨리 미끄러뜨리면 마찰 때문에 손이 화끈거린다. 실마리는 수두룩하다. 열역학 제1법칙은 열이 에너지의 한 형태라고 말한다. 따라서 확장된 에너지는 열역학 과정에서 보존된다.

열역학 제1법칙은 여러분이 열에너지를 가지고 할 수 있는 일에 한도를 정한다. 여러분이 운동의 형태로 얻을 수 있는 운동 에너지의 양은 여러분이 열의 형태로 입력할 수 있는 에너지의 양을 넘을 수 없다. 그렇지만 열 기관이 열에너지를 운동 에너지로 효율적으로 바꾸는 데에는 훨씬 큰 한계가 존재함이 밝혀졌다. 거기에는 그 에너지의 일부가 사라진다는 실제적 문제만이 아니라, 열에너지가 모두 운동으로 전환되는 것을 막는 이론적 한계도 포함된다. 그중 일부인 '자유 에너지(free energy)'만이 그렇게 변환될 수 있다. 열역학 제2법칙은 이 개념을 일반 법칙으로 바꾸어 놓았지만, 우리가 거기까지 가려면 시간이 좀 걸린다. 그 한계는 1824년에 니콜라 레오나르 사디 카르노(Nicolas Léonard Sadi Carnot)가 증기 기관이 어떻게 작용하는가를 나타내는 간단한 모형인 카르노 순환(Carnot cycle)을 통해 발견했다.

카르노 순환을 이해하려면 열(heat)과 온도(temperature)를 구별하는 것이 중요하다. 일상에서 우리는 무언가의 온도가 높으면 그것이 뜨겁다고 말한다. 이때 우리는 두 개념을 헷갈린 것이다. 고전 열역학에서 두 개념 다 단순하지 않다. 온도는 유체가 갖는 성질이지만, 열은 유체들 간 에너지 전이의 척도로서만 뜻이 통하며, 유체의 본질적 특성(말하자면, 온도, 압력, 부피)이 아니다. 운동론에서 유체의 온도는 그 분자들의 평균 운동 에너지고, 유체들 사이에 전이되는 열은 그 분자들의 전체 운동 에너지의 총 변화량이다. 어떤 의미에서 열은 위치 에너지와 다소 비슷하다, 위치 에너지는 임의의 상수로 표현되는 기준 높이에 따라 정의된다. 따라서 물체의 위치 에너지는 고유하게 정의되지 않는다. 그렇지만 물체의 높이가 달라지면, 기준 높이를 나타내는 상수가 어떻게든 상쇄되기 때문에 위치 에너지의 차이는 동일하다. 간단히 말해, 열은 변화를 측정하지만 온도는 상태를 측정한다. 그 둘은 관련이 있다. 열전도는 관련된 유체들이 다른 온도를 가지고 있을 때에만 가능하다. 그래야 더 뜨거운 쪽에서 더 차가운 쪽으로 열이 이동하기 때문이다. 이것은 논리적으로 제1법칙보다 우선하기 때문에 열역학 제0법칙이라고 불린다. 하지만 역사적으로는 더 나중에 인지되었다.

온도는 온도계를 이용해 측정할 수 있다. 온도계는 온도가 높아지면 수은 같은 유체가 팽창하는 원리를 이용한다. 열은 온도와의 관계를 이용해 측정할 수 있다. 물 같은 표준 실험 유체에서 유체 1그램의 온도를 1도 높이려면 열이 일정량 증가해야 한다. 이 증가량을 유체의 비열이라고 하며, 물의 비열은 섭씨 1도 1그램당 1칼로리(1cal/$g°C$)다. 열의 정의상 열 **증가**는 변화이지 상태가 아니라는 점에 유의

세계를 바꾼 17가지 방정식

하자.

카르노 순환을 이해하기 위해 기체를 채운 한 공간을 생각해 보자. 그 공간의 한쪽 끝에는 움직일 수 있는 피스톤이 달려 있다. 그 순환에는 네 단계가 있다.

1 기체를 아주 급속히 데워서 온도가 변하지 않게 한다. 기체가 팽창하며 피스톤을 들어 올린다.

2 압력이 줄어들면서 기체는 더욱 팽창한다. 기체가 식기 시작한다.

3 기체를 급속히 응축시켜 온도가 변하지 않게 한다. 이번에는 피스톤이 기체를 압축시킨다.

4 압력이 증가하면서 기체가 더욱 팽창한다. 기체는 원래 온도로 돌아간다.

카르노 순환에서 처음에 도입된 열은 피스톤의 운동 에너지로 전이되어 피스톤이 일을 하게 만든다. 전이되는 에너지의 양은 도입된 열의 양, 기체와 그 주변 간의 온도 차로 계산할 수 있다. 카르노 정리는 이론적으로 카르노 순환이 열을 일로 바꾸는 가장 효율적인 방법임을 입증한다. 그 때문에 특히 증기 기관에 있어서 모든 열 기관의 효율성에 엄격한 한계선이 그어진다.

기체의 압력과 부피를 보여 주는 카르노 순환은 그림 47 왼쪽처럼 나타낼 수 있다. 독일 물리학자이자 수학자인 루돌프 클라우지우스(Rudolf Clausius)는 그 순환을 시각화하는 더 간단한 방법을 고안해 냈다. 그림 47 오른쪽을 보자. 이 좌표축은 각각 온도와 **엔트로피**라는 새로운 기본 물리량이다. 이 좌표들에서 카르노 순환은 직사각

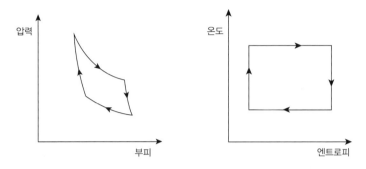

그림 47 카르노 순환. 이 카르노 순환을 왼쪽은 압력과 부피의 그래프로 나타낸 것이고, 오른쪽은 온도와 엔트로피의 그래프로 나타낸 것이다.

형으로 표현되고, 수행된 일의 양은 그 직사각형의 넓이가 된다.

엔트로피는 열과 같다. 그것은 상태가 아니라 상태의 변화를 나타낸다. 한 유체가 어떤 초기 상태에서 새로운 상태로 변한다고 해 보자. 그러면 그 두 상태 간 엔트로피의 차이는 '열을 온도로 나눈 양'에서 일어난 총 변화량이다. 기호로 나타내면, 그 두 상태 사이의 경로를 따라서, 엔트로피 S는 열 q와 온도 T와 관련해 $dS = dq/T$라는 미분 방정식으로 나타낼 수 있다. 엔트로피 변화량은 단위 온도당 열 변화량이다. 상태의 커다란 변화는 잇따른 작은 변화들로 나타낼 수 있으므로, 우리는 엔트로피의 작은 변화량들을 모두 더해서 엔트로피의 전체 변화량을 얻을 수 있다. 이때, 미적분학에서 배운 적분을 이용하면 된다.[1]

엔트로피를 정의했으니 이제 열역학 제2법칙은 무척 간단하다. 그것은 물리적으로 가능한 모든 열역학 과정에서 고립된 계의 엔트로피는 늘 증가해야 한다고 말한다.[2] 기호로 나타내면 $dS \geq 0$이다. 예를 들어 우리가 움직일 수 있는 가벽으로 방을 나눈다고 해 보자.

가벽의 이편에는 산소가, 저편에는 질소가 있다. 초기 상태에서 두 기체는 각각 특정 엔트로피를 가진다. 이제 가벽을 치워서 기체들을 서로 섞어 보자. 결합된 계 또한 초기 상태에서 특정 엔트로피를 가진다. 그리고 결합된 계의 엔트로피는 늘 두 기체 각각의 엔트로피를 합한 것보다 더 크다.

고전 열역학은 현상학적이다. 그것은 측정할 수 있는 것을 설명해 주지만, 관련 과정들을 어떤 통일된 이론으로 설명해 주지 못한다. 그 단계는 기체 운동론과 함께 나중에 나타났으니, 그 선구자는 1738년의 베르누이였다. 그의 이론은 압력, 온도, 기체 법칙, 그리고 신비로운 물리량인 엔트로피를 물리학적 관점에서 설명해 준다. 기본 개념─당시에 매우 논란이 많았던 개념이다.─은 기체가 많은 양의 동일한 분자들로 구성되어 있다는 것이었다. 기체 분자들은 공간 속을 튀어 다니고, 가끔 서로 충돌한다. 기체라는 것은 분자들이 빼곡히 들어차 있지 않고 거의 항상 일정한 속도로 진공을 직선으로 지나간다는 뜻이다. (기체를 말하고 있기는 하지만 기체 분자들 사이의 공간은 '진공'이다.) 분자들은 매우 작지만 크기가 0은 아니기 때문에 가끔은 두 분자가 서로 충돌한다. 기체 운동론은 기체 분자들이 당구공처럼 충돌하며, 이때 완전 탄성 충돌을 하므로 에너지 손실이 없다고 단순하게 가정한다. 이는 분자들이 영원히 튕긴다는 뜻이다.

베르누이가 이 모형을 처음 제시했을 때, 에너지 보존 법칙은 아직 확립되지 않았고 완전 탄성 충돌이란 그럴싸해 보이지 않았다. 그 이론은 몇몇 과학자들을 바탕으로 점차 지지를 얻어 갔는데, 그 과학자들은 각자 자기 식대로 그 이론을 발전시키고 여러 새로운 개념들을 추가했지만, 대부분은 무시당했다. 독일 화학자이자 물리학자인 아우구스트 크뢰니히(August Krönig)는 1856년에 그 주제를 다룬 책을 쓰면서 분자의 회전 운동을 배제함으로써 그 물리학을 단순화했다. 클라우지우스는 1년 후에 그 단순한 가정을 제거했다. 그는 자기가 그 결과를 독립적으로 얻어 냈다고 주장하면서 기체 운동론의 중요 설립자들 중 한 사람으로 자리를 굳혔다. 그는 기체 운동론의 핵심 개념 중 하나인 기체 분자의 평균 자유 행로(mean free path)를 제시했다. 이 개념은 연속적인 충돌들 사이에서 분자가 평균적으로 이동하는 거리를 말한다.

크뢰니히와 클라우지우스 둘 다 기체 운동론으로부터 이상 기체 법칙을 유도해 냈다. 세 핵심 변수는 부피, 압력, 그리고 온도다. 부피는 기체를 담은 용기에 따라 결정된다. 용기는 기체가 어떻게 행동하는가에 영향을 미치는 '경계 조건'이 되지만, 그 자체가 기체의 특징은 아니다. 압력은 분자들이 용기벽과 충돌할 때 벽에 가하는 평균 힘(단위 넓이당)이다. 이것은 용기 안에 얼마나 많은 분자들이 있느냐, 그리고 그들이 얼마나 빨리 움직이느냐에 달려 있다. (그들은 모두 동일한 속도로 움직이지 않는다.) 가장 흥미로운 것은 온도다. 이것 또한 기체 분자들이 얼마나 빨리 움직이고 있느냐에 의존하며, 분자들의 평균 운동 에너지에 비례한다. 일정 온도에서의 이상 기체 이론이라 할 수 있는 보일의 법칙을 이끌어 내는 것은 특히 간단하다. 일정 온도에서 속도는 변하지 않으므로, 압력은 얼마나 많은 분자들이 용기벽을 때리느냐에 따라 결정된다. 여러분이 부피를 줄이면 공간의 세제곱 단위당 분자 수가 증가하므로 벽을 때리는 횟수도 증가한다. 부피가 줄어든다는 것은 기체의 밀도가 높아진다는 뜻이고 그것은 더 많은 분자가 벽을 때린다는 뜻이며, 이 주장은 정량적으로 표현된다. 더 단순하지만 더 복잡한 주장들 또한 분자들이 너무 빼곡히 밀집된 상태만 아니라면 이상 기체 법칙을 잘 입증한다. 그러니 이제는 분자 이론을 토대로 보일의 법칙에 대한 더 심오한 이론적 기반이 생긴 것이다.

맥스웰은 클라우지우스의 작업에서 자극을 받아 1859년에 기체 분자가 주어진 속도로 움직일 확률에 대한 공식을 세움으로써 기체 운동론의 수학적 기반을 확립했다. 그것은 정규 분포, 즉 종형 곡선을 따른다. (7장 참조) 맥스웰 공식은 확률에 기반을 둔 최초의 물리학 법칙일 것이다. 그의 뒤를 이은 사람은 오스트리아 물리학자인 루트비히 볼츠만(Ludwig Boltzmann)으로, 볼츠만이 개발한 동일한 공식은 오늘날 맥스웰-볼츠만 분포라고 불린다. 볼츠만은 기체 운동론에 관한 열역학을 재해석해 오늘날 통계 역학이라고 불리는 것을 만들어 냈다. 특히 그는 엔트로피에 대해 기체 분자들의 통계적 특징과 열역학 개념을 관련짓는 새로운 해석을 내놓았다.

온도, 압력, 열, 엔트로피 같은 고전 열역학의 물리량들은 모두 기체의 거시적인 일반 특징들을 말해 준다. 그렇지만 그 세부 구조는 붕붕 지나다니며 서로를 들이받는 수많은 분자들로 구성된다. 동일한 거시 상태라도 서로 다른 수많은 미시 상태들로부터 생길 수 있다. 미시 상태에서의 미세한 차이들은 결국 평균값으로 수렴하기 때문이다. 따라서 볼츠만은 그 계의 거시 상태와 미시 상태, 즉 거시 상태에서의 평균과 실제 분자들의 상태들을 구분했다. 이것을 이용해 그는 거시 상태인 엔트로피를 미시 상태들의 통계적 특징으로 해석했다. 이를 방정식으로 나타내면 다음과 같다.

$$S = k \log W$$

여기서 S는 계의 엔트로피, W는 거시 상태를 낳는 미시 상태들의 수, k는 상수다. k는 오늘날 볼츠만 상수라고 불리며, 그 값은 1켈빈당 1.38×10^{-23}줄이다.

엔트로피를 무질서로 해석하는 근거가 되는 것이 바로 이 공식이다. 무질서한 거시 상태보다는 질서 잡힌 거시 상태에 부합하는 미시 상태의 수가 더 적다는 생각인데, 트럼프 카드를 놓고 생각해 보면 그 이유를 이해할 수 있다. 문제를 단순하게 만들기 위해, 2, 3, 4, J, Q, K라고 표시된 카드 여섯 장만 가지고 있다고 해 보자. 카드들을 두 더미로 나누되, 숫자 카드를 한 더미에, 그리고 인물 카드를 다른 더미에 각각 놓는다. 이런 배치에는 질서가 있다. 사실 여러분이 두 더미를 각각 따로 뒤섞으면 그 질서의 흔적들은 유지된다. 어떤 식으로 섞든 숫자 카드들은 모두 한 더미에 있고 인물 카드들은 다른 더미에 있기 때문이다. 하지만 두 더미를 한데 뒤섞으면 두 유형의 카드들이 4QK2J3 같은 식으로 배열될 것이다. 직관적으로 이 뒤섞인 배치들이 더 무질서함을 이해할 수 있다.

이것이 볼츠만의 공식과 어떤 관련이 있는지 보자. 두 더미로 나뉜 카드들을 늘어놓는 방식은 각 더미당 6가지, 총 36가지다. 그렇지만 여섯 장의 카드를 모두 순서대로 늘어놓는 방식에는 720가지 ($6! = 1 \times 2 \times 3 \times 4 \times 5 \times 6$)가 있다. 카드 배치 유형은 열역학계의 거시 상태에, 각 배치 상태는 미시 상태에 비유할 수 있다. 더 질서 잡힌 거시 상태는 36가지 미시 상태를, 그보다 덜 질서 잡힌 거시 상태는 720가지 미시 상태를 가진다. 그러니 미시 상태가 많을수록 거기에 대응되는 거시 상태는 무질서해진다. 로그값은 숫자가 커질수록 더 커진다. 마찬가지로 미시 상태의 가짓수가 많아져서 로그값이 더 커질수록 거시 상태의 무질서도 더 증가한다. 여기서는 다음과 같다.

$$\log 36 = 3.58 \qquad \log 720 = 6.58$$

이들은 실상 각 거시 상태들의 엔트로피다. 볼츠만 상수는 우리가 기체들을 다룰 때 열역학적 형식주의에 맞출 수 있도록 그 값들을 조정해 준다.

두 카드 더미는 두 기체를 갈라놓는 가벽이 방 안에 있는 상태, 즉 서로 상호 작용하지 않는 두 열역학 계와 같다. 그들의 엔트로피는 각각 $\log 6$이므로, 총 엔트로피는 $2\log 6$, 즉 $\log 36$이다. 로그 덕분에 상호 작용하지 않는 계에서 엔트로피를 **더할 수 있다.** 결합되었지만 상호 작용하지 않는 계의 엔트로피를 얻으려면 각각의 엔트로피를 더하면 된다. 이제 여러분이 가벽을 치워서 계들이 상호 작용하게 만들면, 엔트로피는 $\log 720$으로 증가한다.

카드의 수가 더 많을수록 이 효과는 더욱 명확해진다. 52장의 카드로 구성된 일반적인 트럼프 카드 한 벌을 두 더미로 나누어 보자. 붉은 카드들은 모두 한쪽 더미에, 그리고 검은 카드들은 모두 다른 더미에 둔다. 이 배열은 $(26!)^2$가지 방법으로 나타낼 수 있는데, 그것은 약 1.62×10^{53}이다. 양쪽 더미를 뒤섞으면 $52!$가지의 미시 상태를 얻을 수 있는데, 계산하면 약 8.07×10^{67}이다. 로그값은 각각 122.52와 156.36이고, 이번에도 두 번째가 더 크다.

볼츠만의 개념은 박수갈채를 받지 못했다. 기술적인 면에서 열역학은 어려운 개념적 문제들로 시달림을 받았다. 하나는 '미시 상태'의 정확한 의미였다. 한 분자의 위치와 속도는 무한히 많은 값들을 취하며 지속적으로 변하는 변수이지만, 볼츠만의 방법을 사용하려면 얼마나 많은 미시 상태들이 있는지 센 다음 로그를 취해야 하므로 한정된 미시 상태들의 수가 필요했다. 따라서 가능한 값들을 지닌 연속체를 유한히 많고 무척 작은 간격들로 쪼갬으로써 이 변수들을 '알갱이(coarse-grain)'로 만들어야 했다. 또 다른 문제는 그 본질상 좀 더 자연 철학적인 것으로 '시간의 화살'이라는 문제였다. 이는 엔트로피 증가에 의해 규정되는, 거시 상태의 비가역적 동역학과 미시 상태의 가역적 동역학 사이의 명확한 대립에서 비롯되었다. 곧 보게 되겠지만 두 문제는 서로 관련이 있다.

무엇보다도 볼츠만의 이론이 인정받는 데에는 물질이 극도로 작은 입자, 즉 원자로 구성되어 있다는 생각이 가장 큰 장애물이었다. '나눌 수 없는'이라는 뜻을 가진 원자(atom)라는 개념은 이미 고대 그리스 시대에 등장했지만, 심지어 1900년경에도 물리학자들 다수는 물질이 원자로 이루어졌다는 것을 믿지 않았다. 당연히 분자도 믿지 않았고, 거기에 기반을 둔 기체 이론도 헛소리로 일축했다. 맥스웰, 볼츠만을 비롯한 기체 운동론의 선구자들은 분자와 원자가 실존한다는 것을 믿었지만, 회의론자들에게 원자론은 그저 물질을 구상하는 편리한 방법일 뿐이었다. 어떤 원자도 실제로 관측된 적이 없었으므로, 원자가 존재한다는 과학적 증거는 존재하지 않았다. 마찬가지로 분자, 원자 들의 특정한 조합에 대해서도 논란이 있었다. 그렇다. 원자 이론은 모든 종류의 화학 실험 데이터와 맞아떨어졌지만,

세계를 바꾼 17가지 방정식

그것이 원자의 존재를 입증해 주지는 못했다.

결국 기체 운동론을 사용해 브라운 운동을 예측한 후에야 대다수 반대자들의 마음을 돌려놓을 수 있었다. 브라운 운동은 스코틀랜드 식물학자인 로버트 브라운(Robert Brown)이 발견했다.[3] 그는 현미경을 사용하는 데 선구자였고, 오늘날 유전 정보의 저장소로 알려져 있는 세포핵의 존재를 발견한 사람이기도 했다. 1827년에 브라운은 현미경을 통해 한 유체에서 꽃가루를 보게 되었다. 그리고 꽃가루에서 떨어져나온 그보다 더욱 작은 입자들을 찾아냈다. 처음에 브라운은 무작위로 까불까불 돌아다니는 이 작은 입자들이 생명의 아주 작은 형태가 아닐까 하고 궁금해 했다. 그러나 그는 실험 결과 살아 있지 않은 물질의 입자들에서도 동일한 모습을 관측했으므로 그 까불거리는 움직임을 일으킨 원인이 무엇이든 그것이 꼭 생물일 필요는 없었다. 당시에는 아무도 무엇이 이 효과를 일으키는지 알지 못했다. 오늘날에는 꽃가루에서 떨어져나온 그 입자들이 세포 소기관이라고 알려져 있다. 세포 소기관이란 특정한 기능을 수행하는 세포의 작은 하위 조직이다. 이 경우에는 탄수화물과 지방을 제조하는 기관들이었다. 그리고 우리는 그 무작위적인 운동을 물질이 원자로 이루어져 있다는 이론의 증거로 해석한다.

원자로 가는 연결 고리는 브라운 운동 모형들에서 나왔는데, 그것은 1880년에 덴마크 천문학자이자 보험 계리인인 토르발 틸레(Thorvald Thiele)의 통계 연구에서 처음 등장했다. 그리고 1905년에는 아인슈타인이, 1906년에는 폴란드 과학자인 마리안 스몰루호프스키(Marian Smoluchowski)가 그 모형을 크게 발전시켰다. 두 사람은 독립적으로, 그러나 동시에 브라운 운동에 대한 물리학적 설명을 내놓았다. 유체의 원자들이 입자들에 무작위로 부딪혀 그 입자들을 움직이게 만든다는 것이었다. 이 가설을 바탕으로 아인슈타인은 브라운 운동을 통계적으로 분석해 정량적으로 예측하는 데 수학 모형을 사용했다. 그것은 장 밥티스트 페랭(Jean Baptiste Perrin)에 의해 1908년과 1909년 사이에 확립되었다.

볼츠만은 1906년에 자살했다. 과학계가 그의 이론이 현실에 기반을 두었다는 것을 막 인정하기 시작한 시기였다.

볼츠만의 열역학 공식에서 기체 속 분자는 트럼프 카드 한 벌 속 카드들과 유사하고, 분자들의 자연적 역학은 카드 뒤섞기와 유사하다. 어떤 순간에 한 방에 있는 모든 산소 분자들이 한쪽 구석에, 그리고 모든 질소 분자들이 다른 쪽 구석에 몰린다고 해 보자. 이것은 두 더미로 나뉜 카드들처럼 질서 잡힌 열역학 상태다. 그렇지만 그 짧은 시간이 지나고 무작위적 충돌들이 일어나 카드를 뒤섞는 것과 마찬가지로 모든 분자들이 서로 뒤섞이면, 방 전체가 다소 균질적인 상태가 된다. 우리는 이런 과정이 보통 엔트로피를 증가시킨다는 것을 방금 보았다. 이것이 엔트로피의 끊임없는 증가에 대한 정통적 그림이자, 제2법칙의 표준적 해석이다. "우주의 무질서는 꾸준히 증가한다." 아마 누군가가 제2법칙의 이런 특성을 제시하기만 했더라도 스노가 만족했을 것이라고 확신한다. 이런 형태에서 제2법칙의 한 드라마틱한 결과가 '우주의 열사망(熱死亡)' 시나리오다. 그 시나리오에서 우주 전체는 결국 흥미로운 구조 따위는 하나도 없는 미온(微溫)의 기체가 된다.

엔트로피, 그리고 거기에 딸린 수학적 공식들은 많은 것들에 대한 훌륭한 모형을 제공한다. 그것은 왜 열 기관들이 일정 수준의 효율만 달성할 수 있는지를 설명해 주었다. 덕분에 공학자들은 별 대수롭지도 않은 것을 찾기 위해 값진 시간과 돈을 낭비하지 않아도 되었다. 그것은 그저 빅토리아 시대의 증기 기관에만 해당되는 것이 아니라 현대의 자동차 엔진에도 적용된다. 엔진 설계는 열역학 법칙의 혜택을 받은 실용적 분야 중 하나다. 다른 하나는 냉장고다. 냉장고에서 음식의 열을 빼내어 배출하는 데 화학 반응이 이용된다. 그 열은 어딘가 다른 곳으로 가야 한다. 여러분은 가끔 냉장고 모터 바깥쪽에서 열이 나는 것을 느낄 수 있을 것이다. 에어컨 역시 마찬가지다. 열 발전도 또 다른 쓰임새다. 석탄 발전소, 가스 발전소, 혹은 원자력 발전소에서 우선 생성하는 것이 열이다. 열은 증기를 생성하고, 증기는 증기 터빈을 돌리며, 증기 터빈은 패러데이로 거슬러 올라가는 법칙들에 따라 운동을 전기로 바꾼다.

또한 열역학 제2법칙은 우리가 바람과 파도 같은 재생 가능한 에너지 자원들로부터 얼마나 많은 에너지를 얻을 수 있는가를 결정한다. 기후 변화로 인해 이 문제는 매우 중요해졌다. 재생 가능한 에너지원은 전통적인 에너지원보다 이산화탄소를 덜 발생시키기 때문이다. 심지어 원자력 발전소도 커다란 탄소 발자국을 가진다. 그 연료 또한 만들어지고 이송되어야 하며, 사용 후에는 방사성 폐기물로 분류되어 저장되어야 하기 때문이다. 내가 글을 쓰고 있는 이 순간에도 우리가 피하고 싶은 그런 변화들을 일으키지 않으면서 태양과 대기로부터 얼마나 많은 에너지를 얻을 수 있는가에 관해 뜨거운 논쟁이 벌어지고 있다. 그것은 자연계에 존재하는 공짜 에너지의 양을 열역학적으로 추정하는 데 바탕을 둔다. 이것은 중요한 문제다. 만약 재생 가능한 에너지가 **이론적으로** 우리에게 필요한 에너지를 제공할 수 없다면, 우리는 다른 대안을 찾아봐야 한다. 태양열 집열판을 이용해 태양으로부터 직접 에너지를 얻는 것은 열역학적 한계의 영향을 직접 받지는 않지만, 그것조차 제조 과정을 비롯해 여러 측면에서 그 한계와 연관된다. 지금으로서는 열역학적 한계들이 심각한 장애라는 주장은 지나치게 단순화된 몇몇 근거를 바탕으로 하며, 심지어 그런 주장이 옳다 할지라도 세계의 새로운 전력원이 될지도 모르는 재생 가능한 에너지를 배제할 수 없다. 그렇지만 1950년대에 이루어진 이산화탄소 생성에 관한 광범위한 계산이 전 지구적 온난화를 예측하는 지표로서 놀라울 정도의 정확성을 보여 주었다는 점은 기억할 만하다.

제2법칙은 원래 맥락, 즉 기체들의 운동에 관해서는 탁월하게 작용한다. 하지만 그것은 우리 행성의 넘치는 복잡성, 특히 생명과는 충돌하는 것처럼 보인다. 그 법칙은 생명계가 보여 주는 복잡성과 조직화를 배제하는 것 같다. 그리하여 제2법칙은 가끔 다윈의 진화론을 배격하기 위해 들먹여진다. 하지만 증기 기관의 물리학이 생명 연구에 딱히 적절하지는 않다. 기체 운동론에서 분자들 사이에서 작용하는 힘은 단거리(분자들이 충돌할 때에만)로 작용하며 척력(밀어내는 힘)이다. 그렇지만 자연의 힘 대다수는 그렇지 않다. 예를 들어 중력은 먼 거리까지 작용하는 인력이다. 대폭발(big bang)로부터 우주가 멀리 팽창하는 과정에서 물질은 하나의 균일한 기체로 으깨지지 않았고 덩어리를 이루었다. 행성들, 별들, 은하들, 초은하단들, ……. 분자들을 한데 모아 주는 힘 또한 인력이기도 해서, 분자들이 뿔뿔이 흩어지는 것을 막아 주기도 한다. 이때, 분자들이 아주 가까운 거리에 있어서 서로 밀어내는 경우는 예외로 둔다. 그런 반발 작용 덕분에 분자의 중력 붕괴가 일어나지 않는다. (물론 그 작용 거리는 매우 짧다.) 이런 계들에서 상호 작용을 일으키는 독립적 하부 구조들의 열역학적 모형은 무의미하다. 열역학의 특징들 역시 적용되지 않거나 아니면 그 특징들은 너무나 장기적이어서 어떤 흥미로운 모형도 만들지 못한다.

그러니 열역학 법칙은 우리가 당연히 여기는 많은 것들을 뒷받침한다. 그리고 엔트로피를 '무질서'로 해석하는 것이 열역학 법칙들을 이해하고 그 물리학적 기반에 대한 통찰을 얻는 데 도움이 된다. 그런데 그런 해석이 오히려 역설을 낳는 것처럼 보일 때가 더러 있다. 이것은 담론의 좀 더 철학적 영역이다. 그리고 매혹적인 영역이기도 하다.

물리학의 심오한 수수께끼 중 시간의 화살이라는 문제가 있다. 시간은 특정 방향으로 흐르는 것처럼 보인다. 하지만 논리적, 수학적으로는 시간이 거꾸로도 흐를 수 있는 것처럼 보인다. 우리는 마틴 에이미스(Martin Amis)의 『시간의 화살(Time's Arrow)』 같은 책들에서 그런 가능성을 볼 수 있다. 그보다 훨씬 전으로 거슬러 올라가면 필립 킨드러드 딕(Philip Kindred Dick)의 소설인 『반시계 세상(Counter-Clock World)』이나 BBC 텔레비전 시리즈인 「레드 드워프(Red Dwarf)」를 들 수 있는데, 그 시리즈에서 주인공들이 맥주를 마시고 나서 시간을 거슬러 올라가 술집에서 패싸움을 벌이는 장면이 인상 깊다. 그렇다면 왜 시간은 거꾸로 흐를 수 없는가? 얼핏 보기에 열역학은 시간의 화살 문제에 대해 엔트로피가 증가하는 방향으로 시간이 흐르기 때문이라고 간단히 설명해 주는 듯하다. 열역학적 단계들은 되돌릴 수 없다. 산소와 질소는 즉시 섞이지만, 즉시 분리되지는 않는 것처럼 말이다.

그렇지만 여기에는 수수께끼가 있는데, 방 안의 분자들 같은 어떤 고전적 역학계는 시간의 가역성을 보여 주기 때문이다. 여러분이 임의로 카드를 계속 뒤섞는다면 그것은 언젠가 원래 순서로 돌아갈 것이다. 수학 방정식에서 모든 입자들의 속도는 동일하되 방향이 반대로 바뀐다면, 그 계는 시간을 거꾸로 거슬러 올라가며 그 단계들을 되밟을 것이다. 우주 전체는 동일한 방정식을 따르면서 팽창과 수축을 반복할 수 있다. 그렇다면 왜 우리는 휘저어 익힌 달걀이 원래 상태의 달걀로 돌아가는 것을 보지 못하는 것일까?

이에 대한 일반적인 열역학적 답은 다음과 같다. 휘저어 익힌 달걀은 원래 상태의 달걀보다 더 무질서하다. 엔트로피가 증가하는 것이 시간이 흐르는 방식이다. 그렇지만 달걀이 원래 상태로 돌아가지 않는 데에는 좀 더 미묘한 이유가 있다. 우주가 특정 방식으로 팽창과 수축을 반복할 가능성이 극도로 작다는 것이다. 그런 일이 일어날 가능성은 말도 안 될 정도로 작다. 그러니 엔트로피 증가와 시간의 가역성 사이의 간극은 방정식이 아니라 초기 조건 때문에 생긴다. 움직이는 분자들의 방정식들은 가역적이지만 초기 조건들은 그렇지 않다. 우리가 시간을 역행할 때, 우리는 반드시 시간 순서대로 일어난 움직임의 **마지막** 상태에 의해 주어지는 '초기' 조건들을 사용해야 한다.

여기서 가장 중요한 것은 방정식들의 대칭성과 그 해들의 대칭성을 구분하는 것이다. 서로 튕기는 분자들의 방정식들은 시간 역전

세계를 바꾼 17가지 방정식

대칭성(time-reversal symmetry)을 지니지만, 그 해들 각각은 확고한 시간의 화살을 가질 수 있다. 시간 역전성을 가진 방정식에서 여러분이 최대로 도출해 낼 수 있는 것은, 처음 것의 시간을 되돌린 형태인 **또 다른 해**가 존재해야 한다는 것뿐이다. 앨리스가 밥에게 공을 던질 때, 역방향 시간의 답은 밥이 앨리스에게 공을 던지는 것이다. 마찬가지로 역학 방정식에 따라 꽃병이 땅에 떨어져 1000개의 조각으로 깨지면, 그 방정식은 1000개의 유리 조각들이 한데 모여 서로 결합해 다시 꽃병이 되는, 그리하여 원래 자리로 돌아가게 만드는 해를 가져야 한다.

여기에 분명 말도 안 되는 일이 벌어지는 것이 틀림없다. 한번 자세히 살펴보자. 밥과 앨리스가 서로 공을 주고받는 경우라면 아무런 문제가 없다. 우리는 그런 경우를 매일 본다. 그렇지만 깨졌다 도로 멀쩡히 붙는 꽃병은 본 적이 없다. 휘저어 익힌 달걀이 원래 상태로 돌아가는 것 또한 마찬가지다.

우리가 꽃병 하나를 깨는 과정을 동영상으로 찍는다고 해 보자. 처음 시작은 질서가 잡힌 단순한 상태, 즉 멀쩡한 꽃병이다. 꽃병이 마룻바닥으로 떨어지면, 충격으로 그 꽃병은 산산조각이 나고 그 조각들은 온 사방에 흩어진다. 조각들은 점점 느려지다 멈춘다. 그 모든 과정은 완전히 정상적으로 보인다. 그러면 동영상을 거꾸로 돌려보자. 유리 조각들은 우연히도 서로 맞춰지기에 딱 맞는 모양들을 하고 마룻바닥에 놓여 있다. 그 조각들은 모두 동시에 움직이기 시작한다. 그리고 알맞은 속도로, 알맞은 방향으로 움직여 서로 만난다. 그 조각들이 꽃병으로 조립된다. 이후 꽃병이 공중으로 솟구친다. 이것은 그닥 정상으로 보이지 않는다.

사실, 그것은 옳지 않다. 몇 가지 역학 법칙들, 특히 운동량 보존 법칙과 에너지 보존 법칙에 위배되는 것처럼 보이기 때문이다. 멈춰 있는 덩어리들은 갑자기 움직이지 않는다. 깨진 꽃병이 허공에서 에너지를 얻어서 공중으로 뛰어오를 수 없다.

아, 그렇다. …… 우리가 충분히 자세히 보지 않았다. 꽃병은 스스로 공중에 뛰어오른 것이 아니다. 그 전에 바닥이 진동하기 시작했다. 그 진동이 한데 모여 꽃병을 공중으로 차올렸다. 유리 조각들도 마찬가지로 바닥의 진동하는 파동들 때문에 움직인 것이다. 우리가 그 진동들을 거꾸로 되밟아 가면, 그 진동은 점점 퍼지다가 마침내 잠잠해진다. 결국 마찰이 모든 움직임을 소멸시킨다. …… 그래, 마찰이 있었다. 마찰이 있으면 운동 에너지에 어떤 일이 일어나는가? 그것은 열로 변한다. 그러니 우리는 시간 역전 시나리오의 일부 세부 사항을 놓쳤다. 운동량과 에너지는 서로 균형을 맞추지만, 마룻바닥이 잃은 열에 해당되는 양이 사라졌다.

이론적으로, 우리는 시간을 역행하는 꽃병을 흉내 내기 위해 시간이 거꾸로 가는 계를 설정할 수 있다. 그저 마룻바닥의 분자들이 가진 열의 일부를 마룻바닥의 움직임으로 배출하고, 유리 조각들을 딱 맞는 방식으로 차올리고, 그다음 꽃병을 공중에 휘감아 올리기에 딱 맞은 방식으로 충돌하게끔 그 분자들을 배치하면 된다. 핵심은 이것이 이론적으로 불가능하다는 것이 아니다. 만약 그렇다면, 시간 되감기는 실패할 것이다. 물론 분자들을 그토록 정확하게 통제할 방법이 없기 때문에 현실에서는 불가능하다.

이것은 또한 경계 조건들—이 경우에는 초기 조건들—에 관한 문제이기도 하다. 꽃병 깨기 실험의 초기 조건들은 실행하기 쉽고,

도구들은 구하기 쉽다. 다른 꽃병을 다른 높이에서 떨어뜨린다 해도 거의 동일한 일이 일어난다는 점에서 이 모든 것은 확정적이기도 하다. 그와는 대조적으로 꽃병을 조립하는 실험은 수많은 개별 분자들에 대한 정확한 제어와 더불어 각별히 신경 써서 만든 유리 조각들을 요한다. 분자 하나하나에 간섭하는 제어 기구가 없는 한, 실제로 그 실험을 할 수는 없다.

그러나 우리가 여기서 그것을 어떻게 생각하고 있는지에 유의하자. 우리는 **초기** 조건들에 초점을 맞추고 있다. 그것이 시간의 화살표에서 출발점이 된다. 나머지 행위들은 출발점보다 나중에 온다. 꽃병 깨기 실험의 **최종** 조건들을 분자 단위까지 본다면 너무나 복잡해서 제정신을 가진 사람이라면 누구도 그 조건들을 재현하려는 엄두조차 내지 못할 것이다.

엔트로피에 관한 수학은 아주 작은 수준의 고려 사항들을 얼버무린다. 그것은 진동이 잦아들어 사라지게 하지 증가하게 하지 않는다. 마찰이 열로 변하게 하지 열이 마찰로 변하게 하지 않는다. 열역학 제2법칙과 미시적 시간 가역성 사이의 불일치는 그 조악한 '알갱이'들, 다시 말해 분자 수준의 상세한 기술에서 통계적인 기술로 넘어갈 때 생성되는 모형의 가정들에서 나온다. 이런 가정들 덕분에 거시적 편차(large-scale disturbances)는 **시간이 지남**에 따라 인지할 수 없는 수준으로 사라지고, 미시적 편차(small-scale disturbances)는 시간 역전 시나리오를 따르지 못하게 되면서 암암리에 시간의 화살표가 생긴다. 일단 역학적 관계들이 이 일시적 트랩도어(trapdoor, 한쪽으로만 지날 수 있는 문)를 지나면, 돌아오는 것은 허용되지 않는다.

엔트로피가 항상 증가한다면, 처음에 닭이 질서 잡힌 달걀을 만들어 내는 것은 어떻게 설명해야 할까? 흔한 설명은 오스트리아 물리학자인 에르빈 슈뢰딩거(Erwin Schrödinger)가 1944년에 짧고 매혹적인 책인 『생명이란 무엇인가?(*What is Life?*)』에서 발전시킨 것으로, 생명계가 어떻게 해서인지 주위 환경에서 질서를 빌려와서, 질서를 빌려오기 전보다 더 무질서한 환경을 만듦으로써 그 빚을 갚는다는 것이다. 이 추가되는 질서는 '음의 엔트로피(negative entropy)'에 해당하는데, 그 덕분에 닭이 제2법칙을 깨지 않고 달걀을 만들 수 있는 것이다. 15장에 가면 우리는 특정 상황에서 음의 엔트로피를 정보로 생각할 수 있음을 보게 될 것이다. 때로는 닭은 필요한 음의 엔트로피를 얻기 위해 정보—예를 들어 닭의 DNA가 제공하는 정보—를 수집한다는 주장이 제기되기도 한다. 그러나 정보를 음의 엔트로피와 동일시하는 것은 아주 특별한 맥락에서만 말이 된다. 그리고 살아 있는 생물의 생명 활동은 음의 엔트로피에 속하지 않는다. 유기체는 생명 활동을 통해서 질서를 만들어 낸다. 하지만 그것은 열역학적 과정이 아니다. 닭들은 열역학적 대차대조표의 균형을 맞추기 위해 어떤 질서의 창고에 접속하지 않는다. 닭은 열역학 모형의 부적절한 과정들을 이용하고, 대차대조표를 던져 버린다. 어차피 들어맞지 않으니까 말이다.

달걀이 빌린 엔트로피로 만들어진다는 시나리오는, 만약 닭이 엔트로피를 사용하는 과정이 달걀을 구성 분자들로 분해시키는 것의 역전 과정이라면 적절하다. 이것은 한눈에도 그다지 가능해 보이지 않는다. 최종 단계에서 달걀을 형성하는 분자들은 주위 환경 전역에 흩어져 있기 때문이다. 그들은 닭 안에서 모인다. 거기서 생화학적 과정들을 통해 그 분자들은 질서 잡힌 방식으로 한데 모여 달걀을 형성한다. 그렇지만 초기 조건에 차이가 하나 있다. 여러분이 "이것은 나중에 달걀의 이런저런 부분이 될 것이다."라고 말하기 위해 닭에 있는 분자들에 미리 꼬리표를 달아 둔다면, 그것은 실상 스크램블 에그를 원래 상태의 달걀로 돌리는 것 못지않게 복잡하고 존재하기 어려운 초기 조건들을 만드는 것이나 마찬가지다. 그렇지만 닭은 그런 방식으로 달걀을 만들지 않는다. 어떤 분자들은 우연히 달걀이 되고, 그 과정이 완료된 **후에야** 달걀의 일부라는 개념적 꼬리표가 붙는다. 다른 분자들이 달걀이 될 수도 있었다. 탄산칼슘 분자 하나는 그 어떤 다른 분자만큼이나 달걀 껍데기가 되기에 적합하다. 그러니 닭이 무질서로부터 질서를 만드는 것이 아니다. 질서는 달걀 만들기 과정의 최종 결과로서 배정된다. 한 벌의 카드들을 무작위적 순서로 뒤섞고 거기에 펜으로 1, 2, 3 하고 번호를 붙이는 식이다. 놀라운 일이다. 그것은 숫자 순서로 되어 있다!

초기 조건들에서의 이런 차이를 감안하더라도 확실히 달걀이 그 재료들보다 더 질서가 있어 보인다. 그렇지만 그것은 달걀을 만드는 과정이 열역학적 과정이 아니기 때문이다. 많은 물리적 과정들은, 실상, 달걀을 원래 상태로 되돌리는 것과 마찬가지다. 한 예로 물에 용해된 광물이 동굴에서 종유석과 석순을 만드는 방식을 살펴보자. 만약 우리가 원하는 종유석의 정확한 형태를 미리 규정한다면, 그것은 꽃병 깨기를 역행하려고 하는 것과 마찬가지 상태다. 그렇지만 어떤 종유석이든 상관없다고 하면, 우리는 종유석을 얻게 된다. 무질서로부터 질서를 얻는 것이다. 그 두 용어는 애매한 방식으로 사용되기 십상이다. 중요한 것은 어떤 종류의 질서이고 어떤 종류의 무질서냐다. 말이 나왔으니 말인데, 나는 **아직도** 달걀 요리가 원래 달걀로 돌아가는 것을 언젠가 볼 수 있으리라고 기대하지 않는다. 필요한 초기 조건들을 설정할 방법이 전혀 없기 때문이다. 우리가 할 수 있는 최선의 행동은 달걀 요리를 닭 모이에 넣고 닭이 새로 알을 낳기를 기다리는 것이다.

사실, 만에 하나 세계가 거꾸로 돌아가더라도 우리가 달걀 요리가 달걀로 돌아가는 것을 보지 못할 이유가 하나 있다. 우리와 우리 기억 역시 시간이 거꾸로 흐르는 계의 일부가 되기 때문에, 우리 자신조차 시간이 '실제로' 흐른 방향을 확신하지 못할 것이기 때문이다. 시간의 흐름에 대한 우리의 감각은 기억, 즉 뇌의 물리 화학적 패턴들이 만드는 것이다. 전통적 언어로, 뇌는 과거의 기억을 저장하지 미래의 기억을 저장하지 않는다. 뇌가 달걀이 요리되는 과정을 본 기억에 따라 일련의 스냅 사진들을 만든다고 상상해 보자. 한 단계에서 뇌는 식은 요리된 달걀을, 그리고 달걀이 냉장고에서 꺼내지고 냄비에 부어지는 그 역사의 일부를 기억한다. 다른 단계에서는 포크로 달걀을 휘저은 것을, 그리고 달걀을 냉장고에서 프라이팬으로 옮겼던 것을 기억한다.

우리가 이제 우주 전체를 거꾸로 돌린다면, 우리는 그 기억들이 일어난 순서를 '실제' 시간에 따라 되돌려야 한다. 그렇지만 우리는 뇌에 이미 주어진 기억의 순서를 되돌릴 수는 없다. 달걀 요리를 달걀로 돌리는 그 과정의 처음에(되돌린 시간에서), 뇌는 그 달걀의 '과거'를 기억하지 않는다. 예를 들어 그것이 어떻게 입에서 나와 숟가락에 올라가고, 휘저어지고, 점차로 완벽한 달걀을 이루게 되는가 따위를 기억하지 않는다. 그 대신, 그 순간 뇌의 기록은 달걀을 깬 것

　　　세계를 바꾼 17가지 방정식

을, 달걀을 냉장고에서 꺼내어 프라이팬으로 옮기고 휘저은 것을 기억한다. 그렇지만 이 기억은 순방향 시간 시나리오에 있는 기록의 기억과 정확히 동일하다. 다른 기억의 스냅 사진들에도 동일한 이야기를 할 수 있다. 세계에 대한 우리의 인식은 우리가 **지금** 무엇을 관측하는가, 그리고 우리의 뇌가 **지금** 어떤 기억을 담고 있는가에 달려 있다. 시간이 역전된 우주에서 우리는 실제로 과거가 아니라 미래를 기억한다.

시간의 가역성과 엔트로피의 역설은 실제 세계에 관한 문제가 아니다. 그것은 실제 세계에 대한 모형을 구축할 때 우리가 세우는 가정에 관한 문제다.

13

우주의 탄생과 진화

상대성 이론

$$E = mc^2$$

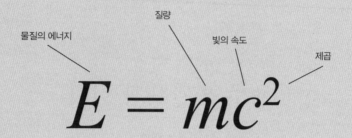

무엇을 말하는가?

물질의 에너지는 질량에 빛의 속도의 제곱을 곱한 것과 같다.

왜 중요한가?

빛의 속도는 어마어마하고 그 제곱은 그야말로 막대하다. 1킬로그램의 물질은 지금까지 폭발한 핵무기 중 가장 강력한 것이 가진 에너지의 40퍼센트 정도를 방출한다. 이 방정식 덕분에 공간, 시간, 물질, 중력에 관한 우리 시각이 바뀌었다.

어디로 이어졌는가?

급진적이고도 새로운 물리학으로 이어졌다. 또한 핵무기 개발과 관련된 야사에서 언급되는 것처럼 직접적, 결정적으로 영향을 미쳤다고 할 수는 없으나 어쨌거나 핵무기가 등장한 계기 중 하나이기도 했다. 그 외에 블랙홀, 대폭발, 위성 항법장치, 그리고 위성 내비게이션 등으로도 이어졌다.

폭탄 머리를 한 알베르트 아인슈타인(Albert Einstein)이 대중 문화 속 과학자의 전형이듯, 그의 방정식 $E=mc^2$ 또한 대중이 아는 방정식의 전형이다. 핵무기가 그 방정식에서 나왔고, 그 방정식이 아인슈타인의 상대성 이론에서 나왔으며, 그 이론이 상대적인 것들과 관련된 이론이라는 믿음이 널리 퍼져 있다. 사실 많은 사회적 상대주의자들은 "모든 것은 상대적이다."라는 말을 만족스럽게 읊조리면서 그 말이 아인슈타인과 뭔가 관계가 있을 것이라고 생각한다.

실제로는 아무 관계도 없다. 아인슈타인이 자기 이론에 '상대성(relativity)'이라는 이름을 붙인 이유는 그 이론이 뉴턴 역학에서 내려온 전통적인 상대 운동의 법칙들을 수정한 것이기 때문이었다. 뉴턴 역학에서 **상대 운동**은 무척 단순하고 직관적인 방식으로 관측되는 기준틀에 의존한다. 아인슈타인은 특정한 물리 현상이 전혀 상대적이지 않고 절대적이라는 당황스러운 실험 결과들을 이해하려고 뉴턴의 상대성 이론을 비틀어야 했다. 그 결과, 아인슈타인은 새로운 종류의 물리학을 유도해 냈다. 그 물리학에 따르면 물체들이 매우 빨리 움직일 때, 크기는 줄어들고, 시간은 느리게 가며, 질량은 무한히 증가한다. 그것은 중력을 포함하는 이론으로 확장되어 우주의 기원과 구조에 관해 가장 탁월한 설명을 제공해 왔다. 그 물리학은 시간과 공간이 휘어질 수 있다는 생각에 기반을 둔다.

상대성 이론은 진실이다. 위성 항법 장치(여러 가지 쓰임새 중에서 우선 자동차의 위성 내비게이션에 이용되는 장치가 있다.)가 정상적으로 작동하려면 상대론적 효과들을 보정해야 한다. 오늘날 물질의 기원이라고 하는 힉스 보손(Higgs boson)을 찾는 데 사용하는 강입자 충돌기 등 입자 가속기들 역시 마찬가지다. 현대 통신 수단은 너무나 빨라져서 주식 중개인들은 빛의 속도라는 상대론적 한계에 맞닥뜨렸다. 빛의 속도는 주식을 사거나 팔라고 알려 주는 인터넷 메시지가 이동할 수 있는 가장 빠른 속도다. 일부는 이것을 경쟁자보다 나노초만큼 더 빨리 거래를 할 수 있는 기회로 보지만, 현재까지 상대론적 효과들이 국제 금융 시장에 심각한 영향을 미친 적은 없었다. 그러나 이미 새로운 주식 시장이나 주식 거래에 최적인 장소들은 알려져 있다. 그것은 단지 시간 문제일 뿐이다.

어쨌든 상대성 이론은 상대적이지 않은 것만이 다가 아니다. 그 상징이라 할 방정식조차 겉보기와는 다르다. 그 방정식이 나타내는 물리적 개념을 처음 도출했을 때, 아인슈타인은 우리가 잘 아는 형태로 기술하지 않았다. 그것은 상대성 이론의 수학적 결과물이 아니다. 비록 다양한 물리적 가정들과 정의들을 받아들인다면 그렇게 되겠지만 말이다. 우리가 가진 가장 상징적인 방정식과 그것을 낳은 이론이 겉보기와는 다르다는, 그리고 달랐다는 것은 아마 인간 문화의 전형적 특색일 것이다. 심지어 핵무기와의 관련성조차 명백하지 않다. 그리고 최초의 원자 폭탄에 대해 그의 이론이 미친 역사적인 영향력은 상징적 과학자로서 아인슈타인이 가진 정치적 영향력에 비하면 사소했다.

'상대성'은 독립적이면서도 서로 관련된 두 이론인 특수 상대성 이론과 일반 상대성 이론을 아우른다. 나는 둘 다 이야기한다는 것을 구실로 삼아 아인슈타인의 그 유명한 방정식을 사용하겠다. 특수 상대성 이론은 중력이 없는 상황에서 공간, 시간, 물질을 다루고 일반 상대성 이론은 중력도 고려한다. 두 이론은 한 폭의 커다란 그림을 구성하지만, 특수 상대성 이론이 중력을 포함하는 일반 상대성 이론으로 나아가는 데에는 10년간의 엄청난 노력이 필요했다. 두 이론 다 뉴턴 물리학을 관측 결과와 일치시키려고 애쓰는 과정에서 비롯되었지만, 그 상징적인 공식은 특수 상대성 이론에서 나왔다.

뉴턴의 시대에 물리학은 무척 단순하고 직관적으로 보였다. 공간은 공간이고 시간은 시간일 뿐, 그 둘은 절대로 만나지 않았다. 공간의 기하는 유클리드 기하학을 따랐다. 시계를 서로 맞추기만 하면, 시간은 공간과는 별개로 모든 관측자에게 동일했다. 한 물체가 움직일 때 그 질량과 크기는 변하지 않았고, 시간은 늘 같은 속도로 모든 곳을 지났다. 그렇지만 아인슈타인이 물리학을 재구축하는 작업을 끝마쳤을 때, 이 모든 명제들―너무나 직관적이어서 모두 완벽히 현실을 나타내고 있다고 믿어졌던 명제들―은 거짓으로 드러났다.

물론 그 명제들이 완전히 틀린 것은 아니었다. 그 명제들이 모두 헛소리였다면 뉴턴의 연구는 절대로 순조롭게 시작되지 못했을 것이다. 우주에 관한 뉴턴의 그림은 근사적 형태였지 정확한 기술이 아니었다. 그 근사는 관련된 모든 것이 충분히 천천히 움직이는 경우에 한해서 매우 정확했다. 그리고 일상 대부분에서도 그랬다. 심지어 음속의 두 배로 날아가는 제트 전투기도 이 관점에서 보면 천천히 움직이는 물체다. 하지만 일상 생활에서 특정 역할을 하는 한 가지만은 실상 매우 빨리 움직이고, 다른 모든 속도들의 기준이 된다. 그것이 바로 빛이다. 뉴턴과 그의 후계자들은 빛이 파동임을 보여 주었고, 맥스웰의 방정식은 그것을 입증했다. 하지만 빛의 파동성은 새로운 문제를 제기했다. 대양의 파도는 물의 파동이고, 음파는 공기의 파동이고, 지진은 지구의 파동이다. 그렇다면 빛의 파동은 …… 무엇의 파동인 것일까?

수학적으로 말하면 빛은 우주 전체에 퍼져 있다고 가정되는 전자기장의 파동이다. 전자기파가 발산되면―전기와 자기를 띠게 되면―우리는 그 파동을 관측할 수 있다. 그렇지만 그것이 발산되지 **않으면** 무슨 일이 일어날까? 파동이 없어도 태양은 여전히 태양일 것이고, 공기는 여전히 공기일 것이고 지구는 여전히 지구일 것이다. 마찬가지로, 전자기장은 여전히 …… 전자기장일 것이다. 하지만 전기나 자기가 발산되지 않는다면 여러분은 전자기장을 관측할 수 없다. 우리가 관측할 수 없다면, 그것은 도대체 무엇일까? 그것이 존재하기는할까?

전자기장을 제외하고, 물리학에서 다루는 모든 파동은 무언가 만질 수 있는 것의 파동이다. 파동의 세 유형―물, 공기, 지진―은모두 움직이는 파동이다. 매질은 오르락내리락하거나 양옆으로 움직이지만, 보통은 파동과 함께 이동하지 않는다. (벽에 기다란 밧줄을 매고 한쪽 끝을 흔들어 보자. 파동은 밧줄을 따라 이동한다. 하지만 **밧줄**은 파동과 함께 이동하지 않는다.) 예외는 있다. 공기가 파동을 따라 움직일 때우리는 그것을 '바람'이라고 부른다. 대양의 파동은 해변을 때릴 때물을 해변으로 밀어 올린다. 그렇지만 우리가 움직이는 파도를 해일이라고 불러도, 그것이 굴러가는 축구공처럼 대양의 꼭대기를 가로질러 구르지는 않는다. 대개의 경우, 어떤 곳에서든 물은 오르락내리락한다. 움직이는 것은 '고점'의 위치다. 그러다가 물이 해변에 가까워지면 움직이는 벽 비슷한 것이 만들어진다.

일반적으로 빛, 그리고 전자기파는 만질 수 있는 무언가의 파동으로 보이지 않는다. 그것은 맥스웰의 시대에, 그리고 이후로도 50년

이상 골칫거리였다. 뉴턴의 중력 법칙은 오래전부터 비판을 받아 왔다. 그것은 중력이 어떻게 해서인지는 몰라도 '원격 작용'을 한다는 내용을 포함하고 있기 때문이었다. 이는 여러분이 축구장 관중석에 앉은 채 공을 차서 골인시킨다는 것과 마찬가지다. 자연 철학의 관점에서는 기적과 다를 바 없다. 중력이 '중력장'을 따라 전달된다고 말한다고 해서 실제 현상이 제대로 설명되는 것도 아니다. 동일한 이야기가 전자기력에도 해당된다. 그래서 물리학자들은 뭔가 매질이 있어서—그것이 무엇인지는 아무도 몰랐지만, 그들은 그것을 '발광성 에테르(luminiferous aether)' 또는 그냥 단순히 '에테르(ether)'라고 불렀다.—전자기파를 전달한다는 생각에 이르렀다. 진동은 매질이 단단할수록 더 빨리 움직인다. 빛은 매우 빠르므로, 에테르는 매우 단단해야 한다. 그렇지만 행성들이 저항을 받지 않고 그것을 통과할 수 있어야 한다. 쉽게 탐지되지 않으려면, 에테르는 질량이나 점도가 없고 압축되지 않으며 모든 형태의 복사에 대해 완전히 투명해야 했다.

그런 성질을 모두 가진다는 것은 좀 버거운 조건 같았지만, 빛은 분명 존재하고 현실에서 역할을 했기 때문에 거의 모든 물리학자들은 에테르가 존재한다고 가정했다. **무언가는** 빛을 운반해야 했다. 게다가 이론상 에테르의 존재는 탐지될 수 있었다. 빛의 또 다른 성질이 관측할 방법을 제시했기 때문이다. 진공에서 빛은 일정한 속도 c로 움직인다. 뉴턴 역학을 배운 물리학자라면 "무엇에 대한 속도인가?"라는 질문을 던질 것이다. 여러분이 서로에 대해 상대적으로 움직이고 있는 두 기준 좌표계에서 속도를 측정하면, 각각에서 다른 답을 얻는다. 빛의 속도의 불변성은 **에테르에 대한 속도**라는 빤한 답을 내놓는다. 그렇지만 이것은 약간 안이한 답이다. 서로에 대해 움직이고 있는 두 기준 좌표계가 있다고 하면 둘 다 에테르에 대해 멈춰 있다고 할 수 없기 때문이다.

지구는 기적적으로 저항을 받지 않고 에테르를 통과해 태양 주위를 돌고 또 돈다. 지구 궤도의 마주보는 지점들에서 지구는 서로 반대 방향으로 돌고 있다. 그러니 뉴턴 역학에 따르면 빛의 속도는 두 극단, 즉 c에 에테르에 대한 지구의 이동 속도를 더한 값과 c에서 그 속도를 뺀 값 사이에서 달라져야 했다. 그 속도를 측정하고 6개월 뒤에 다시 측정해 차이를 찾아낸다면 에테르가 존재한다는 증거를 얻을 수 있다. 1800년대 후반에 이러한 생각을 바탕으로 많은 실험들이 이루어졌지만, 결정적인 결과는 나오지 않았다. 차이가 없거나, 차이가 있어도 실험 방법이 충분히 정밀하지 않았다. 설상가상으로 지구가 에테르를 끌고 다닐 수도 있었다. 이것은 동시에 왜 지구가 그런 딱딱한 물체 속을 저항을 느끼지 않고 움직일 수 있는가를 설명해 줄 터였다. 그리고 어쨌거나 빛의 속도에서 어떤 차이도 발견하지 못할 것이라는 뜻이었다. 에테르에 대한 지구의 이동 속도는 늘 0일 것이다.

1887년에 앨버트 마이컬슨(Albert Michelson)과 에드워드 몰리(Edward Morley)가 역사상 가장 유명한 물리학 실험들 중 하나를 실행했다. 그들의 실험 기구는 서로 직각인 두 방향에서 오는 빛을 가지고 그 속도의 작은 변화라도 탐지하게끔 설계되었다. 그러나 지구가 에테르에 대해 움직인다고 해도, 서로 다른 두 방향에서 동일한 상대 속도로 움직일 수는 없었다. …… 우연히도 지구가 그 방향들을 양분하는 선을 따라 움직이고 있지 않은 한 말이다. 만약 그렇다면 그 기구를 약간 돌려서 다시 실험하면 된다.

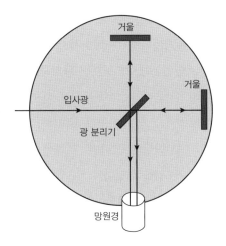

그림 48 마이컬슨-몰리 실험.

그들의 실험 기구(그림 48)는 연구실 책상에 능히 올려놓을 수 있을 만큼 작았다. 반도금한 거울이 빛줄기를 두 경로로 나누는데, 하나는 거울을 통과하는 경로였고 다른 하나는 직각으로 반사하는 경로였다. 빛줄기는 각각의 경로를 따라 반사되었고, 두 빛줄기는 다시 하나로 합쳐져서 탐지기를 때렸다. 기구는 각 경로의 길이가 같도록 조정되었다. 또한 원래의 빛줄기는 결 맞는(coherent) 상태로 설정되었다. 이는 그 파들이 서로 공시 상태(synchrony), 다시 말해 모두가 동일한 위상을 갖고 있으며 마루들이 서로 들어맞는다는 뜻이었다. 두 빛줄기가 따르는 각 경로에서, 속도의 차이는 그들의 상대적인 위상을 변화시켜, 각각의 마루가 서로 다른 위치에 놓일 것이다. 그 결과, 두 파동이 간섭을 일으켜 '회절 무늬' 같은 줄무늬 패턴이 나타날 것이다. 에테르에 대한 지구의 운동은 그 회절 무늬들을 움직이게 할 테고, 그 효과는 아주 작을 것이다. 태양에 대한 지구 운동에 관해 알려진 바를 감안하면, 회절 무늬는 그 무늬 폭의 대략 4퍼센트에 해당하는 거리만큼 움직이리라. 다중 반사를 이용하면 이를 40퍼센트까지 증가시킬 수 있었는데, 그 정도면 탐지하기에 충분했다. 지구가 우연히도 정확히 두 빛줄기의 2등분선을 따라 움직일 가능성을 피하기 위해, 마이컬슨과 몰리는 기구가 쉽고 빠르게 회전할 수 있도록 수은 욕조에 기구를 띄웠다. 그러면 그 회절 무늬들이 동일한 속도로 변하는 것을 볼 수 있을 터였다.

그것은 세심하고도 정확한 실험이었다. 하지만 그 결과는 에테르에 대해 완전히 부정적이었다. 무늬들은 그 폭의 40퍼센트만큼 움직이지 않았다. 그들이 확신하건대 무늬는 전혀 움직이지 않았다. 무늬 폭의 0.07퍼센트까지 탐지할 수 있었던 이후 실험들에서도 부정적 결과가 나왔다. 에테르는 존재하지 않았다.

이 결과는 그저 에테르만 폐기한 것이 아니었다. 맥스웰의 전자기 이론까지 폐기될 위험에 처했다. 움직이는 기준 좌표계에서는 빛이 뉴턴 역학에 따라 행동하지 않는다는 뜻이었기 때문이다. 이 문제는 맥스웰 방정식의 수학적 특성들과 그들이 움직이는 틀에 따라 변하는 양상으로 거슬러 올라갔다. 아일랜드 물리학자이자 화학자인 조지 피츠제럴드(George FitzGerald)와 네덜란드 물리학자인 헨드릭 로런츠(Hendrik Lorenz)는 제각각(각각 1892년과 1895년에) 그 문제를 피해 가는 대담한 해결책을 제시했다. 움직이는 물체가 움직이는 방향으로 딱 맞게 수축한다면, 마이컬슨-몰리 실험이 탐지하고자 했던 위상의 변화는 빛의 경로에서 일어난 변화로 인해 상쇄된 것인지도 모른다. 로런츠는 이 '로런츠-피츠제럴드 수축'이 맥스웰 방정식에 있던 수학적 어려움 또한 해결했음을 보여 주었다. 이 발견은 빛

세계를 바꾼 17가지 방정식

을 포함해 전자기에 대한 실험 결과가 기준 좌표계의 상대 운동에 의존하지 않음을 보여 주었다. 비슷한 생각으로 연구했던 푸앵카레 역시 그 아이디어에 설득력을 더했다.

이제 아인슈타인이 등장할 무대가 만들어졌다. 그는 1905년에 이전의 고찰들을 개발하고 확장해 「운동하는 물체들의 전기 역학에 관하여(On the electrodynamics of moving bodies)」에서 새로운 상대 운동론을 발표했다. 아인슈타인의 연구는 선배들의 업적을 능가했다. 그는 전자기 문제를 푸는 수단을 개발하는 것 이상의 상대 운동에 대한 새로운 수학적 정식화가 필요하다는 것을 보여 주었다. 그것은 모든 물리 법칙에 필요한 것이기도 했다. 새로운 수학은 현실 세계에 대한 진정한 기술이어야 했다. 당시에 지배적이었던 뉴턴 역학적 설명과 동일한 철학적 지위를 지니되, 실험과 더 잘 부합해야만 했다. 그것이 진정한 물리학이었다.

상대 운동에 대해 뉴턴이 채택한 시각은 훨씬 더 옛날로 거슬러 올라가 갈릴레오에서 비롯된 것이다. 1632년에 발표한 『천동설과 지동설, 두 체계에 관한 대화(Dialogo sopra I due Massimi Sistemi del Mondo)』에서 갈릴레오는 완벽하게 매끈한 바다 위에서 일정한 속도로 여행하는 배에 관해 논했다. 그는 배의 주갑판 아래서 역학 실험을 한다고 해도 배가 움직이고 있다는 사실을 밝힐 수 없다고 주장했다. 이것이 갈릴레오의 상대성 이론이다. 역학에서 상대 속도가 같은 움직이는 두 기준 좌표계에서는 관측들 사이에 차이가 없다. 특히 '정지'해 있는 특별한 기준 좌표계가 없다면 말이다. 아인슈타인도 갈릴레오의 상대성 이론에서 출발했다. 하지만 그에게는 거쳐야 할 관문이 하나 더 있었다. 그것은 이 상대성이 역학만이 아니라 모든 물리 법칙에 적용되어야 한다는 것이었다. 물론 그중에는 맥스웰의 방정식과 빛의 속도의 불변성도 있었다.

아인슈타인에게 마이컬슨-몰리 실험은 사소한 추가 증거였을 뿐 결정적인 증거는 아니었다. 그의 새로운 이론이 옳다는 증거는 그의 확장된 상대성 이론에, 그리고 그 이론이 물리 법칙의 수학적 구조에서 가지는 의미에 놓여 있었다. 만약 여러분이 그 이론을 받아들인다면 다른 모든 것은 순조롭게 전개된다. 이 때문에 아인슈타인의 이론이 '상대성'이라는 이름으로 알려진 것이다. '모든 것이 상대적'이라서가 아니라, 여러분이 모든 것을 상대적으로 다루는 **방식**을 고려하는 것이기 때문이다. 여러분이 기대하는 바가 이것은 아니었을 테지만 말이다.

이런 형태의 아인슈타인 이론은 특수 상대성 이론이라 알려져 있는데, 그 이유는 그것이 서로에 대해 등속도로 움직이는 기준 좌표계에서만 적용되기 때문이다. 그 결과들 중 하나인 로런츠-피츠제럴드 수축은 오늘날 시공간의 중요한 특징으로 해석된다. 사실, 그와 관련해 세 가지 효과가 있다. 만약 한 기준 좌표계가 또 다른 기준 좌표계에 대해 등속도로 움직이고 있다면, 그 틀에서 측정된 길이들은 운동 방향에 따라 수축하고, 질량은 증가하며, 시간은 더 천천히 흐른다. 이 세 가지 효과는 기본적인 에너지 보존 법칙과 운동량 보존 법칙으로 한데 엮인다. 일단 그중 하나를 받아들이면 나머지는 논리적으로 당연하게 따라 나온다.

이런 효과들을 정식화하면, 한 좌표계에서의 측정이 다른 좌표계에서의 측정과 어떻게 관련되는지를 설명하는 공식이 나온다. 간단히 요약하면 다음과 같다. 만약 한 물체가 거의 빛의 속도로 움직인다면, 그 물체는 매우 짧아지고, 시간은 기어가듯 느려지며, 그 질량은 매우 커진다. 맛보기로 그것을 설명하는 수학을 간단히 보여 주겠다. 물리적 설명은 너무 말 그대로 받아들여서는 안 되고, 올바른 언어로 그것을 표현하려면 너무 오래 걸린다. 그 모든 것은 …… 피타고라스 정리로부터 나온다. 과학에서 가장 오래된 방정식 중 하나인 피타고라스 정리가 가장 새로운 정리 중 하나로 이어지는 것이다.

한 우주선이 속도 v로 머리 위를 지나가고 있다고 해 보자. 그 우주선의 선원들은 실험을 하고 있다. 그들이 선체의 바닥에서 지붕으로 빛줄기 하나를 쏘아 올릴 때 걸린 시간을 T라고 하자. 한편 지상에 있는 관측자는 그 실험을 망원경을 통해서 보고 있다. (우주선이 투명하다고 가정하자.) 지상의 관측자가 측정한 시간은 t라고 하자.

그림 49 왼쪽은 선원의 시점에서 본 실험의 기하학적 구조를 보여 준다. 그들에게 빛은 똑바로 올라가는 것처럼 보인다. 빛의 속도는 c이므로 빛이 여행한 거리는 점선 화살표가 보여 주듯 cT이다. 그림 49 오른쪽은 지상 관측자의 시점에서 본 실험의 기하학적 구조를 보여 준다. 이 우주선은 t라는 시간 동안 vt만큼 움직였기 때문에 빛은

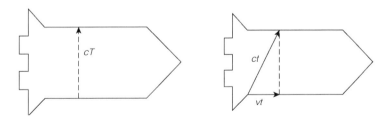

그림 49 선원의 기준 좌표계에서 본 실험. (왼쪽) 지상 관측자의 기준 좌표계에서 본 실험. (오른쪽)

대각선으로 이동한다. 빛은 **또한** 지상 관측자에 대해 c의 속도로 여행하기 때문에 대각선은 ct의 길이를 가진다. 그렇지만 점선은 왼쪽 그림의 점선 화살표와 같은 길이, 즉 cT를 가진다. 이를 피타고라스 정리에 따라 정리하면 다음과 같다.

$$(ct)^2 = (cT)^2 + (vt)^2$$

따라서 T는 다음과 같다.

$$T = t\sqrt{1 - \frac{v^2}{c^2}}$$

이때, T는 t보다 작다.

　로런츠-피츠제럴드 수축을 도출하기 위해 이제는 그 우주선이 지구로부터 x만큼 떨어져 있는 행성을 향해 v만큼의 속도로 여행한다고 상상해 보자. 그러면 경과된 시간은 $t = x/v$이다. 그렇지만 앞의 공식에 따르면 선원들에게 걸린 시간은 t가 아니라 T다. 그들에게 거리 X는 $T = X/v$를 만족시켜야 한다. 따라서 X는 다음과 같다.

$$X = x\sqrt{1 - \frac{v^2}{c^2}}$$

이때, X는 x보다 작다.

　질량 변화에 관한 도함수는 좀 더 복잡하다. 그것은 질량에 대한 특별한 해석인 '정지 질량(rest mass)'에 달려 있으므로, 자세한 이야기는 하지 않겠다. 공식은 다음과 같다.

$$M = m \left/ \sqrt{1 - \frac{v^2}{c^2}} \right.$$

이것은 M이 m보다 크다는 뜻이다.

이 방정식들은 빛의 속도에(사실상 빛에) 매우 특별한 무엇이 있음을 말해 준다. 이 공식의 중요한 결과 중 하나는 빛의 속도가 불가사의한 장벽이라는 것이다. 만약 한 물체가 빛보다 더 느린 속도로 출발한다면, 결코 빛의 속도에 이를 수 없다. 2011년 9월, 이탈리아 물리학자들은 원자보다 작은 입자인 중성미자(neutrino)가 빛보다 빨리 여행하는 것처럼 보인다고 발표했다.[1] 그들의 관측은 논란의 여지가 있지만 만약 입증되면 새로운 물리학으로 이어질 것이다. (2012년 6월에 이것은 관측 오류로 밝혀졌다. ― 옮긴이)

상대성 이론에서 피타고라스 정리는 여러 모습으로 등장한다. 하나는 헤르만 민코프스키(Hermann Minkowski)가 처음 도입한 '시공간의 기하 구조'에서 세워진 특수 상대성의 공식이다. 뉴턴 역학에서 통용되는 일반적인 공간 개념은 그 꼭짓점을 3개의 숫자로 구성된 좌표인 (x, y, z)에 대응시키고, 피타고라스 정리를 이용해 그 점과 또 다른 점 (X, Y, Z) 사이의 거리 d를 정의함으로써 수학적으로 표현된다.

$$d^2 = (x-X)^2 + (y-Y)^2 + (z-Z)^2$$

이 식에 근호를 씌우면 d를 얻을 수 있다. 민코프스키의 시공간 구조는 그와 유사하지만 4개의 숫자로 구성된 좌표인 (x, y, z, t)를 사용한다. 3개는 공간 좌표이며, 나머지 1개는 시간 좌표이다. 점은 **사건**(event)이라 불린다. 그것은 특정 시간에 관측되는, 공간에서의 한 위치다. 거리 공식은 앞의 것과 매우 유사하다.

$$d^2 = (x-X)^2 + (y-Y)^2 + (z-Z)^2 - c^2(t-T)^2$$

인수 c^2은 시간 측정 단위를 이용한 결과일 뿐이고, 핵심은 그 앞에 있는 음의 부호다. '거리' d는 **간격**(interval)이라 하는데, 제곱근을 취한 값인 이 d의 값은 방정식의 우변이 양수일 때만 실수다. 결국, 거리 d가 실수의 값을 가지려면 두 사건 사이의 공간적 거리가 시간적 차이보다 커야만 한다. (여기서 사용되는 단위는 광년 또는 년이다.) 이것은 동시에 어떤 물체가 공간 상의 한 지점에서 출발해 다음 지점까지 갈 때, 빛보다 빨리 갈 수 없다는 뜻이다.

다른 말로 하면, 간격은 이론적으로 두 사건 사이를 물리적으로 여행할 수 있는 경우에만 존재한다. 그리고 빛이 그 두 사건 사이를 여행할 수 있는 경우에만 간격은 0이다. 이 물리적으로 접근 가능

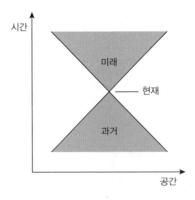

그림 50 1차원 공간으로 나타낸 민코스프키 시공간.

세계를 바꾼 17가지 방정식

한 영역을 한 사건의 광원뿔(light cone)이라고 하며 그것은 과거와 미래라는 두 부분으로 구성된다. 그림 50은 민코프스키의 시공간 기하를 1차원 공간으로 옮긴 것이다.

나는 여러분에게 상대성 이론의 방정식 세 가지를 보여 주고, 각각이 어떻게 생겨났는지를 간단하게 설명했다. 하지만 그중에 아인슈타인의 그 상징적 방정식은 없었다. 아인슈타인이 어떻게 그 방정식을 이끌어 냈는지를 이해하려면, 20세기 초에 물리학에서 일어난 혁신 하나를 더 알아야 한다. 앞에서 보았듯이 물리학자들은 이전에 빛이 파동임을 입증해 주는 결정적 증거를 얻기 위해 다양한 실험들을 했고, 맥스웰은 빛이 전자기파라는 것을 밝혔다. 하지만 1905년에는 빛이 파동임을 입증하는 증거들이 쌓이고 있었음에도 빛이 입자처럼 행동한다는 것 역시 점점 명확해지고 있었다. 그해에 아인슈타인은 광전 효과(photoelectric effect)의 몇 가지 특징을 설명하기 위해 이 생각을 이용했는데, 그 실험에서 적절한 금속을 때린 빛은 전기를 발생시켰다. 아인슈타인은 빛이 다른 형태, 즉 입자일 때만 그 실험이 말이 된다고 주장했다. 빛 입자는 이제 광자(photon)라 불린다.

이 수수께끼 같은 발견은 양자 물리학을 향해 가는 핵심 단계 중 하나였는데, 이에 대해서는 14장에서 더 자세히 설명하겠다. 흥미롭게도 아인슈타인이 상대성 이론을 구축하는 데는 이런 양자 역학적인 발상이 큰 역할을 했다. 질량과 에너지를 연결하는 방정식을 유도해 내기 위해, 아인슈타인은 한 쌍의 광자를 방출하는 물체에서 무슨 일이 일어나는가를 생각했다. 그리고 계산을 단순화하기 위해 1차원 공간에서 물체가 직선을 따라 움직인다고 가정했다. 이 단순화는 결과에 영향을 미치지 않는다. 기본 개념은 두 가지 다른 기준 좌표계에서 계를 생각해 보는 것이다.[2] 하나는 물체와 함께 움직여서 물체가 정지한 것처럼 보인다. 다른 하나는 물체에 대해 느리지만 0이 아닌 속도로 움직인다. 각각을 정지된 기준 좌표계와 움직이는 기준 좌표계라고 부르겠다. 그들은 우주선 선원(그에게 우주선은 정지해 있다.)과 땅 위에 있는 관측자(그에게는 우주선이 움직인다.)의 관계와 같다.

아인슈타인은 두 광자가 똑같이 활동적이지만 반대 방향으로 방출된다고 가정했다. 둘은 속도는 똑같은데 방향은 반대여서, 양자들이 방출될 때 물체의 속도는 (양쪽 기준 좌표계에서) 변하지 않는다. 아인슈타인은 물체가 한 쌍의 양자들을 방출하기 전후 각 계의 에너지를 계산했다. 그리고 나서 에너지가 보존되어야 한다고 가정한 후, 광자를 방출함으로써 일어나는 물체의 에너지 변화를 물체의 (상대론적) 질량 변화와 관련짓는 식을 얻었다. 결론은 다음과 같았다.

$$(\text{에너지의 변화}) = (\text{질량의 변화}) \times c^2$$

질량이 0인 물체의 에너지는 0이라는 합리적인 가정을 세우면 다음과 같다.

$$\text{에너지} = \text{질량} \times c^2$$

이것이 바로 그 유명한 공식이다. 여기서 에너지를 E로, 질량을 m으로 나타내기만 하면 된다.

아인슈타인은 단순히 그 계산을 하는 것을 넘어 그 의미를 해석해야 했다. 구체적으로, 그는 물체가 정지해 있는 기준 좌표계에서, 공식에서 구한 에너지는 물체의 '내부' 에너지로 여겨야 한다고 주장했다. 물체가 각자 자신만의 에너지를 가지는 아원자 입자들로 만들어져 있기 때문이다. 또한 움직이는 기준 좌표계에서는, 운동 에너지의 영향이 존재한다. 그 외에 작은 속도와 근삿값을 정확한 공식들에 적용하는 것 같은 교묘한 수학적 기법들도 있다.

아인슈타인은 원자 폭탄이 막대한 양의 에너지를 방출할 것임을 최초로 깨달은 공로—맞는 표현인지는 모르겠으나—를 인정받고 있다. 표지에 버섯구름을 배경으로 깔고 그 위에 아인슈타인의 얼굴과 그 상징적 방정식을 얹은 《타임(Time)》 1946년 7월호 표지는 확실히 그런 인상을 준다. 그 방정식과 어마어마한 폭발 사이에 있는 관계는 분명해 보인다. 방정식은 우리에게 모든 물체의 내부 에너지는 그 질량에 빛의 속도의 제곱을 곱한 것이라고 말해 준다. 빛의 속도도 어마어마한데, 그 제곱은 그보다도 훨씬 더 크므로, 조그만 질량이 높은 에너지를 가진다는 결론이 나온다. 1그램의 물질 안에 든 에너지는 90테라줄로 밝혀졌는데, 그것은 원자력 발전소 한 곳에서 하루에 생산하는 전력량과 거의 동일하다.

하지만 실상은 그와 달랐다. 한 원자 폭탄에서 방출된 에너지는 상대론적 정지 질량의 아주 작은 일부일 뿐이고, 물리학자들은 이미 실험적 수준에서 핵반응이 막대한 에너지를 낼 수 있음을 알고 있었다. 주된 기술적 문제는 연쇄 반응이 일어나는 데 필요한 시간 동안 방사성 원료 덩어리를 적절하게 붙들어 두는 것이었다. 연쇄 반응은 방사성 원자가 붕괴하면서 방사선을 방출해 다른 원자들을 붕괴시키는 작용이 기하급수적으로 증가하는 것이다. 그렇다 해도 아인슈타인의 방정식은 재빨리 대중의 마음속에서 원자 폭탄의 창시자로 자리를 잡았다. 원자 폭탄을 설명하기 위해 미국 정부가 대중에게 배포한 「스미스 보고서(Smyth report)」는 그 방정식을 둘째 장에 실었다. 실제 일어난 일은 잭 코언(Jack Cohen)과 내가 "아이들에게 하는 거짓말"이라고 부르는 무엇이 아닐까 싶다. 좀 더 정확한 이해를 돕는다는 합리적인 목적을 위해 단순화한 이야기라는 뜻이다.[3] 교육은 그렇게 이루어진다. 전문가가 아니라면 그 이야기를 모두 이해하기 어렵다. 그리고 전문가들은 너무나 많은 것을 알기 때문에 그 이야기 대부분을 믿지 않는다.

그렇지만 아인슈타인의 방정식을 그저 옆으로 밀어 놓을 수만은 없다. 그것은 핵무기의 개발에서 확실히 한몫했다. 원자 폭탄의 파괴력을 뒷받침하는 핵분열이라는 개념은 1938년 나치 독일 치하의 물리학자 리제 마이트너(Lise Meitner)와 오토 프리슈(Otto Frisch)가 한 논의에서 태어났다. 그들은 원자들을 한데 붙들어 두는 힘을 이해하려 애쓰고 있었는데, 그 힘은 액체 한 방울이 떨어질 때 그 표면에서 작용하는 장력과 약간 비슷했다. 그들은 산책하며 물리학을 논하던 중에 핵분열이 에너지 관점에서 가능한 일인지 알아내기 위해 아인슈타인의 방정식을 적용해 보았다. 나중에 프리슈는 이 일을 다음과 같이 회고했다.[4]

둘 다 나무 등걸에 앉아서 종잇조각을 꺼내 계산하기 시작했다. ……
액체 두 방울이 갈라질 때, 전체적으로 약 200메가전자볼트(MeV)의 전기적 척력이 그 분리를 유도할 것이다. …… 운 좋게도 리제 마이트너는 원자핵의 질량을 어떻게 계산하는지 기억하고 있었다. …… 그리고 형성된 두 원자핵이 …… 양성자 1개의 질량의 5분의 1 정도만큼 더 가벼울 것이라고 계산했다. …… 아인슈타인의 공식 $E = mc^2$에 따라 …… 그 질량은 200메가전자볼트와 같았다. 모두 들어맞았다!

비록 $E = mc^2$이 원자 폭탄의 출현을 직접 책임져야 하는 것은 아니지만 이론적 측면에서 핵반응을 잘 이해시켜 주는 중요한 물리학적 발견임에는 틀림없다. 원자 폭탄과 관련해서 아인슈타인의 가장 중요한 역할은 정치적인 것이었다. 레오 실라르드(Leo Szilard)에게 재촉을 받은 아인슈타인은 루스벨트 대통령에게 나치가 원자 무기를 개발하고 있을지도 모른다고 경고하며 그 무기의 어마어마한 파괴력을 설명하는 편지를 썼다. 그의 평판과 영향력은 막대했기 때문에 대통령은 그의 경고를 무시하지 않았다. 맨해튼 프로젝트, 히로시마와 나가사키, 뒤이은 냉전도 그 결과라고 할 수 있다.

아인슈타인은 특수 상대성 이론에 만족하지 않았다. 그는 공간과 시간, 질량, 전자기력을 통합한 이론을 세웠지만 한 가지 핵심적인 요소를 놓쳤다.

중력이었다.

아인슈타인은 '물리학의 모든 법칙'이 갈릴레오의 것을 확장한 자신의 법칙에 만족할 것이라고 확신했다. 중력 법칙은 확실히 물리학 법칙 중 하나였다. 하지만 그 법칙은 아인슈타인의 상대성 원리들에 만족하지 못했다. 뉴턴의 역제곱 법칙은 기준 좌표계에 맞게 변형되지 않았다. 그래서 아인슈타인은 뉴턴의 법칙을 바꾸어야 한다고 결론 내렸다. 그는 이미 실제로 뉴턴 우주의 다른 모든 것을 바꾸었다. 그러니 안 될 것도 없었다.

그렇게 하기까지 10년이라는 세월이 걸렸다. 그는 중력의 영향하에서 자유롭게 움직이는 한 관측자에게 상대성 이론이 가지는 의미를 알아내는 것에서 시작했다. 자유 낙하하는 엘리베이터가 그 예였다. 마침내 그는 한 공식을 향해 나아갔다. 이 과정에서 친한 친구인 수학자 마르셀 그로스만(Marcel Grossmann)의 도움을 받았는데, 그는 아인슈타인에게 당시 급속히 성장하던 수학 분야인 미분 기하학을 소개해 주었다. 미분 기하학은 1장에서 다루었듯 리만의 다양체 개념과 그의 곡률에 대한 정의에서 발전한 것이었다. 거기서 나는 리만 계량을 3×3 행렬로 쓸 수 있으며 이것이 실제 대칭 텐서라고 말했다. 이탈리아 수학자의 한 학파, 특히 툴리오 레비치비타(Tullio Levi-Civita)와 그레고리오 리치쿠르바스트로(Gregorio Ricci-Curbastro)는 리만의 개념들을 가져다 그것을 텐서 미적분학으로 발전시켰다.

1912년부터 아인슈타인은 중력의 상대성 이론으로 가는 열쇠가 텐서 미적분학을 이용해 그의 아이디어를 3차원 공간이 아니라 4차원 시공간에서 재구성하는 것이라고 확신했다. 수학자들은 이미 리만이 제시한 길을 따라 모든 차원의 수를 허용하고 있었으므로 이미 일반화할 준비는 모두 끝났다고 할 수 있었다. 결론만 말하자면 마침내 아인슈타인은 오늘날 '아인슈타인 장 방정식(Einstein field equation)'이라고 부르는 다음 식을 도출하는 데 성공했다.

$$R_{\mu\nu} - \frac{1}{2} R g_{\mu\nu} = \kappa T_{\mu\nu}$$

여기서 R, g, T는 텐서—물리적 성질을 정의하며 미분 기하학 규칙에 따라 달라지는 양—들이고 κ는 상수다. 아래 첨자인 μ와 v는 공간과 시간의 네 좌표를 가지므로, 각 텐서는 16개의 수로 이루어진 4×4 행렬이며, 둘 다 대칭이다. 다시 말해 μ와 v가 자리를 바꾼다 해도 변하지 않는다. 그리하여 그들은 서로 다른 수 10개의 목록으로 단축된다. 그러니 실상 이 공식은 모두 합쳐 10개의 방정식을 담고 있는 셈이다. 이것이 바로 우리가 이 방정식을 종종 복수형으로 쓰는 이유다. 맥스웰의 방정식들과 비교해 보자. R는 리만 계량으로 시공간의 모양을 규정한다. g는 리치 곡률 텐서(Ricci curvature tensor), 즉 리만의 곡률 개념을 수정한 것이다. T는 에너지-운동량 텐서(energy-momentum tensor)로, 이 기본 물리량들이 어떻게 시공간 사건들에 의존하는가를 설명한다. 아인슈타인은 1915년에 프러시아 과학 아카데미에 그의 방정식들을 제출했다. 그는 자신의 새로운 결과물을 '일반 상대성 이론'이라고 불렀다.

기하 구조의 관점에서 해석해 보면, 아인슈타인 방정식은 중력에 대한 새로운 접근법을 제공한다. 기본적으로 새로운 점은 중력이 힘으로 나타나지 않고 시공간의 곡률로 나타난다는 것이다. 중력이 부재할 때, 시공간은 민코프스키 공간으로 축소된다. 간격을 나타내는 공식은 그에 상응하는 곡률 텐서를 결정한다. 그것을 해석하면 '곡률은 0'이다. 피타고라스 정리가 평평한 평면에는 적용되지만 오목하게 또는 볼록하게 휜 비유클리드적 공간에는 적용되지 않는 것과 마찬가지다. 민코프스키 시공간은 평평하다. 그렇지만 중력이 존재하면 시공간은 **휜다.**

이것을 그리는 일반적인 방법은 시간을 잊고 공간의 차원 수를

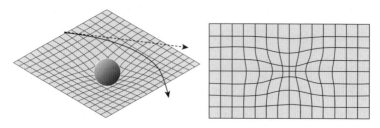

그림 51 별 근처의 휜 공간이 물질이나 빛의 진행 경로를 구부린다. 오른쪽 그림은 같은 시공간을 측지선 격자를 이용해 다시 그린 것이다. 곡률이 더 높은 영역일수록 조밀하게 표현되어 있다.

2로 떨어뜨리는 것이다. 그러면 그림 51 왼쪽 같은 그림이 나온다. 민코프스키 (시)공간의 평평한 평면은 굴곡이 보여 주듯이 함몰 지점을 만들면서 왜곡된다. 별에서 멀리 떨어진 곳에서는 물질이나 빛이 직선(점선)으로 움직인다. 하지만 별과 가까워질수록 그 곡률로 인해 경로가 휜다. 겉보기에는 마치 별이 자기 쪽으로 물체를 끌어당기는 것처럼 보인다. 하지만 그런 힘은 없다. 그냥 시공간이 휘어진 것뿐이다. 그러나 이런 이미지는, 수학적으로 필요하지 않은 여분 차원을 따라 공간을 변형한다. 대안적 이미지 중 하나로는 최단 경로를 의미하는 측지선들로 이루어진 격자를 꼽을 수 있다. 그림 51 오른쪽을 보자. 격자를 이루는 각각의 선들은 휜 정도에 따라 같은 간격으로 배치된 측지선들이다. 겉보기에 달라 보이지만 실제로는 길이가 같다. 그들은 곡률이 더 큰 곳에서 한데 모인다.

　만약 시공간의 곡률이 작다면, 즉 우리가 (옛날 시각에서) 중력이라고 간주하는 것이 너무 강하지 않다면, 이 공식은 뉴턴의 중력 법칙으로 이어진다. 두 이론을 비교하면 아인슈타인의 상수 κ는 $8\pi G/c^4$이되는데, 여기서 G는 뉴턴의 중력 상수다. 이것은 새 이론을 옛 이론

세계를 바꾼 17가지 방정식

과 연결하며, 대다수의 경우에 새 이론은 옛 이론과 합치된다. 새로운 물리학이 새로운 역할을 하는 것은 그 합치가 이루어지지 않을 때, 즉 중력이 강할 때다. 아인슈타인이 상대성 이론을 떠올렸을 때, 그 검증은 모두 실험실 밖에서 장대한 스케일로 행해져야 했다. 그것은 곧 천문학을 뜻했다.

따라서 아인슈타인은 행성들의 움직임에서 설명되지 않는 특이성, 다시 말해 뉴턴의 설명과 맞아떨어지지 않는 현상들을 찾았다. 그는 적절한 것을 하나 찾아냈다. 태양에 가장 가까워서 중력의 영향을 가장 크게 받는―따라서 아인슈타인이 옳다면 곡률이 높은 영역에 있는―행성인 수성의 공전 궤도가 보여 주는 이상성이었다.

모든 행성과 마찬가지로 수성은 타원에 가까운 궤도를 따라 돌기 때문에 그 궤도의 몇몇 지점은 다른 지점보다 태양에 더 가깝다. 그들 중 가장 가까운 지점을 수성의 근일점(perihelion, 그리스 어로 '태양에 가까운'이라는 뜻이다.)이라고 부른다. 근일점의 정확한 위치는 오랜 세월 동안 관측되어 왔는데, 근일점에는 뭔가 기묘한 점이 있었다. 근일점은 태양 주위를 따라 천천히 이동하는데, 이를 세차 운동(precession)이라고 한다. 사실상, 타원 궤도의 장축이 천천히 방향을 바꾸고 있는 것이다. 여기까지는 괜찮았다. 뉴턴의 법칙을 통해 예측한 바와 같이, 수성뿐만 아니라 태양계의 다른 행성들도 궤도를 서서히 바꾸기 때문이다. 문제는 뉴턴 역학적 모형이 세차 운동의 크기를 잘못 예측한다는 것이었다. 그 축은 실제보다 너무 빨리 돌고 있었다.

그 사실은 1840년에 파리 천문대의 수장인 프랑수아 아라고(François Arago)가 위르뱅 르 베리에(Urbain Le Verrier)에게 뉴턴의 운동 법칙과 중력 법칙을 이용해 수성의 궤도를 계산하도록 시켰을 때 알려졌다. 르 베리에는 수성이 태양을 통과(transit) — 지구에서 봤을 때 수성이 태양 전면을 가로지르는 현상. 일종의 식(蝕) 현상이다.— 하는 정확한 타이밍에 관측을 해서 자신의 계산 결과를 검증하고는 그 계산이 잘못되었음을 깨달았다. 르 베리에는 오차를 발생시켰을 법한 원인들을 제거하고 다시 해 보기로 마음먹었다. 그리고 1859년 에 새로이 발견한 결과를 발표했다. 뉴턴 역학적 모형에서 예측한 세 차 운동은 그 오차가 대략 0.7퍼센트에 불과할 정도로 정밀했다. 관 측 결과와의 차이는 100년당 38초 정도로 미미했다. (이후에 43초로 수정되었다.) 1년으로 따지면 1만분의 1도보다 적으니 대단한 수치는 아니었을지 몰라도 르 베리에의 흥미를 끌기에는 충분한 수치였다. 르 베리에는 1846년에 천왕성의 궤도에서 나타나는 불규칙성을 분 석해 그때까지 알려지지 않았던 한 행성 — 해왕성 — 의 존재와 위 치를 예측함으로써 명성을 얻은 적이 있었다. 그는 자신의 대단한 업 적이 재연되기를 바라고 있었다. 그는 예상을 벗어난 근일점의 세차 운동을 어떤 알려지지 않은 천체가 수성의 궤도를 교란하는 증거라 고 해석했다. 그리고 계산을 통해 수성보다 태양에 더 가까운 궤도 를 도는 작은 행성의 존재를 예측했다. 심지어 그는 그 행성에 고대 로마의 화신(火神)인 불카누스(Vulcanus)라는 이름도 지어 주었다.

불카누스가 만약 존재한다 해도 그것을 관측하기란 어려울 터 였다. 태양의 반사광이 장애가 되므로, 가장 그럴싸한 가능성은 불 카누스가 일면(日面) 통과를 하고 있을 때 포착하는 것이었다. 그때 불카누스는 빛나는 태양의 원반을 등진 작고 검은 점으로 나타날 터 였다. 르 베리에가 예측한 직후, 아마추어 천문학자인 에드몽 레스카보(Edmond Lescarbault)가 불카누스를 목격했다고 그 유명한 천문학자에게 알려 왔다. 레스카보는 처음에 그 점이 태양의 흑점일 것이라고 생각했지만, 그렇다고 하기에는 움직이는 속도가 달랐다고 했다. 1860년에 르 베리에는 불카누스의 발견을 파리 과학 아카데미에 알렸고, 정부는 레스카보에게 유명한 레지옹 도뇌르(Legion d'Honneur) 훈장을 수여했다.

온통 소란스러웠지만 일부 천문학자들은 감탄하지 않았다. 그중 한 사람이 레스카보보다 훨씬 좋은 장비로 태양을 연구하고 있던 에마뉘엘 리에(Emmanuel Liais)였다. 그의 평판은 위기에 처해 있었다. 브라질 정부의 의뢰로 태양을 관측하고 있던 그가 그렇게 중요한 것을 놓쳤다면 수치스러운 일일 터였다. 그는 불카누스가 태양을 통과했다는 것을 극구 부정했다. 얼마간, 모든 것이 무척 혼란스러워졌다. 아마추어 천문학자들은 자기들이 불카누스를 보았다고 거듭 주장했는데, 더러는 르 베리에가 그의 예측을 알리기 전에 이미 보았다는 사람들도 있었다. 1878년에 프로 천문학자인 제임스 왓슨(James Watson)과 아마추어 천문학자인 루이스 스위프트(Lewis Swift)는 일식 중에 불카누스처럼 보이는 행성을 보았다고 말했다. 르 베리에는 그 1년 전에 여전히 자신이 태양 근처에서 새로운 행성을 발견했다고 믿은 채 세상을 떠났다. 하지만 열정적으로 궤도를 새로 계산하고 (끝내 일어나지 않은) 불카누스의 일면 통과를 예측하던 그가 없어지자 불카누스에 대한 관심은 급속히 사그라졌다. 천문학자들은 의심을 품었다.

1915년에 아인슈타인이 **치명적 일격**을 날렸다. 새로운 행성이 있다고 가정하지 않고 일반 상대성 이론을 이용해 세차 운동을 재분석했다. 그리고 단순하고 명료한 계산을 거쳐 근일점 이동에 대한 관측 값과 뉴턴 모형의 예측값 사이의 오차가 43초임을 밝혀냈다. 이는 르 베리에가 원래 계산을 수정해서 얻은 것과 정확히 같은 값이었다. 오늘날 뉴턴 역학에서는 수성의 근일점이 100년당 5560초 이동한다고 예측하지만, 실제 관측에서는 5600초 이동한다. 그 차이는 40초이므로, 100년당 3초 정도의 오차가 설명되지 않는다. 아인슈타인의 한 번의 발표는 두 가지 일을 해냈다. 우선 상대성 이론을 증명했다. 그리고 천문학에서 불카누스를 고철 폐기장으로 보내 버렸다.[5]

일반 상대성 이론이 천문학에서 활약한 또 다른 유명한 예는 태양이 빛을 굴절시킨다는 아인슈타인의 예측이다. 뉴턴의 중력 이론 또한 이것을 예측하지만, 일반 상대성 이론은 그 굴절각을 두 배 더 크게 예측한다. 1919년의 완전 개기 일식은 그 둘을 구분할 수 있는 기회였다. 아서 에딩턴(Arthur Eddington) 경은 원정대를 꾸렸다. 그리고 결국 아인슈타인의 승리를 알렸다. 이 일은 당시에 뜨거운 호응을 얻었지만, 나중에는 데이터가 엉터리였음이 밝혀지면서 그 결론에 의문이 제기되었다. 1922년 이후로는 더 독립적인 관측들이 상대성 이론 예측과 부합하는 것처럼 보였고, 나중에 에딩턴 경의 데이터를 재분석한 것들도 마찬가지였다. 1960년대부터 전파 대역 복사를 관측할 수 있게 되자 그제야 그 데이터는 뉴턴이 예측한 것의 두 배이면서 아인슈타인이 예측한 것과 똑같은 편차를 보여 주었다.

일반 상대성 이론의 가장 극적인 예측은 훨씬 장대한 스케일로 나타난다. 거대한 별이 자신의 중력을 못 이겨 붕괴할 때 태어나는 블랙홀(black hole), 그리고 대폭발 이론으로 설명되고 있는 우주 팽창이 그것이다.

아인슈타인 방정식의 해는 시공간의 기하 구조라고 할 수 있다. 이 기하 구조는 우주 전체, 또는 우주 일부를 나타내는데, 중력으로 인해 고립되어 우주의 나머지 부분이 아무런 영향도 미치지 못한다고 가정된다. 이것은 예를 들어 오로지 두 물체 쌍이 서로를 끌어당긴다는 뉴턴 역학의 초기 가정들과 유사하다. 아인슈타인의 장 방정식에는 10개의 변수가 관련되므로, 그 해를 간단하게 계산해 주는 근의 공식 같은 것은 보기 힘들다. 오늘날에는 수리적으로 그 방정식들을 풀 수 있지만, 그것은 컴퓨터가 존재하지 않았거나 그 기능이 너무 제한적이었던 1960년대 이전에는 그저 꿈일 뿐이었다. 방정식들을 단순화하는 일반적인 방법은 대칭성을 적용하는 것이다. 시공간의 초기 조건들이 구형 대칭이라고, 즉 모든 물리량들이 오로지 중심으로부터의 거리에만 의존한다고 해 보자. 그러면 어떤 모형에서든 변수의 수가 엄청나게 줄어든다. 1916년에 독일의 천체 물리학자인 카를 슈바르츠실트(Karl Schwarzschild)는 아인슈타인 방정식에 이 가정을 적용했다. 그리고 슈바르츠실트 계량(Schwarzschild metric)이라는 자신의 공식을 사용해 아인슈타인 방정식을 푸는 데 성공했다. 그의 해에서는 '특이점'이라는 독특한 것이 도출되었다. 그 방정식의 해가 무한이 되는, 별 중심으로부터의 특정 거리를 슈바르츠실트 반지름(Schwarzschild radius)이라고 한다. 처음에 이 특이점은 일종의 수학적 가공물로 여겨졌고 그 물리학적 의미는 상당한 논란거리가 되었다. 오늘날 우리는 그것을 블랙홀에 존재하는 '사건의 지평선(event horizon)'으로 해석한다.

별이 너무 커서 복사가 중력장을 빠져나갈 수 없다고 가정해 보

자. 별은 자신의 중심으로 빨려 들어가면서 수축하기 시작한다. 밀도가 더 높을수록 이 효과는 더 강력해져서 수축은 더 빠르게 진행된다. 별의 탈출 속도, 즉 한 물체가 중력장을 벗어나기 위해 움직여야 하는 속도 또한 커진다. 슈바르츠실트 계량은 우리에게 몇몇 단계에서 탈출 속도가 빛의 속도와 동일해진다고 말한다. 그렇게 되면 어떤 것도 탈출하지 못한다. 빛보다 더 빨리 움직일 수 있는 것은 존재하지 않기 때문이다. 그 별은 블랙홀이 되고, 슈바르츠실트 반지름은 우리에게 그 무엇도 탈출할 수 없는 영역을 알려 준다. 그 영역의 경계선이 사건의 지평선이다.

블랙홀을 둘러싼 물리학은 너무 복잡해서 이 책에서 충분히 다루기 어렵다. 간단히 말해서, 대다수 우주론 연구자들은 우주가 셀 수 없이 많은 블랙홀들을 갖고 있으며 실제로 적어도 하나는 우리 은하수의 심장부에 도사리고 있다는 예측이 타당하다는 데 만족하고 있다. 사실 대다수 은하도 마찬가지다.

1917년에 아인슈타인은 '균질성(homogeneity)'이라는 또 다른 종류의 대칭성을 가정하면서 자신의 방정식을 우주 전체에 적용했다. 균질성을 고려하면 우주는 (충분히 큰 스케일로 따졌을 때) 공간적으로 그리고 시간적으로 모든 지점에서 똑같아 보여야 한다. 그즈음 아인슈타인은 방정식에 '우주 상수(cosmological constant)' Λ를 집어넣었고, 상수 κ의 의미를 정리했다. 아인슈타인의 장 방정식을 현대의 표기법으로 나타내면 다음과 같다.

$$G_{\mu\nu} + \Lambda g_{\mu\nu} = \frac{8\pi G}{c^4} T_{\mu\nu}$$

이 방정식의 해에는 놀라운 함의가 하나 있었으니, 우주는 시간이 지나면서 수축해야 한다는 것이었다. 그 때문에 아인슈타인은 어쩔 수 없이 우주 상수를 추가했다. 그는 변하지 않는 정적인 우주를 믿고 있었고, 그 상수에 알맞은 값을 대입함으로써 그의 우주 모형이 한 점으로 수축하는 것을 막을 수 있었다. 1922년에는 알렉산더 프리드만(Alexander Friedmann)이 다른 방정식을 찾아냈는데, 그 방정식에 따르면 우주는 팽창해야 하고, 우주 상수는 필요치 않았다. 그 방정식은 팽창 속도도 예측했다. 아인슈타인은 여전히 만족스럽지 않았다. 그는 우주가 안정적이고 변하지 않기를 원했다.

처음으로 아인슈타인의 예측이 빗나갔다. 1929년에 미국 천문학자인 에드윈 허블(Edwin Hubble)과 밀턴 휴메이슨(Milton Humason)이 우주가 팽창하고 있다는 증거를 찾아낸 것이다. 먼 은하들이 방출하는 빛의 진동수 변화를 관찰해 보니 그들은 우리로부터 멀어지고 있었다. 이것이 그 유명한 도플러 효과(Doppler effect)인데, 구급차가 달려가는 속도가 빨라질수록 그 사이렌 소리가 낮아지는 것과 같다. 음파는 방출자와 수신자 간의 상대 속도의 영향을 받기 때문이다. 오늘날 파동은 전자기적이고 그 물리학은 상대론적이지만, 도플러 효과는 여전히 존재한다. 먼 은하는 우리로부터 그저 멀어지고 있는 것만이 아니다. 은하가 더 멀어질수록 그 속도는 더 빨라진다.

우주 팽창의 과정을 거꾸로 되돌려 보면 과거의 특정 시점에서 우주 전체가 원래 한 점에 불과했음이 밝혀진다. 그전에는 아예 존재하지도 않았다. 태고의 점에서 그 유명한 대폭발이 일어남으로써 공간과 시간이 동시에 존재하기 시작했다. 대폭발 이론은 프랑스 수학자인 조르주앙리 르메트르(Georges-Henri Lemaître)가 1927년에 주장했으나 거의 무시당했다. 1964년에 전파 망원경으로 대폭발 이론에 들어맞는 온도를 보여 주는 우주 배경 복사(cosmic microwave background radiation)를 관측하고 나서야 비로소 우주론 연구자들은 르메트르가 옳았다고 결론지었다. 이 주제 또한 그 자체로 책 한 권 감이다. 이와 관련해서는 많은 책들이 나왔다. 간단히 말해서 현재 폭넓게 받아들여지는 우주론은 대폭발 시나리오를 정교하게 다듬은 것이다.

과학 지식은 잠정적이다. 즉 새로운 발견들로 인해 늘 변화할 가능성이 있다. 대폭발 이론 또한 지난 30년간 우주론의 보편적인 패러다임이었지만, 몇몇 맹점들 또한 드러났다. 그리고 어떤 발견들은 그 이론에 심각한 의혹을 던지거나, 추론되었지만 관측되지는 않은 새로운 물리적 입자들과 힘들의 존재를 요구한다. 어려움의 근원은 주로 세 가지다. 먼저 그 셋을 간략히 말하고 나서 각각을 좀 더 자세히 살펴보겠다. 첫째는 은하의 회전 속도 곡선(galactic rotation curves)으로, 그것은 우주의 물질 대부분이 미지의 영역에 있음을 보여 주고 있다. 현대 과학은 이것을 '암흑 물질(dark matter)'이라는 새로운 종류의 물질로 보자고 제안하는데, 그것은 우주의 물질 중 대략 90퍼센트를 차지한다. 그리고 지금까지 지구에서 직접 관측된 그 어떤 물질과도 다르다. 둘째는 우주의 가속 팽창인데, 그것은 기원은 알 수 없지만 아인슈타인의 우주 상수를 이용해 모형화된 새로운 힘, 즉 '암흑 에너지(dark energy)'를 요구한다. 셋째는 왜 관측 가능한 우주가 그토록 균일한지를 설명해 주는 급팽창 이론과 관련된 문제들이다. 급팽창

세계를 바꾼 17가지 방정식

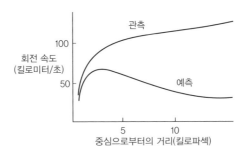

그림 52 은하 M33의 회전 속도 곡선: 이론적 예측과 실제 관측 결과.

이론은 관측과 부합하지만, 내적 논리는 위태로워 보인다.

우선 암흑 물질부터 시작해 보자. 1938년에 도플러 효과를 사용해 은하단을 이루는 은하들의 속도를 측정해 보니 뉴턴의 중력 이론과 불일치했다. 은하들이 먼 거리를 두고 떨어져 있기 때문에, 시공간은 거의 평평하므로 뉴턴의 중력 모형이 적합하다. 프리츠 츠비키(Fritz Zwicky)는 그 불일치를 설명할 어떤 관측되지 않은 물질의 존재를 제안했는데, 그것이 사진에서 보이지 않기 때문에 암흑 물질이라고 이름 붙였다. 1959년에 도플러 효과를 사용해 은하 M33에 있는 별들의 회전 속도를 측정하고 있었던 루이스 볼더스(Louise Volders)는 관측된 회전 속도 곡선—속도와 은하 중심으로부터의 거리 그래프—이 뉴턴의 중력 모형과 일치하지 않음을 발견했다. 그림 52에서 보듯 거리가 멀어져도 속도는 떨어지지 않고 꾸준히 원래 상태를 유지했다. 다른 은하들에서도 같은 문제가 발견된다.

만약 암흑 물질이 실제로 존재한다면 그것은 틀림없이 지상의 실험에서 관측되는 평범한 중입자(baryon, 바리온) 같은 물질과는 다를 것이다. 대다수 우주론 연구자들은 암흑 물질이 그저 회전 속도 곡선만이 아니라 관측에서의 다양한 비정상성들을 설명해 준다고 주장하며 그 존재를 인정하고 있다. 암흑 물질의 후보로는 여러 입자들이 제시되어 왔다. 그중에는 예를 들어 윔프(WIMPs, Weakly Interacting Massive Particles. 약하게 상호 작용하는 무거운 입자들)가 있지만, 현재까지 실험을 통해 이 입자들을 발견하지는 못했다. 암흑 물질이 존재한다고 가정하고 그것이 회전 속도 곡선을 평평하게 만들려면 어디 있어야 하는가를 계산함으로써 은하 전역에 퍼져 있는 암흑 물질의 분포도를 구하기도 했다. 일반적으로는 은하급의 구체 둘이 있어 하나는 은하면 위에, 다른 하나는 그 아래에 있는, 거대한 아령 모양을 하고 있는 듯하다. 이것은 천왕성 궤도의 이상으로부터 해왕성의 존재를 예측하는 것과 다소 비슷하지만, 그런 예측은 확증, 즉 해왕성의 발견을 요구한다.

암흑 에너지도 비슷하게, 1998년 높은 Z 값을 가진 초신성 탐사팀(High-Z Supernova Search Team)의 결과를 설명하기 위해 제시되었다. 그 연구진은 대폭발의 초기 충격이 잦아들면서 우주의 팽창 속도가 떨어졌다는 증거를 찾을 것이라고 기대했다. 하지만 그 연구진의 관측자들은 우주의 팽창 속도가 증가하고 있다는 증거들을 내놓았다. 1999년 초신성 우주론 프로젝트(Supernova Cosmology Project)는 그 발견을 확정했다. 마치 어떤 반중력적인 힘이 우주에 만연해 은하들을 점점 빠르게 멀리 떨어뜨리는 것 같다. 이 힘은 물리학의 네 가지 기본 힘, 즉 중력, 전자기력, 강한 핵력, 약한 핵력 중 무엇에도 해당되지 않는다. 그리하여 그것은 암흑 에너지로 명명되었다. 이번에도 암흑 에너지의 존재는 몇몇 문제들을 해결해 주는 듯했다.

급팽창 이론은 미국의 물리학자 앨런 구스(Alan Guth)가 1980년에 제시한 것으로 왜 우주가 큰 스케일로 보았을 때 그 물리적 성질이 매우 균질한가를 설명해 주는 이론이다. 그 이론은 대폭발이 지금보다 더 많이 휜 우주를 생성했어야 함을 보여 주었다. 구스는 '인플라톤 장(inflaton field, 'inflation'을 잘못 쓴 것이 아니며 존재한다고 가정된 인플라톤 입자에 대응하는 스칼라 양자장이다.)'이 초기 우주를 극도로 빠르게 팽창시켰다고 주장했다. 대폭발이 일어나고 $10^{-36} \sim 10^{-32}$초 후에 우주의 부피는 10^{78}배로 어마어마하게 성장했다. 인플라톤 장은 관측되지는 않았지만(그 관측에는 말도 안 되게 높은 에너지가 필요할 것이다.), 급팽창 이론은 우주의 너무나 많은 특징들을 설명해 줄 뿐만 아니라 관측과도 일치하기 때문에 대다수 우주론 연구자들은 급팽창이 일어났다고 확신한다.

암흑 물질, 암흑 에너지, 급팽창 이론이 우주론 연구자들 사이에서 인기가 있는 것은 당연하다. 그것을 이용하면 우주론 연구자들이 가장 좋아하는 물리 모형들을 계속 사용할 수 있기 때문이다. 그 결과들 역시 관측과 일치했다. 그런데 지금 그것들이 산산이 깨지려 하고 있다.

암흑 물질의 분포는 은하의 회전 속도 곡선을 만족스럽게 설명하지 못한다. 관측된 거리까지 회전 속도 곡선을 평평하게 유지하려면 막대한 양의 암흑 물질이 필요하다. 그러려면 암흑 물질은 비현실적으로 큰 각운동량을 가져야 하는데, 이는 일반적인 은하 형성 이론과 배치된다. 또한 모든 은하들에서 암흑 물질의 특별한 초기 분포를 가져야 하는데, 이 역시 그럴싸한 이야기가 아니다. 아령 모양의 분포는 은하 외부의 질량 분포를 상정하기 때문에 불안정하다.

그보다는 암흑 에너지가 더 설명하기 좋다. 암흑 에너지는 진공에서 일어나는 요동으로부터 솟아나오는 일종의 양자 역학적 진공 에너지로 여겨진다. 그렇지만 현재의 계산에 따르면 진공 에너지의 크기가 10^{122}배로 지나치게 크다. 아무리 우주론의 관점에서 보아도 좋은 소식은 아니다.[6]

급팽창 이론에 영향을 미치는 주된 문제는 관측이 아니라―급팽창 이론은 관측에 놀랍도록 잘 들어맞는다.―논리적 기반이다. 대다수의 팽창 시나리오들은 우리 우주와 상당히 다른 우주를 낳는다. 중요한 것은 대폭발이 일어났을 당시의 초기 조건들이다. 관측과 일치하려면 급팽창 이론에서 우주의 초기 상태는 무척 특별해야 한다. 그렇지만 급팽창을 거론하지 않고도 우리의 우주와 똑같은 우주로 귀결되는 매우 특별한 초기 조건들이 있다. 로저 펜로즈(Roger Penrose)의 계산에 따르면, 급팽창을 요구하지 않는 초기 조건들이 급팽창을 필요로 하는 초기 조건들에 비해 1구골플렉스($10^{10^{100}}$) 배만큼 더 많다.[7] 비록 양쪽 다 매우 드문 조건을 필요로 하기는 하지만 말이다. 그러니 우주의 현재 상태를 급팽창 이론 없이 설명하는 편이 훨씬 설득력이 있다.

펜로즈의 계산은 열역학―열역학은 여기에 적합한 모형이 아닐 수도 있지만―에 기반을 둔다. 게리 기번스(Gary Gibbons)와 닐 투록(Neil Turok)이 사용한 대안적 접근법 역시 동일한 결론으로 이어진다. 이 접근법은 우주를 그 초기 상태로 도로 '풀어내는' 것이다. 밝혀진 바에 따르면 가능한 초기 상태들은 거의 모두가 급팽창 기간을 포함하지 않으며, 급팽창을 요구하는 상태들은 매우 드물다. 무엇보다도 가장 큰 문제는 급팽창 이론을 양자 역학과 결합하면 안정적인 우주의 작은 영역에서 양자 요동이 빈번히 급팽창을 일으킨다고 예측해야 한다는 것이다. 비록 그런 경우는 드물지만 급팽창은 너무 빠르고 너무 어마어마해서, 정상적 시공간을 가진 작은 섬들은 점점 커지는 끝없는 급팽창 영역들로 둘러싸일 것이다. 그 영역들에서 물리학의 기본 상수들은 우리 우주의 값과 다를 수 있다. 결론적으로 말하면, 모든 것이 가능해진다. **무엇이든** 예측하는 이론을 과학적으로 증명하는 것이 과연 가능할까?

이제는 그 밖의 대안들을 진지하게 받아들일 때가 온 것 같다. 암흑 물질은 또 다른 해왕성이 아니라 또 다른 불카누스일지도 모른다. 사실 정말로 바꿔야 하는 것은 중력 법칙인데 새로운 물질을 들먹임으로써 중력의 비정상성을 설명하려는 잘못된 시도를 하고 있는지도 모른다.

　나름 잘 다듬어진 주요 대안 하나가 있다. 바로 MOND(Modified Newtonian Dynamics, 수정된 뉴턴 역학)다. 이것은 이스라엘 물리학자인 모르데하이 밀그롬(Mordehai Milgrom)이 1983년에 제안한, 수정된 뉴턴 역학을 말한다. 사실 이것은 중력 법칙이 아니라 뉴턴의 제2법칙을 수정한다. 그 법칙은 가속도가 무척 작을 때 가속도가 힘에 비례하지 않는다고 가정한다. 우주론 연구자들 사이에서는 유일하게 가능한 대안 이론이 암흑 물질 아니면 MOND라고 가정하는 경향이 있다. 그러니 MOND가 관측과 불일치하면 남는 것은 암흑 물질뿐이다. 하지만 중력 법칙을 수정할 수 있을 것처럼 보이는 방법들이 많이 있다. 그리고 우리가 올바른 방법을 단번에 찾아낼 수 있을 것 같지도 않다. 몇 번인가 MOND의 종말이 선포되었지만, 좀 더 조사한 결과 아직까지 결정적 오류는 발견되지 않았다. 내 생각에 MOND의 주된 문제는 얻고자 하는 무엇에 방정식들을 대입한다는 것이다. 마치 아인슈타인이 커다란 질량 근처에서 공식을 바꿔 뉴턴의 법칙을 살짝 손보는 식이다. 하지만 그렇게 하는 대신, 아인슈타인은 중력을 생각하는 완전히 새로운 방식을 찾아냈다. 바로 시공간의 곡률이다.

우리가 일반 상대성 이론과 그 뉴턴 역학적 근삿값을 고수한다 하더라도 암흑 에너지는 필요 없을지도 모른다. 2009년에 미국 수학자인 조엘 스몰러(Joel Smoller)와 블레이크 템플(Blake Temple)은 충격파의 수학을 이용해서 아인슈타인의 장 방정식의 해들 중에 시공간이 가속 팽창하는 것이 있음을 증명해 냈다.[8] 이 해들은 표준 모형에 작은 변화를 가하면 암흑 에너지를 들먹이지 않고도 관측된 은하의 가속 팽창을 설명할 수 있음을 보여 준다.

일반 상대성 이론은 우주가 다양체를 형성한다고 가정한다. 즉 스케일을 아주 크게 확대하면 그 구조는 매끈해진다. 하지만 그렇게 큰 스케일에서 관측된 물질의 분포는 불균일하다. (그림 53) 13억 7000만 광년 길이의 은하들로 구성된 필라멘트(filament)인 슬론 장성(Sloan Great Wall)이 있듯 말이다. 우주론 연구자들은 훨씬 더 큰 스케일에서 그 매끈함이 분명히 드러날 것이라고 믿는다. 그렇지만 오늘날까지, 관측의 범위가 확장되어도 그 불균일성은 사라지지 않고 있다.

영국 수학자인 로버트 맥케이(Robert Mackay)와 콜린 루크(Colin Rourke)는 큰 굴곡들이 국지적으로 다수 존재하는 우주의 불균일한 구조가 우주의 모든 수수께끼를 설명해 줄 수 있다고 주장했다.[9] 그

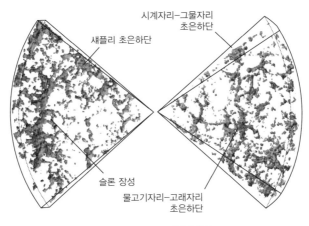

그림 53 우주는 균질하지 않다.

런 구조는 큰 스케일에서의 매끈한 구조보다 관측에 더 가깝다. 그리고 우주가 모든 곳에서 대체로 균일해야 한다는 일반적 원리와도 부합한다. 그런 우주에는 대폭발도 필요 없다. 그런 우주의 전체 상황은 정적일 것이고, 우주는 현재의 추정값인 138억 년보다 훨씬 더 나이가 많을 것이다. 개별 은하들은 생성과 소멸의 주기를 거치면서 10^{16}년 정도는 별다른 변화없이 그 모습을 유지할 것이다. 그리고 그 중심에는 엄청나게 큰 블랙홀이 있을 것이다. 은하의 회전 속도 곡선은 관성 항력(inertial drag) 때문에 평평할 것이다. 그것은 회전하는 거대한 물체가 주변 시공간을 끌고 다닌다는 일반 상대성 이론의 결과이기도 하다. 그 이론은 퀘이사(quasar)에서 관측된 적색 이동(red shift)을 도플러 효과가 아니라 거대한 중력장이 만든 것으로 설명할 것이며, 팽창하는 우주를 암시하지 않을 것이다. 미국 천문학자 핼턴 아프(Halton Arp)가 오래전부터 진전시켜 온 이 이론은 한번도 제대로 논파된 적이 없다. 대안적 모형은 심지어 대폭발의 주된 증거(팽창으로 해석되는 적색 이동은 별도로 하고)인 우주 배경 복사의 온도가 5켈빈이라는 사실도 보여 준다.

맥케이와 루크는 자신들의 이론이 "사실상 현재 우주론의 거의 모든 교리를 뒤집는다. 하지만 어떤 관측 결과와도 모순되지 않는다." 라고 말한다. 그들이 틀렸을 수도 있지만, 아인슈타인의 장 방정식을 그대로 유지할 수 있다는 점은 참 매력적이다. 암흑 물질, 암흑 에너지, 급팽창 이론을 버려도 **여전히** 그 헷갈리는 관측들과 상당히 흡사한 결론들을 얻는다니 말이다. 그러니 앞으로 참으로 밝혀지든 거짓으로 밝혀지든, 그 이론은 우주론 연구자들이, 입증되지 않은 새로운 물리학에 의존하기 전에 좀 더 창의적인 수학 모형들을 염두에 두어야 함을 시사한다. 암흑 물질, 암흑 에너지, 급팽창 이론 각각은 아무도 본 적 없는 완전히 새로운 물리학을 요구한다. …… 과학에서는 모든 문제를 해결한다는 '데우스 엑스 마키나(*deus ex machina*)'가 하나만 있어도 의혹의 눈길을 받기 십상이다. 하물며 셋이라면 우주론만이 아니라 다른 어떤 분야에서도 눈감아 주지 않을 것이다. 공정하게 말해서, 우주 전체를 대상으로 실험을 하는 것은 어려운 일이다. 그러니 우리가 할 수 있는 일이라고는 사유를 통해 이론을 관측에 꿰어 맞추는 것밖에 없다. 그렇지만 만약 어떤 생물학자가 생명을 '생명장(life field)'이라는 관측되지 않는 개념을 사용해 설명하려 한다면 어떻게 될지 생각해 보자. 새로운 종류의 '생물질(vital matter)'과 신종 '생에너지(vital energy)'까지 필요하다고 말하면서, 그중 어느 하나의 존재도 입증하지 못하는 상황이라고 말이다.

우주론의 헷갈리는 영역은 밀쳐 두고, 이제는 인간 스케일에서 특수 상대성 이론과 일반 상대성 이론 양측을 좀 더 편하게 입증하는 방식들을 살펴보자. 특수 상대성 이론은 실험실에서 검증할 수 있고, 현대의 측정 기술들은 대단히 정확하다. 강입자 충돌기 같은 입자 가속기들은 설계자들이 특수 상대성 이론을 고려하지 않았다면 애초에 작동이 불가능하다. 그 기계들에서 무섭게 회전하는 입자들의 속도는 실제로 빛의 속도에 무척 가깝기 때문이다. 일반 상대성 이론에 대한 검증은 대개 여전히 천문학의 영역이고, 중력 렌즈에서 펄서 역학까지 걸쳐 있으며 정확도가 높다. NASA가 지구 저궤도에서 고해상도 자이로스코프를 이용해 실시한 실험은 관성의 틀끌림(frame-drag) 현상을 확인시켜 주었지만, 미처 예측하지 못한 정전기 효과들 때문에 의도했던 만큼의 정밀도를 달성하는 데 실패했다. 그것을 해결하기 위해 데이터를 수정했을 즈음에는 이미 다른 실험들이 같은 결과를 내놓았다.

하지만 일반 상대성 이론과 특수 상대성 이론의 한 예는 우리 가까이에 있다. 그것은 위성 항법 장치를 이용한 자동차 내비게이션 시스템이다. 운전자들이 이용하는 위성 내비게이션 시스템은 24개의 위성들의 연결망인 위성 항법 장치가 보낸 신호들로 자동차의 위치를 계산한다. 위성 항법 장치는 놀랍도록 정확하다. 그것이 제대로 작동할 수 있는 이유는 현대의 전자 공학이 무척 작은 시간 단위들을 믿음직하게 다루고 측정할 수 있기 때문이다. 그 시간 단위들은 무척 정확한 타이밍 신호를 바탕으로 위성들이 송출하고 지상에서 수신하는 펄스들이다. 몇몇 위성들이 보낸 이런 신호들을 비교하면 수신자의 위치가 몇 미터 이내로 포착된다. 이 정도 정확성을 달성하려면 대략 25나노초(10억분의 1초) 내로 그 타이밍 신호를 포착해야 한다. 뉴턴 역학으로는 정확한 위치를 알 수 없다. 뉴턴 방정식에서 고려되지 않은 두 효과인 위성의 움직임과 지구의 중력장이 시간의 흐름을 다르게 만들기 때문이다.

특수 상대성 이론은 그 움직임을 다룬다. 특수 상대성 이론에 따르면 위성의 원자 시계들은 상대론적 시간 팽창 때문에 지상의 시계들에 비해 하루에 7마이크로초(100만분의 1초)씩 뒤처진다. 일반 상대성 이론에 따르면 그 원자 시계들은 지구의 중력 때문에 하루에 45마이크로초 빨라진다. 그 결과, 위성의 원자 시계들은 상대론적 이유들 때문에 하루에 38마이크로초 빨라진다. 대수롭지 않아 보여도, 이것이 위성 항법 장치에 미치는 영향은 결코 적지 않다. 38마이크로초는 3만 8000나노초인데, 이는 위성 항법 장치가 감내할 수 있는 오차의 거의 1500배다. 따라서 그 소프트웨어가 뉴턴 역학을 이용해 여러분의 자동차 위치를 계산한다면 여러분의 위성 내비게이션은 금세 쓸모없어진다. 그 오차는 하루에 10킬로미터의 속도로 커질 테니까 말이다. 뉴턴 역학식 위성 항법 장치에서 10분의 오차가 발생하면 여러분은 엉뚱한 도로에 가 있을 것이다. 내일이면 여러분은 엉뚱한 도시에 가 있을 것이다. 한 달이면 엉뚱한 나라에, 1년이면 엉뚱한 행성에 가 있을 것이다. 만약 여러분이 상대성 이론을 믿지 않으면서 여행 계획을 짜려고 위성 내비게이션을 이용하고 있다면 변명이 좀 필요할 것이다.

14

괴상한 양자 세계

슈뢰딩거 방정식

$$i\hbar\frac{\partial}{\partial t}\Psi = \hat{H}\Psi$$

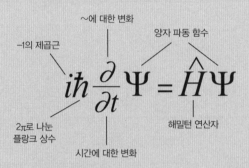

-1의 제곱근

~에 대한 변화

양자 파동 함수

$$i\hbar\frac{\partial}{\partial t}\Psi = \hat{H}\Psi$$

2π로 나눈
플랑크 상수

시간에 대한 변화

해밀턴 연산자

무엇을 말하는가?

슈뢰딩거 방정식은 물질을 입자가 아니라 파동이라고 이야기하며, 그런 파동이 어떻게 전파되는지를 기술한다.

왜 중요한가?

슈뢰딩거 방정식은 일반 상대성 이론과 더불어 현대 물리학에서 가장 영향력 있는 이론인 양자 역학의 기초이다.

어디로 이어졌는가?

아주 작은 스케일의 세계를 다루는 물리학이 근본적으로 수정되었다. 여기서 모든 물체는 가능한 상태들의 확률 구름을 기술하는 '파동 함수'로 기술된다. 이 세계는 본질적으로 불안정하다. 미시적인 양자 역학적 세계와 우리의 거시적인 고전 역학적 세계를 관련지으려는 시도들은 철학적 문제들로 이어지면서 여전히 반향을 불러일으키고 있다. 그렇지만 양자 이론은 실험과 응용 측면에서 아주 잘 이용되고 있으며, 오늘날의 컴퓨터 칩과 레이저는 그것 없이 작동하지 않을 것이다.

1900년에 위대한 물리학자 윌리엄 톰슨 켈빈(William Thomson Kelvin) 경은 당시 열과 빛의 현재 이론, 자연에 대한 거의 완벽한 기술이라고 여겼던 것들이 "두 구름으로 인해 흐려졌다. 첫째는 어떻게 근본적으로 발광하는 에테르 같은 탄성 고체 속에서 지구가 움직일 수 있는가 하는 질문과 관련이 있다. 둘째는 에너지 분배와 관련된 맥스웰-볼츠만 법칙이다."라고 언명했다. 켈빈의 직감은 정확했다. 13장에서 우리는 첫째 질문이 상대성 이론으로 이어져서 해결되는 것을 보았다. 이 장에서는 둘째 질문이 어떻게 현대 물리학의 또 다른 거대한 기둥인 양자 이론으로 이어지는지를 볼 것이다.

양자 역학적 세계는 괴이하기로 악명 높다. 양자 이론이 얼마나 기기묘묘한지 느껴 보지 못했다면 그 이론을 아예 모르는 것이라고 생각하는 물리학자들이 많다. 하지만 그 의견에 대해서는 할 말이 많다. 양자 역학적 세계는 우리에게 친숙한 인간 스케일의 세계와 너무나도 달라서 심지어 가장 단순한 개념조차 전혀 알아볼 수 없게 변한다. 예를 들어 그 세계에서는 빛이 입자이면서 파동이다. 상자 속에 든 고양이가 살아 있으면서 동시에 죽어 있다. …… 여러분이 상자를 열기 전까지는 말이다. 즉 갑자기 그 딱한 동물의 파동 함수가 어느 한 상태로 '붕괴'하는 것이다. 양자적 다중 우주론에 따르면 우리 우주에서는 히틀러가 제2차 세계 대전에서 패배했지만, 다른 우주에서는 히틀러가 승리했을지도 모른다. 그저 우리는 우연히 전자의 세계에 살고—즉 양자 파동 함수로 존재하고—있을 뿐이다. 실재하지만 우리 감각으로 인지할 수 없는 우리의 복사본은 후자의 세계에 살고 있다.

양자 역학은 확실히 괴이하다. 하지만 그것이 진정 **그 정도로** 괴이한가 하는 것은 완전히 다른 문제다.

모든 것은 전구에서 시작되었다. 그 출발점은 적절했다. 전구는 맥스웰이 너무나 눈부시게 통합해 낸, 전기와 자기에서 쏟아져 나온 주제들이 적용된 가장 위대한 발명품들 중 하나였기 때문이다. 1894년, 막스 플랑크(Max Plank)라는 독일 물리학자가 한 전기 회사에서 일하게 되었다. 가능한 한 적은 전기 에너지를 소모하면서 가장 밝은 빛을 내는 효율적인 전구를 설계하는 것이 그의 임무였다. 그는 이 문제의 핵심이 물리학의 근본 문제에 닿아 있다고 생각했다. 1859년에 또 다른 독일 물리학자인 구스타프 키르히호프(Gustav Kirchhoff)가 제기한 바로 그 문제였던 것이다. 그 문제는 자신에게 오는 모든 전자기파를 흡수하는 흑체(black body)라는 이론적 구조물과 관련이 있다. 문제는 흑체가 복사를 **어떻게 방출할까** 하는 것이었다. 복사를 몽땅 비축할 수는 없으니 일부는 도로 방출되어야 한다. 구체적으로, 방출된 복사의 세기는 그 진동수나 온도와 어떤 관계일까?

열역학에서 이미 나온 답에 따르면 흑체는 벽이 완벽한 거울들로 둘러싸인 상자라고 할 수 있다. 전자기파는 거울에 반사되어 앞뒤로 튕긴다. 이 계가 평형 상태에 도달하면 상자 안의 에너지는 다양한 진동수들 사이에 어떻게 분배될까? 1876년 볼츠만은 '에너지 등분배 정리'를 입증했다. 에너지는 독립적인 운동 성분들 각각에 균등하게 할당된다. 이 성분들은 바이올린 현의 기본 파동인 정상 모드와 완전히 동일하다.

이 답에는 딱 한 가지 문제가 있었다. 옳을 리가 없다는 것이었다. 그것은 여러 진동수로 방출된 전체 에너지가 무한해야 한다는 뜻

세계를 바꾼 17가지 방정식

이었다. 이 역설적 결론은 '자외선 파탄(ultraviolet catastrophe)'이라고 알려져 있다. 자외선이라 함은 그것이 고주파 범위에 속했기 때문이고, 파탄이라 함은 말 그대로 파탄 상태였기 때문이다. 어떤 실제 물체도 무한한 양의 에너지를 방출할 수 없다.

비록 플랑크는 이 문제를 알고 있었지만 개의치 않았다. 그는 어차피 에너지 등분배 정리를 믿지 않았다. 하지만 플랑크의 연구는 그 역설을 해결했고 자외선 파탄을 제거해 버렸다. 비록 그는 자신이 해냈다는 것을 나중에서야 깨달았지만 말이다. 그는 어떻게 에너지가 진동수에 따라 달라지는지를 보여 주는 실험적 관측 데이터를 사용해서 그 데이터에 수학적 공식을 꿰맞췄다. 그의 공식은 1900년대 초에 도출되었는데, 처음에는 어떤 물리학적 기반도 없었다. 그저 들어맞는 공식일 뿐이었다. 그해에 플랑크는 자신의 공식을 고전 열역학의 공식과 조화시키려고 노력하기도 했다. 결국에 그는 열역학이 가정하는 것과는 달리 흑체의 진동 모드의 에너지 준위가 연속적으로 변하지 않는다고 결론지었다. 그 대신, 에너지 준위들은 작은 단위들로 구분되어 별개로 존재해야 했다. 사실 어떤 주어진 진동수에서도, 에너지는 그 진동수에 무척 작은 상수를 곱한 값의 정수배가 되어야 했다. 오늘날 그 상수는 플랑크 상수(Planck's constant)라고 불리며, h로 표기된다. 그 값은 줄초(J·s) 단위로 나타내면 $6.62606957(29) \times 10^{-34}$인데, 괄호 안의 숫자는 정확한 값은 아니다. 이 값은 플랑크 상수와 더 측정하기 쉬운 다른 물리량들 사이의 이론적 관계에서 도출된다. 그런 측정값들 중 최초의 것은 다음에 설명할 광전 효과를 이용해 로버트 밀리컨(Robert Millikan)이 내놓았다. 그 조그만 에너지 덩어리들은 오늘날 양자(복수형 quanta, 단수형

quantum)라고 불리는데, '얼마나 많이'라는 뜻의 라틴 어인 'quantus'
에서 왔다.

플랑크 상수는 작을지 몰라도, 한 주어진 진동수에 대한 에너지
준위의 집합이 불연속적이라면 전체 에너지는 유한한 것으로 나타
난다. 그러므로 자외선 파탄은 연속체 모형이 자연을 반영하는 데 실
패했다는 신호였다. 애초에 플랑크는 그런 생각을 하지 못했다. 그는
자신의 불연속적 에너지 준위들을 합리적 공식을 얻기 위한 수학적
수단으로 여겼다. 사실 볼츠만은 1877년에 비슷한 개념을 가지고 궁
리해 보았지만 구체적인 결론에 도달하지 못했다. 아인슈타인이 풍
부한 상상력을 발휘하며 이 문제에 접근했을 때 비로소 모든 것이 변
했고, 물리학은 새로운 영역에 들어섰다. 아인슈타인은 특수 상대성
이론을 발표했던 해인 1905년에 광전 효과 연구 결과도 발표했다. 광
전 효과란 금속판 표면에 빛을 쪼이면 전자가 튀어나오는 현상이다.
그 3년 전에 필리프 레나르트(Philipp Lenard)는 빛의 진동수가 높으
면 높을수록 전자들이 가진 에너지가 더 높아진다는 것을 발견했다.
그렇지만 맥스웰이 충분히 입증한 빛의 파동 이론은 전자의 에너지
가 빛의 세기에 의존하지 진동수에 의존하지 않음을 시사한다. 아인
슈타인은 플랑크의 양자 개념이 이 간극을 설명해 준다는 것을 깨달
았다. 아인슈타인은 빛이 파동이라기보다는 오늘날 광자라고 불리는
작은 입자들로 구성된 것이라고 생각했다. 특정 진동수의 광자가 가
진 에너지는 진동수에 플랑크 상수를 곱한 값이어야 했다. 플랑크의
양자처럼 말이다. 광자는 빛의 양자였다.

아인슈타인의 광전 효과 이론에는 명백한 문제가 하나 있었다. 빛이

입자라고 가정한다는 것이었다. 하지만 빛이 파동이라는 증거는 차고 넘쳤다. 따라서 광전 효과는 빛의 파동성과 양립할 수 없었다. 그렇다면 빛은 파동인가 아니면 입자인가?

그렇다.

양쪽 다다. 혹은 둘 다로 보이게 하는 성질을 지녔다. 빛은 어떤 실험에서는 파동처럼 행동하다가 다른 실험에서는 입자처럼 행동했다. 물리학자들이 우주의 아주 작은 스케일을 붙들고 씨름하게 되었을 때, 그들은 빛만 그 이상한 이중성을 가진 것은 아니라고 결론지었다. 모든 물질이 때로는 입자이고, 때로는 파동이었다. 물리학자들은 그것을 파동-입자 이중성(wave-particle duality)이라고 불렀다. 1924년에 물질의 이중성을 파악한 최초의 인물은 루이빅토르 드 브로이(Louis-Victor de Broglie)였다. 그는 플랑크 법칙을 에너지 개념이 아니라 운동량 개념으로 다시 기술했다. 그리고 입자일 때의 운동량과 파동일 때의 운동량 사이에 어떤 관련성이 있어야 한다고 주장했다. 이 둘을 한데 곱하면 여러분은 플랑크 상수를 얻을 수 있다. 3년 후, 적어도 전자에 대해서는 드 브로이가 옳았음이 입증되었다. 우선 전자는 입자다. 관측을 통해 전자가 입자처럼 행동하는 것을 관측할 수 있다. 한편 전자는 파동처럼 회절하기도 한다. 1988년에 소듐(나트륨)의 원자들 또한 파동처럼 행동하는 것이 발견되었다.

물질은 입자도 아니고 파동도 아니지만 양쪽의 성질을 약간씩 갖추고 있다. 이를 파립자(wavicle)라고 부른다.

물질의 이중성에 대한 다소 직관적인 몇몇 이미지들이 만들어졌다. 그중 하나에서 입자는 파동들이 한곳에 모인 덩어리인데, 이를 파속(wave packet)이라고 한다. (그림 54) 그 파속은 전체로서 하나의

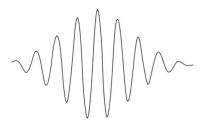

그림 54 파속.

입자처럼 행동할 수 있지만, 일부 실험들은 그 내부의 파동 구조를 살펴볼 수도 있다. 사람들의 관심은 파립자의 이미지를 만드는 것에서 파립자의 운동 패턴을 알아내는 것으로 옮겨 갔다. 그 원정이 재빨리 목적을 달성하자 양자 이론에서 핵심적인 방정식이 등장했다.

그 방정식은 슈뢰딩거의 이름을 달고 있다. 1927년에 슈뢰딩거는 베르너 하이젠베르크(Werner Heisenberg) 같은 물리학자들의 연구 성과를 기반으로 양자적 파동 함수를 보여 주는 미분 방정식을 세웠다. 그 방정식은 다음과 같다.

$$i\hbar \frac{\partial}{\partial t}\Psi = \hat{H}\Psi$$

여기서 Ψ는 파동을 나타내는 함수고, t는 시간(그러므로 Ψ에 적용된 $\partial/\partial t$는 시간에 따른 변화율이다.)이며, $\hat{H}$는 해밀턴 연산자(Hamiltonian operator)이다. 그리고 $\hbar$는 $h/2\pi$인데, 여기서 h는 플랑크 상수다. 그리고 i는 가장 이상한 존재로, -1의 제곱근이다. (5장 참조) 슈뢰딩거 방정식은 익숙한 파동 방정식에서 그렇듯이 실수만이 아니라 복소수

세계를 바꾼 17가지 방정식

로 정의된 파동에도 적용된다.

그렇다면 이것은 무엇의 파동인가? 고전 역학에서 파동 방정식(8장 참조)은 공간 속에서 파동을 규정하고, 그 해는 공간과 시간의 수치 함수(numerical function)다. 슈뢰딩거 방정식도 마찬가지다. 그렇지만 이제 파동 함수 Ψ는 단순히 실수의 값만이 아니라 복소수의 값도 취한다. 그것은 그 높이가 2+3i인 대양의 파도와 좀 비슷하다. i의 등장은 가장 신비롭고 심오한 양자 역학의 특색이다. 이전에 i는 방정식들의 해나 그 해를 구하는 과정에서 등장했다 문제가 해결되면 함께 사라지는 것이었다. 그렇지만 여기서 i는 물리 법칙을 나타내는 방정식에서 한자리를 차지한다.

이것을 해석하는 한 가지 방식은, 양자 역학적 파동이 실제 파동들의 쌍이라는 것이다. 마치 하나의 복잡한 대양의 파도가 실제로는 각각 높이가 2와 3이며 방향이 서로 직각을 이루는 두 파도로 이루어지듯이 말이다. 하지만 그렇게 단순하지는 않다. 그 두 파동은 고정된 모양을 갖지 않기 때문이다. 시간이 지나면서 그야말로 온갖 모양들이 되풀이되는데, 신비롭게도 그들은 서로 연결되어 있다. 그것은 빛의 파동이 띠는 전기적 성분 및 자기적 성분과 약간 비슷하지만, 이제 전기와 자기 사이에는 '변환'이 이루어진다. 그 두 파동은 하나의 모양이 띠는 두 양상으로, 복소 평면에서 그 단위원 주위를 꾸준히 회전한다. 이 회전하는 모양의 실수 부분과 허수 부분 양쪽다 특정 방식으로 변한다. 그들은 결합해 사인 곡선적으로 달라지는 양들이 된다. 수학적으로 이것은 양자 역학적 파동 방정식이 특정한 종류의 **위상**(phase)을 가진다는 개념으로 이어진다. 그 위상에 대한 물리적 해석은, 고전 역학적 파동 방정식에 등장하는 위상의 역할과 비슷하지만 같지는 않다.

푸리에 방법으로 어떻게 열 방정식과 파동 방정식을 모두 풀었는지 기억하는가? 몇몇 특수해들, 특히 푸리에 급수에서 사인 함수와 코사인 함수는 유쾌한 수학적 성질을 지니고 있다. 다른 모든 해들은 아무리 복잡해도 그저 정상 모드 여러 개를 겹쳐 놓은 것에 불과하다. 우리는 비슷한 아이디어를 사용해 슈뢰딩거 방정식을 풀 수 있다. 그러나 여기서는 기본 패턴들이 사인 함수와 코사인 함수보다 좀 더 복잡하다. 그들은 '고유 함수(eigenfunction)'라고 불리며, 다른 모든 해들과는 구분된다. 고유 함수는 공간과 시간 양쪽에 대한 일반 함수가 아니라 오로지 공간에서만 정의되는 함수로, 시간에만 의존하는 함수와 곱해진다. 공간과 시간 변수들은, 전문 용어로 말하자면, 분리 가능하다. 고유 함수들은 해밀턴 연산자에 따라 달라진다. 해밀턴 연산자는 관련된 물리계를 수학적으로 나타낸다. 다른 계들—퍼텐셜 우물(potential well)에서의 전자, 충돌하는 광자 쌍 등등—은 다른 해밀턴 연산자를 가지므로, 고유 함수도 다르다.

단순하게 생각해서, 고전 역학적 파동 방정식의 정상파 하나를 떠올려 보자. 양 끝이 핀으로 고정된 진동하는 바이올린 현이면 된다. 매 순간 그 현의 모양은 거의 동일하지만, 진폭은 다르다. 그것은 그림 35(227쪽)에서 보듯이 시간에 따라 사인 곡선적으로 달라진다. 양자 역학적 파동 방정식의 복소수 위상도 그와 비슷하지만 시각화하기 더 어렵다. 개별 고유 함수에 대해서, 양자 역학적 위상은 그저 시간 좌표를 옮기는 것 정도의 효과만 가진다. 몇몇 고유 함수들이 중첩되어 있을 때, 여러분은 파동 방정식을 그 함수들로 쪼갠다. 순전히 공간에만 의존하는 성분 함수 각각을 순전히 시간에만 의존하

세계를 바꾼 17가지 방정식

는 성분 함수와 곱하고, 복소 평면에서 단위원 주위로 시간에 대한 부분을 적절한 속도로 회전시킨다. 그리고 그 조각들을 다시 더한다. 분리된 각 고유 함수는 복소 진폭을 가지고, 자신의 특정 진동수에 맞게 조절된다.

복잡한 이야기처럼 들릴지도 모르지만, 파동 방정식을 고유 함수로 쪼개지 않았다면 아예 무슨 말인지도 몰랐을 것이다. 적어도 여러분에게는 기회가 있는 것이다.

아무리 이처럼 복잡해도, 양자 역학은 그저 하나 대신 두 파동을 낳는, 고전 역학적 파동 방정식의 화려한 형태일 수도 있다. 헷갈리는 반전만 없었다면 말이다. 여러분이 고전 역학적 파동들을 관측할 수 있다면, 몇몇 푸리에 모드들이 겹쳐 있다 하더라도 그 파동들이 어떤 모양인지 알아볼 수 있다. 그렇지만 양자 역학에서 여러분은 전체 파동 함수를 결코 관측할 수 없다. 여러분이 관측할 수 있는 것은 단 하나의 성분이 되는 고유 함수뿐이다. 개략적으로 말해, 여러분이 이 성분 함수들 중 둘을 동시에 관측하려고 하면, 하나의 측정 과정이 다른 것의 측정 과정을 방해한다.

이는 즉각 어려운 철학적 문제로 이어진다. 전체 파동 함수를 관찰할 수 없다면, 그것은 과연 실제로 존재하는 것일까? 그것은 진정 물리적 실체인가 아니면 그저 편리한 수학적 함수인가? 관측할 수 없는 양이 과학적으로 의미가 있는가? 슈뢰딩거의 유명한 고양이가 이야기에 끼어드는 것이 바로 이 지점이다. 그것은 양자 역학적 측정이 무엇인가를 해석하기 위한 표준적인 방법인 코펜하겐 해석(Copenhagen interpretation) 때문에 등장한다.[1]

어떤 중첩된 상태의 양자계를 상상해 보자. 예를 들어 전자에는 고유 함수로 정의되는 순수 상태(pure state)인 스핀업(spin-up)과 스핀다운(spin-down)이 중첩되어 있다. (스핀업과 스핀다운이 무슨 뜻인지는 중요하지 않다.) 그렇지만 여러분이 그 상태를 관측하면 스핀업 상태든 스핀다운 상태든 둘 중 하나를 관측하게 된다. 두 상태의 중첩을 관측할 수는 없다. 게다가 일단 그중 하나—스핀업 상태라고 하자.—를 관측하면 그것이 전자의 실제 상태가 **된다**. 이유는 몰라도 관측하는 행위 자체가 그 중첩으로 하여금 특정 고유 함수로 변하게 만드는 듯하다. 코펜하겐 해석은 이 명제를 곧이곧대로 이야기한다. 여러분의 측정 과정이 원래의 파동 함수를 단일한 순수 고유 함수로 **붕괴시킨다**.

수많은 전자들을 관측하다 보면, 가끔은 스핀업 상태가, 가끔은 스핀다운 상태가 나타난다. 여러분은 전자가 그 상태들 중 어느 하나일 확률을 추론할 수 있다. 그러니 파동 함수 자체는 일종의 확률 구름(probability cloud)으로 해석할 수 있다. 그것은 전자의 실제 상태가 아니라, 여러분이 전자를 관측할 때 특정 결과를 얻을 확률이 얼마나 되는지를 보여 준다. 이때, 파동 함수는 **실물**이 아니라 통계적 패턴이 된다. 그러니 케틀레가 인간의 키를 측정해 발달 중인 배아가 일종의 종형 곡선을 가지고 있다고 증명할 수 없는 것처럼 확률 구름으로 파동 함수의 실존 여부를 입증할 수 없다.

코펜하겐 해석은 직접적이고 실험에서 일어나는 것을 반영하며, 여러분이 양자계를 관측할 때 무슨 일이 일어나는가에 관해 아무런 세부 가정도 취하지 않는다. 이런 이유들 때문에 지금 활동 중인 물리학자들 대다수는 그것을 사용하며 무척 만족스러워 하고 있다. 그렇지만 그 이론이 비판에 시달리던 초기에는 그렇지 않은 학자들이 여럿 있었으며 지금까지도 몇 사람이 남아 있다. 그 반대자들 중 한 사람이 바로 슈뢰딩거 자신이었다.

1935년에 슈뢰딩거는 코펜하겐 해석 때문에 골치를 썩이고 있었다. 그는 실용적 수준에서 전자와 광자 같은 양자계에 대해 그 해석이 들어맞는 것을 볼 수 있었다. 그렇지만 아무리 양자계 깊숙한 곳에는 양자 역학적 입자들이 덩어리진 채 들끓고 있다 해도, 막상 자기 주변 세계는 그와 달랐다. 할 수 있는 한 차이를 확연하게 만들 방법을 찾다가, 슈뢰딩거는 양자 역학적 입자가 고양이에게 극적이고 명백한 효과를 미치는 사고 실험을 떠올렸다.

머릿속에 상자 하나를 그려 보자. 그 상자는 닫혀 있을 때는 모든 양자 역학적 상호 작용의 영향을 받지 않는다. 이제 방사성 원자 하나, 방사선 탐지기, 독이 든 플라스크 하나, 그리고 살아 있는 고양이 한 마리를 상자 속에 놓는다. 그러고 나서 상자를 닫고 기다린다. 어느 시점에 이르면 방사성 원자가 붕괴하면서 입자 하나가 방출된다. 탐지기가 그것을 포착하면 설정된 대로 플라스크가 깨져서 안에 든 독이 새어 나온다. 그러면 고양이는 죽는다.

양자 역학에서 방사성 원자의 붕괴는 무작위적 사건이다. 바깥에서 보면 관측자는 원자가 붕괴했는지 아닌지 모른다. 만약 붕괴했다면 고양이는 죽었을 것이고, 붕괴하지 않았다면 고양이는 살았을 것이다. 코펜하겐 해석에 따르면, 누군가가 원자를 관측할 때까지 원자는 붕괴한 것과 붕괴하지 않은 것이라는 두 양자 역학적 상태가 중첩된 상태에 있을 것이다. 동일한 것이 탐지기, 플라스크, 고양이에게도 해당된다. 그러므로 고양이는 두 상태, 즉 죽어 있는 상태와 살아 있는 상태의 중첩이다.

상자는 모든 양자 역학적 상호 작용의 영향을 받지 않으므로, 원자가 붕괴했는지, 고양이가 죽었는지 알아낼 수 있는 유일한 방법은 상자를 여는 것뿐이다. 코펜하겐 해석은 그렇게 하는 순간 파동 함수가 붕괴하고 고양이가 갑자기 하나의 순수한 상태, 즉 죽은 상태 또는 살아 있는 상태로 전환된다고 말해 준다. 그렇지만 상자 내부는, 생(生)과 사(死)가 중첩된 상태에 있는 고양이를 전혀 관측할 수 없는, 우리가 있는 외부 세계와 전혀 다르지 않다. 그러니 우리가 상자를 열고 내용물을 살펴보기 전에, 그 안에는 틀림없이 죽은 고양이가 있거나 살아 있는 고양이가 있을 것이다.

슈뢰딩거가 이 사고 실험을 떠올린 것은 코펜하겐 해석을 비판하기 위해서였다. 미시적 양자계는 중첩의 원리를 따르며 혼재된 상태에 존재할 수 있지만, 거시적 양자계는 그럴 수 없다. 미시적 계인 원자를 거시적 계인 고양이와 연결시킴으로써 슈뢰딩거는 코펜하겐 해석의 오류를 지적하려고 했다. 그것은 고양이에게 적용되면 헛소리가 된다. 그러니 물리학자들 다수가, 결과적으로 다음과 같이 반응했을 때 슈뢰딩거는 틀림없이 경악했을 것이다. "그래요, 에르빈, 당신 말이 절대적으로 옳아요. 누군가 그 상자를 열기 전까지 고양이는 사실 동시에 죽어 있으면서 살아 있어요." 특히 그가 상자를 열어 본다 해도 누가 옳은지를 알아낼 수 없다는 생각이 떠올랐을 때는 더욱 놀랐으리라. 그는 살아 있는 고양이나 죽어 있는 고양이 중 하나를 관측할 수 있다. 자신이 그 상자를 열기 전에 고양이가 그 상태에 있었다고 추론할 수는 있겠지만, 확신할 수는 없다. 관측 결과

세계를 바꾼 17가지 방정식

는 코펜하겐 해석과 일치했다.

그래, 좋다. 그렇다면 상자 안에 필름 사진기를 추가해서 실제로 무슨 일이 일어나는지 촬영해 보자. 그러면 답이 나오리라. "아, 안 돼요." 물리학자들이 대답한다. "당신은 상자를 열고 나서 카메라가 찍은 것을 볼 수 있을 뿐이에요. 그전에, 필름 또한 중첩된 상태에 있어요. 살아 있는 고양이를 찍었거나, 죽어 있는 고양이를 찍었겠죠."

코펜하겐 해석 덕분에 물리학자들은 일일이 계산하여 양자 역학이 예측하는 바를 분류하는 작업에서 해방되었다. 고전 역학적 세계가 어떻게 양자 역학적 토대를 바탕으로 등장할 수 있었는가 — 양자 스케일로는 상상할 수 없을 만큼 복잡한 거시적 장치가 어찌하여 양자 역학적 상태를 측정한 것인가 — 하는, 불가능한 것은 아닐지라도 대단히 어려운 문제를 굳이 다룰 필요가 없어진 것이다. 코펜하겐 해석이 그 일을 해낸 이후로 물리학자들은 철학적 문제에 관심을 두지 않았다. 그래서 여러 세대의 물리학자들은 슈뢰딩거가 양자 중첩이 거시 세계에도 확장되는 것을 보여 주기 위해 그 고양이를 떠올렸다고 배웠다. 실제로 슈뢰딩거가 그들에게 하려던 말은 정반대였지만 말이다.

물질이 전자 및 원자 수준에서 기묘하게 행동한다는 것은 실상 그다지 놀랄 만한 이야기가 아니다. 처음에는 그 낯선 생각에 저항감을 느낄 수도 있겠지만, 전자가 실제로 조그만 **물질** 덩어리라기보다는 조그만 파동 덩어리라고 생각한다면, 우리는 그것과 더불어 살아가는 법을 배울 수 있다. 만약 그것이 전자가 그저 축 위로나 축 아래로만 도는 것이 아니라 양쪽 다로 조금씩 돌고 있는 약간 괴이한 상태라는 뜻이라도, 우리는 더불어 살아갈 수 있다. 그리고 만약 측정 도구들의 한계상 우리가 절대로 그런 운동을 하는 전자를 따라잡을 수 없다면, 다시 말해 어떻게 하든 반드시 위 또는 아래라는 한 가지 순수한 상태만 측정할 수 있다면, 그냥 그러려니 하면 된다. 만약 동일한 것이 방사성 원자에 적용된다면, 그리고 그 상태가 '붕괴' 또는 '붕괴하지 않음' 중 하나라면, 전자의 경우와 마찬가지로 그 구성 입자들이 포착하기 힘든 상태를 가졌기 때문에, 우리는 직접 측정을 하기 전까지 원자 자체, 즉 그 전체가 그런 상태들의 중첩일지도 모른다는 것까지 받아들일 수 있다. 그렇지만 고양이는 고양이라서, 그 동물이 살아 있으면서 동시에 죽어 있다고 생각하려면 상상력을 아주 크게 확장해야 할 것이다. 그것도 오로지 고양이가 들어 있는 상자를 여는 순간 중첩된 상태가 어느 한쪽으로—기적과도 같이—붕괴하기 위해서 말이다. 만약 양자 역학적 세계가 중첩된 상태, 즉 살아 있는/죽어 있는 고양이를 요구한다면, 왜 그 세계는 굳이 우리가 그런 상태를 관측하지 못하도록 숨는가?

아주 최근까지도 고유 함수를 구하려면 어떤 종류의 측정이든, 어떤 '관측 가능성'이든 필요하다는 양자 이론의 형식주의에는 타당한 이유가 있다. 양자계가 슈뢰딩거 방정식에 따라 파동이어야 하는 이유는 그보다 훨씬 더 타당하다. 여러분이라면 전자에서 후자로 어떻게 가겠는가? 코펜하겐 해석은 어떤 이유에서인지(이유는 묻지 말자.) 측정 과정 자체가 그 복잡한, 중첩된 파동 함수를 한 단일한 고유 함수로 붕괴시킨다고 선포한다. 이런 명제를 들은 물리학자라면 계속해서 측정하고 관측해서 그 고유 함수들을 구하는 일에 몰두해야 한다. 난처한 질문들은 그만 던지고 말이다. 만약 여러분이 실험에 부합하는 답들을 구했는지로 성공 여부를 따진다면 그것은 놀랍도록 효과를 발휘한다. 그리고 만약 슈뢰딩거 방정식이 파동 방정식으로 하여금 이런 식으로 행동하도록 허용했다면 모든 것이 좋았을 것이다. 그렇지만 실상은 그렇지가 않다.『멀티 유니버스(*The Hidden Reality*)』에서 브라이언 그린(Brian Greene)은 이렇게 말한다. "심지어 조심스러운 탐색조차 불편한 특색을 드러낸다. …… 한 파동의 즉각적 붕괴는 슈뢰딩거의 계산에서 절대로 나올 수 없다." 그 대신, 코펜하겐 해석은 그 이론에 손쉽게 접근할 수 있는 실용적 방법이었다. 즉 그들이 진정 무엇인지를 이해하거나 직시하지 않은 채 측정들을 다루는 한 방식이었던 것이다.

이것은 다 좋았다. 하지만 슈뢰딩거가 지적하려던 것은 아니다. 그가 전자나 원자가 아니라 고양이를 거론한 이유는 고양이가 자신이 생각하는 핵심 문제를 선명하게 보여 주기 때문이다. 고양이는 우리가 사는 거시적 세계에 속하고, 그 세계에서 물질은 양자 역학적 방식으로 행동하지 않는다. 우리가 보는 것은 중첩된 고양이가 아니다.[2] 슈뢰딩거는 우리에게 익숙한 '고전적' 우주가 왜 기저에 놓인 양자 역학적 세계와 닮지 않았는지를 묻고 있었다. 만약 세계가 기반으로 삼고 있는 모든 것이 중첩된 상태로 존재할 수 있다면, 왜 우주는 고전 역학적인 모습을 하는가? 지금까지 많은 물리학자들은 실험을 통해 전자들과 원자들이 실제로 양자 역학과 코펜하겐 해석이 말하는 방식으로 행동한다는 것을 보여 주었다. 하지만 그 실험들은 고양이를 가지고 그 실험을 해야 한다는 점을 놓쳤다. 이론가들은 고양이가 자신의 상태를 관측할 수 있을까, 혹은 다른 사람이 몰래 상자를 열어서 안에 무엇이 있는지를 적어 놓는다면 어떨까를 궁금해 했다.

그들은 슈뢰딩거와 동일한 논리를 따라서, 만약 고양이가 자신의 상태를 관측한다면, 상자에는 자신이 죽어 있는 것을 관측한 죽은 고양이와, 자신이 살아 있는 것을 관측한 살아 있는 고양이 양쪽의 중첩이 들어 있을 것이라고 결론을 내렸다. 합당한 관측자(물리학자)가 상자를 열 때까지는 말이다. 그러고 나면 모든 것은 한쪽이나 다른 쪽으로 붕괴한다. 마찬가지로 그 친구 역시 두 친구 상태의 중첩이 되었다. 한 친구는 죽은 고양이를 보았고 다른 친구는 살아 있는 고양이를 보았다. 그리고 물리학자가 상자를 열면 그중 한 친구의 상태가 붕괴한다. 여러분은 **우주** 전체의 상태가 죽은 고양이가 있는 우주와 살아 있는 고양이가 있는 우주의 중첩이 될 때까지 이런 식으로 계속할 수 있다. 그리고 나서 물리학자가 상자를 열면 어느 한쪽 상태의 우주가 무너질 것이다.

이 모든 이야기는 다소 당혹스럽다. 물리학자들은 그 문제들을 해결하지 않으면서도 연구를 계속할 수 있었다. 그리고 해결해야 할 무언가가 **존재한다는** 사실마저 부정할 수도 있었다. 하지만 뭔가 놓친 것이 있었다. 예를 들어 아펠로베트니스 III라는 외계 행성에 사는 외계인 물리학자가 상자를 연다면 우리에게 무슨 일이 일어날까? 1962년의 쿠바 미사일 위기가 고조되었을 때 실제로 핵전쟁이 일어나 우리 모두가 날아가 버렸으며 그 후로 내내 빌려 온 시간을 살고 있었다는 사실을 갑자기 깨닫게 되는 것은 아닐까?

코펜하겐 해석이 가정하는 측정 과정은 깔끔하고 매끈한 수학적 연산이 아니다. 어떻게 그 결론에 도달하는지를 설명해 달라는 요청을 받으면 코펜하겐 해석은 "원래 그런 거예요."라고 대답한다.

파동 함수가 단일한 고유 함수로 붕괴되는 이미지는 측정 과정의 입력과 출력을 설명하지만, 이쪽에서 저쪽으로 어떻게 가는지는 설명하지 못한다. 하지만 실제로 측정을 할 때 그저 마법 지팡이를 휘두른 것처럼 파동 함수가 슈뢰딩거 방정식을 따르지 않고 붕괴되는 것이 아니다. 양자 역학적 관점에서는 어마어마하게 복잡한 어떤 일, 너무 어마어마하게 복잡해서 현실적으로 그 모형을 만들 가망이 없는 일이 벌어지는 것이다. 예를 들어 여러분이 전자의 스핀을 측정하기 위해 어떤 장치로 전자의 상태를 측정한다고 해 보자. 그 장치에는 '스핀업' 또는 '스핀다운'을 가리키는 바늘, 또는 계기판이나 컴퓨터에 전송되는 신호가 있다. …… 이 장치는 **한** 상태를, 오로지 단 하나의 상태에 대한 측정값을 내놓는다. 여러분은 그 바늘을 스핀업 상태와 스핀다운 상태의 중첩으로 보지 않는다.

우리는 여기에 익숙해져 있다. 그것이 고전 역학적 세계가 작동하는 방식이기 때문이다. 하지만 그 밑의 세계는 양자 역학적 세계로 구성되어 있다. 고양이를 스핀 측정 장치로 대체하면 그것은 실상 중첩된 상태로 존재할 것이다. 양자계의 관점에서 그 장치는 유난히 복잡하다. 그 안에는 엄청난 수의 입자들이 있는데, $10^{25} \sim 10^{30}$개로 추산된다. 그 장치는 어떻게 해서인지는 모르겠지만, 이 엄청난 수의 입자들을 개별 전자들과 상호 작용시킴으로써 측정을 한다. 그 장치를 제조하는 회사의 전문성에 대해서는 분명히 끝도 없이 감탄해야 할 것이다. 그토록 어지러운 무언가에서 합리적인 무언가를 추출한다니, 거의 믿기 어려울 지경이다. 그것은 마치 도시를 걸어가게 함으로써 누군가의 발 치수를 알아내려고 하는 것과 비슷하다. 그렇지만 여러분이 영리하다면(가는 길에 신발 가게를 들르도록 배치한다면) 합리적인 결과를 얻을 수 있을 테고, 영리한 장치 설계자는 전자 스핀을 측정해 의미 있는 수치를 얻어 낼 수 있을 것이다. 하지만 현실적으로 그런 장치가 어떻게 진짜 양자계로 작용하는지를 상세히 모형화할 가능성은 전혀 없다. 세부적으로 고려해야 할 사항이 너무 많아서, 세계에서 가장 큰 컴퓨터라도 갈팡질팡할 것이다. 슈뢰딩거 방정식을 사용하는 실제 측정 과정을 분석하기가 어려운 것은 바로 그 때문이다.

그렇지만 우리는 확실히 우리의 고전 역학적 세계가 어떻게 양자 역학적 세계로부터 등장하는지 약간은 이해할 수 있다. 단순하게 거울을 때리는 한 줄기 빛으로 시작해 보자. 고전 역학에서 스넬의 법칙은 빛줄기가 입사각과 동일한 각도로 반사된다고 주장한다. 물리학자인 리처드 파인만(Richard Feynman)은 양자 전기 역학에 관해 쓴 『일반인을 위한 파인만의 QED 강의(QED: The Strange Theory of Light and Matter)』에서 양자 역학적 세계에서 일어나는 일은 그런 것이 아니라고 설명한다. 빛줄기는 실상 광자들의 흐름이다. 그리고 각 광자는 온갖 곳에서 다 튕길 수 있다. 하지만 가능한 모든 것들을 중첩한다면, 여러분은 스넬의 법칙을 얻는다. 자신이 때린 각도와 매우 비슷한 각도로 다시 튕겨 나오는 광자들이 압도적으로 많기 때문이다. 파인만은 심지어 복잡한 수학을 이용하지 않고도 그 이유를 보여 주는 데 성공했다. 이 뒤에는 정지 위상의 원리(principle of stationary phase)라는 일반적인 수학 개념이 있기는 했지만 말이다. 여러분이 한 광학계에서 모든 양자 역학적 상태들을 중첩한다면, 빛줄기가 가장 짧은(걸린 시간을 기준으로) 경로를 따르는 고전 역학적 결과를 얻을 수 있다. 심지어 여러분은 온갖 잡다한 것들까지 더해 고전 파동 광학

(classical wave optics)에서 등장하는 회절 무늬들로 빛줄기 경로들을 장식할 수 있다.

그 예는 가능한 모든 세계들의 중첩—이 경우에는 광학 좌표계—이 고전 역학적 세계를 낳는다는 것을 매우 분명하게 보여 준다. 가장 중요한 특징은 빛줄기의 상세한 기하라기보다는 그것이 고전 역학적 수준에서 오로지 **한** 세계를 낳는다는 사실이다. 개별 광자들의 양자 역학적 세부 사항들로 내려가면, 여러분은 고유 함수들을 비롯해 중첩에 필요한 모든 부속품들을 관측할 수 있다. 그렇지만 위쪽의 인간 스케일에서 보면 그 모든 것들은 상쇄되면서—즉 한데 더해져—깔끔한 고전 역학적 세계가 된다.

그 설명의 다른 부분은 '결어긋남(decoherence)'이라는 용어로 기술된다. 우리는 양자 역학적 파동이 진폭만이 아니라 위상도 가졌음을 보았다. 그것은 무척 재미있는 위상으로, 복소수이지만, 그럼에도 위상이다. 그 위상은 어떤 중첩에서든 절대적으로 중요하다. 여러분이 두 중첩된 상태들을 가져다 하나의 위상을 바꾼 후 둘을 도로 합친다면, 여러분이 얻는 것은 처음 것과는 전혀 다를 것이다. 여러분이 여러 성분을 가지고 똑같은 일을 해 보면, 재조립된 파동은 거의 무엇이든 될 수 있다. 위상 정보의 손실은 슈뢰딩거의 고양이 같은 그 어떤 중첩도 망가뜨린다. 여러분은 그것이 살아 있는지 죽어 있는지만 알 수 없는 것이 아니다. 아예 그것이 고양이라고 말할 수도 없다. 양자 역학적 파동이 좋은 위상 관계들을 유지하지 않으면, 그것들은 흩어진다. 그것들은 좀 더 고전 역학에 따라 행동하기 시작하고, 중첩들은 그 의미를 몽땅 잃는다. 파동들을 흩어지게 만드는 것은 주위 입자들과의 상호 작용이다. 짐작건대 이것이 장치가 전자 스핀을 측정해 구체적인, 독특한 결과를 얻는 방법이다.

이런 접근법들 모두는 동일한 결론으로 이어진다. 고전 역학은 엄청난 수의 입자들을 가진 무척 복잡한 양자계에 인간 스케일의 관점을 취했을 때 여러분이 관측하게 되는 것이다. 특수한 실험 방법, 특수한 장치 들은 그 양자 역학적 효과들의 일부를 보여 주기도 한다. 그래서 그것들이 우리에게 익숙한 고전 역학적 존재 사이로 비집고 들어와 나타나는 것이다. 그렇지만 포괄적인 양자계는 우리가 더 큰 스케일로 옮겨 가면서 더 이상 양자로 보이지 않게 된다.

그것이 딱한 고양이의 운명을 해결하는 한 가지 방식이다. 그 실험은 오로지 상자가 양자의 결어긋남에 전혀 영향을 받지 않을 경우에만 중첩된 고양이를 만들어 낼 수 있다. 그리고 **그런 상자는 존재하지 않는다.** 무엇으로 그 상자를 만들 수 있겠는가?

그렇지만 또 다른 방식이 있다. 그 방식은 반대편 극단으로 향한다. 앞서 나는 "여러분은 이런 방식으로 **우주** 전체의 상태가 하나의 중첩이 될 때까지 계속할 수 있다."라고 말했다. 1957년에 휴 에버렛 주니어(Hugh Everett Jr.)는 어떤 의미에서 그것은 할 수 있는 것이 아니라 해야 하는 것이라고 지적했다. 한 계의 정확한 양자 역학적 모형을 구하는 유일한 방법은 그것의 파동 함수를 감안하는 것이다. 그 계가 전자 하나, 혹은 원자 하나, 혹은 (좀 더 논란의 여지가 있지만) 고양이 한 마리일 때는 모든 사람이 만족스럽게 그렇게 했다. 에버렛은 그 계를 우주 전체로 확대했다.

에버렛은 우주의 모형을 원한다면 선택의 여지가 없다고 주장했다. 진정 고립될 수 있는 것은 그야말로 우주 그 자체다. 모든 것이 다

세계를 바꾼 17가지 방정식

른 모든 것과 상호 작용한다. 그리고 에버렛은 그렇게 하면 고양이의 문제, 그리고 양자 역학적 세계와 고전 역학적 현실의 역설적인 관계가 쉽게 해결된다는 사실을 발견했다. 우주의 양자 역학적 파동 함수는 고유 함수 자체가 아니라 가능한 모든 고유 함수들의 중첩이다. 비록 우리는 실제로 그런 것들을 계산하지 않지만(고양이에 대해서도 못 하는데, 우주에 대해서라면 더 복잡할 것이다.) 우리는 그들에 관해 논리적으로 생각할 수 있다. 결과적으로, 우리는 양자 역학적 관점에서 **우주가 할 수 있는 모든 것들**의 결합으로 우주를 표상할 수 있다.

결말은 고양이의 파동 함수가 꼭 붕괴하지 않아도 하나의 고전 역학적 관측을 제공할 수 있다는 것이다. 그것은 슈뢰딩거 방정식을 위배하지 않으면서도, 완벽하게 변화하지 않는 상태를 유지할 수 있다. 그 대신, 두 우주가 공존하게 된다. 하나에서는 고양이가 죽었고, 다른 하나에서는 죽지 않았다. 내가 상자를 열 때, 서로 짝을 이루는 두 사람의 나와 2개의 상자가 있다. 하나는 죽은 고양이가 있는 우주의 파동 함수 중 일부고, 다른 하나는 산 고양이가 있는 파동 함수의 일부다. 이유는 몰라도, 우리에게는 양자 역학적 확률들의 중첩에서 등장하는 독특한 고전 역학적 세계 대신 광범위한 고전 역학적 세계들이 있고, 각각은 양자 역학적 확률에 상응한다.

에버렛이 '상대적 상태 형성(relative state formulation)'이라고 부른 것의 원래 버전은 1970년대에 대중의 관심을 끌었는데, 브라이스 디윗(Bryce Dewitt)이 '양자 역학의 다세계 해석(many-worlds interpretation of quantum mechanics)'이라는 좀 더 멋진 이름을 지어 준 덕분이었다. 그것은 종종 역사적 관점에서 극화되는데, 예를 들어 제2차 세계 대전에서 아돌프 히틀러가 승리한 우주가 있고, 패배한 우주가 있다. 내가 이 책을 쓰고 있는 세계는 전자이지만, 양자 영역 어딘가에서 또 다른 이언 스튜어트는 이것과 무척 비슷한 책을 독일어로 쓰면서 독자들에게 히틀러가 승리했다고 말하고 있을지도 모른다. 수학적으로 에버렛의 해석은 전통적 양자 역학의 논리적 등가물로 볼 수 있고, 그것은—좀 더 제한적인 해석들에서—물리학 문제들을 푸는 효율적 방법들로 이어진다. 따라서 그의 정식화는 전통적 양자 역학이 통과한 그 어떤 실험적 검증에서도 살아남을 것이다. 그렇다면 그것은 평행 우주들, 미국식으로 말하면 '대안적 세계들'이 **실제로** 존재한다는 뜻일까? 또 다른 나는 히틀러가 이긴 세계에서 컴퓨터 자판으로 타자를 치고 있을까? 아니면 그런 세계는 그저 손쉬운 수학적 허구일 뿐일까?

명백한 문제가 하나 있다. 우리는 어떻게 히틀러의 꿈, 제3제국에 의해 지배되는 세계에 내가 지금 쓰고 있는 것 같은 컴퓨터가 존재할 것이라고 확신할 수 있을까? 우주의 수는 둘보다는 훨씬 더 많을 게 틀림없고, 거기서 일어나는 사건들은 합리적인 고전적 패턴들을 따를 것이 틀림없다. 그러니 아마도 스튜어트-2는 존재하지 않아도 히틀러-2는 존재할 것이다. 평행 우주의 형성과 진화에 대한 공통적 기술은 양자 역학적 상태의 선택이 존재하는 모든 곳에서 그들을 '쪼개는' 것과 관련이 있다. 브라이언 그린은 이 이미지가 틀렸다고 지적하며 아무것도 쪼개지지 않는다고 말한다. 우주의 파동 함수는 쪼개져 있었고, 앞으로도 계속 쪼개져 있을 것이다. 그것의 성분이 되는 고유 함수들은 **이미** 존재한다. 우리는 우리가 그들 중 하나를 고를 때 쪼개짐을 상상하지만, 에버렛의 설명에서 핵심은 파동 함수에서 실제로 변하는 것은 아무것도 없다는 것이다.

그 경고와 더불어, 놀랄 정도로 많은 양자 물리학자들이 다세계 해석을 받아들인다. 슈뢰딩거의 고양이는 실제로 살아 있다. 그리고 죽어 있다. 히틀러는 실제로 승리했다. 그리고 패배했다. 우리의 한 복사본은 그 세계들 중 하나에 살고 다른 복사본들은 그렇지 않다. 그것이 수학이 말하는 것이다. 그것은 해석, 즉 손쉽게 계산하는 방법에 그치지 않는다. 그것은 여러분과 나처럼 실재한다. 그것은 **여러분과 나다.**

나는 확신할 수 없다. 그렇지만 나를 성가시게 하는 것은 중첩이 아니다. 나는 평행 나치 세계의 존재가 상상할 수 없거나 불가능한 것이라고는 생각하지 않는다.[3] 그렇지만 나는 인간 스케일의 역사에 따라 양자 역학적 파동 함수가 분리된다는 생각에는 강력하게 반대한다. 그러한 수학적 분리는 구성 입자들의 양자 역학적 수준에서 일어난다. 입자 수준에서 일어나는 결합 대부분은 인간의 역사 맥락에 대입한다고 해도 아무 의미가 없다. 죽은 고양이의 단순한 대안은 산 고양이가 아니라 전자 상태가 하나 다른, 죽은 고양이다. 산 고양이 말고도 다른 복잡한 대안들이 대단히 많다. 거기에는 별다른 이유 없이 갑자기 폭발한 고양이, 꽃병으로 변한 고양이, 미국 대통령으로 선출된 고양이, 그리고 심지어 방사성 입자가 방출되어 독이 나왔는데도 살아남은 고양이까지 포함된다. 대안으로 제시된 이러한 고양이들은 수사적으로 유용하지만 전형적인 것은 못 된다. 대다수 대안들은 아예 고양이가 아니다. 사실, **그들을 고전 역학적 언어로 기술하기란 불가능하다.** 만약 그렇다면, 이언 스튜어트의 복사본 대다수는 인간으로—실상 그 무엇으로도—인식될 수 없을 것이다. 그리고 존재하는 거의 모두가 인간 스케일에서는 결코 말이 되지 않는 세계 안에서 존재할 것이다. 그러니 지금 또 다른 내가 우연히 이해할 수 있는 또 다른 세계에 인간 존재로서 살고 있을 가능성은 무시해도 될 법하다.

우주는 어쩌면 대안적 상태들이 믿을 수 없을 만큼 복잡하게 중첩을 이룬 것인지도 모른다. 만약 여러분이 양자 역학을 기본적으로 옳다고 생각한다면, 그래야 한다. 1983년에 물리학자인 스티븐 호킹 (Stephen Hawking)은 이런 의미에서 다세계 해석이 "자명하게 옳다."라고 말했다. 그렇다고 해서 고양이가 살아 있거나 죽어 있고 히틀러가 승리하거나 패배한 우주들의 중첩이 존재한다는 결론이 자동으로 나오지는 않는다. 수학적 성분들이 인간적 서사를 만들어 내기 위해 딱 들어맞는 덩어리들로 분리된다고 가정할 이유는 없다. 호킹은 다음과 같이 말하며 다세계 해석의 형식주의적 서사를 일축했다. "그것이 하는 일이라고는, 정말이지, 조건부 확률―다시 말해, B가 주어졌을 때 A가 일어날 확률―을 계산하는 것뿐입니다. 나는 그것이 모든 다세계 해석의 본질이라고 생각합니다. 일부 사람들은 파동 함수가 서로 다른 부분들로 쪼개지는 것과 관련해 신비주의적 요소를 여럿 덧씌웁니다. 그렇지만 여러분이 계산하고 있는 것은 그저 조건부 확률일 뿐입니다."

히틀러의 이야기를 파인만의 빛줄기 이야기와 비교해 볼 만하다. 또 다른 히틀러들이 존재한다는 관점에서, 파인만은 우리에게 빛줄기가 입사된 각도와 동일한 각도로 거울에서 반사되는 고전 역학적 세계, 1도 다른 각도로 반사되는 또 다른 세계, 2도 다른 각도로 반사되는 또 다른 세계, …… 하는 식으로 무한한 세계가 있다고 말할 수 있었다. 하지만 파인만은 그렇게 하지 않았다. 그는 우리에게 대안들의 중첩에서 등장하는 **하나의** 고전 역학적 세계가 있다고 말했다. 양자 역학적 관점에서는 셀 수 없이 많은 평행 우주들이 있을지 몰라도, 그 우주들은 고전 역학적 관점에서 기술할 수 있는 평행 세계들에 그 어떤 의미 있는 방식으로도 조응하지 않는다. 스넬의 법칙은 **모든 종류의** 고전 역학적 세계에서 유효하다. 그렇지 않았다면 세계는 고전적일 수 없었을 것이다. 파인만이 빛줄기에 대해 설명하듯이, 고전 역학적 세계는 여러분이 양자 역학적 대안들을 모두 중첩할 때 등장한다. 그런 중첩은 단 하나밖에 없으므로, 고전 역학적 우주 또한 하나뿐이다. 그것이 바로 우리 우주다.

양자 역학은 실험실에만 국한되지 않는다. 현대 전자 공학 전체가 양자 역학에 의존한다. 반도체 기술, 모든 집적 회로들의 기본 요소인 규소(실리콘) 칩들이 양자 역학에 기반을 두고 있다. 양자 물리학이 없이는 아무도 그런 기구들이 작동할 수 있다고 꿈도 꾸지 못했을 것이다. 컴퓨터, 휴대 전화, CD 플레이어, 게임기, 자동차, 냉장고, 오븐을 비롯해 사실상 모든 현대 가전 제품들이 메모리 칩을 갖고 있다. 메모리 칩은 가전 제품들이 우리가 원하는 일을 하도록 지시하는 명령들을 담고 있다. 전체 컴퓨터를 칩 하나에 담은 마이크로프로세서처럼, 좀 더 복잡한 전기 회로망을 가진 것도 많다. 대다수 메모리 칩은 최초의 반도체 기기인 트랜지스터의 변형이라 할 수 있다.

1930년대에 미국 물리학자인 유진 위그너(Eugene Wigner)와 프레더릭 자이츠(Frederick Seitz)는 전자들이 어떻게 결정(crystal)을 지나가는지를 분석했는데, 그것은 양자 역학이 있어야 해결할 수 있는 문제였다. 그들은 반도체들의 기본적 특징 몇 가지를 발견했다. 몇몇 물질들은 도체다. 전자들은 쉽게 그들을 통과해 지나갈 수 있다. 금속은 좋은 도체이고, 일상적으로 구리 도선이 자주 사용된다. 절연체는 전자가 흐르는 것을 허락하지 않으므로 전기의 흐름을 막는다. 전선을 싸고 있는 플라스틱은 텔레비전 전선을 만져서 감전되는 일이 없도록 절연체로 만들어진다. 반도체로는 가장 잘 알려져 있으며 현재 가장 널리 사용되는 규소를 비롯해 안티모니, 비소, 붕소, 탄소, 저마늄, 셀레늄 같은 몇몇 원소들이 있다. 반도체들은 한 상태에서 다른 상태들로 변환될 수 있기 때문에 전류를 조작하는 데 이용된다. 이것이 모든 전기 회로의 기본이다.

위그너와 자이츠는 반도체들의 성질이 그 안에 있는 전자들의 에너지 준위에 달려 있으며 약간의 불순물을 반도체 원료에 '첨가' 함으로써 그 에너지 준위를 통제할 수 있음을 발견했다. 그중 중요한 종류가 두 가지 있는데, 전류가 전자들과 같은 방향으로 흐르는 p형 반도체와, 전류가 전자와 반대 방향으로 흐르며 정상보다 전하가 더 적은 '구멍들(electron hole, 정공)'을 통해 운반되는 n형 반도체들이 있다. 1947년에 바딘과 브래튼은 벨 연구소에서 저마늄 결정 하나가 증폭기 역할을 할 수 있음을 발견했다. 거기에 전류를 흘려보내면 출력 전류가 더 높아졌다. 당시 고체 물리학 연구팀의 지도자였던 쇼클리는 이것이 얼마나 중요한지를 깨닫고 반도체를 연구하는 프로젝트를 시작했다. 그 결과, 트랜지스터가 나왔다. 트랜지스터는 '변화 저항기(transfer resistor)'의 준말이다. 이전에도 특허 몇 건이 있었지만 작동하는 장치가 만들어지거나 논문이 발표된 적은 없었다. 기술적으로 벨 연구소의 장치는 접합형 전계 효과 트랜지스터(junction gate field-effect transistor, JFET, 그림 55)였다. 이 초기 혁신 이래, 다양

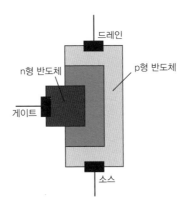

그림 55 접합형 전계 효과 트랜지스터의 구조. 소스와 드레인은 p형 반도체 층의 양 끝에, 게이트는 흐름을 제어하는 n형 반도체 층에 있다. 소스에서 드레인까지 전자의 흐름을 호스라고 생각하면, 게이트는 실제로 호스를 쥐어짜서, 드레인에서의 압력(전압)을 높인다.

한 종류의 트랜지스터들이 발명되었다. 텍사스 인스트루먼츠(Texas Instruments) 사는 1954년에 최초의 규소 트랜지스터를 제조했다. 같은 해에 트랜지스터 기반의 컴퓨터인 TRIDAC이 미국 육군에서 만들어졌다. 그것은 크기가 0.08세제곱미터였고 전구 하나 정도를 켜는 전력을 필요로 했다. 이것은 군사용으로 쓰기에는 너무 크고 약한 데다 믿음직지 못한 진공관 전자 공학에 대한 대안을 개발하려고 했던, 거대한 미국 군사 프로그램의 출발점이었다.

반도체 기술이 규소 비슷한 물질에 불순물을 첨가하는 것에 기반을 두고 있기 때문에, 그것은 소형화에도 적합했다. 규소 기판 표면에 적절한 불순물을 도포하고 원치 않는 영역들을 산으로 부식시키면 회로가 만들어졌다. 산으로 처리할 영역들은 사진처럼 만든 마스크(mask)가 결정한다. 이때 쓰이는 마스크들은 광학 렌즈를 이용해 아주 작은 크기로 축소될 수 있다. 이 모든 것에서 수십억 바이트의 정보를 담고 있는 메모리 칩들과 컴퓨터의 활동을 조직하는 아주 빠른 마이크로프로세서를 아우르는 오늘날의 전자 공학이 나왔다.

어디서나 접할 수 있는 양자 역학의 산물 중에는 레이저(LASER)도 있다. 이것은 강력한 결맞음 빛(coherent light)을 방출하는 기구다. 거기서 모든 빛의 파동은 서로 같은 위상을 가진다. 그것의 양 끝에는 거울이 달린 광공(光共)이 있는데, 그 광공은 특정한 파장의 빛에 반응해 그 빛을 대량 생산해 내는 광증폭기로 채워진다. 에너지를 공급해 '펌프질'을 시작하면 빛이 그 속에서 앞뒤로 튀면서 계속 증폭되다가 충분히 높은 강도에 도달하면 빛을 내보낸다. 증폭 매질로는 유체, 기체, 결정, 혹은 반도체가 쓰인다. 서로 다른 원료들은 서로 다른 파장들에서 반응한다. 증폭 과정은 원자들의 양자 역학에 달려 있다. 원자에서 전자들은 서로 다른 에너지 상태로 존재할 수 있으며, 전자가 광자들을 흡수하거나 방출함으로써 그 상태가 변화할 수도 있다.

레이저란 자극된 복사파의 유도 방출을 통한 빛의 증폭(light amplification by stimulated emission of radiation, LASER)을 뜻한다. 최초로 레이저가 발명되었을 때, 문제도 없는데 답부터 나온 꼴이라는 우스갯소리가 두루 퍼졌다. 하지만 그것은 상상력의 부재 탓이었다. 일단 답이 있으니 금세 적절한 문제들이 무더기로 등장했다. 결맞음 빛을 만드는 것은 기본 기술이 되었다. 개량된 망치가 자동적으로 더 많은 곳에 쓰이듯 개량된 기술 또한 쓰일 데가 반드시 있는 법이다. 기

세계를 바꾼 17가지 방정식

반 기술을 개발할 때, 여러분은 특정 용도를 염두에 둘 필요가 없다. 오늘날 우리는 너무나 많은 목적에 레이저를 사용하기 때문에 그 쓰임새를 전부 다 적시하기란 불가능하다. 강의 때 쓰는 레이저 포인터나 DIY 목공 작업 등에 쓰는 레이저 빔 같은 것은 평범한 축에 속한다. CD 플레이어, DVD 플레이어, 그리고 블루레이 플레이어 등에서 디스크에 있는 미세한 고랑이나 표시에서 정보를 읽어 내는 데에도 레이저를 사용한다. 측량사들은 거리와 각도를 측정하는 데 레이저를 사용한다. 천문학자들은 지구에서 달까지의 거리를 측정하는데 레이저를 사용한다. 외과 의사들은 세밀한 조직들을 정밀하게 잘라 내기 위해 레이저를 이용한다. 안과 분야에서는 떨어진 망막을 보수하고 안경이나 콘택트렌즈를 사용하는 대신 시력을 교정하기 위해 각막의 표면을 성형하는 데 일반적으로 레이저를 사용한다. '스타 워즈(Star Wars)' 계획에 나오는 미사일 방어 시스템은 강력한 레이저를 사용해 적의 미사일들을 격추시키는 것이었다. 그 레이저는 끝내 만들어지지 않았지만 일부는 만들어졌다. 공상 과학 소설들의 레이저 총과 닮은 레이저 무기들을 개발하기 위해 지금도 연구가 진행 중이다. 그리고 심지어 우주선을 강력한 레이저 빔에 태워서 지구에서 우주로 쏘아 보내는 것도 가능해질지 모른다.

양자 역학의 새로운 응용 방안들은 거의 매주 나타난다. 그중 가장 최근에 등장한 것이 양자점(quantum dot)이라고 하는 조그만 반도체 조각들이다. 방출하는 빛과 같이 양자점 안에 있는 전자의 성질은 그 크기와 모양에 따라 달라진다. 따라서 상황에 맞는 적합한 특징들을 여럿 갖도록 양자점을 제작하는 것이 가능하다. 양자점들은 생물학 영상을 포함해서 이미 다양한 곳에 적용되고 있다. 또한 전통적 (그리고 종종 해로운) 염료들을 대체할 수 있다. 게다가 그들은 더 밝은 빛을 방출하고 효과도 더 좋다.

이야기를 계속하자면 일부 공학자들과 물리학자들은 양자 컴퓨터의 기본 구성 요소들에 대해 연구하고 있다. 그런 장치들에서는 0과 1로 구성된 이진법 상태들이 어떤 조합으로든 중첩될 수 있으므로, 결과적으로 컴퓨터들이 양쪽 값을 동시에 가정할 수 있게 된다. 그렇게 되면 많은 계산들을 엄청나게 빠른 속도로 동시에 수행할 수 있다. 한 수를 소수들의 곱으로 소인수 분해하는 일을 하는 이론적 알고리듬은 이미 고안되어 있다. 전통적인 컴퓨터들은 수가 100자리를 넘어가면 버벅거리기 시작하지만, 양자 컴퓨터는 그보다 훨씬 더 큰 수들을 쉽게 소인수 분해할 수 있을 것이다. 양자 컴퓨터의 가장 큰 장애물은 결어긋남이다. 그것은 중첩된 상태들을 파괴한다. 슈뢰딩거의 고양이가 비인간적인 대우에 대해 복수를 원하고 있다.

15

통신 혁명

정보 이론

$$H = -\sum_x p(x) \log p(x)$$

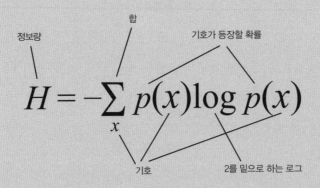

$$H = -\sum_x p(x)\log p(x)$$

정보량 · 합 · 기호가 등장할 확률 · 기호 · 2를 밑으로 하는 로그

무엇을 말하는가?

메시지를 구성하는 기호들이 나타날 확률에 따라 메시지가 담고 있는 정보량이 결정된다.

왜 중요한가?

정보 시대를 이끈 방정식이다. 통신의 효율성에 한계를 설정해 공학자들이 실제로 존재하기에는 지나치게 효율성이 높은 부호를 찾는 것을 그만두게 했다. 전화기, CD, DVD, 인터넷과 같은 오늘날의 디지털 통신을 뒷받침한다.

어디로 이어졌는가?

CD에서 우주 탐사선까지 온갖 곳에 사용되는 효율적인 오류 탐지 부호들과 오류 수정 부호들로 이어졌다. 통계학 연구, 인공 지능 개발, 암호 해독, 그리고 DNA 염기 서열의 해독에도 적용되었다.

1977년에 NASA는 두 우주 탐사선, 보이저 1호와 2호를 쏘아 올렸다. 태양계의 행성들은 탐사하기에 아주 좋은 위치로 배치되어 있었다. 그 덕분에 그 탐사선들이 몇몇 행성들을 방문할 수 있는, 상당히 효율적인 궤도를 찾을 수 있었다. 초창기 목표는 목성과 토성을 탐사하는 것이었지만, 탐사선들이 버텨 주기만 한다면 탐사 궤도는 천왕성과 해왕성 너머로 뻗어 갈 수도 있었다. 보이저 1호는 명왕성으로 갔을 수도 있다. (당시에 명왕성은 행성으로 여겨졌고, 이제는 그렇지 않지만 여전히 흥미로운 존재다.) 그렇지만 다른 대안, 토성의 흥미로운 위성인 타이탄이 우선권을 점유했다. 두 탐사선 모두 대성공을 거뒀고, 보이저 1호는 이제 인간이 만든 물체 중에 가장 먼 곳, 지구에서 160억 킬로미터나 떨어진 곳까지 가서 여전히 데이터를 보내고 있다.

신호의 세기는 거리의 제곱에 비례해 약해진다. 그러므로 지구에서 받는 신호는 그것이 1.6킬로미터 떨어진 곳에서 방출된 경우에 비교하면 세기가 10^{-20}배이다. 즉 1해(垓) 배만큼 약하다. 보이저 1호는 정말 강력한 송신기를 달고 있는 것은 아닐까. …… 아니다. 보이저 1호는 그저 조그만 우주 탐사선일 뿐이다. 그 동력원은 방사성 동위 원소인 플루토늄 238을 이용한 원자력 전지이지만, 그렇다 해도 현재 사용 가능한 전체 동력은 일반 전기 주전자의 8분의 1에 불과하다. 그럼에도 우리가 그 탐사선으로부터 유용한 정보를 얻을 수 있는 이유는 두 가지다. 지구의 강력한 수신기들, 그리고 간섭과 같은 외부 요인들이 일으키는 오류로부터 데이터를 보호하는 데 이용되는 특별한 부호(code)들이다.

보이저 1호는 두 가지 다른 시스템을 사용해 정보를 보낸다. 하나는 저속 채널이다. 이것은 0과 1로 이루어진 이진 부호로 메시지를 초당 40자릿수를 보낼 수 있지만, 잠재적 오류들을 처리하기 위해 데이터를 부호화하지 않는다. 다른 하나는 고속 채널이다. 이것은 이진 부호로 초당 12만 자릿수들을 전송할 수 있고, 데이터의 오류를 탐지하며, 너무 잦지만 않다면 그 오류를 교정하도록 부호화되어 있다. 그 대신, 메시지들의 길이가 두 배 길어진다. 그래서 그 메시지들은 응당 담아야 할 데이터를 절반밖에 담지 못한다. 오류들은 데이터를 망칠 수 있으므로, 이것은 지불할 만한 가치가 있는 대가다.

이런 종류의 부호들은 우주 탐사, 유선 전화, 인터넷, CD, DVD, 블루레이 등 현대 통신에서 두루두루 사용된다. 그 부호들이 없다면 모든 통신에서 오류가 발생할 것이다. 예를 들어 여러분이 인터넷을 이용해 청구서를 처리하고 돈을 지불하고 있다면 오류는 그냥 넘어갈 만한 것이 아니다. 20파운드를 지불하라는 청구서가 200파운드를 지불하라는 청구서로 수신된다면 기분이 좋지 않으리라. CD 플레이어는 미세한 렌즈를 이용하는데, 그 렌즈는 디스크에 각인된 아주 가느다란 홈에 레이저 빔을 쏜다. 그 렌즈들은 돌아가는 디스크 바로 위에 미세한 거리를 두고 떠 있다. 그럼에도 여러분이 울퉁불퉁한 도로를 운전하면서 음악을 들을 수 있는 것은 디스크가 재생 중일 때 오류가 발견되면 수정하도록 플레이어가 부호화되어 있기 때문이다. 다른 방법들도 있을 테지만 이것이 기본이다.

우리의 정보 시대는 디지털 신호들, 즉 0과 1로 구성된 기다란 문자열들을 비롯해 주기적 펄스들과 비주기적 펄스들로 구성된 전기 신호나 전파 신호에 의존한다. 그 신호들을 보내고 받고 저장하는 장비들은 작은 규소 박막 위에 있는 매우 작고 무척 정확한 전자 회로들에 의존한다. 그것을 '칩(chip)'이라고 한다. 그렇지만 아무리 정교

세계를 바꾼 17가지 방정식

하게 회로를 설계하고 제작하더라도, 오류 탐지 부호와 오류 수정 부호 들이 없었다면 그 칩들은 작동하지 않았을 것이다. 이런 맥락에서 '정보'라는 용어는 더 이상 '노하우'의 비공식적 용어가 아니라 측정 가능한 양이 되는 것이다. 그리고 오류로부터 메시지를 보호하기 위해 메시지를 수정하는 부호들의 효율성에 근본적 한계를 설정한다. 이 한계를 인지한 공학자들은 너무나 효율적이어서 존재할 수 없는 부호들을 찾으려고 애쓰는 데 더는 시간을 낭비하지 않게 되었다. 덕분에 오늘날 정보 문명의 기반이 마련되었다.

나는 **외국**에 있는 사람과 통화하는 유일한 방법이 전화 회사에 미리 특정 시각과 통화 시간을 예약하는 것밖에 없었던 때—당시 영국에는 포스트 오피스 텔레폰스(Post Office Telephones)라는 전화 회사밖에 없었다.—를 기억할 정도로 나이가 많다. (놀랍게도!) 예를 들어 1월 11일 오후 3시 45분에 10분간 통화를 할 수 있도록 예약하는 식이었다. 그러려면 돈도 많이 들었다. 몇 주 전에 한 친구와 나는 영국에서 스카이프(Skype™)를 이용해 오스트레일리아의 SF 소설 컨벤션에 쓸 1시간짜리 인터뷰를 했다. 스카이프는 공짜였고, 소리만이 아니라 영상도 보내 주었다. 50년 사이에 참 많이도 달라졌다. 오늘날, 우리는 친구들과 온라인으로 정보를 교환한다. 친구들 중에는 진짜 친구들도 있고, 수많은 사람을 소셜 네트워크 사이트(SNS)들을 이용해 나비 채집하듯 수집하는 가짜 친구들도 있다. 우리는 더 이상 음악 CD나 영화 DVD를 사지 않는다. 우리는 인터넷으로 다운로드되는 정보를 산다. 그 정보 안에 음악과 영화가 담겨 있다. 책 또한 같은 길을 걷고 있다. 시장 조사 회사들은 우리의 구매 습관에 관해 막대한 양의 정보를 축적하고, 그 정보를 이용해 우리가 무엇을 사는가에 영향을 미치려고 한다. 심지어 의약 분야에서도 우리 DNA 에 저장된 정보가 점차 강조되고 있다. 종종 여러분이 무엇을 하는 데 필요한 정보를 갖고 있다면 그것만으로 충분해 보이기도 한다. 여러분은 실제로 그 일을 할 필요가 없고, 심지어 어떻게 하는지를 알 필요도 없다.

정보 혁명이 우리의 삶을 바꾸어 놓았다는 데는 의심할 여지가 거의 없다. 그리고 넓은 의미에서 혜택이 해악을 능가한다고 주장할 만한 근거는 충분하다. 아무리 그 해악에 사생활의 상실, 마우스 클릭 한 번으로 세계 어디서든 내 은행 계좌에 접근해 돈을 빼돌릴 수 있는 가능성, 그리고 은행이나 원자력 발전소를 무력하게 만들 수 있는 컴퓨터 바이러스가 포함되더라도 말이다.

정보란 무엇인가? 정보는 왜 그런 힘을 가지는가? 그리고 정보는 정말로 자신이 자처하는 그대로인가?

정보를 측정할 수 있는 양으로 보는 개념은 벨 전화 회사(Bell Telephone Company)의 연구소에서 나왔다. 벨 전화 회사는 1877년부터 반독점 법 때문에 회사가 쪼개진 1984년까지 주요 전화 서비스 공급자였다. 그 기술자들 중에는 유명한 발명가 에디슨의 먼 사촌뻘인 클로드 섀넌(Claude Shannon)이 있었다. 섀넌은 학교에서 수학 과목을 가장 좋아했고 기계 장치를 만드는 데 소질을 보였다. 벨 연구소에서 일하고 있을 즈음에 그는 수학자이자 암호 해독자, 그리고 전기 기술자였다. 그는 최초로 수학 논리—이른바 불 대수(Boolean algebra)—를 컴퓨터 회로에 적용한 인물들 중 하나다. 그는 전화 시스템이 사용하는 교환 회로들의 설계를 단순하게 만드는 데 이 기술을 사용했고, 그러고 나서 회로 설계의 다른 문제들로 확장했다.

제2차 세계 대전 당시 그는 암호 및 통신과 관련된 일을 했고 1945년에 벨을 위해 작성한 「암호학의 수학적 이론(A mathematical theory of cryptography)」이라는 기밀 문서에서 몇 가지 아이디어를 발전시켰다. 1948년에 그는 자신의 저작 중 일부를 공개 문헌으로 출간했고, 1945년의 그 논문 역시 처음에는 기밀 사항이었지만, 이내 발표되었다. 그 논문은 워런 위버(Warren Weaver)의 자료들을 추가해 「의사 소통의 수학적 이론(The mathematical theory of communication)」으로 1949년에 발표되었다.

섀넌은 전송 채널이 공학 용어로 '잡음(noise)'이라고 불리는 무작위적 오류의 방해 속에서도 메시지를 효율적으로 전송하는 방법을 알고 싶었다. 모든 실제 통신들은 잡음으로 고생했다. 문제는 잘못된 장비일 수도, 우주선(cosmic ray)일 수도, 회로 부품의 불가피한 변질일 수도 있었다. 한 가지 해법은, 가능하다면, 잡음을 감소시키는 더 좋은 장비를 만드는 것이었다. 한 가지 대안은 오류를 탐지하고, 심지어 오류를 수정하는 수학을 사용하는 신호들을 부호화하는 것이었다.

가장 단순한 오류 탐지 부호는 같은 메시지를 두 번 보내는 것이다. 여러분이 다음과 같은 메시지를 받았다고 하자.

같은 마사지(massage)를 두 번
같은 메시지(message)를 두 번

둘째 단어에는 확실히 오류가 있지만, 영어를 모르는 사람이라면 어느 쪽이 맞는지 잘 모를 것이다. 한 번 더 그 메시지를 반복하면 다수결을 통해 무엇이 맞고 무엇이 틀린지 판결이 내려질 것이다. 이때, 세 번 반복 전송하는 것이 오류 수정 부호가 된다. 그런 부호들이 얼마나 효과적인가는 오류의 발생 가능성, 그리고 그 종류에 달려 있다. 예를 들어 만약 통신 채널에 잡음이 아주 심하면, 세 메시지 모두가 너무 심하게 망가져서 원래대로 되돌리는 것이 불가능하다.

현실에서 단순 반복은 지나치게 단순하다. 메시지들이 오류를 드러내거나 수정하도록 부호화하는 더 효율적인 방법들이 존재한다. 섀넌은 효율성의 의미를 정확히 하는 것에서 시작했다. 그런 부호들은 원래 메시지를 더 긴 메시지로 대체한다. 즉 그 부호들이 메시지를 두 배 혹은 세 배로 만드는 것이다. 더 긴 메시지는 보내는 데 더 많은 시간과 돈을 필요로 하고, 더 큰 용량을 차지하며, 통신 채널을 방해한다. 그러니 주어진 속도에서 오류 탐지나 오류 수정의 효율성은 원래 메시지의 길이와 부호화된 메시지의 길이 간의 비율로 계량화될 수 있다.

섀넌에게 중요한 문제는 그런 부호들에 근본적인 한계를 설정하는 것이었다. 한 공학자가 새로운 부호를 고안했다고 해 보자. 그것이 최선인지 아니면 개선할 여지가 있는지 판단할 방법이 존재하는가? 섀넌은 메시지가 얼마나 많은 정보를 담는가를 계량화하는 것부터 시작했다. 그렇게 함으로써 그는 '정보'를 흐릿한 은유적 표현에서 과학적 개념으로 바꾸어 놓았다.

수를 나타내는 방법은 두 가지가 있다. 그것은 기호의 배열에 따라 구분된다. 예를 들어 십진법 자릿수일 수도 있고 아니면 한 막대의 길이나 전선의 전압 같은 어떤 물리량일 수도 있다. 전자는 디지털 (digital)로, 후자는 아날로그(analogue)로 나타낸다고 말한다. 1930년 대에 과학과 공학을 위한 계산은 아날로그 컴퓨터를 이용할 때가 많 았는데, 아날로그 컴퓨터를 설계하고 만들기가 더 쉬웠기 때문이다. 예를 들어 단순한 전자 회로들은 두 전압을 더하거나 곱할 수 있었 다. 그렇지만 이런 유형의 기계들은 정확성이 떨어졌고, 디지털 컴퓨 터들이 등장하기 시작했다. 수를 나타내는 가장 편리한 방법은 10을 밑으로 하는 십진법이 아니라 2를 밑으로 하는 이진법이었다. 십진 기수법에서는 숫자를 나타내는 기호가 0부터 9까지 10개 있고, 각각 의 자리에 들어가는 수들은 왼쪽으로 한 칸씩 옮겨 갈 때마다 값이 10배로 곱해진다. 따라서 157은 다음과 같다.

$$1\times10^2+5\times10^1+7\times10^0$$

이진 기수법 체계에서도 기본적으로 동일한 원칙을 채택하지만 이 제 숫자는 0과 1뿐이다. 10011101 같은 이진수는 다음 수를 상징하 는 부호인 것이다.

$$1\times2^7+0\times2^6+0\times2^5+1\times2^4+1\times2^3+1\times2^2+0\times2^1+1\times2^0$$

그러니 각 자릿수들은 왼쪽으로 한 칸씩 옮겨 갈 때마다 값이 두 배 가 된다. 이 수를 십진법으로 표기하면 157에 해당한다. 그러니 우리 는 두 가지 기수법을 이용해서 같은 수를 다른 형태로 쓴 것이다.

이진법 표기는 전류, 전압, 또는 자기장이 가지는 두 가지 값을 훨씬 쉽게 구별해 주기 때문에 전자 시스템에 이상적이다. 간략하게 말해서 0은 '전류 없음' 또는 '자기장 없음'을 뜻하고, 1은 '전류 있음' 또는 '자기장 있음'을 뜻할 수 있다. 실제로 학자들이 역치(문턱값)를 정하고 나면 0은 '역치 이하'를, 1은 '역치 이상'을 뜻한다. 0과 1에 해당하는 값을 충분히 차이 나게 설정하고 역치를 그 사이에 두면, 0과 1을 헷갈릴 위험은 매우 적어지므로, 이진법 표기에 기반을 둔 기기들은 견실하다. 이 때문에 그 기기들을 디지털로 만드는 것이다.

초창기 컴퓨터에서 공학자들은 합리적인 수준에서 회로 변수들을 유지하기 위해 골머리를 앓아야 했고, 이진법은 그들의 삶을 훨씬 편하게 만들어 주었다. 실리콘 칩에 내장된 현대 회로들은 예를 들어 밑을 3으로 하는 것 같은 다른 선택지들을 허용해도 될 만큼 충분히 정확하다. 그렇지만 디지털 컴퓨터는 너무 오래전부터 이진법을 기반으로 설계되어 와서 이진법을 고수하는 것이 대체로 합리적이다. 비록 대안들 역시 효과가 있을 것이라 해도 말이다. 현대 회로들은 또한 매우 작고 빠르다. 회로 제작 기술이 그런 혁신들을 거치지 않았다면 지금 전 세계의 컴퓨터 대수는 수십억 대가 아니라 몇천 대에 지나지 않을 것이다. IBM을 창립한 토머스 존 왓슨(Thomas John Watson)은 한때 다섯 대 이상의 컴퓨터를 거래하는 세계 시장을 생각해 보지 않았다고 말했다. 당시만 해도 그는 합리적인 이야기를 하는 것처럼 보였다. 가장 강력한 컴퓨터들은 대략 집채만 했고, 조그만 마을 하나가 사용하는 만큼의 전력을 소모했으며, 가격은 수천만 달러나 나갔기 때문이다. 미국 육군같이 거대한 정부 기관들만 컴퓨터를 유지하고 사용할 수 있었다. 하지만 오늘날에는 기본적인 구형 휴대 전화조차 왓슨이 그렇게 말했을 때 존재했던 그 어떤 기계보

　　　세계를 바꾼 17가지 방정식

다도 더 강력한 계산 능력을 갖고 있다.

디지털 컴퓨터를 위해, 그리고 컴퓨터들 간에―나중에는 지상의 거의 모든 두 전자 제품들 간에―전송되는 디지털 메시지를 위해 이진법 표기를 선택한 것은 정보의 기본 단위인 **비트**(bit)로 이어졌다. 그 이름은 '이진 자릿수(binary digit)'의 준말이고, 1비트의 정보는 0 하나 또는 1 하나를 갖는다. 이진 문자열에 '담긴' 정보가 그 숫자들의 전체 개수라고 정의한 것은 합리적이다. 그래서 8개의 숫자로 구성된 수열인 10011101은 8비트의 정보를 담고 있다.

섀넌은 0과 1이 공정한 동전의 앞면 및 뒷면과 마찬가지일 때, 즉 각각이 일어날 확률이 동일할 때에만 이 단순한 비트 계산이 정보의 측정값으로서 의미가 있음을 깨달았다. 우리가 몇몇 특수한 상황에서 열 번 중 0이 아홉 번, 그리고 1은 한 번만 나타난다는 것을 안다고 해 보자. 줄지어 선 숫자들을 읽을 때, 우리는 나열된 숫자를 읽어 나가면서 대부분이 0일 것이라고 예측한다. 만약 그 예상이 옳다면 우리는 많은 정보를 얻지 못한 셈이다. 어차피 우리가 예상한 것과 같기 때문이다. 하지만 1이 나왔다면 그 수열은 훨씬 더 **많은** 정보를 전달한다. 1이 나올 것을 전혀 예상하지 못했기 때문이다.

우리는 같은 정보를 좀 더 효율적으로 부호화함으로써 이것을 이용할 수 있다. 만약 0이 나올 확률이 9/10이고 1이 나올 확률이 1/10이라면 우리는 새로운 부호를 이렇게 정의할 수 있다.

000 → 00 (가능하다면 언제든지 사용 가능)

00 → 01 (000이 안 남은 경우)

$$0 \rightarrow 10 \quad \text{(00이 안 남은 경우)}$$
$$1 \rightarrow 11 \quad \text{(항상)}$$

여기서 내가 말하고자 하는 것은 다음과 같다. 예를 들어 다음과 같은 메시지가 있다고 하자.

00000000100010000010000001000000000

이 메시지는 맨 왼쪽에서 오른쪽 방향을 따라 000, 00, 0, 또는 1로 쪼개진다. 0이 연속된 수열에서는 가능하다면 항상 000을 사용하자. 그렇게 하면 뒤에 1이 따라오는 00이나 0이 남는다. 여기서 메시지는 다음과 같이 쪼개진다.

000-000-00-1-000-1-000-00-1-000-000-1-000-000-000

부호화된 메시지는 다음과 같다.

00-00-01-11-00-11-00-01-11-00-00-11-11-00-00-00

원래 메시지는 35자리지만 부호화된 메시지는 32자리밖에 없다. 정보량이 줄어든 것처럼 보인다.

부호화된 형태가 더 긴 경우도 종종 있다. 예를 들어 111은 111111로 변한다. 그렇지만 1은 평균적으로 열 번 중 한 번꼴로 나타나기 때문에 이런 경우는 드물다. 000이 꽤 많을 터인데, 그것은

세계를 바꾼 17가지 방정식

00으로 길이가 줄어든다. 남은 00은 길이가 같은 01로 바뀐다. 남은 0은 00으로 바뀜으로써 길이를 늘인다. 결론적으로 말해, 0이 나타날 장기 확률과 1이 나타날 장기 확률이 각각 주어졌을 때, 무작위로 선택된 메시지들을 부호화하면 그 길이가 더 짧아진다.

여기서 내 부호는 지나치게 단순화한 것이고, 더 영리하게 선택하면 그 메시지를 훨씬 더 줄일 수 있다. 섀넌이 해결하고 싶었던 주된 문제들 중에는 일반적 유형의 부호들은 얼마나 효율적일 수 있는가 하는 문제도 있었다. 여러분이 메시지를 만드는 데 이용되는 기호들의 목록과 각 기호들이 나타날 확률을 안다면, 적절한 부호를 이용해 그 메시지를 얼마나 많이 줄일 수 있는가? 섀넌은 확률이라는 측면에서 정보량을 규정하는 방정식으로 그 문제에 답했다.

문제를 단순화하기 위해, 그 메시지들이 오로지 0과 1이라는 두 기호만을 사용한다고 하자. 그렇지만 이제 이들은 편향된 동전을 던지는 것과 같다. 그래서 0이 일어날 확률은 p이고, 1이 일어날 확률은 $q = 1 - p$이다. 섀넌의 분석은 정보량에 관한 공식으로 이어졌다. 그 공식은 다음과 같다.

$$H = -p \log p - q \log q$$

여기서 로그는 2를 밑으로 한다.

겉보기에는 이 공식이 직관적인 것으로 보이지 않는다. 섀넌이 어떻게 그 공식을 순식간에 도출했는지는 앞으로 설명하겠지만, 중요한 것은 이 단계에서 p가 0과 1사이에서 변할 때 H가 어떻게 달라지는

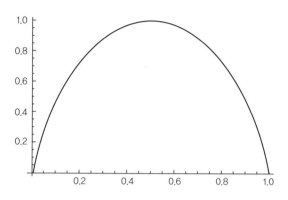

그림 56 확률 p에 따른섀넌의 정보량 H의 변화. 세로축이 H이고, 가로축이 p다.

가를 제대로 아는 것이다. 그림 56을 보자. p가 0에서 1/2로 변하면 H의 값은 0에서 1로 매끄럽게 증가한다. 그리고 그다음에 p가 1/2에서 1로 변하면 H는 대칭적인 곡선을 그리며 0으로 떨어진다.

섀넌은 이렇게 정의된 H의 '흥미로운 성질' 몇 가지에 주목했다.

- 만약 $p=0$이면 1만 나타나며, 정보량 H는 0이다. 즉 우리가 어떤 기호가 전송될 것인지를 이미 알고 있다면, 수신된 메시지는 아무런 정보도 전달하지 못한다.
- $p=1$일 때도 마찬가지다. 0만 나타난다면 우리는 아무런 정보도 얻지 못한다.
- 정보량은 공정한 동전을 던지는 경우처럼 $p=q=\dfrac{1}{2}$일 때 가장 크다. 이 경우에 정보량은 다음과 같다.

$$H = -\frac{1}{2}\log\frac{1}{2} - \frac{1}{2}\log\frac{1}{2} = -\log\frac{1}{2} = 1$$

세계를 바꾼 17가지 방정식

로그의 밑이 2라는 점을 염두에 두자. 즉 우리가 메시지를 압축하려고 부호화하는 것이나 동전의 편향성 같은 것들을 우려하기 전에 가정했던 대로 공정한 동전을 한 번 던지는 것은 1비트의 정보를 전달한다.

- 다른 모든 경우에, 한 기호를 받는 것은 1비트를 받는 것보다 정보를 **덜** 전달한다.

- 동전이 더 편향될수록, 한 번 던지기의 결과는 더 적은 정보를 전달한다.

- 그 공식은 두 기호를 정확히 동일한 방식으로 처리한다. 우리가 p와 q를 교환해도 H는 변하지 않는다.

이 모든 성질들은 동전을 한 번 던진 결과를 알았을 때 얻는 정보량이 얼마나 많으냐에 대한 우리의 직관적 이해에 부합한다. 그 결과, 그 공식은 조작적 정의로서 타당하다. 이어서 섀넌은 정보량 측정 시 따라야만 하는 기본 원칙들을 목록으로 정리하고, 그것을 만족시키는 고유의 공식을 도출함으로써 그의 정의에 견고한 기반을 다졌다. 그가 설정한 조건들은 매우 일반적이었다. 메시지는 $p_1, p_2, \cdots, p_n$의 확률을 가지는 몇몇 기호들로 구성되었다. 여기서 n은 기호의 개수다. 이런 기호들 중 하나를 선택함으로써 전달되는 정보량 H는 다음을 만족해야 한다.

- H는 $p_1, p_2, \cdots, p_n$의 연속 함수다. 이는 확률에서 일어나는 작은 변화들이 정보량에서 일어나는 작은 변화들로 이어져야 한다는 뜻이다.

- 모든 확률이 동일하다면, 즉 모두가 $1/n$이라면, n이 커질수록 H가 증가해야 한다. 즉 여러분이 3개의 기호 중에서 고르는 중이라면 각각의 확률이 동일해야 한다. 그리고 나서 여러분이 받는 정보는 서로 확률이 동일한 2개의 기호 중에서 선택하는 경우에 비해 더 많아야 한다. 4개 중에서 선택된 기호들은 3개 중에서 선택된 기호보다 더 많은 정보를 전달해야 한다. 이런 식이다.
- 만약 한 선택을 2개의 연속적 선택들로 분해하는 자연스러운 방법이 있다면, 원래의 H는 새로운 H들의 단순합이어야 한다.

앞의 마지막 조건을 가장 쉽게 이해할 수 있는 한 예가 후주에 실려 있다.[1] 섀넌은 앞의 세 원칙을 따르는 **유일한** 함수 H가 다음과 같거나

$$H(p_1, p_2, \cdots, p_n) = -p_1 \log p_1 - p_2 \log p_2 - \cdots - p_n \log p_n$$

라는 수식에 상수를 곱한 것임을 입증했다. 이는 기본적으로 피트 (ft)를 미터(m)로 바꾸는 것같이 정보의 단위를 변환한다.

1을 상수로 취하는 데는 합리적인 이유가 있다. 간단한 예를 하나 들어 보자. 00, 01, 10, 11의 두 자리 이진 문자열 4개를 그 자체로 기호라고 생각해 보자. 만약 0과 1이 나타날 확률이 동일하다면, 각 문자열은 동일한 확률, 즉 4분의 1의 확률을 가진다. 따라서 그런 문자열 하나를 선택함으로써 전달되는 정보량은

$$H\left(\frac{1}{4}, \frac{1}{4}, \frac{1}{4}, \frac{1}{4}\right) = -\frac{1}{4}\log\frac{1}{4} - \frac{1}{4}\log\frac{1}{4} - \frac{1}{4}\log\frac{1}{4} - \frac{1}{4}\log\frac{1}{4} = -\log\frac{1}{4} = 2$$

로 2비트다. 그것은 0과 1의 선택이 동일한 확률일 때, 자릿수가 2인 이진 문자열에 담긴 정보로 합리적인 수다. 같은 방식으로, 만약 그 기호들이 자릿수가 n인 이진 문자열이며 상수가 1이라면, 정보량은 n비트가 된다. $n=2$일 때 우리가 그림 56으로 나타낸 그래프를 얻는 다는 점에 주목하자. 섀넌의 정리를 증명하는 과정은 너무 복잡해서 이 책에 실을 수 없다. 하지만 그 정리는 섀넌의 세 조건들을 받아들 인다면 정보를 계량화할 수 있는 자연스러운 방법이 하나 있다는 것을 보여 준다.[2] 방정식 자체는 단순히 정의일 뿐이며 그것이 실제에 서 어떻게 작용하느냐가 중요하다.

섀넌은 한 통신 채널이 얼마나 많은 정보를 전달할 수 있느냐에 근본적 한계가 존재한다는 것을 입증하려고 자신의 방정식을 이용 했다. 여러분이 전화선을 통해 한 디지털 신호를 전송하고 있다고 해 보자. 메시지를 전달하는 그 용량은 초당 최대 C비트다. 이 용량은 전화선이 전송할 수 있는 이진수들의 개수로 결정되며, 다양한 기호 들이 나올 확률과는 관련이 없다. 그 메시지가 역시 초당 비트로 측 정되는 정보량 H를 가진 기호들로 만들어진다고 해 보자. 섀넌의 정 리는 다음 문제에 답을 준다. 만약 채널에 잡음이 심하다면 우리가 원하는 만큼 오류율이 작아지도록 부호화할 수 있을까? H가 C보다 작거나 C와 동일하다면 잡음이 얼마나 심하든 가능하다는 것이 그 답이 된다. H가 C보다 더 큰 경우에는 불가능하다. 사실 어떤 부호 가 채용되든 오류율은 H와 C의 차인 $(H-C)$ 이하로 줄어들 수 없 다. 하지만 여러분이 원하는 오류율을 달성하는 부호들은 분명히 존 재한다.

섀넌 정리의 증명은 그의 두 주장 각각에 필요한 부호들이 존재함을 보여 주지만, 그 부호들이 무엇인지는 말해 주지 않는다. 수학과 전산, 전자 공학의 혼합체인 정보 과학에는 특정 목적을 위한 효율적 부호들을 찾아내는 부호 이론(coding theory)이 있다. 이런 부호를 만드는 방법은 많은 수학 분야에서 도출되며 무척 다양하다. 이런 방법들은 스마트폰이든 보이저 1호의 전송기든, 우리의 전자 기기들에 심어져 있다. 사람들은 상당량의 정교한 추상 대수학을 주머니에 넣고 다니는 셈이다. 휴대폰에 내장된 오류 수정 부호를 실행하는 소프트웨어가 바로 그것이다.

여러분이 그 복잡성에 너무 얽매이지 않고 부호 이론을 맛볼 수 있도록 노력해 보겠다. 부호 이론에서 가장 영향력 있는 개념들 중 하나는 부호들을 다차원의 기하 구조에 연관시킨다. 1950년에 리처드 해밍(Richard Hamming)이 쓴 유명한 논문인 「오류 탐지 및 오류 수정 부호들(Error detecting and error correcting codes)」은 그 내용을 다루고 있다. 그 논문은 가장 단순한 형태인 이진 문자열들을 비교한다. 그런 문자열 2개, 말하자면 10011101과 10110101을 비교한다고 해 보자. 대응되는 비트들을 비교하고, 다른 부분이 몇 번이나 나오는지 세어 보자.

10**0**11101
10**11**0101

다른 부분들은 굵은 글씨로 표시되어 있다. 여기에는 비트열이 달라지는 위치가 2개 있다. 우리는 이 수를 두 열 사이의 해밍 거리

(Hamming distance)라고 부른다. 그것은 한 열을 다른 열로 변환할 수 있는, 1비트 오류의 최소 개수라고 할 수 있다. 그러니 만약 이 오류들이 알려져 있는 평균율 수준에서 발생한 것이라면, 해밍 거리는 오류들이 일으킬 법한 결과들과 밀접하게 관련된다. 추측건대 어떻게 오류들을 탐지하고 바로잡아야 하는지에 대해 어느 정도의 통찰을 제공할지도 모른다.

이 지점에서 다차원의 기하학이 끼어든다. 일정 길이의 문자열들을 가진 끈들은 다차원적 '초입방체(hypercube)'의 꼭짓점들과 연관될 수 있기 때문이다. 리만은 우리에게 숫자 목록들을 사용해 그런 공간들을 사유하는 방법을 가르쳐 주었다. 예를 들어 4차원 공간에서는 네 수로 이루어진 목록인 (x_1, x_2, x_3, x_4)를 사용하면 된다. 그런 목록들 각각은 공간에서의 한 점을 나타내며 이론적으로는 가능한 모든 목록들이 나타날 수 있다. 각 x들은 그 점의 좌표들이다. 만약 그 공간이 157차원을 가진다면, 여러분은 157개의 수를 사용해서 그 점을 $(x_1, x_2, \cdots, x_{157})$로 나타낼 수 있다. 그런 두 점이 얼마나 멀리 떨어져 있는지를 구체화하는 것은 유용할 때가 더러 있다. '평평한' 유클리드 기하학에서는 피타고라스 정리의 단순한 일반화를 통해 구할 수 있다. 우리가 157차원 공간에 $(y_1, y_2, \cdots, y_{157})$라는 다른 점을 가지고 있다고 해 보자. 그러면 그 두 점 사이의 거리는 다음과 같이 대응되는 좌표들 사이의 거리의 제곱을 합한 값에 제곱근을 취한 것이다.

$$d = \sqrt{(x_1 - y_1)^2 + (x_2 - y_2)^2 + \cdots + (x_{157} - y_{157})^2}$$

만약 공간이 굽어 있다면, 그 대신 리만 계량이라는 개념을 이용할 수 있다.

해밍의 아이디어 역시 아주 비슷한 무엇을 하는 것이지만, 좌표 값은 0과 1만으로 제한된다. 이제 $(x_1-y_1)^2$은 x_1과 y_1이 동일할 경우에는 0이지만, 그렇지 않을 경우에는 1이다. $(x_2-y_2)^2$을 비롯해 그 뒤에도 마찬가지다. 해밍은 또한 제곱근을 생략했는데, 그러면 답은 바뀌지만, 그 대신 결과는 해밍 거리와 동일하게 늘 정수가 된다. 이 개념은 두 문자열이 서로 동일할 때에만 0이라는 것처럼, 그리고 (세 끈이 하나의 도형을 이루는) 한 '삼각형'의 어느 한 변의 길이가 다른 두 변들의 길이의 합보다 작거나 같다는 것처럼, '거리'를 유용하게 만드는 모든 성질을 가진다.

우리는 자릿수가 2, 3, 4인 모든 비트열들을 그림으로 그릴 수 있다. (5, 6이면 그보다 더 어렵고 결과도 덜 명확할 것이다. 아마도 10까지는 가능할 것이다. 그다지 유용하지는 못하겠지만 말이다.) 그 결과가 그림 57이다.

처음에 나오는 두 그림은 각각 정사각형과 정육면체(종이 위에 인쇄되어야 하기 때문에 평면에 투사되었다.)임을 바로 알아볼 수 있다. 세 번째 그림은 4차원 유사체인 초입방체로, 이것 역시 평면에 투사되었

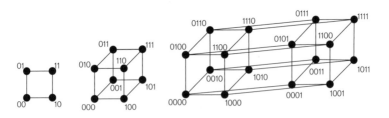

그림 57 자릿수가 각각 2, 3, 4인 비트열 공간들.

세계를 바꾼 17가지 방정식

다. 점들을 잇는 선분들은 해밍 거리가 1이다. 양 끝의 열들은 정확히 한 위치, 다시 말해 한 좌푯값이 다르다. 두 열 사이의 해밍 거리는 그들을 연결하는 가장 짧은 선들의 개수다.

이제 정육면체의 꼭짓점들에 놓인 3비트열을 생각해 보자. 그중 하나, 예를 들어 101을 선택했다고 해 보자. 오류 발생률이 최대 3비트당 1비트라고 하자. 그러면 이 비트열은 원래 상태 그대로 전송되거나 아니면 001, 111, 100 중 하나가 될 것이다. 이런 것들 각각은 원래의 비트열에서 딱 한 위치만 다르다. 따라서 원래 비트열에서의 해밍 거리는 1이다. 기하학적으로 대충 그림을 그려 보면 틀린 비트열들은 올바른 열을 중심으로 하며 반지름이 1인 '구' 위에 놓여 있다. 그 구는 겨우 세 점만으로 이루어져 있다. 만약 우리가 생각하는 공간이 반지름이 5인 157차원 공간이라면 그 구는 일반적으로 생각하는 구처럼 보이지 않을 것이다. 그래도 그것은 일반적인 구와 비슷한 역할을 한다. 즉 유한한 형태를 지니고 있고, 중심으로부터의 거리가 반지름보다 작거나 같은 점들을 모두 포함할 것이다.

우리가 한 부호를 만들기 위해 그 구들을 이용한다고 해 보자. 각 구는 기호 하나에 해당하고, 기호는 구 중심의 좌표로 부호화된다. 거기에 더해 이 구들이 서로 겹치지 않는다고 하자. 예를 들어 나는 101을 중심으로 하는 구를 기호 a로 나타낼 수 있다. 이 구는 네 비트열(101, 001, 111, 100)을 가지고 있다. 만약 내가 이런 네 비트열 중 하나를 수신한다면, 그 기호가 원래 a였음을 알 수 있다. 적어도 다른 기호들이 이것과 동일한 점을 하나도 갖고 있지 않은 구들에 유사한 방식으로 대응한다면 그것은 참이다.

여기서 이 기하의 유용함이 드러나기 시작한다. 이 정육면체에는 8개의 점(비트열)이 있고, 각 구는 그중 넷을 포함한다. 만약 내가 구들이 서로 겹치지 않도록 정육면체에 끼워 넣으려고 한다면, 내가 할 수 있는 한계는 그중 둘까지일 것이다. 8/4=2니까 말이다. 나는 실제로 다른 하나, 말하자면 010을 중심으로 하는 구를 찾을 수 있다. 이 구는 010, 110, 000, 011을 포함하는데, 그들 중 처음 구에 있는 것은 아무것도 없다. 그래서 나는 이 구에 대해 두 번째 기호 b를 쓰기로 한다. a와 b를 이용해 쓴 메시지를 위한 내 오류 수정 부호는 이제 모든 a를 101로 대체하고, 모든 b를 010으로 대체한다. 만약 내가 예를 들어 다음과 같은 메시지를 받는다면

101-010-100-101-000

원래 메시지는 다음과 같다고 해독할 수 있다.

$a-b-a-a-b$

셋째 열과 넷째 열에서 오류가 일어났어도 이것은 가능하다. 나는 방금 잘못된 문자열이 두 구들 중 어느 것에 속하는지를 알았다.

　모두 다 나무랄 데 없지만, 그러면 메시지의 길이가 원래보다 세 배나 길어지고, 우리는 같은 결과를 손에 넣는 더 쉬운 방법을 이미 안다. 메시지를 세 번 반복 전송하는 것이다. 그렇지만 우리가 만약 더 높은 차원의 공간들에 대해 생각해 본다면 그 발상은 더 중요해진다. 자릿수가 4인 문자열들을 가진 초입방체가 있고, 문자열은 16개 있으며, 각 구에는 점이 5개씩 있다. 따라서 세 구들이 서로 겹

치지 않도록 배치할 수 있을지도 **모른다**. 하지만 여러분이 실제로 시도해 보면 그것은 가능하지 않다. 둘까지는 들어가지만 남은 공간은 잘못된 모양이다. 그렇지만 그 수들은 갈수록 우리에게 유용해진다. 자릿수가 5인 열들의 공간은 32개의 열들을 포함하고, 각 구들은 그 중 6개만 사용한다. 어쩌면 5개를 위한 공간이 있을지도 모르고, 그렇지 않다면 4개를 넣을 수 있을 확률은 더 높아진다. 자릿수가 6인 열들의 공간에는 64개의 점과 7개를 사용하는 구가 있을 것이며, 최고 9개를 사용하는 구들까지 들어맞을지도 모른다.

이 지점에서는 그저 무엇이 가능한지를 알아내기 위해서만도 성가신 세부 사항이 많이 필요하다. 따라서 좀 더 정교한 방법들을 발전시키는 것이 도움이 될 것이다. 그렇지만 우리가 보고 있는 것은 문자열들의 공간에 구들을 한데 꾸려 넣는 가장 효율적인 방법들과 유사하다. 그리고 이것은 오래전부터 연구되어 아주 많은 것이 밝혀진 수학 분야다. 그 기법의 일부는 유클리드 기하학에서 해밍 거리들로 전해진 것이며, 그것이 통하지 않으면 우리는 문자열들의 기하 구조에 좀 더 들어맞는 새로운 기법들을 고안할 수도 있다. 한 예로, 해밍은 당시에 알려져 있는 다른 어떤 것보다 더 효율적인 새로운 부호를 발명했는데, 그것은 4비트열들을 7비트열들로 변환시켰다. 그것은 모든 1비트 오류를 탐지하고 수정할 수 있다. 또한 8비트열에서는 어떤 2비트 오류라도 찾아낼 수 있다. 단 수정은 못 한다.

이 부호는 해밍 부호(Hamming code)라고 불린다. 여기서 그것을 설명하지는 않겠지만, 과연 그것이 가능할지 한번 계산해 보자. 자릿수가 4인 문자열이 16개 있고, 자릿수가 7인 문자열들이 128개 있다. 7차원 초입방체에서 반지름이 1인 구들은 8개의 점을 가진다. 그리고 128/8=16이다. 그러니 머리를 잘 좀 쓰면 16개의 구를 7차원 초입방체에 욱여넣을 수 있을지도 모른다. 그렇다면 여분의 공간이 없으니 아주 꽉 차게 들어맞아야 할 것이다. 결과적으로 그런 배치는 존재하며, 해밍이 그것을 찾아냈다. 다차원의 기하학이 없었다면 그것이 존재한다는 것을 추측하기 어려웠을 테고, 찾아내는 것은 말할 나위 없이 더 어려웠을 것이다. 가능성이 없는 것은 아니지만 어렵다. 그리고 기하학이 있어도 그렇게 빤한 것은 아니다.

섀넌의 정보 개념은 부호가 얼마나 효율적일 수 있는가에 한계를 부과한다. 부호 이론은 그 일의 나머지 절반, 즉 가능한 한 효율적인 부호를 찾는 일을 한다. 여기서 가장 중요한 도구는 추상 대수학에서 온다. 추상 대수학은 정수들이나 실수들과 기본적인 산술적 특성들을 공유하면서도 상당히 다른 수학 구조를 연구하는 학문이다. 산술에서는 수를 더하고 빼고 곱해도 동일한 종류의 수를 얻게 된다. 실수의 경우에는 0을 제외한 다른 어떤 수로 나누어도 실수가 나온다. 정수의 경우에는 이것이 불가능한데, 1/2은 정수가 아니기 때문이다. 하지만 우리가 만약 유리수, 즉 분수로 수 체계를 확대한다면 가능해진다. 익숙한 수 체계에서는 다양한 대수학적 법칙들이 유지된다. 예를 들어 덧셈의 교환 법칙에 따르면 2+3=3+2이고, 그 관계는 모든 두 수에 대해서 성립한다.

익숙한 시스템들은 이런 대수학적 성질들을 덜 익숙한 것들과 공유한다. 가장 간단한 예는 그저 두 수, 0과 1만을 사용하는 것이다. 합과 곱은 정수의 경우와 똑같이 정의되지만, 예외가 하나 있다. 우리는 1+1=0이지 2가 아니라고 고집한다. 이 같은 수정은 있지만

세계를 바꾼 17가지 방정식

대수학의 모든 일반 법칙들은 그대로 남는다. 이 체계에는 오로지 두 '원소들', 즉 숫자처럼 생긴 두 물체밖에 없다. 원소의 개수가 항상 임의의 소수의 거듭제곱, 즉 2, 3, 4, 5, 7, 8, 9, 11, 13, 16, …인 시스템도 분명 있다. 그런 시스템은 프랑스 수학자인 에바리스트 갈루아(Évariste Galois)의 이름을 따서 갈루아 체(Galois field)라고 불린다. 갈루아는 그것을 1830년경에 분류했다. 그들은 유한히 많은 원소를 갖기 때문에 디지털 통신에 적합하고, 2의 제곱들은 이진법 표기 덕분에 특히 편리하다.

갈루아 체는 **리드–솔로몬 부호(Reed-Solomon code)**라고 하는 부호화 시스템으로 이어졌다. 그 부호는 1960년에 그것을 발명한 어빙 리드(Irving Reed)와 구스타브 솔로몬(Gustave Solomon)의 이름을 땄다. 그 시스템은 소비자용 전자 제품, 특히 CD와 DVD에 이용된다. 그것은 다항식이 가지는 수학적 성질들을 바탕으로 하는 오류 수정 부호들인데, 그 계수들은 갈루아 체에서 취해진다. 부호화되는 신호들 ─ 음향이나 영상 ─ 은 다항식을 만드는 데 이용된다. 만약 다항식이 n차를 지닌다면, 즉 가장 높은 거듭제곱이 x^n이라면, 다항식은 n값들로부터 다시 만들어질 수 있다. 만약 우리가 n 이상의 값들을 규정한다면, 우리는 그것이 어떤 다항식인지를 놓치지 않으면서 그 값들의 일부를 잃거나 수정할 수 있다. 만약 오류가 너무 많지 않다면 그것이 어떤 다항식인지 알아낼 수 있다. 또한 원래 데이터를 얻기 위해 부호를 해석할 수도 있다.

실제에서 신호는 이진수들로 표현된 일련의 블록(block, 고정된 길이를 갖는 부호들을 나타내는 단위)들로 표기된다. 흔히 블록당 255바이트(8비트열)가 선택된다. 이들 중에서 223바이트는 그 신호를 부호화하는 반면, 남은 32바이트는 오염되지 않은 데이터에서 숫자들의 다양한 조합들이 짝수인지 홀수인지 말해 주는 '패리티 기호(parity symbols)'가 된다. 이 특정한 리드-솔로몬 부호는 블록당 최대 16개의 오류들을 수정할 수 있다. 그것은 1퍼센트에 약간 못 미치는 오류율이다.

여러분은 자동차 스테레오로 CD를 들으며 울퉁불퉁한 거리를 운전할 때마다 추상 대수학을 이용하고 있다. 리드-솔로몬 부호 덕분에 음악은 끊기고 지직거리고 일부가 통째로 생략되는 일 없이 명확하게 재생된다.

정보 이론은 암호 해독과 암호 분석 — 비밀 부호들을 만들고 해독하는 방법들 — 에 폭넓게 이용된다. 섀넌 자신은 그 암호를 깨기 위해 가로채야 하는 암호화된 메시지들의 양을 추산하는 데 그것을 사용했다. 알고 보니 정보를 기밀로 유지하기란 예상했던 것보다 더 어려웠다. 정보 이론은 이 문제에 빛을 비추어 주었다. 비밀을 지키기를 원하는 사람들에게나, 비밀을 알아내기를 원하는 사람들에게나 마찬가지였다. 이 문제는 그저 군사 분야에서만 중요한 것이 아니라, 상품을 사거나 폰뱅킹을 이용하기 위해 인터넷을 사용하는 모든 사람에게 중요하다.

정보 이론은 이제 생물학, 특히 DNA 염기 서열 분석에서 중요한 역할을 한다. DNA 분자는 이중 나선으로, 서로를 감고 도는 두 끈들로 구성되어 있다. 각 끈은 네 가지 유형의 특수한 분자들 — 아데닌(A), 구아닌(G), 티민(T), 시토신(C) — 로 구성된 염기들의 문자열이다. 그러니 DNA는 A, G, T, C라는 네 가지 기호들로 써진 암호문과 같다. 예를 들어 인간 유전체는 30억 개의 염기들로 구성된다. 생물학자들은 지금 셀 수 없이 많은 유기체의 DNA 문자열들을 점점 더 빠르게 찾아낸다. 그것은 컴퓨터 과학의 새로운 분야인 생물 정보학으로 이어진다. 이것은 생물학적 데이터를 효율적이고 효과적으로 다루는 방법들에 중점을 둔다. 그 기본적 도구들 중 하나가 바로 정보 이론이다.

한층 어려운 문제는 정보의 양보다는 질이다. '2 더하기 2는 4다.'와 '2 더하기 2는 5다.'라는 두 메시지는 정확히 똑같은 양의 정보를 담고 있지만, 하나는 참이고 하나는 거짓이다. 정보 시대를 찬양하는 노래는 인터넷에 돌아다니는 그 많은 정보들이 잘못된 정보라는 불편한 진실을 외면한다. 여러분의 돈을 훔치고 싶어 하는 범죄자들이 운영하는 웹 사이트들이 있는가 하면, 견실한 과학을 자기들 자신의 보닛 안을 붕붕거리며 돌아다니는 벌과 바꿔 치우고 싶어 하는 부정론자들도 있다.

여기서 핵심 개념은 그런 정보 자체가 아니라 그 의미다. 인간 DNA를 구성하는 30억 개 염기들이 우리 신체와 행동에 어떤 영향을 미치는지를 알아낼 수 없다면 그들은 말 그대로 무의미하다. 인간 유전체 계획(Human Genome Project) 완수 10주년에, 몇몇 선도적인 과학 전문지들은 인간 DNA 염기들의 목록을 작성함으로써 현재까지 얼마나 큰 의학적 진보가 이루어졌는지 조사했다. 전체적 분위기는 침묵이었다. 현재까지 질병들에 대한 새로운 치료법 몇 가지가 발견되었지만, 원래 기대했던 수준에는 한참 못 미쳤다. DNA 정보에서 의미를 추출하는 작업은 대다수 생물학자들이 희망했던 것보다 더 어려웠다. 인간 유전체 계획은 반드시 필요한 첫걸음이었지만, 그것은 문제들을 풀어 주기보다는 그저 문제들을 푸는 것이 얼마나 어려운지만 알려 주었다.

정보라는 개념은 은유적인 표현이자 기술적 개념으로 사용되며, 전자 공학을 넘어서 과학의 다른 분야들로 침투했다. 정보를 위한 공식은 볼츠만의 열역학에 대한 접근에서 도출된 엔트로피 공식과 매우 흡사하다. 자연 로그 대신 2를 밑으로 하는 로그를 쓰며, 기호가 달라졌다는 점이 주된 차이점이다. 이 유사성을 공식에 적용하면, 엔트로피는 '사라진 정보'로 해석될 수 있다. 그러니 기체의 엔트로피는 증가할 수밖에 없다. 그 분자들이 어디에 있는지, 그리고 얼마나 빨리 움직이는지를 중간에서 우리가 놓치기 때문이다. 하지만 엔트로피와 정보 간의 관계를 설정할 때는 다소 신중해야 한다. 비록 그 공식들은 매우 비슷하지만, 그들이 적용되는 맥락은 다르기 때문이다. 열역학에서 엔트로피는 한 기체의 상태가 갖는 거시적 성질이지만, 정보는 신호 자체의 성질이 아니라 신호를 생산하는 **원천**이 가지는 성질이다. 통계 역학의 전문가인 미국 물리학자 에드윈 제인스(Edwin Jaynes)는 1957년에 그 관계를 요약했다. 열역학의 엔트로피는 섀넌 정보 이론의 **응용**으로 볼 수 있지만, 올바른 맥락을 특정하지 않고 엔트로피 자체를 사라진 정보와 동일시해서는 안 된다. 이 구분을 마음에 새긴 후에 엔트로피를 정보의 손실로 볼 수 있는 한 맥락을 살펴보자. 엔트로피 증가가 증기 기관의 효율성에 한계를 설정해 주듯, 정보를 엔트로피적으로 해석하는 것은 전산의 효율성에 한계를 설정해 준다. 예를 들어 액체 헬륨의 온도에서 1비트를 0에서 1로 뒤집거나 그 반대의 일을 하려면, 여러분이 무슨 방법을 사용하든 상관없이 적어도 5.8×10^{-23}줄만큼의 에너지가 필요하다.

'정보'라는 말과 '엔트로피'라는 말이 좀 더 은유적으로 사용되면 문제가 생긴다. 생물학자들은 DNA가 유기체를 만드는 데 필요한 '그 정보'를 결정한다고 종종 말한다. 단 '그'를 빼면 이것은 어떤 의미에서는 거의 옳다. 정보의 은유적 해석이란, 예를 들어 여러분이 그 DNA를 알면 그 유기체에 관해 모든 것을 안다고 하는 식이다. 결국, 여러분은 **그** 정보를 가졌지 않은가? 한동안 많은 생물학자들은 이 명제가 참에 가깝다고 생각했다. 하지만 이제 우리는 그것이 지나치게 낙관적인 생각임을 안다. 심지어 DNA의 그 정보가 정말로 특정 유기체를 고유하게 지정하더라도, 여러분은 여전히 유기체가 어떻게 성장하며 그 과정에서 DNA가 실제로 무엇을 하는지를 알아내야 한다. 게다가 유기체를 만드는 데는 DNA 부호들의 목록보다 더 많은 것이 필요하다. 이른바 후생적 요인들도 감안해야 하는 것이다. 이들은 DNA 부호 중 한 부분을 활성화하거나 비활성화하는 화학적 '스위치'를 비롯해 부모에서 자녀로 전달되는 완전히 다른 요소들도 포함한다. 인간의 경우, 이런 요소들은 우리가 자라나는 문화까지 포함한다. 그러니 여러분이 '정보' 같은 기술적 용어들을 사용할 때는 너무 가볍게 생각하지 않는 것이 좋다.

16

자연은 균형 상태라는 환상

카오스 이론

$$x_{t+1} = kx_t(1-x_t)$$

개체군의 크기   다음 세대   자발적인 번식률

$$x_{t+1} = kx_t(1-x_t)$$

개체군의 크기   현재 세대

무엇을 말하는가?

가용 자원에 한계가 있을 때, 한 개체군이 한 세대에서 다음 세대로 어떻게 변화하는가를 모형화한다.

왜 중요한가?

무작위성을 원인으로 하지 않지만 점차 무작위적으로 변해 가는 결정론적 혼돈을 만들어 내는 가장 단순한 방정식들 중 하나다.

어디로 이어졌는가?

단순한 비선형 방정식이 매우 복잡한 역학을 만들어 낼 수 있으며, 무작위로 보이는 것이 실은 숨겨진 질서를 드러낼 수 있다는 깨달음으로 이어졌다. 흔히 카오스 또는 혼돈 이론으로 불리는 이 발견은 과학 전 영역에서 수없이 많이 쓰이고 있다. 태양계 행성들의 운동, 일기 예보, 생태학의 개체수 역학, 변광성, 지진 모형, 그리고 우주 탐사선의 효율적 계산 등에 사용된다.

자연의 균형이라는 은유는 만약 못된 인간들이 계속 훼방을 놓지 않는다면 세계가 어떻게 될지를 이야기할 때마다 기다렸다는 듯 튀어나온다. 놔두기만 하면 자연은 완벽한 조화의 상태로 돌아갈 것이다. 산호초에는 늘 같은 종들의 다채로운 색의 물고기가 비슷한 수로 정착할 것이고, 토끼와 여우는 들판과 삼림을 공유하는 법을 배울 것이다, 여우는 배를 불리고, 대다수 토끼는 살아남으면서, 어느 쪽도 폭발적으로 증가하거나 멸종하지 않을 것이다. 세계는 한 고정된 상태에 이르렀다가 그대로 머무를 것이다. 다음번 커다란 운석, 혹은 초대형 화산이 그 균형을 뒤엎을 때까지 말이다.

이것은 흔히 보는 은유로, 상투적인 표현에 가깝다. 또한 심한 오해를 부르기도 한다. 자연의 균형은 분명히 비틀거리고 있다.

우리는 이전에 본 바 있다. 푸앵카레가 오스카르 2세가 내건 포상을 타 내려고 연구하고 있을 당시만 해도 태양계의 행성들은 해롭지 않은 정도의 섭동을 주거나 받거나 하면서 대부분 같은 궤도를 영원히 따라 도는 안정적인 상태를 이루고 있을 것이라고 대부분의 사람들이 생각했다. 기술적으로 이것은 고정된 상태가 아니지만 각 행성들이 다른 모든 행성들이 일으키는 사소한 방해들을 받으며 몇 번이고 비슷한 운동을 반복하는 상태다. 하지만 그들이 없었을 경우에 비해 크게 탈선하지는 않는다. 그 역학은 '준주기적'이다. 즉 그들의 주기는 모두 같은 시간 간격의 몇 배가 아니라 별개의 주기적 운동들 몇몇을 더한 것이다. 행성들의 관점에서, 그것은 누군가가 희망할 수 있는 것 이상으로 '지속적'이라고 볼 수 있다.

하지만 실제 동역학은 그렇지 않다. 푸앵카레는 뒤늦게, 그리고 대가를 치러 가며 그 사실을 깨달았다. 적절한 상황에서 그것은 카오스적이다. 그 방정식들은 무작위성을 명백히 드러내는 어떤 요소도 갖지 않으므로, 이론적으로는 현재의 상태가 미래 상태를 완벽히 결정했다. 하지만 역설적이게도 실제 행성은 무작위로 움직이는 것처럼 보였다. 여러분이 "행성이 태양의 어느 쪽에 있습니까?" 같은 엉성한 질문을 했다면, 그 답은 무작위로 나열된 관측들이 될 수밖에 없다. 무한히 가까이서 볼 수 있을 때에만 비로소 그 운동이 실제로 완벽하게 결정되어 있음을 볼 수 있다.

이것이 우리가 지금 '카오스(chaos, 혼돈)'라고 부르는 것의 첫 등장이다. 카오스는 '결정론적 혼돈(deterministic chaos)'의 준말로 아무리 '무작위'와 같아 보여도 그 실체는 매우 다르다. 카오스 동역학에는 오묘한 패턴들이 숨어 있다. 그 패턴들은 우리가 측정에 대해 당연하게 생각하는 것과 다르다. 우리가 불규칙적으로 뒤죽박죽 나열된 데이터 속에서 패턴들을 추출하려면, 반드시 카오스의 원인을 이해해야 한다.

과학에서 늘 그렇듯, 몇몇 전조들이 독립적으로 등장하기는 했다. 하지만 그것들은 대개 관심을 가지고 진지하게 살펴볼 가치가 없는 사소한 흥밋거리들로 치부되었다. 수학자들, 물리학자들, 그리고 공학자들은 1960년대에 가서야 동역학에서 카오스가 얼마나 당연한 것이며 고전 과학에서 상상하던 것과는 얼마나 다른지를 깨닫기 시작했다. 우리는 카오스가 무엇을 말해 주는지, 그리고 카오스로 무엇을 할 수 있는지를 여전히 배우고 있다. 그렇지만 이미 카오스 동역학, 즉 흔히 말하는 '카오스 이론'은 과학의 대다수 분야에 침투했다. 그것은 심지어 경제학과 사회 과학의 주제에 관해서도 여러 가지를 말해 준다. 카오스는 모든 것에 대한 답이 아니다. 오로지 비평가들만이 상대방을 비난하려는 의도로 그렇다고 말한다. 하지만 카오스는 그 모든 공격을 버티고 살아남았다. 거기에는 합리적인 이유가 있다. 미분 방정식은 모든 물리 법칙의 기초가 되며, 그 미분 방정식의 지배를 받는 모든 운동의 근본이 바로 카오스이기 때문이다.

생물학에도 카오스가 있다. 이것을 처음 깨달은 사람들 중 하나가 아마도 오스트레일리아 생태학자인 로버트 메이(Robert May)일 것이다. 그는 지금 옥스퍼드의 메이 남작으로, 왕립 학회 회장을 역임했다. 그는 산호초와 삼림 같은, 다양한 종의 개체군들이 시간이 지나면서 자연계에서 어떻게 변하는지를 알아보고자 했다. 1975년에 메이는 《네이처(Nature)》에 짧은 논문을 한 편 썼는데, 그 논문은 동물 개체군이나 식물 개체군의 변화 모형에 일반적으로 쓰이는 방정식들이 카오스를 야기할 수 있음을 강조했다. 메이는 그가 논하는 모형들이 개체군의 실제 양상을 정확히 나타낸다고 주장하지 않았다. 그의 요점은 좀 더 보편적인 것이었다. 메이는 그런 종류의 모형들에서 카오스가 자연스러운 일이었음을 마음에 새겨 두자고 주장했다.

카오스의 가장 중요한 결과는 불규칙적 거동이 반드시 불규칙적 원인을 가질 필요가 없다는 것이다. 이전 생태학자들이 동물 개체군의 크기가 마구 요동친다는 것을 알았다면, 그들은 어떤 외부 원인을 찾으려고 했을 것이다. 그것 역시 마구 요동칠 것으로 추정하면서 '무작위'라는 꼬리표를 붙였을 것이다. 아마도 날씨, 혹은 갑작스러운 외래 포식자들의 유입 같은 것이리라. 하지만 메이의 사례들은 외부의 도움 없이 동물 개체군 내부의 작용만으로 불규칙성이 생성됨을 보여 준다.

메이의 주된 예시는 이 장의 처음을 장식하는 방정식이었다. 그 것은 로지스틱 방정식(logistic equation)이라고 불리며, 각 세대의 크기가 이전 세대의 크기에 의해 결정되는 단순한 개체군 성장 모형이다. 여기서 '불연속'이라는 말은 시간의 흐름이 세대 단위로 쪼개져 정수가 된다는 뜻이다. 그 결과, 연속적인 변수인 시간이 개념적 수준에서나 계산적 수준에서 더 단순하게 정의되면서 그 모형은 미분 방정식과 비슷해진다. 개체군의 크기는 전반적으로 분모가 큰 값을 가지는 분자로 측정되므로, 0(멸종)과 1(계가 지탱할 수 있는 이론적 최댓값) 사이의 실수로 나타낼 수 있다. 시간 t가 세대를 나타내는 정수라면, 이 개체군의 크기는 t세대에서 x_t다. 로지스틱 방정식은 다음과 같다.

$$x_{t+1} = kx_t(1 - x_t)$$

여기서 k는 상수다. 우리는 k를 개체군의 번식률—자원이 줄어도 번식이 느려지지 않는 경우의 번식률이다.—로 해석한다.[1]

시간 0에서의 초기 개체군 x_0으로 시작해 보자. 그러고 나서 x_1을 계산하기 위해 $t=0$으로 놓고 이 방정식을 이용한다. 그러고 나서 $t=1$로 놓고 x_2를 계산한다. 이런 식으로 계속해 나가면, 심지어 총합을 내지 않고도 우리는 일정한 번식률 k에 대해서 세대 0의 개체군 크기가 다음 세대들의 개체군 크기를 완벽히 결정한다는 것을 알수 있다. 그러니 이 모형은 **결정론적**이다. 현재의 지식이 미래를 고유하게, 그리고 정확하게 결정한다.

그렇다면 미래는 **무엇인가**? '자연의 균형'이라는 은유적 표현은 개체군이 안정 상태에 이르러야 한다고 시사한다. 우리는 심지어 안

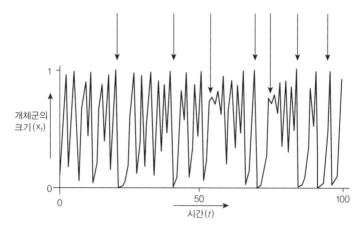

그림 58 개체군 성장 모형에서의 카오스 진동. 짧은 화살표들은 개체수의 급격한 감소 이후에 기하급수적인 단기 성장이 있음을 보여 준다. 긴 화살표들은 불안정한 진동들을 보여 준다.

정 상태가 무엇이 되어야 하는지도 계산할 수 있다. 그저 시간 $t+1$에서의 개체군이 시간 t에서의 개체군과 동일하도록 설정하면 된다. 이것은 인구 0과 $1-1/k$이라는 두 안정 상태로 이어진다. 개체군의 크기가 0이라는 것은 멸종을 의미하므로, 현존하는 개체군에는 다른 값을 적용해야 한다. 불행히도 이런 안정 상태는 언제든지 불안정해질 수 있다. 만약 그렇다면, 실제 세계에서 여러분은 안정 상태를 결코 보지 못할 것이다. 그것은 연필을 뾰족한 끝 아래로 한 채 수직으로 세우려고 애쓰는 꼴이다. 아주 미세한 충격만 있어도 연필은 기울고 말 것이다. 계산 결과, k가 3보다 크면 안정 상태가 불안정해진다.

그렇다면 우리가 실제 세계에서 **보는** 것은 무엇일까? 그림 58은 $k=4$일 때 개체군의 전형적인 '시계열' 그래프를 보여 준다. 그것은 안정적이지 않다. 중구난방이다. 그렇지만 자세히 들여다보면 그 역학이 완전히 무작위적이지는 않음을 알려 주는 실마리들이 있다. 그림 58의 짧은 화살표를 보자. 개체군의 크기는 엄청 커질 때마다 그 즉시 아주 작아지고, 다음 두 세대나 세 세대 동안 (대략 기하급수적으로) 지속적으로 성장한다. 그리고 개체군 크기가 0.75에 가까워지거나 그 비슷하게 갈 때마다 재미있는 일이 일어난다. 그래프의 선이 그 값 위아래로 진동하며 특유의 지그재그 모양을 그리면서, 오른쪽을 향해 더 넓게 퍼진다. 이는 그림 58에서 긴 화살표들을 보면 된다.

이런 패턴들과는 별개로 그 거동은 진정 무작위적인 면도 있다. 여러분이 세부 사항 중 일부를 버릴 때에 한해서지만 말이다. 개체수가 0.5보다 클 때마다 기호 H(앞면)를, 0.5보다 작을 때마다 기호 T(뒷면)를 배정해 보자. 이 특정 데이터 집합은 THTHTHHTHHTTHH로 시작해서 예측 불가능하게 계속 이어진다. 동전을 던졌을 때의 무작위적 순서와 꼭 같다. 이런 식으로 특정 범주에 특정 값들을 대응시키고, 오직 그 범주에만 주목함으로써 데이터를 조악하게 만드는 것을 기호 동역학(symbolic dynamics)이라 부른다. 이 경우에 대다수 초기 개체군 크기 x_0에 대해서 얻는 H와 T의 문자열이 공정한 동전을 무작위로 던졌을 때 얻는 전형적 문자열과 모든 면에서 같음을 알 수 있다. 이렇게 구체적인 특정 값을 볼 때에만 비로소 일부 패턴들이 나타나기 시작한다.

그것은 놀라운 발견이다. 동역학계는 세부 데이터가 드러내는 가시적 패턴들에서 완벽하게 결정론적일 수 있다. 그렇지만 동일한 데이터를 큼직큼직하게 보면 그것은 무작위적일 수 있다. 그 무작위성은 입증 가능하고 엄밀하다. 결정론적인 것과 무작위적인 것은 반대가 아니다. 몇몇 경우에 그들은 완벽하게 양립 가능하다.

메이는 로지스틱 방정식을 발명하지 않았고, 그 놀라운 성질들을 처음 발견하지도 않았으며, 그랬다고 스스로 주장하지도 않았다. 그의 목표는 생명 과학 분야에서 일하는 사람들, 특히 생태학자들에게 물리학과 수학에서 이루어진 놀라운 발견들을 소개하는 것이었다. 그 발견들은 과학자들이 관측 데이터를 생각하는 방식을 근본적으로 바꿔놓을 터였다. 우리 인간들은 어쩌면 단순한 법칙들을 바탕으로 세워진 방정식을 푸는 데 어려움을 겪을지 모르지만, 자연은 우리와 같은 식으로 방정식을 풀어야 할 필요가 없다. 자연은 그저 법칙을 따른다. 그러니 자연은 단순한 원인만 가지고도 우리가 경악할 정도로 복잡한 결과들을 내놓을 수 있는 것이다.

카오스 이론은 동역학에 대한 위상학적 접근법에서 나왔다. 특히 미국 수학자인 스티븐 스메일(Stephen Smale)과 러시아 수학자인 블라디미르 아르놀트(Vladimir Arnold)가 1960년대에 그것을 처음 시도했다. 두 사람 다 미분 방정식에서 어떤 유형의 거동이 전형적인지를 알아내려고 애쓰고 있었다. 스메일은 삼체 문제(4장 참조)에 관한 푸앵카레의 이상한 결과들에서 자극을 받았고, 아르놀트는 그의 이전 선배 연구원인 안드레이 콜모고로프(Andrei Kolmogorov)가 발견한 것에서 영감을 받았다. 두 사람 다 왜 카오스가 흔하게 나타나는지 바로 알아차렸다. 앞으로 곧 보게 되겠지만, 그것은 미분 방정식의 기하에서 비롯된 당연한 결과였다.

카오스에 관한 관심이 번지면서, 이전 과학 논문들에서 사람들의 눈에 띄지 않은 채 숨어 있던 사례들이 주목받기 시작했다. 그저 별개의 이상한 효과들로 여겨졌던 이 사례들은 이제 더 넓은 이론 안에 포섭되었다. 1940년대에 영국 수학자인 존 리틀우드(John

Littlewood)와 메리 카트라이트(Mary Cartwright)는 전자식 발진기 (electronic oscillator)에서 카오스의 흔적들을 보았다. 1958년에 도쿄 지진 예측 개발 협회의 리키타케 쓰네지(力武常次)는 지구의 자기장, 즉 지자기가 지구 내부에서 전기를 유도해 내는 현상을 기술하는 모형에서 카오스적 거동을 발견했다. 그리고 1963년에 미국 기상학자인 에드워드 로렌즈(Edward Lorenz)는 일기 예보에서 영감을 받아 대기의 대류를 단순하게 모형화한 것에서 카오스 동역학의 본질을 상당히 자세히 짚어 냈다. 이런저런 선구자들은 그동안 카오스를 여러 차례 목격했다. 이제 그들이 각자 한 발견들이 하나로 융합되기 시작했다.

특히 카오스로 이어진 상황은 더 단순한 상황에 비해 대수학적이라기보다는 기하학적이었다. $k=4$인 로지스틱 모형에서, 개체군의 크기가 0과 1의 양 극단인 경우 다음 세대에서 그 점은 0으로 움직이는 반면, 중간점인 1/2은 1로 움직인다. 그러니 각 시간-단계(time-step)에서, 0에서 1까지의 간격은 원래 길이의 두 배로 늘어났다가 반으로 접혀서 그 원래 길이로 돌아온다. 이것은 요리사가 빵을 만들 때 반죽을 가지고 하는 일이다. 반죽을 치대는 모습을 생각해 보면 카오스를 머릿속에 그려 볼 수 있다. 로지스틱 반죽에 작은 점, 예를 들어 건포도 하나가 있다고 상상해 보자. 그 건포도가 어떤 주기적 반복 운동을 따라 움직이다가, 몇 번의 늘이고 접는 과정을 거쳐 원래 지점으로 돌아간다고 하자. 이제 왜 이 지점이 불안정한지 살펴보겠다. 또 다른 건포도를 상상해 보자. 이 건포도는 원래 첫 번째 건포도에 아주 가까웠다. 그런데 반죽을 늘일 때마다 두 건포도는 서로 멀어진다. 그렇지만 당분간은 첫 번째 건포도를 쫓아가지 못할 정도로 멀어지지 않는다. 반죽이 접힐 때, 두 건포도 모두 같은 층에 놓인다. 그러니 다음번에 늘릴 때는 두 번째 건포도가 첫 번째 건포도에서 더욱 멀어진다. 이것이 주기적 상태가 불안정한 이유다. 잡아 늘이기는 근처의 모든 점들을 그것 쪽으로 모으지 않고 그것으로부터 **멀어지게** 만든다. 결국 그 팽창은 너무나 커져서 반죽이 접혔을 때, 두 건포도가 다른 층에 놓이는 경우가 발생한다. 그 후에 그들의 운명은 상당히 독립적이다. 왜 요리사가 반죽을 치대는가? 재료들(그 안에 갇힌 공기를 포함해)을 골고루 섞기 위해서다. 물질을 뒤섞으면 개별 입자들은 무척 불규칙적으로 움직여야 한다. 처음에는 서로 가까이 있던 입자들이 마지막에는 멀리 떨어진다. 서로 멀리 떨어진 점들이 반죽이 접히는 과정에서 도로 가까워질 수도 있다. 간단히 말해, 카오스는 **혼합**의 자연적 결과다.

앞에서 나는 여러분의 부엌에 아마 식기 세척기 정도 말고는 카오스적인 것이 아무것도 없을 것이라고 했다. 사실 그것은 거짓말이었다. 여러분은 몇 가지 카오스적 기구들을 가지고 있을 것이다. 푸드 프로세서(food processor, 요리 재료들을 갈거나 써는 기구), 달걀 거품기 같은 것들 말이다. 푸드 프로세서의 칼날은 빙글빙글 빠르게 돌라는 아주 단순한 법칙을 따른다. 재료들은 칼날과 상호 작용하며 뭔가 단순한 일을 해야 한다. 그렇지만 재료들은 빙글빙글 돌지 않고, 뒤섞인다. 칼날이 재료들을 자르고 지나갈 때, 일부는 칼날의 이편으로, 다른 일부는 칼날의 저편으로 간다. 부분만 놓고 보면, 재료들은 서로 떨어진다. 하지만 재료들이 용기에서 빠져나가는 것은 아니므로, 그 모두는 다시 자기 안으로 도로 접힌다.

스메일과 아르놀트는 모든 카오스 동역학이 이와 같음을 깨달았다. 짚고 넘어가자면, 그들은 그 결과를 딱히 앞에서 내가 사용한 용어로 적지는 않았다. 그들의 논문에서 '따로 떨어져 있음'은 '양의 리아푸노프 지수(positive Liapunov exponent)'이고 '도로 접힘'은 '계가 콤팩트한 영역을 가짐(system has a compact domain)'이었다. 그렇지만 이 어려운 언어로 두 사람이 하고 싶었던 말은 카오스가 반죽과 같다는 것이었다.

이것은 또한 다른 무언가, 특히 로렌즈가 1963년에 주목한 것을 설명한다. 카오스 동역학은 초기 조건에 민감하다. 그 두 건포도가 처음에 얼마나 가까이 있었든, 두 건포도는 결국 너무나 멀어져서 이후 움직임은 독립적이 된다. 이 현상은 종종 '나비 효과(butterfly effect)'라고 불린다. 나비가 날개를 펄럭이면, 그렇지 않았을 경우와 비교했을 때 한 달 뒤의 날씨가 전혀 달라진다는 것이다. 나비 효과라는 말이 나오게 된 데는 전반적으로 로렌즈의 공이 크다. 로렌즈가 나비 효과를 처음 알린 것은 아니지만, 그의 강의 제목이 비슷했다. 하지만 그 제목은 다른 사람이 로렌즈를 위해 만들어 준 것이었으며, 그 강의는 유명한 1963년 논문에 관한 것이 아니라 같은 해의 덜 유명한 논문에 관한 것이었다.

그 현상이 뭐라고 불리든, 거기에는 중요한 실제적 결과가 있다. 카오스 동역학은 비록 이론적으로 결정론적이지만 실제에서는 무척 빨리 예측 불가능해진다. 초기 단계에서 모든 불확실성은 기하급수적으로 빨리 증가하기 때문이다. 그러다가 예측의 지평선(prediction horizon)을 넘어서면 미래가 보이지 않는다. 그 표준 컴퓨터 모형이 카오스 동역학을 따르는 것으로 잘 알려져 있는 날씨의 경우에 그 지평선은 며칠 앞이다. 태양계의 경우에는 그 지평선이 수천만 년 앞이다. 진자(다른 진자의 밑동에 매달려 있는 진자) 같은 단순한 실험실 장난감에서는 몇 초 앞이다. '결정론적'이라는 말과 '예측 가능'이라는 말이 동일하다는 종래의 가정은 틀렸다. 만약 한 계의 현재 상태가 완벽하게, 그리고 정확하게 측정될 수 있다면 그 가정은 유효하겠지만, 이는 불가능한 일이다.

카오스의 단기적 예측 가능성은 카오스와 완전히 무작위적인 상태를 구분하는 기준이 된다. 이 둘을 구별하고, 그 계가 결정론적이지만 카오스적으로 행동하고 있을 경우 그 기저에 놓인 역학을 알아내는, 다양한 기술들이 많이 고안되었다.

오늘날 카오스는 천문학에서 동물학까지 과학 전반에 두루 쓰인다. 4장에서 우리는 카오스가 새롭고 한층 효율적인 우주 탐사 궤도들을 어떻게 이끌어 내는지를 보았다. 더 넓게 보면, 천문학자인 잭 위즈덤(Jack Wisdom)과 자크 라스카(Jacques Laskar)는 태양계의 동역학이 카오스적임을 보여 주었다. 여러분이 기원후 1000만 년에 명왕성이 그 궤도의 어디에 있을지를 알고 싶다면, 포기하는 편이 좋다. 또한 그들은 달로 인한 밀물과 썰물이 카오스적 운동을 야기하는 요인들을 상쇄시킴으로써 지구를 안정시킨다는 것을 보여 주었다. 만약 달이 없었다면, 지구는 빙하기와 간빙기가 급속도로 오고가는 기후였을 것이다. 그래서 카오스 이론은 달이 없었다면 지구가 매우 살기 불편한 곳이 되었을 것이라고 말한다. 우리 행성의 주변 환경이 가지는 이러한 특색은 행성에서 생명체가 진화하는 데 안정화 역할을 해 줄 위성이 필요하다는 주장에 자주 사용되었다. 하지만 이것은 너무 멀리 나간 이야기다. 행성의 축이 100만 년에 걸쳐 바뀐다고 해도 대양의 생명체는 거의 그 사실을 알아차리지 못할 것이다. 육상 생명체는 좀 더 적합한 조건을 지닌 장소로 갈 수 없는 곳에 갇혀 있지 않다면 다른 곳으로 이주할 시간이 넉넉할 것이다. 현재 진행되고 있는 기후 변화는 지구 자전축의 기울기 때문에 생길 수 있는 그 어떤 변화보다 훨씬 빨리 일어나고 있다.

생태계에서 불규칙적인 개체군 동역학이 외부의 무질서보다는 내부의 카오스에 의해 야기될 때가 더러 있을지 모른다는 메이의 제안은 그간 몇몇 실험실 속 실제 생태계에서 입증되어 왔다. 1995년에 미국 생태학자인 제임스 쿠싱(James Cushing)이 이끄는 연구팀은 창고에 저장된 밀가루를 감염시키는 거짓쌀도둑거저리(bran bug, *Tribolium castaneum*) 개체군에서 카오스 동역학을 찾아냈다.[2] 1999년에 네덜란드 생물학자인 제프 하위스만(Jef Huisman)과 프란츠 베이싱(Franz Weissing)은 카오스 이론을 '플랑크톤의 역설'이라고 하는 플랑크톤 종의 예기치 않은 다양성에 적용했다.[3] 생태학의 기본 원리인 경쟁적 배제 원리(principle of competitive exclusion)는 한 생태계가 생태적 지위의 수, 즉 생존을 위한 자원의 수보다 더 많은 종을 지탱할 수 없다는 것이다. 플랑크톤은 이 원리를 위배하는 것처럼 보인다. 생태적 지위의 수는 적지만, 종의 수는 수천이다. 그들은 이것을 경쟁적 배제 원리—개체군이 지속적이라고 가정한다.—에서 유래한 맹점으로 보았다. 만약 개체군이 시간에 따라 변한다면, 일반적인 모형에서 유도된 수학적 예측이 들어맞지 않으며, 서로 다른 생물 종들이 동일한 생태적 지위를 차례를 돌아가며 점유할 것이다. 의식적 협동 때문이 아니라, 일시적으로 한 생물 종이 다른 종의 자리를 차지해서 그 개체수를 대폭 증가시키기 때문이다. 한편 밀려난 생물 종의 개체수는 감소

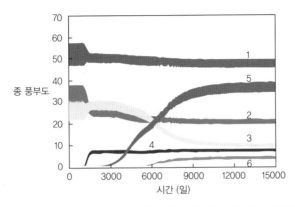

그림 59 여섯 종이 세 자원을 공유하고 있다. 회색 띠들은 간격이 좁게 잡힌 카오스 진동들이다. 제프 하위스만과 프란츠 베이싱의 허가를 받아 실었다.

한다. (그림 59)

2008년에 하위스만의 팀은 발틱 해의 생태계를 본뜬 축소판 생태계를 가지고 세균과 몇 종류의 플랑크톤에 관한 실험실 실험을 해서 그 결과를 발표했다. 6년치 연구 데이터는 개체군의 크기가 거칠게 들쭉날쭉하며, 한때는 100배나 커졌다가 확 줄어드는 카오스 동역학을 보여 주었다. 카오스를 탐지하는 일반적인 방법들이 그 존재를 입증했다. 심지어 나비 효과도 있었다. 그 계에서 예측의 지평선은 몇 주였다.[4]

매일의 일상 생활에 영향을 주는 카오스는 여러 용도에 쓰이지만, 대개 가전 제품에 쓰이기보다는 제조 과정과 공공 서비스에서 모습을 드러낸다. 나비 효과의 발견은 일기 예보가 진행되는 방식을 바꾸었다. 기상학자들은 하나의 예측을 정교하게 만드는 데 모든 계산 역량을 쏟아 붓는 대신 여러 예측 모형들을 운용한다. 그리고 각각을 시작하기 전에 기상 관측용 기구들과 위성들이 제공한 데이터들에 여러 작은 변화들을 무작위로 가한다. 만약 그 결과들이 모두 일치한다면, 예측이 정확할 가능성은 더 높아진다. 만약 크게 다르다면, 날씨는 그보다 예측하기 더 어려운 상태라는 뜻이다. 예보 자체는 몇몇 다른 과학적 진보들 덕분에, 특히 대기의 상태에 미치는 대양의 영향들을 계산하는 부분에서 개선되어 왔다. 하지만 그간 카오스의 주된 역할은 너무 많은 것을 예상하지 말라고 기상관들에게 경고하는 것, 그리고 한 예보가 얼마나 정확할 가능성이 높은지를 계량화하는 것이었다.

카오스를 산업 분야에 적용했더니 혼합 공정에 대해 더 잘 이해할 수 있게 되었다. 그것은 알약을 만들거나 음식 재료들을 섞는 데 두루두루 쓰인다. 알약에 든 유효 성분 약재들은 보통 매우 적은 양으로 들어가며, 유효 성분이 아닌 물질들과 뒤섞여 있다. 각 알약에 충분한 양의 유효 성분을 넣되, 너무 많이 넣지 않는 것이 중요하다. 혼합 기계는 커다란 푸드 프로세서와 같다. 그리고 푸드 프로세서처럼 그것의 역학은 결정론적이지만 동시에 카오스적이다. 카오스에 기반을 둔 수학은 혼합 과정에 대한 새로운 이해를 제공했고 몇몇 설계를 개선했다. 데이터에서 카오스를 탐지하는 방법들 덕분에 철사로 스프링을 만드는 새로운 시험 장비가 개발되어 스프링과 철사 제작에서의 효율성이 높아졌다. 스프링은 하찮아 보여도 많은 곳에서 필수적으로 쓰인다. 매트리스, 자동차, DVD 플레이어, 심지어 볼펜에도 들어가 있다. 즉 나비 효과를 이용해 동역학적 거동(dynamic behaviour)의 안정성을 유지하는 카오스 제어 기술은 한층 효율적이고 간섭이 적은 심박 조율기를 설계하는 데서도 큰 역할을 한다.

그렇지만 전체적으로 볼 때 카오스가 주로 영향을 미친 부분은 과학적 사고다. 카오스의 존재가 두루두루 인정되기 시작한 이래 40년 동안, 카오스는 사소한 수학적 흥밋거리에서 과학의 근본 성질이 되었다. 우리는 이제 통계학에 기대지 않고도 결정론적 카오스의 특징이 되는 숨겨진 패턴들을 알아냄으로써 자연의 여러 불규칙성을 연구할 수 있다. 카오스는 비선형 거동을 강조하는 현대 동역학계 이론이 과학자들의 세계관에 조용한 혁명을 일으키는 한 방식일 뿐이다.

17

황금의 손

블랙-숄스 방정식

$$\frac{1}{2}\sigma^2 S^2 \frac{\partial^2 V}{\partial S^2} + rS\frac{\partial V}{\partial S} + \frac{\partial V}{\partial t} - rV = 0$$

블랙-숄스 방정식

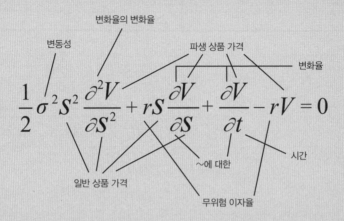

무엇을 말하는가?

한 파생 상품의 가격이 적절한 경우, 그 상품에는 아무런 위험이 없으며 아무도 그 상품을 다른 가격에 팔아 이익을 남길 수 없다는 원칙을 기반으로, 그 가격이 시간에 따라 어떻게 변하는지를 나타낸다.

왜 중요한가?

한 파생 상품에 일반적으로 합의된 '합리적' 가격을 매겨서 그 상품의 매도 요건이 성숙하기 전에 거래되도록 만든다.

어디로 이어졌는가?

금융 시장이 엄청나게 성장했다. 그리고 그 어느 때보다도 더욱 복잡한 금융 상품들, 경제적 번영과 그것을 끝장 내는 경제 공황—격동의 1990년대 주식 시장, 2008~2009년의 금융 위기, 그리고 지속적인 경제 불황—으로 이어졌다.

금세기 금융 시장 성장의 가장 큰 원천은 파생 상품이었다. 파생 상품은 돈도, 주식과 지분에 대한 투자도 아니다. 투자에 대한 투자, 약속에 대한 약속일 뿐이다. 파생 상품 중개인들은 가상의 돈, 컴퓨터 속 숫자를 사용한다. 그들은 그 돈을 투자자들에게서 빌린다. 아마도 그 투자자들 또한 그 돈을 또 다른 곳에서 빌렸을 것이다. 또는 아예 가상으로 빌리는 것조차 하지 않을 때도 많다. 그들은 언젠가 필요한 때가 오면 돈을 **빌리겠다**고 합의한 후, 마우스를 클릭한다. 하지만 빌려야 할 때가 오도록 가만히 있을 생각은 없다. 그러기 전에 그들은 파생 상품을 팔 것이다. 대출자—같은 이유로 융자는 끝내 실제로 일어나지 않을 테니까 가상의 대출자라고 해야겠지만—도 아마 실제 돈을 갖고 있지 않을 것이다. 이것은 상상 속에서나 있을 법한 금융 시스템이지만, 세계 금융 시스템의 표준이 되었다.

불행히도 파생 상품의 거래는 결국 실제 돈을 내놓는다. 그러고 나면 실제 사람들이 고생을 한다. 대개 그 수법은 통한다. 그 현실과의 괴리가 가상의 돈이 실제 돈이 될 때 몇몇 은행가들과 중개인들을 매우 부유하게 만들어 주는 것 외에 아무런 영향을 미치지 않기 때문이다. 무언가 잘못된 일이 일어나기 전까지 말이다. 그러나 나쁜 짓에는 대가가 따르는 법이다. 그 결과로 실제 돈으로 치러야 하는 가상의 빚들이 생긴다. 당연히 그 빚은 다른 모든 이들이 갚게 될 것이다.

이것이 2008년과 2009년 사이에 발생했던 금융 위기의 시작이었다. 세계 경제는 그 여파로 아직도 비틀거리고 있다. 저금리와 막대한 개인 상여금 덕분에 은행가들과 그들의 은행들은 그 어느 때보다 더 복잡한 파생 상품들, 특히 자산 시장에서 안전하다고 여겨졌던 주택과 사업 들에 그 어느 때보다 더 큰 액수의 가상의 돈을 걸었다. 적절한 자산과 그것을 살 사람들이 줄기 시작하면서, 금융권의 수장들은 자신들이 받는 성과금을 정당화하고 실제로 그것을 받아내기 위해 주주들에게 그들이 이윤을 만들어 제공하고 있다고 확신시킬 새로운 방법들을 찾아야 했다. 그래서 그들은 빚 보따리를 거래하기 시작했다. 또한 그 과정에서 부동산을 담보로 잡았다. 그 계획을 계속 유지시키려면 담보물이 늘어나야 했고, 그러려면 지속적인 자산 구매가 필요했다. 그래서 은행들은 상환 능력이 의심스러운 사람들에게도 융자를 내주기 시작했다. 이것이 '서브프라임 모기지 시장(subprime mortgage market)'이었다. '서브프라임'은 '체납할 가능성이 높음'을 에둘러 말한 것이었다. 그것은 곧 '체납할 것이 분명함'이 되었다.

은행들은 마치 낭떠러지를 넘어가 버린 만화 주인공처럼 행동했다. 그들은 아래를 내려다보기 전까지 잠시 공중에 떠 있다가 이윽고 바닥으로 추락한다. 그 모든 것은 잘 굴러가는 것처럼 보였다. 은행가들이 존재하지 않는 돈과 가치가 과도하게 평가된 자산들을 가지고 이중 회계를 하는 관행이 과연 계속될 수 있는가를 스스로 묻고, 그들이 소유한 파생 상품의 실제 가치가 무엇인지를 궁금해 하며, 자신들이 그 답을 전혀 모른다는 것을 깨닫기 전까지 그랬다. 단 실제 가치는 분명 그들이 주주들과 정부 규제 기관들에게 말한 것보다 훨씬 적다는 것은 이미 알고 있었다.

끔찍한 진실이 밝혀지면서 금융권에 대한 신뢰는 추락했다. 그로 인해 주택 시장이 침체되었고, 그 결과로 담보 자산들의 값어치가 떨어지기 시작했다. 이 지점에서 전체 시스템은 양의 되먹임 고리에 갇혀 있었다. 매번 가치가 하향 조정될 때마다 가치가 훨씬 더 추락하는 식이었다. 최종 결과는 대략 17조 달러의 손실이었다. 세계 금융 시스템의 총체적 붕괴에 직면한 정부는 파산의 위기에 놓인 은행들을 긴급 구제할 수밖에 없었다. 은행 예금을 휴지 조각으로 만들고 1929년의 대공황을 가벼운 파티처럼 보이게 할 정도로 위험한 상황이었다. 그런 사례 중 하나인 리먼 브라더스(Lehman Brothers)는 파산 허가를 받았지만 신용 손실이 너무나 커서 그 교훈을 반복하는 것은 현명하지 않아 보였다. 결국에는 납세자들이 그 손실을 메웠다. 그 돈의 대부분은 가상의 돈이 아니라 진짜 돈이었다. 은행들은 양손에 현금을 거머쥐고, 이제는 재난이 자기들 탓이 아닌 척하려고 애썼다. 그들은 지금껏 규제에 맞섰으면서 이제 와서 정부의 규제 기관들을 탓했다. "그건 네 잘못이야. 내가 그렇게 하도록 가만 놔뒀으니까."라는, 아주 어처구니없는 경우다.

어떻게 인류 역사상 가장 큰 금융 열차 탈선 사고가 일어난 것일까?

틀림없이 수학 방정식이 그 사태에 원인을 제공하기는 했다.

가장 단순한 파생 상품은 오래전부터 존재했다. 그들은 '선물(future)'과 '옵션(option)'이라고 알려져 있고, 그 유래는 18세기 일본 오사카의 도지마 쌀 거래소로 거슬러 올라간다. 그 거래소는 1697년에 설립되었는데, 그때 일본은 경제적으로 엄청난 호황을 누리고 있었다. 당시에 상류층인 사무라이는 돈이 아니라 쌀로 봉급을 받았다. 자연스레 쌀을 돈처럼 거래하는 쌀 중개인 계층이 등장했다. 오사카 상인들이 국가의 주식인 쌀을 점점 독점하면서 그들의 활동은 상품 가격에 연쇄 반응을 일으켰다. 동시에, 금융 시스템은 화폐 경제로 전환되고 있었다. 그 두 요인의 조합은 치명적인 결과를 낳았다. 1730년에 쌀 가격이 폭락한 것이다.

역설적이게도, 그 방아쇠를 당긴 것은 형편없는 작황이었다. 여전히 쌀이라는 지불 수단을 고집하기는 하지만 화폐의 성장을 예의주시하고 있던 사무라이 계급은 당황하기 시작했다. 그들이 선호하던 '통화'의 가치는 급속히 떨어지고 있었다. 상인들은 창고에 막대한 양의 쌀을 비축해 인위적으로 쌀을 시장에서 빼돌렸는데, 그 때문에 문제는 한층 악화되었다. 그러면 쌀의 금전적 가치가 상승할 것 같지만 실상 결과는 반대였다. 사무라이가 쌀을 통화로 취급하고 있었기 때문이다. 상인들이 실제로 유통시키는 쌀의 양은 비축량에 한참 못 미쳤다. 그러니 보통 사람들이 굶주리는 사이 상인들의 미곡 창고에 쌀이 쌓여 갔다. 쌀이 너무나 희귀해지자 지폐가 그 자리를 차지했고, 사람들은 금세 쌀보다 지폐를 더 원하게 되었다. 아마도 돈은 실제로 손에 넣을 수 있기 때문이었으리라. 곧 도지마 상인들은 은행 비슷한 것을 운영하면서 부자들에게 계좌를 개설해 주고 쌀과 지폐 사이의 환율을 결정했다.

정부는 이로 인해 쌀 상인들이 강력한 힘을 가지게 되었음을 깨달았다. 결국 전국의 쌀 거래를 대부분 포괄할 수 있는 쌀 거래소, 도지마코메카이쇼(堂島米会所)의 설립을 허가했다. 이 쌀 거래소는 훗날 1939년 일본 미곡 주식 회사라는 정부 기관으로 대치되었다. 쌀 거래소의 존재 유무와는 별개로, 일본 상인들은 쌀값에 일어나는 변화조차 상쇄하는 새로운 종류의 계약을 발명했다. 그 계약에서 계약서에 서명하는 계약 당사자는 미래 특정 시점에 특정 양의 쌀을 특정 가격에 사겠다고(혹은 팔겠다고) 약속했다. 오늘날 선물이나 옵션으로 알려져 있는 계약인 것이다. 한 상인이 6개월 후에 합의된 가격으로 쌀을 사기로 했다고 하자. 만약 그 기한이 끝나는 시점에 시장 가격이 약속한 가격보다 더 높다면 그 상인은 쌀을 싸게 사서 즉각 이윤을 남기고 팔 수 있다. 다른 한편, 만약 시장 가격이 약속한 가격보다 더 낮다면, 상인은 시장 가격보다 더 높은 가격에 쌀을 사야 하므로 손실을 본다.

농민들은 그런 금융 상품들이 유용하다고 생각했다. 그들은 진짜 상품, 즉 쌀을 팔기 원하기 때문이다. 쌀을 먹거나 쌀 가공 식품을 제조하려는 사람들은 쌀 구매를 원한다. 이런 종류의 거래에서, 계약은 양쪽이 부담해야 할 위험을 줄인다. 비록 대가가 있기는 하지만 말이다. 그것은 일종의 보험이라 할 수 있다. 시장 가격의 변동과 상관없이 일정 가격을 보장하는 시장인 것이다. 불확실성을 피하기 위해서라면 약간의 웃돈을 치를 가치가 있다. 그렇지만 대다수 투자자들은 오로지 돈을 벌려는 목적 하나로 쌀 선물 계약을 맺었다. 투자자가 가장 원하지 않는 것은 수톤의 쌀이었다. 실제로 투자자들은 늘 쌀이 배달되기 전에 그것을 팔아 치웠다. 그러니 선물의 주된 역할은 금융 투기에 연료를 공급하는 것이 되었다. 이는 쌀을 통화로 사용하는 관행 때문에 더욱 악화되었다. 오늘날 금 본위제가 본질적으로는 거의 가치가 없는 한 물질(금)에 대해 인위적으로 높은 가격을 만들어 내서 그에 대한 수요를 창출하듯, 쌀 가격은 쌀 자체의 거래보다는 선물 거래의 지배를 받았다. 계약은 일종의 도박이었고, 그 자체로 가치를 획득했으며, 마치 진짜 상품인 양 거래되었다. 게다가 실제 쌀의 양은 농민들이 경작할 수 있는 한계만큼 제약을 받지만, 발행될 수 있는 쌀 계약의 수에는 제한이 없었다.

세계의 주요 주식 시장들은 교묘한 속임수로 현금을 만들어 낼 기회를 재빨리 알아챘고, 그 이래로 줄곧 선물을 거래했다. 선물 거래가 시장을 안정적으로 만든다는 주장과 달리 실제로는 종종 불안한 모습을 노출하기는 했지만, 처음부터 이 관행 자체만으로 막대한 경제적 문제들이 야기된 것은 아니었다. 하지만 2000년 즈음에 세계 금융 시장은 더욱 정교한 변종들을 만들어 내기 시작했다. 그것은 어떤 자산의 미래 가격 변동에 대한 가정에 따라 그 가치가 평가되는 복잡한 '파생 상품(derivative)'들이었다. 적어도 그 자산이 실물인 선물과는 달리, 파생 상품은 그 자체로 파생 상품에 기반을 두었다. 은행들은 더 이상 쌀 같은 한 상품의 미래 가격에 대한 내기를 사고팔지 않았다. 그들은 한 내기의 미래 가격에 대한 **내기**를 사고팔고 있었다.

그것은 금세 큰 사업이 되었다. 1998년, 국제 금융 시스템의 파생 상품 거래 규모는 미국 달러 기준으로 대략 100조 달러에 육박했다. 2007년 즈음, 그 규모는 1000조 달러에 이르렀다. 1조, 1000조, ……, 우리는 이 수들이 큰 수라고 알고 있다. 하지만 도대체 얼마나 큰 수인 것일까? 지난 1000년간 전 세계 제조업에서 만든 모든 상품의 총 가치가 100조 달러라고 한다. 인플레이션을 감안했다고 해도, 파생 상품 연간 거래액의 10분의 1이다. 그야 지난 50년이 제조업 생산에서 큰 부분을 차지하지만 말이다. 그렇다 쳐도 이것은 엄청난 규모다. 특히, 파생 상품 거래 대부분이 실제로 존재하지 않는 돈으로 구성되어 있음을 고려하면 더 그렇다. 가상의 돈은 컴퓨터 속의 숫자들처럼 현실 세계의 그 무엇과도 연결 고리가 없는 것들이다. 사실, 그것은 가짜 돈이어야만 했다. 전 세계에서 유통되는 돈의 총량은 마우스를 클릭해서 이루어지는 거래의 대가를 전부 지불하기에 부족하다. 자신이 거래하는 상품에 아무런 관심이 없는 사람들과, 막상 실제로 상품을 배달받으면 그것을 가지고 무엇을 해야 할지 아무런 생각이 없는 이들이 자기가 실제로 갖고 있지 않은 돈을 이용해서 하는 거래 말이다.

여러분은 딱히 로켓 과학자가 아니더라도 이것이 재앙으로 가는 길임을 눈치챌 것이다. 그렇지만 10년간, 세계 경제는 파생 상품 거래의 이면에서 무섭게 성장했다. 여러분은 집을 사기 위해 융자를 얻을 수 있었다. 그리고 그것이 전부가 아니었다. 집의 가치 이상으로 더 많은 것을 얻을 수 있었다. 심지어 은행은 여러분이 실제 수입이 있는지, 또는 다른 어떤 빚을 지고 있는지 확인하는 수고조차 들이지 않았다. 여러분은 125퍼센트짜리 자가 증명 모기지(self-certificated mortgage, 자신의 소득이나 신용에 대한 증빙 없이 주택을 담보로 받는 대출)를 통해 돈을 빌릴 수 있었다. 즉 여러분이 어느 정도까지 상환할 수 있는지를 은행에 이야기하면 은행에서는 곤란한 질문들을 하지 않았다. 여러분이 그 남는 돈을 휴가 여행에, 자동차에, 성형 수술에, 또는 맥주 상자에 쓰더라도 문제는 없었다. 은행들은 심지어 융자가 필요하지 않은 고객들에게도 융자를 얻으라고 무리해서 설득했다.

은행들이 채무 불이행 사태가 오더라도 자신들은 살아날 방법이 있다고 생각했다. 그 융자의 담보물인 여러분의 집이 있으니까 말이다. 집값이 치솟고 있었으니, 초과된 25퍼센트의 순수 가치 또한 곧 실물이 될 터였다. 여러분이 채무를 불이행하게 되면, 은행은 여러분의 집을 차압해서 매각해 융자금을 돌려받을 터였다. 그것은 잘못될 염려가 없어 보였지만, 실상은 그렇지 않았다. 은행가들은 만약 수백 군데 은행이 모두 동시에 수백만 채의 집을 팔려고 하면 집값에 무슨 일이 일어날지 궁금해 하지 않았다. 또한 집값이 인플레이션보다 더 빨리 계속해서 상승할 수 있을지에 대해서도 의심하지 않았다. 그들은 정말로 집값이 매년 10~15퍼센트씩 영원히 오를 것이라고 생각하는 듯했다. 부동산 시장이 붕괴했을 때, 은행들은 여전히 규제를 풀어서 자기들이 더욱 많은 돈을 사람들에게 빌려줄 수 있게 해 달라고 규제 기관들은 조르고 있었다.

금융 시스템에 대한 오늘날의 가장 정교한 수학 모형들 다수는 12장에 언급된 브라운 운동에서 유래했다. 현미경으로 조그만 입자들이 유체 속에 지그재그로 움직이는 것을 관찰한 아인슈타인과 스몰루호프스키는 그 운동에 대한 수학 모형을 개발했다. 그리고 그 모형을 이용해 원자의 존재를 증명했다. 일반적인 모형은 그 입자들의 무작위적 운동이 정규 분포, 즉 종형 곡선을 따른다고 가정한다. 각 운동 방향은 똑같이 분포된다. 즉 각 방향으로 움직일 확률은 동일하다. 이 과정은 마구잡이 걷기(random walk)라고 불린다. 브라운 운동 모형은 그런 마구잡이 걷기의 연속체 버전이다. 거기서 운동들의 크기와 연속적 운동들 사이의 시간 간격은 무작위로 작아진다. 직관적으로, 우리는 무한히 많은 무한소 운동들을 생각한다.

수가 큰 경우, 브라운 운동의 통계적 성질은 확률 분포에 따라 결정된다. 확률 분포는 그 입자들이 주어진 시간 후에 특정 위치에 도달할 확률을 제시한다. 이 분포는 방사형이며 대칭적이다. 이런 분포에서의 확률은 오로지 그 입자가 시작 위치에서 얼마나 멀리 있는지에 따라 결정된다. 애초에 그 입자는 시작 위치에 매우 가깝게 있

세계를 바꾼 17가지 방정식

을 테지만, 시간이 지나면서 그 입자들이 공간적으로 더 먼 영역들을 탐사할 가능성이 높아지면서 입자의 위치 범위는 더 넓게 퍼진다. 주목할 것은, 시간이 지나면서 이 확률 분포가 진화하는 양상이 열 방정식을 따른다는 것이다. 이런 맥락에서 그 방정식은 종종 '확산 방정식'으로 불린다. 그러니 확률은 열과 마찬가지로 확산한다.

아인슈타인과 스몰루호프스키가 그들의 연구를 발표했을 때, 알고 보니 그 수학적 내용의 대부분은 이미 1900년에 프랑스 수학자인 루이 바슐리에(Louis Bachelier)가 박사 학위 논문에서 유도한 것이었다. 그렇지만 바슐리에는 그 수학을 주식 시장과 옵션 시장에 적용할 생각이었다. 그 논문의 제목은 「투자의 이론(Théorie de la speculation)」이었다. 당시에 바슐리에의 논문은 큰 박수갈채를 받지 못했는데, 그 주제가 당대 수학자들이 일반적으로 다루는 범위를 훨씬 벗어나 있었기 때문이다. 바슐리에의 지도 교수는 그 유명하고 뛰어난 수학자인 푸앵카레였는데, 푸앵카레는 그 논문을 "매우 독창적"이라고 평가했다. 또한 푸앵카레는 자신도 모르게 약간 비밀을 발설했는데, 그 논문에서 오차의 분포가 정규 분포를 따른다는 부분에 이렇게 덧붙였기 때문이었다. "바슐리에 씨가 논문의 이 부분을 좀 더 발전시키지 않은 것이 아쉽다." 그것은 어떤 수학자라도, '그 부분이 수학적으로 정말 흥미로운 지점이고, 만약 그가 주식 시장에 관한 어설픈 생각보다 그 부분을 좀 더 발전시켰더라면 훨씬 좋은 점수를 줬을 것이다.'라고 해석할 말이었다. 그 논문은 '훌륭함' 등급을 받으며 통과했고, 심지어 출판되기도 했다. 하지만 그 논문은 '매우 훌륭함'이라는 최고 등급을 받지 못했다.

바슐리에는 실제 주식 시장의 등락이 마구잡이 걷기를 따르게 되는 원리를 정확히 집어냈다. 잇따른 등락의 크기는 종형 곡선을 그리고, 평균과 표준 편차는 시장 데이터를 바탕으로 추정할 수 있다. 거기 숨겨진 한 가지 함의는 큰 등락이 발생할 가능성이 매우 낮다는 것이었다. 그 이유는 정규 분포의 양 꼬리는 사실 매우 빨리—기하급수보다 더 빠르게—죽어 버리기 때문이다. 종형 곡선은 x의 **제곱**에서 기하급수적으로 0을 향해 감소한다. 통계학자들(과 물리학자들과 시장 분석가들)은 2시그마 등락, 3시그마 등락 등등을 이야기했다. 여기서 시그마(σ)는 표준 편차로, 종형 곡선이 얼마나 넓은가를 나타내는 수치다. 3시그마 등락은, 말하자면, 평균에서 표준 편차보다 최소 세 배 이상 떨어진 범위를 말한다. 종형 곡선에 관한 수학은 이 '극단적 사건들'에 확률을 배정해 준다. (표 3)

바슐리에의 브라운 운동 모형에서 결론은, 주가가 크게 등락하는 경우는 너무나 드물어서 현실에서 절대 일어나지 않는다는 것이다. 표 3에 따르면 5시그마 사건은 1000만 번당 6번 일어날 것으로 예측되지만, 주식 시장 데이터에 따르면 실제로는 그보다 훨씬 더 자주 일어난다. 통신 업계에서 세계 1등 기업인 시스코 시스템스(Cisco

표 3 시그마 사건들의 확률.

등락의 최소 범위	확률
σ	0.3174
2σ	0.0456
3σ	0.0027
4σ	0.000063
5σ	0.0000006

Systems)는 지난 20년간 5시그마 사건들을 10번 겪었다. 한편 브라운 운동은 그 확률을 0.003으로 예측한다. 나는 이 회사를 무작위로 골랐고, 그것은 어떻게 보아도 드문 일이 아니었다. 블랙 먼데이(1987년 10월 19일, 미국 증시가 충격적인 주가 폭락을 기록한 날. — 옮긴이)에 세계 주식 시장은 몇 시간도 채 지나지 않아 그 가치의 20퍼센트 이상을 잃었다. 이와 같은 극단적 사건은 실제로 불가능해야 했다.

이런 데이터는 극단적 사건들이 어떻게 보아도 브라운 운동 모형의 예측처럼 드물지 않음을 명백하게 보여 준다. 확률 분포는 기하급수적으로(또는 더 빨리) 사라지지 않는다. 그것은 멱함수 곡선인 x^{-a}(a는 양수)를 따라 사라진다. 금융 전문 용어로 말하자면, 그런 분포는 **두꺼운 꼬리**(fat tail)를 가진다. '두꺼운 꼬리'란 위험이 높아짐을 가리킨다. 만약 여러분의 투자가 5시그마 확률의 예상 회수율을 가진다면, 브라운 운동을 가정할 때 그것이 실패할 확률은 100만분의 1보다 낮다. 그렇지만 그것의 꼬리가 두껍다면 위험은 훨씬 클 것이다. 실패할 확률이 100분의 1정도로 높아질지도 모른다. 그러면 훨씬 형편없는 내기가 된다.

이 문제와 관련하여 금융 수학 전문가인 나심 니콜라스 탈레브(Nassim Nicholas Taleb)가 만든 유명한 말이 있는데, '블랙 스완(black swan, 검은 백조) 사건'이다. 그가 2007년에 낸 『블랙 스완(*The Black Swan*)』은 대형 베스트셀러가 되었다. 고대에 사람들에게 알려져 있는 모든 백조들은 모두 흰색이었다. 로마 시인인 유베날리스(Juvenalis)는 "육지의 희귀한 새로, 검은 백조와 매우 비슷한"이라는 표현을 쓴 적이 있는데, 이는 불가능하다는 뜻을 표현하기 위한 말이었다. 그 구절은 16세기에 걸쳐 두루두루 이용되었는데, 우리가 말하는 '하늘을 나는 돼지'와 비슷한 뜻이었다. 그렇지만 1697년에 네덜란드 탐험가인 빌럼 드 플라밍(Willem de Vlamingh)이 스완 강이라는 걸맞은 이름을 지닌 오스트레일리아 서부의 한 강가에서 검은 백조 무리를 찾아냈다. 그리하여 그 구절은 이제 의미가 바뀌어 현실에 기반을 두고 있는 것처럼 보이지만 언젠가 오류로 판명될지도 모르는 가정을 가리킨다. 또 다른 현행 용어는 '극단적인 사건(extreme event)'이라는 뜻의 'X-이벤트'가 있다.

수학적 도구를 이용한 주식 시장 분석들은 시장을 수학적으로 모형화해서 무한히 돈을 만들어 내는 합리적이고 안전한 방법을 꿈꾸게 했다. 1973년에 그 꿈은 실현되는 것처럼 보였다. 피셔 블랙(Fischer Black)과 마이런 숄스(Myron Scholes)가 옵션의 가격을 매기는 방법으로 블랙-숄스 방정식을 소개했다. 그해에 로버트 머튼(Robert C. Merton)이 그 모형을 수학적으로 분석하는 데 성공했고, 그 결과를 확장했다. 블랙-숄스 방정식은 다음과 같다.

$$\frac{1}{2}(\sigma S)^2 \frac{\partial^2 V}{\partial S^2} + rS \frac{\partial V}{\partial S} + \frac{\partial V}{\partial t} - rV = 0$$

여기에는 다섯 변수가 관련되어 있다. 시간은 t이고, 상품의 가격은 S이며, 파생 상품의 가치는 V이다. V는 S와 t에 의존하고, r는 무위험 이자율(정부 채권과 같이 위험이 0인 투자로 얻는 이론적 이자율), 그리고 σ는 주식의 변동성이다. 이것은 또한 수학적으로도 정교하다. 파동 방정식과 열 방정식처럼 2차 편미분 방정식이다. 이 방정식은 시간에 따른 파생 상품의 가격 변화율을 세 항―파생 상품 자체의 가격은 얼마인가, 그것이 주가와 관련해 얼마나 빨리 바뀌는가, 그리고 그 변화가 어떻게 가속화하는가?—의 선형 결합으로 나타낸다. 다른 변수들은 각 항들의 계수들로 나타난다. 만약 파생 상품의 가격과 그것의 변화율을 나타내는 항이 생략되면, 그 방정식은 옵션의 가격이 주식-가격-공간에 어떻게 확산되는지를 나타내는 열 방정식처럼 보인다. 이것은 브라운 운동에 대한 바슐리에의 가정으로 거슬러 올라간다. 다른 항들은 추가적 요인들을 고려한다.

금융 가정들 다수를 단순화시킨 결과, 블랙-숄스 방정식이 나올 수 있었다. 그 가정들에는 거래 수수료가 없다든가, 단기 판매에 제한이 없다든가, 그리고 알려져 있는 고정된 무위험 이자율로 대출 거래가 가능하다든가 하는 것들이 있다. 이런 접근법은 '차익 거래 가격 결정 이론(arbitrage pricing theory)'이라고 불리는데, 이 이론의 수학적 기반은 바슐리에로 거슬러 올라간다. 이 이론은 주가가 브라운 운동과 같이 통계적으로 움직인다고 가정한다. 거기서 추세 방향과 시장 변동성은 둘 다 상수다. 추세(drift)는 평균의 움직임이다. 그리고 변동성(volatility)은 표준 편차를 가리키는 금융 전문 용어로, 평균으로부터의 이탈 정도를 가리킨다. 이러한 가정은 금융 전문 서적에 너무 흔해서, 업계 표준이 되었다.

옵션에는 크게 두 종류가 있다. 풋 옵션(put option, 매각 선택권)에서, 옵션 구매자는 자신들이 원할 경우 특정 시점에 재화나 금융 상품을 합의된 가격에 팔 권리를 구매한다. 콜 옵션(call option, 매입 선택권)은 비슷하지만 팔 권리 대신 살 권리를 구매한다. 블랙-숄스 방정식에는 명시적인 풀이가 있다. 하나는 풋 옵션을 위한 공식이고, 하나는 콜 옵션을 위한 공식이다.[1] 물론 그런 공식들이 존재하지 않았더라도 그 방정식을 풀거나 소프트웨어로 만들 수 있다. 그렇지만 그 공식들은 중요한 이론적 통찰들을 제공할뿐더러 권장 가격을 쉽게 계산해 낸다.

블랙-숄스 방정식은 선물 시장에서 합리적인 가격 결정이 이루어지도록 고안되었고, 그것은 정상 시장(normal market) 조건에서 무척 효과적으로 작용한다. 그것은 매도 요건이 **성숙하기 전에** 옵션의 가치를 계산하는 체계적인 방식이다. 그러고 나면 그것은 판매될 수 있다. 예를 들어 한 상인이 12개월 후에 쌀 1000톤을 톤당 500의 가격에 구매하기로 계약한다고 하자. 이것은 콜 옵션이다. 5개월 후에 그 상인은 누군가 살 마음이 있는 사람한테 그 옵션을 팔기로 마음먹는다. 모두가 쌀의 시장 가격이 변한다는 것을 알고 있다. 그러면 그 계약의 가치는 지금 얼마인가? 여러분이 그 답을 모른 채 그런 옵션들을 거래한다면 곤란한 상황에 처할 것이다. 만약 그 거래에서 손실을 본다면 여러분의 일자리는 위태로워질 것이다. 그렇다면 그 가격은 얼마가 되어야 하는가? 관련된 돈이 수십억일 때는 잘 모르고 요행을 바라면서 거래할 수 없다. 매도 요건이 성숙하기 전에 언제가 되었든 한 옵션의 가격을 매길 수 있는 합의된 방식이 반드시 있어야 한다. 블랙-숄스 방정식은 바로 그 일을 한다. 그것은 누구나 사용할 수 있는 공식을 제공한다. 여러분의 상사가 같은 공식을 이용한다면, 여러분과 같은 결과를 얻을 것이다. 계산을 잘못하지만 않는다면 말이다. 실제로, 여러분은 모두 동일한 정규 컴퓨터 소프트웨어를 이용할 것이다.

블랙-숄스 방정식은 너무나 효과적이라서, 머튼과 숄스는 그 공로를 인정받아 1997년에 노벨 경제학상을 받았다.[2] 블랙은 그즈음에 세상을 떠났는데, 노벨상은 규정상 사후 수상을 금하고 있어 상을 받지 못했다. 하지만 그의 기여는 스웨덴 한림원에 의해 명시적으로 언급되었다. 그 방정식의 효율성은 시장이 정상적으로 잘 굴러가는지에 달려 있다. 만약 그 모형의 전제로 사용된 가정들이 더 이상 통하지 않게 된다면, 그 모형을 사용하는 것은 더는 현명하지 못하다. 하지만 시간이 지나고 신뢰가 커지면서, 많은 은행가들과 중개인들은 그 사실을 잊고 말았다. 그들은 그 방정식을 일종의 부적, 즉 무언가 잘못되었을 때 그들이 욕을 먹지 않도록 지켜 주는 일종의 수학적 마법으로 보았다. 블랙-숄스 방정식은 정상적 조건에서 합리적인 가격만 제공한 것이 아니었다. 그것은 거래에서 실패했을 때 여러분을 구해 주기도 했다. 저를 탓하지 마세요, 팀장님, 저는 업계 표준 공식을 사용했어요.

금융권에서는 블랙-숄스 방정식과 그 해들의 이점을 재빨리 알아채고, 다른 금융 도구들을 표적으로 하는, 다른 가정들을 가진 관련된 방정식들도 재빨리 개발했다. 당시의 전통적인 금융권에서는 융자와 거래를 합리화하기 위해 그 방정식들을 사용하되, 늘 잠재적인 문제를 끊임없이 경계했다. 하지만 덜 전통적인 업체들이 곧 그 뒤를 따랐고, 그들은 개종자가 흔히 그렇듯 맹목적 믿음을 가졌다. 그들은 그 모형이 잘못될 가능성을 상상조차 하지 않았다. 그것은 미다스 왕의 공식, 즉 모든 것을 황금으로 바꾸는 비법이었다. 그렇지만 금융권은 미다스 왕의 이야기가 어떻게 끝났는지를 잊은 듯했다.

불과 몇 년 사이에 롱텀 캐피털 매니지먼트(Long-Term Capital Management, LTCM)라는 회사가 금융계의 총아로 부상했다. 그 회사는 헤지펀드(hedge fund), 즉 주가 하락 시 투자자들을 보호하고 주가 상승 시 큰 이윤을 남기는 방식으로 투자를 확장하는 민간 투자 기금이었다. LTCM은 수학 모형들에 기반을 둔 특화된 거래 전략들을 갖고 있었는데, 거기에는 블랙-숄스 방정식과 그 확장들, 채권 가격과 실질 가치 사이의 간격을 이용하는 차익 거래 기법 등이 포함되었다. 애초에 LTCM은 엄청난 성공을 거두어, 1998년까지 매년 40퍼센트 정도의 투자 회수율을 자랑했다. 그러나 1998년에 LTCM은 불과 4개월 동안 46억 달러의 손실을 보았고, 미국 연방 준비 제도(Federal Reserve Board, FRB)는 36조 달러 정도의 긴급 구제 금융을 통해 LTCM을 구하자고 그 주요 채권자들을 설득했다. 결국 관련된 은행들은 자기들 돈을 회수했지만 LTCM은 2000년에 끝장났다.

무엇이 잘못되었을까? 금융 전문 논설가의 머릿수만큼이나 많은 이야기들이 있지만, 여론은 LTCM 실패의 가장 근사한 이유로 1998년 러시아 금융 위기를 들었다. 당시 서구 시장들은 러시아에 크게 투자했었는데, 러시아 경제는 석유 수출에 크게 의존했다. 1997년 아시아 금융 위기로 석유 가격이 급격히 하락했고 주된 피해자는 러시아 경제였다. 세계 은행(The World Bank)은 러시아 인들을 일으켜 세우려고 226억 달러의 융자를 제공했다.

LTCM 종말의 근본적인 원인은 그 회사가 거래를 시작한 첫날부터 이미 존재했다. 현실이 그 모형에 내재된 가정들을 더 이상 따르지 않게 되면서 LTCM은 큰 문제에 빠졌다. 러시아 금융 위기는 그 가정들 대부분을 무너뜨렸다. 일부 요인들은 다른 요인들보다 더 큰 영향을 미쳤다. 그중 하나가 변동성의 증가였다. 또 다른 요인은 극도의 등락이 거의 일어날 수 없다는 가정이었다. 두꺼운 꼬리는 존재하지 않는다. 하지만 그 위기는 시장을 급류 속으로 몰아넣었고, 공황 상태에서 가격은 몇 초 만에 엄청나게―몇 시그마 단위로―하락했다. 관련된 요인 모두가 서로 연관되어 있었기 때문에, 이 사건들은 다른 변화들을 급속하게 촉발했다. 시장의 변화 속도가 너무나 빨라져서 중개인들은 어떤 순간에도 시장의 상태를 파악할 수 없었다. 전반적 공황 상태에서 사람들은 합리적으로 행동하지 않지만, 심지어 합리적으로 행동하고 싶었다 하더라도, 그렇게 할 수 있는 기반이 없어졌던 것이다.

브라운 운동 모형이 옳다면, 러시아 금융 위기 같은 극단적인 사건은 한 세기에 두 번 이상 일어나서는 안 된다. 하지만 내가 개인적으로 기억하는 것만 해도 지난 40년간 그런 사건이 일곱 번 있었다. 부동산 투자 과잉, (구)소련, 브라질, 부동산(다시), 부동산(또다시), 닷컴 회사들, 그리고 …… 아, 그렇지 부동산.

돌이켜보면, LTCM의 붕괴는 경고였다. 편안한 가정들을 따르지 않는 실제 세계에서 수학 공식에 따라 거래하는 것이 위험하다는 사실은 이제 충분히 알려져 있다. 그리고 재빨리 잊혀졌다. 물론 과거를 돌이켜보는 것은 참 좋은 일이지만, 위기가 닥친 다음에 다시 돌아보는 일은 누구나 할 수 있다. 앞을 내다보는 것은 또 어떤가? 최근의 전 지구적 금융 위기에 관한 정통적 주장은, 검은 깃털을 가진 백조처럼, 아무도 금융 위기를 예측하지 못했다는 것이다.

하지만 그것은 완전히 참이 아니다.

세계 수학자 대회는 세계에서 가장 큰 수학 행사인데, 4년마다 한 번씩 열린다. 2002년 8월에 베이징에서 열린 그 대회에서 인문학 교수이자 뉴욕 대학교의 지식 생산 연구소(Institute for the Production of Knowledge) 소장인 메리 푸비(Mary Poovey)가 "숫자는 정직을 보장할 수 있는가?"라는 제목으로 강연을 했다.[3] 부제는 "비현실적 예상과 미국의 회계 스캔들"로, 그 강연은 세계적 사건들에서 새롭게 등장한 "새로운 힘의 축"을 설명했다.

> 이 축은 큰 다국적 기업들을 운영하는데, 그중 다수는 국가 과세를 피하려고 홍콩 같은 조세 피난처에 세워집니다. 그것은 투자 은행들, 국제 통화 기금(IMF) 같은 비정부 기구들, 국가 연금과 기업 연금, 그리고 일반 투자자들의 돈으로 운영됩니다. 이 금융 권력의 축은 1998년 일본의 외환 위기와 2001년 아르헨티나의 국가 부도 같은 경제적 재앙들의 원인이기도 합니다. 또한 다우 존스 산업 평균 지수(DJIA)와 런던의 파이낸셜 타임스 100사 주가 지수(FTSE)를 비롯한 여러 주가 지수들에 매일 그 흔적을 남깁니다.

푸비는 계속해서 이 새로운 힘의 축이 본질적으로 선한 것도 악한 것도 아니며, 중요한 것은 그 힘을 어떻게 쓰는 방법이라고 말했다. 그것은 중국의 생활 수준을 향상시키는 데 일조했는데, 우리 다수는 그것이 좋다고 생각한다. 그것은 또한 전 세계적으로 복지 사회를 주주 자본주의로 대체함으로써 복지 사회의 폐기를 독려했는데, 우리는 그것이 나쁘다고 생각한다. 그보다 덜 논쟁적인 사례로는 2001년에 일어난 '엔론 사태(Enron scandal)'를 들 수 있다. 엔론은 텍사스에 기반을 둔 에너지 회사로, 그 붕괴는 당시까지 미국 역사상 가장 큰 도산으로 기록되었다. 그리고 주주들은 110억 달러의 손실을 입었다. 엔론 사태는 또 다른 경고, 다시 말해 규제를 받지 않는 회계에 관한 경고였다. 이번에도 그 경고를 받아들인 이는 거의 없었다.

푸비는 그 경고를 받아들였다. 푸비는 실물 상품의 생산에 기반을 둔 전통적 금융 시스템과 투자, 통화 거래, 그리고 "미래 가격의 변동에 관한 복잡한 내기"에 기반을 둔, 새로이 등장하는 금융 시스템 사이의 차이를 지적했다. 1995년 무렵, 가상의 돈이 지탱하는 경제가 제조업이 떠받치는 실물 경제를 압도했다. 새로운 힘의 축은 실제 돈(현금이나 재화)과 가상의 돈(임의의 회계 수치)을 의도적으로 헷갈리게 만들었다. 이런 경향은 일반 상품과 금융 상품들 양쪽의 가치가 등락을 반복하며 마우스 클릭 한 번에 폭발하거나 무너질 수 있는 상황으로 이어졌다고 푸비는 주장했다.

그 논문은 일반적인 다섯 가지 금융 기법과 도구를 이용해 이 점들을 설명하는데, 그 기법들 중에는 한 회사가 자회사와 동반자적 관계를 형성하는 '시가 평가 회계(mark to market accounting)' 같은 것이 있다. 자회사는 모회사의 기대 이익에 대한 지분을 산다. 그로 인해 거래된 돈은 모회사의 수입으로 잡힌다. 한편 그 위험은 자회사의 대차대조표로 미뤄진다. 엔론은 자사의 마케팅 전략을 에너지를 파는 것에서 에너지 선물을 파는 것으로 전환하는 데 이 기법을 이용했다. 문제는 앞당겨진 잠재적인 기대 이익은 그다음 해에 수익으로 기록될 수 없다는 점이다. 그러면 답은 그 과정을 반복하는 것뿐이다. 그것은 가속 페달을 더 세게 밟으며 브레이크 없는 자동차를 운전하는 것과 마찬가지다. 그 필연적 결과는 충돌이다.

푸비의 다섯 번째 예시는 파생 상품이었다. 관련된 돈의 액수가 너무나 어마어마했기 때문에 파생 상품이 개중에서도 가장 중요했다. 그녀의 분석은 대체로 내가 앞서 말한 것을 더욱 강력히 뒷받침한다. 그녀의 주된 결론은 다음과 같았다. "선물과 파생 상품 거래는 주식 시장이 통계적으로 예측할 수 있는 방식으로 행동한다는 믿음에 의존한다. 다른 말로, 수학 방정식들이 시장을 제대로 기술하고 있다고 믿는다." 그렇지만 그녀는 증거가 전혀 다른 방향을 가리킨다는 점을 짚었다. 선물 거래자 중 75~90퍼센트는 매년 손해를 본다.

두 가지 유형의 파생 상품이 특히 21세기 초의 치명적인 금융 시장들을 만드는 데 관여했다. 그것들은 신용 부도 스와프와 부채 담보부 증권이다. 신용 부도 스와프는 일종의 보험이다. 여러분은 수수료를 지불하면 누군가가 여러분에게 진 빚을 갚지 못할 때 보험 회사로부터 보험금을 받을 수 있다. 그렇지만 그런 보험은 누구나 무엇에 대해서든 들 수 있었다. 그들은 채권을 소유하거나 채무를 진 회사일 필요는 없었다. 그리하여 실제적으로 헤지펀드는 은행의 고객들이 채무를 불이행한다는 쪽에 내기를 걸었다. 그리고 실제로 그렇게 되면 헤지펀드는 돈을 왕창 벌어들일 터였다. 아무리 헤지펀드가 융자 계약의 당사자가 아니라고 해도 말이다. 이것은 투자자들이 채무 불이행의 가능성을 더 높이도록 시장에 영향력을 발휘하게 만드는 인센티브가 되었다. 부채 담보부 증권은 자산 포트폴리오에 기반을 둔다. 이것은 부동산을 담보로 하는 융자들처럼 실질적인 것일 수도 있고, 파생 상품일 수도 있으며, 양쪽의 혼합체일 수도 있다. 자산 소유자는 투자자들에게 그 자산 수익의 일부에 대한 권리를 판다. 투자자는 그 자산을 안전하게 다루고 수익에 대한 1순위 배당 요구권을 얻는다. 하지만 그렇게 하는 데 비용이 더 들기도 한다. 아니면 투자자들은 위험을 감수하고, 돈을 덜 쓰고, 청구권 지불 순위에서 더 아래로 내려가도 된다.

　두 파생 상품은 은행, 헤지펀드를 비롯해 여러 투자자들의 거래 대상이 되었다. 그 파생 상품들은 블랙-숄스 방정식의 후손들에 의해 가격이 매겨졌고, 그 자체로 자산처럼 여겨졌다. 은행들은 다른 은행들에서 돈을 빌려서 융자를 원하는 사람들에게 다시 돈을 빌려줄 수 있었다. 그들은 부동산과 화려한 파생 상품을 이 융자의 담보로 제공했다. 곧 누구나 모든 이에게 엄청난 돈을 빌려주고 있었는데, 그중 다수는 파생 상품을 담보로 잡고 있었다. 헤지펀드들을 비롯한 투자자들은 잠재적인 재난들을 짚어 내고 그 재난이 일어날 것이라는 쪽에 내기를 거는 방법으로 돈을 벌려고 했다. 관련된 파생 상품들의 가치, 그리고 부동산 같은 실제 자산들의 가치는 시가 평가를 기준으로 계산되었는데, 그것은 인위적 회계 절차들과 위태로운 자회사들을 이용해 미래의 추정 이윤을 오늘날의 실제 이윤으로 바꿔 놓기 때문에 얼마든지 남용될 수 있었다. 업계에 있는 거의 모든 사람들이 같은 방법, '최대 손실 예상 금액(value at risk)'이라는 방법을 이용해 그 파생 상품들이 얼마나 위험한지를 평가했다. 이 방법으로 그 투자가 특정 역치 이상의 손실을 낼 확률이 계산되었다. 예를 들어 투자자들은 확률이 5퍼센트 미만이라면 100만 달러의 손실을 기꺼이 받아들일지도 모른다. 그보다 확률이 높으면 아닐 수도 있다. 블랙-숄스 방정식과 마찬가지로, 최대 손실 예상 금액은 두꺼운 꼬리가 없다고 가정한다. 설상가상으로 금융권 전체가 그 위기를 같은 방식으로 추산하고 있었다. 그 방법이 잘못된 것이라면, 현실적으로는 투자의 위험이 훨씬 높은 데도 위험이 낮다고 모두가 착각할 수 있었다.

그것은 언제고 일어날 수밖에 없는 열차 사고와 같았다. 이미 낭떠러지를 한참 넘어가서 공중에 떠 있지만 한사코 아래를 내려다보기를 거부하는(내려다보는 순간 떨어지게 되어 있으므로) 만화 주인공 같은 꼴이었다. 푸비를 비롯한 다른 사람들이 반복해서 경고했듯, 금융 상품들의 가치를 평가하고 그 위험을 추산하기 위해 이용되는 모형들은 실제 시장과 거기에 내재된 위험들을 제대로 반영하지 못하는 지나치게 단순화한 가정들을 사용했다. 금융 시장의 선수들은 그 경고들을 무시했다. 그리고 6년 후, 우리 모두는 왜 이것이 실수였는지 알게 되었다.

어쩌면 더 나은 방법이 있을지도 모른다.

블랙-숄스 방정식은 팡팡 터지는 1000조 달러 규모의 산업을 만들어 냄으로써 세계를 바꾸었다. 그리고 그 일반화는 한 무리의 은행가들에게 멍청하게 이용되어 수십조 달러 규모의 금융 붕괴에 기여함으로써 세계를 다시금 바꾸었다. 그것의 더욱 해로운 효과는 이제 국가 경제 전체로 확장되어, 아직도 전 세계적으로 영향을 미치고 있다. 그 방정식은 수리 물리학의 편미분 방정식에 뿌리를 두고 있는 고전적인 연속체 수학이었다. 그 수학의 세계에서 양은 무한히 나뉘고, 시간은 연속적으로 흐르며, 변수들은 부드럽게 변한다. 그런 수학적 기법은 수리 물리학에서 통할지 몰라도 실제 금융 세계에 들어맞지 않는 것처럼 보인다. 실제 세계에서 돈은 개별적인 덩어리로 오가며, 거래는 한 번에 하나씩 이뤄지고(비록 매우 빠르기는 하지만), 많은 변수들은 변덕스럽게 큰 폭으로 변할 수 있다.

블랙-숄스 방정식은 또한 고전적인 수리 경제학의 전통적 가정들에 기반을 둔다. 그 가정들이란 완전한 정보, 완벽한 합리성, 균형 잡힌 시장, 수요와 공급의 법칙이다. 고전적인 수리 경제학에서는 수십 년 동안 이런 가정들을 자명한 것처럼 가르쳐 왔고, 훈련받은 많은 경제학자들은 그 가정들에 일말의 의문도 품지 않았다. 그렇지만 그들에게는 설득력 있는 경험 근거들이 부족했다. 몇몇 실험에서 실제 사람들이 어떻게 재무적 의사 결정들을 내리는지를 관찰해 보니 고전적 시나리오는 대부분 실패했다. 마치 천문학자들이 지난 수백 년간 행성들이 어떻게 움직이는가를 실제로 관찰하려 하지 않고 자신들이 합리적이라고 생각하는 것을 기반으로 어떻게 행성들이 움직이는가를 계산하느라 세월을 보낸 것과 같았다.

고전주의 경제학이 완전히 틀렸다는 이야기는 아니다. 하지만 그 이론은 지지자들의 주장보다 더 자주 틀렸고, 틀릴 때는 정말 심하게 틀렸다. 그래서 물리학자들, 수학자들, 경제학자들은 더 나은 모형들을 찾으려고 했다. 이런 노력들의 최전선에 복잡계 과학에 기반을 둔 모형들이 있다. 복잡계 과학이란 고전적인 연속체 대신 구체적인 법칙들에 따라 상호 작용하는 개별적 요인들을 중심으로 하는, 새로운 수학이다.

예를 들어 어떤 상품의 가격 변동에 대한 고전학파의 모형은 매 순간에 모두에게 알려져 있는 하나의 '공정한' 가격이 존재하며, 장래의 구매자들이 이 가격을 효용(그 상품이 자기들에게 얼마나 유용한가?)과 비교해서 효용이 가격을 넘어서면 그 상품을 구매한다고 가정한다. 복잡계 모형은 그와 매우 다르다. 예를 들어 1000명의 중개자가 있으면 그들은 각각 그 상품의 가치에 대한, 그리고 그것이 얼마나 필요한가에 대한 나름의 시각을 가진다. 일부 중개자들은 다른 중개자들보다 더 많은 것을 알거나, 더 정확한 정보를 가진다. 많은 이들이 돈과 상품만이 아니라 정보를 (정확하든 그렇지 않든) 거래하는 조그만 연결망들에 속해 있다.

그런 모형에는 흥미로운 점이 많이 등장한다. 그중 하나가 군집 본능(herd instinct)이다. 시장 중개인들은 다른 시장 중개인들을 모방하는 경향이 있다. 그러지 않으면, 나중에 다른 사람들이 수익을 냈을 때 자기들의 상사가 만족하지 않을 테니까 말이다. 다른 한편, 대세를 따랐지만 모두가 잘못될 경우에도 좋은 변명거리가 생긴다. "다른 사람들도 다들 그렇게 하고 있었어요."라는. 블랙-숄스 방정식은 군집 본능에 완벽히 부합한다. 사실, 실제로 지난 세기 모든 금융 위기는 군집 본능으로 인해 벼랑으로 몰렸다. 예를 들어 어떤 은행들은 부동산에 투자하고 다른 은행들은 제조업에 투자하는 것이 아니라, **모두가** 부동산으로 몰려갔다. 너무 많은 돈이 너무 적은 부동산에 몰리면서 시장이 과부하 상태에 빠졌다. 모든 것은 산산조각이 났다. 그들은 다 같이 브라질 또는 러시아의 대출 시장으로 몰려가거나, 새로이 되살아나기 시작한 부동산 시장으로 되돌아가거나, 닷컴 회사들에 투자를 했다. 방에 컴퓨터와 모뎀을 가진 세 아이에게 진짜 상품, 진짜 소비자, 진짜 공장과 사무실이 있는 대형 제조사가 갖는 값어치의 10배가 매겨졌다. 그것이 뒤집히자 그들은 **다 같이** 서브프라임 모기지 시장으로 달려갔다…….

이것은 그냥 지어 내서 하는 이야기가 아니다. 전 지구적 금융 위기의 영향이 보통 사람들의 삶에 반향을 일으키고 국가 경제를 뒤흔들어 놓는데도, 어떤 교훈도 습득하지 못했다는 신호들을 곳곳에서 볼 수 있다. 지금은 소셜 네트워크 사이트를 겨냥하는 벤처 투자가 다시 유행하고 있다. 페이스북은 1000억 달러의 가치가 나가는 것으로 평가되었고, 트위터(유명 인사들이 140글자의 '지저귐'을 충실한 추종자들에게 보내는 웹 사이트)는 아무런 이윤도 내지 못했는데도 80억 달러의 가치를 가진 것으로 평가되었다. 국제 통화 기금 또한 상장 지수 펀드(exchange traded funds, ETFs)에 관해 경고하고 있다. 상장 지수 펀드란 석유, 금, 혹은 밀 같은 상품에 대해서 실제로는 전혀 구매하지 않으면서 투자만 하는 방식이다. 상장 지수 펀드는 그 가치가 매우 급속히 오르고 있고, 연금 펀드들을 비롯한 다른 커다란 투자자들에게 큰 이윤을 제공하고 있지만, 국제 통화 기금은 이런 투자 상품들이 "터져 버리기를 기다리는 거품의 전형적 특징들을 모두 갖고 있다. …… 이전 금융 위기 전에 자산 유동화 시장에서 일어난 일들을 상기시킨다."라고 경고한다. 상장 지수 펀드는 금융 위기에 방아쇠를 당긴 파생 상품들과 매우 비슷하지만 부동산보다는 상품을 담보로 하고 있다. 상장 지수 펀드로 투자가 몰리자 상품 가격은 지붕을 뚫고 치솟았고, 수요는 실제에 비해 말도 안 되게 크게 부풀었다. 제3세계의 많은 사람들이 주식인 밀을 살 돈을 구할 수 없었다. 선진국의 투자자들이 밀에 큰 도박을 걸고 있기 때문이었다. 이집트의 호스니 무바라크(Hosni Mubarak) 대통령이 축출된 것도 빵값의 막대한 상승으로 촉발된 측면이 있었다.

가장 큰 위험은 상장 지수 펀드들이 서브프라임 모기지 사태를 일으킨 부채 담보부 증권과 신용 부도 스와프 같은 파생 상품들로 재포장되기 시작했다는 점이다. 만약 이 거품이 터지면 우리는 또 다른 붕괴를 보게 될 것이다. 그저 '부동산'을 빼고 '상품'만 넣으면 된다. 상품 가격이 매우 변덕스럽다 보니 상장 지수 펀드는 고위험군에

속하는 투자 상품이다. 연금 펀드를 위한 좋은 선택지가 아니다. 그러니 다시금 투자자들이 더욱 복잡하고 더욱 위험한 내기들을 하게 된다. 그들은 갖고 있지 않은 돈으로 원하지도 않고 사용할 수도 없는 물건들을 거래한다. 그 물건들을 실제로 원하는 사람들은 더 이상 그것들을 살 수 없게 된다.

일본 도지마 쌀 거래소가 기억나는가?

세상이 점점 더 복잡해지면서 낡은 법칙들은 통하지 않게 되었고, 그간 칭송받던 이론들은 더 이상 들어맞지 않고 있다. 이는 비단 경제학에서만 일어나는 일이 아니다. 숲과 산호초 같은 자연계에 대해 연구하는 생태학에서도 같은 일이 벌어지고 있다. 사실 경제학과 생태학은 믿을 수 없을 만큼 많은 점에서 비슷하다. 역사적으로 각각은 자신의 모형을 정당화하기 위해 현실 대신 서로를 비교 대상으로 이용해 왔기 때문에 닮았다고 착각하는 부분도 있다. 하지만 실제로 닮은 부분도 존재한다. 다수 유기체들 간의 상호 작용은 다수 주식 시장 중개인들 간의 상호 작용과 매우 비슷하다.

이 유사성을 유비로 이용할 수도 있는데, 그 유비들이 자주 실패하기 때문에 위험한 면도 있다. 아니면 그것을 영감의 원천으로 사용할 수도 있다. 생태학에서 빌린 모형화 기술을 적절히 수정해 경제학에 적용하는 식이다. 2011년 1월 《네이처》에서는 앤드루 홀데인(Andrew Haldane)과 메이가 그 가능성 일부를 개략적으로 보여 주었다.[4] 그들의 주장은 이 장 초반에 나온 몇몇 메시지들을 뒷받침하고, 금융 시스템의 안정성을 개선할 방법들을 제시한다.

홀데인과 메이는 내가 아직 언급하지 않은 금융 위기들의 양상,

금융 시스템의 안정성에 파생 상품이 어떤 영향을 미치느냐를 살펴본다. 그들은 시장이 자동적으로 안정적인 균형을 추구한다는 정통 경제학의 지배적인 시각을 '자연의 균형'이 생태계를 안정적으로 유지한다는 1960년대 생태학의 시각과 비교했다. 사실, 당시에 많은 생태학자들은 아무리 복잡한 생태계라도 이런 식으로 안정적인 상태를 유지하고, 그리고 지속적인 진동 같은 불안정한 거동은 생태계가 충분히 복잡하지 않음을 뜻한다고 생각했다. 우리는 16장에서 그것이 틀린 생각임을 이미 보았다. 사실, 오늘날 우리는 그것과 정확히 반대로 이해하고 있다. 수많은 생물 종이 한 생태계에서 존재한다고 해 보자. 생태학적 상호 작용들의 연결망이 종들 사이의 새로운 연결 고리들을 추가하며 더욱 복잡해지거나 그 상호 작용들이 더욱 강력해지면서, 생태계의 안정성이 붕괴되는 날카로운 역치가 있다. (여기서는 카오스의 존재가 안정성을 해치지 않는다. 등락은 특정 한도 내에서 얼마든지 일어날 수 있다.) 이 발견을 토대로 생태학자들은 안정성에 기여하는 특정 유형의 상호 작용 연결망들을 찾기 시작했다.

이런 생태학적 발견들을 세계 금융 시스템에 적용할 수 있을까? 한 생태계의 먹이나 에너지를 금융 시스템의 돈에 비유할 수도 있다. 홀데인과 메이는 이런 비유를 직접적으로 사용해서는 안 된다는 점을 의식하면서 이렇게 말했다. "금융 생태계에서, 진화적 힘들은 종종 가장 강한 자가 아니라 가장 뚱뚱한 자의 생존을 추구한다." 그들은 생태학 모형을 따라하는 것이 아니라, 생태계에 대한 더욱 나은 이해를 이끌었던 모형화의 일반 원리들을 토대로 금융 모형을 구축했다.

그들은 몇몇 경제학 모형들을 개발해서, 적절한 상황에서 경제

시스템이 불안정해진다는 것을 사례를 들어 설명했다. 생태학자들은 안정성을 만들어 내는 관리 방식으로 불안정한 생태계를 다룬다. 전염병학자들도 전염병을 가지고 같은 일을 한다. 일례로 영국 정부가 2001년 구제역이 양성으로 판명된 곳 근처에 있는 모든 농장의 가축을 신속히 도살하고 국내에서 가축의 모든 이동을 중단시키는 통제 정책을 개발한 것도 이런 이유에서 비롯되었다. 그러므로 정부 규제 기관들도 불안정한 금융 시스템을 안정화시키는 조치를 취해야 한다. 은행에 납세자의 돈을 무지막지하게 쏟아 부으면서도 애매한 약속밖에 하지 않았던 최초의 공황 이후, 어느 정도는 이런 조치들이 이루어지고 있다.

그러나 새로운 규제들은 진짜 문제에 대처하는 데 대체로 실패했다. 금융 시스템 자체의 형편없는 설계가 그 문제였다. 마우스 클릭 한 번으로 수십억 달러를 전송할 수 있는 환경 덕분에 어느 때보다도 빠르게 이익을 얻게 되었지만, 동시에 충격이 더욱 빨리 확산되고, 복잡성이 증가했다. 이들 둘 다 안정성을 위협한다. 금융 거래에 세금을 매기는 데 실패했기 때문에 중개자들이 더 빠른 속도로 더 큰 내기를 걸 수 있게 되었다. 이 또한 불안정성을 야기한다. 공학자들은 빠른 반응을 얻는 방법이 불안정한 시스템을 이용하는 것임을 안다. 안정성은 그 정의상 변화에 대한 선천적 저항을 의미한다. 한편 빠른 반응은 그 반대를 뜻한다. 그러니 이익에 대한 갈수록 커지는 탐닉은 어느 때보다도 불안정적인 금융 시스템을 만들었다.

다시금 생태계와의 유비를 통해 홀데인과 메이는 안정성을 향상시킬 수 있는 몇 가지 방법을 제시한다. 그중에는 완충 효과를 위해 은행들이 더 많은 자본을 보유하게 강제하는 것처럼 규제 기관 자체의 본능에 부합하는 방법도 있다. 한 방법은 규제 기관들이 은행 각각과 관련된 위험이 아니라 전체 금융 시스템과 관련된 위험에 초점을 맞추는 것이다. 모든 거래가 중앙 청산 기구(centralised clearing agency)를 통하게 하면 파생 상품 시장의 복잡성은 줄어들 수 있다. 그 기구는 모든 강대국들의 지지를 받아 매우 강력한 힘을 가져야 한다. 만약 그렇게 된다면, 전파되는 충격들은 중앙 청산 기구를 통과하면서 약화될 것이다.

또 다른 대안은 거래 방법과 위험 평가 방법의 다양성을 증가시키는 것이다. 생태학적으로 단일 품종 재배는 불안정한데 그 이유는 일어나는 모든 충격이 동시에 같은 방식으로 모든 것에 영향을 미칠 가능성이 높기 때문이다. 마찬가지로 은행이 위험을 평가하는 방법들이 모두 같다면 문제가 된다. 그들이 실수를 하면, 모두가 동시에 실수를 한다. 금융 위기는 모든 주요 은행들이 자산의 가치와 일어날지 모를 위험을 같은 방식으로 평가하면서 잠재적 부채에 자금을 제공하고 있었기 때문에 비롯된 측면도 있었다.

마지막 제언은 모듈(module)을 도입하자는 것이다. 생태계는 자족적인 모듈들을 만들고 그것들을 매우 단순한 방식으로 연결시켜 스스로 안정화를 도모한다. 모듈은 충격이 확산되는 것을 예방한다. 전 세계의 규제 기관들이 큰 은행들을 쪼개어 그 자리를 더 작은 은행들로 대체하는 방안을 심각하게 고려하고 있는 것도 이 때문이다. 저명한 미국 경제학자이자 미국 연방 준비 제도 이사회 의장을 지낸 앨런 그린스펀(Alan Greenspan)이 은행에 대해 "망하기에 너무 크다면 이미 너무 큰 겁니다."라고 말했듯이 말이다.

그렇다면 금융 위기는 방정식 때문인가?

　방정식은 도구다. 모든 도구가 그렇듯 방정식은 제대로 사용할 줄 아는 사람에 의해, 그리고 옳은 목적을 위해 쓰여야 한다. 블랙-숄스 방정식이 금융 시스템의 붕괴에 어느 정도 기여한 측면이 있다 해도 그 원인은 그저 방정식이 남용되었기 때문이다. 주식 중개자가 컴퓨터를 사용해서 대재앙이라고 할 만큼 손실을 보았다고 할 때, 컴퓨터가 그 사태에 책임을 져야 하는가? 도구의 실패에 대한 책임은 사용자가 져야 한다. 금융 시장이 수학적 분석에 등을 돌릴 수도 있다. 실제로 필요한 것은 더 포괄적인 모형과 (그보다 더 중요한) 그 모형들의 한계에 대한 제대로 된 이해인데 말이다. 금융 시스템은 너무 복잡해서 인간의 직감과 애매한 추론으로 운영하기 어렵다. 그것은 더 적은 수학이 아니라 더 **많은** 수학을 절박하게 요한다. 뿐만 아니라 수학을 현명하게 사용하는 법을 배울 필요가 있다. 수학이 일종의 마법 부적이 아니라는 것을 깨달아야 한다.

다음은 어디로?

누군가 방정식을 하나 만든다고 해서 갑자기 "쾅" 하고 천둥이 치며 모든 것이 달라지지는 않는다. 대다수 방정식은 거의 혹은 전혀 아무런 효과가 없다. (노상 방정식을 작성하는 내가 잘 안다. 내 말 믿으시라.) 그렇지만 가장 큰 영향력 있는 방정식이라 해도, 그것이 세계를 바꾸려면 도움—그것을 풀어낼 효과적인 방식, 그 방정식들이 우리에게 알려 주는 것을 이용하려는 상상력과 욕구가 있는 사람들, 기계들, 자원들, 자료들, 돈 등등—이 필요하다. 그 점을 감안하면, 방정식들은 몇 번이고 거듭 인류에게 새로운 길을 열어젖혀 주었고, 우리가 새로운 곳을 탐사할 때마다 안내자 역할을 했다.

오늘날 우리가 있는 곳으로 우리를 데려다주기까지는 17가지 방정식보다 훨씬 많은 것이 필요했다. 여기 실린 방정식들은 가장 영향력 있는 것들 중에서 내가 몇 개를 선택한 것이고, 각각이 현실에서 쓰임새를 가지기까지 다른 여러 방정식들이 필요했다. 하지만 17가지 방정식은 역사에서 중추적 역할을 했기 때문에 여기에 실린 것이다. 피타고라스는 우리 토지를 측량하고, 새로운 대륙으로 항해하는데 유용한 방법들을 제공했다. 뉴턴은 우리에게 행성들이 어떻게 움직이는지, 그리고 행성들을 탐사하기 위해 어떻게 우주 탐사선을 보낼지를 알려 주었다. 맥스웰은 라디오, 텔레비전, 그리고 현대 통신으로 이어지는 핵심적 실마리를 제공했다. 섀넌은 그 통신의 효율성이 가지는 불가피한 한계를 알아냈다.

더러, 한 방정식이 그 발명가/발견자들의 관심을 끌었던 것과는 매우 다른 결과로 이어지기도 한다. 15세기의 그 누가, 대수학 문제들을 풀다가 우연히 마주친 황당한, 뻔히 말도 안 되는 수가, 더욱 당황스럽고 명백히 말도 안 되는 양자 물리학의 세계로 영구히 이어지리라고 생각이나 했겠는가. 이것이 매초 100만 개의 대수학 문제들을 풀고, 지구 반대편에 있는 친구들에게 우리의 모습을 즉각 보여 주고 우리의 말을 즉각 들려주는 기적의 도구들로 가는 길을 놓으리라는 것은 말할 것도 없고 말이다. 푸리에는 만약 열 흐름을 연구하는 그의 새로운 방식이 트럼프 카드 크기의 기계에 심어 넣어져 그 대상이 무엇이든 매우 정확하고 상세한 그림—컬러이고, 심지어 **움직이기도 하며**, 겨우 동전 하나 크기에 수천 장이 저장되기도 한다.—을 그려 낸다는 이야기를 들었다면 어떻게 반응했을까?

방정식들은 여러 사건들의 방아쇠를 당긴다. 영국 전임 수상 해럴드 맥밀런(Harold Macmillan)의 말을 빌리자면, 사건들은 우리를 밤에 깨어 있게 만드는 그 무엇이다. 혁신적인 방정식 하나가 등장하면, 그것은 그 자체로 생명력을 띤다. 원래 의도가 좋은 것일지라도 그 결과는 좋을 수도 나쁠 수도 있다. 여기에 실린 17가지 방정식들 모두가 그랬듯이 말이다. 아인슈타인의 새로운 물리학 덕분에 우리는 세계를 새롭게 이해하게 되었지만, 그것을 핵무기 개발에 사용하기도 했다. 대중적 신화에서 말하듯 그렇게 직접적인 영향을 미친 것은 아니더라도 그 방정식이 한몫한 것은 분명하다. 블랙-숄스 방정식은 금융 시장에 활력을 불어넣어 주기도, 금융 시장을 무너뜨리려는 위협을 가하기도 했다. 방정식들은 우리가 생각하는 그 무엇이 된다. 그리고 세계는 더 좋은 쪽으로도, 더 나쁜 쪽으로도 변할 수 있다.

방정식의 종류는 다양하다. 일부는 항상 수학적으로 참인 명제, 즉 항진 명제(恒眞命題, tautology)이다. 네이피어의 로그를 생각해 보자. 하지만 항진 명제는 여전히 인간 사고와 행동에 큰 도움을 준다. 일례로 몇몇 방정식들은 우리가 알고 있는 세계와는 다를지도 모르는, 물리적 세계에 대한 명제다. 이런 종류의 방정식들은 우리에게 자연 법칙에 관해 말해 주고, 그 방정식들을 풀면 우리는 그 법칙들의 결과를 알 수 있다. 일부 방정식은 양쪽 요소를 다 가진다. 피타고라스 방정식은 유클리드 기하학의 한 정리이면서 동시에 측량 기사들과 항해사들의 중요한 도구다. 일부는 정의에 불과하다. 그렇지만 허수와 정보량이 무엇인지 일단 정의하고 나니 그 개념들은 우리에게 많은 것을 말해 주었다.

일부 방정식은 보편적으로 유효하다. 일부는 세계를 무척 정확히 기술하지만 완벽하지는 않다. 일부는 덜 정확하고, 다루는 영역은 제한되어 있지만 핵심적 통찰을 제공한다. 일부는 근본적으로 완전히 틀렸지만, 더 나은 것을 향한 디딤돌로 작용한다. 그들은 여전히 막대한 영향을 미칠 수 있다.

심지어 일부는 우리가 사는 세계와, 그 안에서 우리가 차지하는 자리에 관해 철학적인 난제들을 열어젖힌다. 그중 하나가 슈뢰딩거의 불쌍한 고양이로 드라마틱하게 표현된, 양자 역학의 측정에 대한 문제다. 열역학 제2법칙은 무질서와 시간의 화살에 대한 심오한 문제들을 제기한다. 양쪽의 경우에 그 명백한 역설 중 일부는 그 방정식의 내용보다는 그 방정식이 적용되는 맥락에 관해 더 많이 생각함으로써 어느 정도 해결될 수 있다. 기호들이 아니라 한계 조건들 말이다. 시간의 화살은 엔트로피에 관한 문제가 아니다. 그것은 엔트로피에 관해 우리가 **생각하는** 맥락에 관한 문제다.

기존 방정식들은 새로운 중요성을 얻을 수 있다. 원자력과 화석 연료를 대체할 청정 에너지로 주목되는 핵융합에 관한 연구는 플라스마를 형성하는 극도로 뜨거운 기체가 자기장 안에서 어떻게 움직이는가를 이해할 것을 요한다. 기체의 원자들은 전자를 잃고 전하를 띤다. 그러니 그 문제는 유체 흐름과 전자기에 대한 기존 방정식을 조합한 전자 유체 역학의 문제가 된다. 그 조합은 핵융합에 필요한 온도에서 플라스마를 어떻게 안정적으로 유지할 것인가를 시사하며 새로운 국면을 이끌 것이다. 방정식들은 정말 오랫동안 사랑받아 온 존재다.

무엇보다도, 물리학자들과 우주론 연구자들이 손에 넣을 수만 있다면 송곳니라도 기꺼이 내놓을 방정식이 하나 있(을지도 모른)다. 아인슈타인의 시대에 '통일장 이론(Unified Field Theory)'이라고 불렸던, 만물 이론(Theory of Everything)이 바로 그것이다. 이것은 양자 역학과 상대성 이론을 통합하는, 사람들이 오랫동안 찾으려고 애썼던 방정식이고, 아인슈타인은 그것을 찾는 데 말년을 바쳤지만 결실을 보지 못했다. 두 이론은 모두 성공적이지만, 각각 무척 작은 영역과 무척 큰 영역에서 성공했다. 서로 겹칠 때, 그들은 양립 불가능하다. 예를 들어 양자 역학은 선형이지만 상대성 이론은 그렇지 않다. "현상 수배: 그 둘이 왜 성공적인지를 설명해 주면서도 논리적 모순 없이 이 둘을 양립시키는 방정식을 찾습니다." 만물 이론에는 후보가 많다. 그중 가장 잘 알려진 것이 초끈 이론이다. 이 이론은 무엇보다도 여분 차원의 공간이라는 개념을 도입한다. 일부 버전에서는 여분 차원이 6차원이고, 다른 버전들에서는 7차원이다. 초끈들은 수학적으로 아름답다. 하지만 아직 그들이 자연을 묘사한다고 판단할 확실한 증거가 없다. 어쨌거나, 초끈 이론으로부터 정량적인 예측을 도출하는 데 필요한 계산을 수행하는 것은 절망적이라 할 만큼 어렵다.

우리가 아는 한, 만물 이론은 없을지도 모른다. 물리 세계에 대한 우리의 모든 방정식은 그저 우리가 이해할 수 있는 방식으로 자연의 제한된 영역들을 기술하지만 실제 세계의 심오한 구조를 포착하지 못하는 지나치게 단순화된 모형들일지도 모른다. 아무리 자연이 진정 엄격한 법칙들을 따른다 해도, 그들은 방정식들처럼 겉으로 드러날 수 있는 것이 아닐지도 모른다.

심지어 방정식들이 유관하다 해도, 꼭 단순해야 할 필요는 없다. 감히 우리가 받아 적지도 못할 정도로 복잡할 수도 있다. 인간 유전체 DNA에 있는 30억 염기들은, 어떤 의미에서, 인간을 위한 방정식의 일부다. 그들은 생물학적 발달에 관한 한층 일반적인 방정식에 대입될 수 있는 매개 변수들이다. 유전체를 종이 위에 인쇄하는 것은

(간신히) 가능하다. 그러려면 이 책만 한 책이 2000권 정도 필요할 것이다. 컴퓨터 메모리 하나에는 꽤 쉽게 집어넣을 수 있다. 하지만 그것은 가정된 인간 방정식의 아주 작은 일부일 뿐이다.

방정식들이 그처럼 복잡해지면, 우리는 도움이 필요하다. 인간 수준의 일반적인 방법들이 실패하거나 유용할지 알 수 없는 상황에도 컴퓨터들은 이미 어마어마한 양의 데이터들로부터 방정식들을 도출하고 있다. 진화 연산(evolutionary computing)이라고 불리는 이 새로운 접근법은 중요한 패턴들을 추출한다. 구체적으로 말하면 보존되는 양—변화하지 않는 것들—을 구하는 공식을 도출한다. 그런 시스템 중에는 마이클 슈밋(Michael Schmidt)과 호드 립슨(Hod Lipson)이 만들어 몇 가지 성공을 기록한 '유레카(Eureqa)'라는 프로그램이 있다. 이와 같은 소프트웨어는 도움이 될 것이다. 아니면 정말 중요한 곳에는 전혀 도달하지 못할지도 모른다.

일부 과학자들, 특히 컴퓨터 공학 분야 출신인 과학자들은 이제 우리가 전통적 방정식들을 몽땅 버려야 할 때라고 생각한다. 특히 일반 미분 방정식과 편미분 방정식 같은 연속체 방정식들 말이다. 미래는 불연속적인 정수의 세계이며, 그 방정식들은 알고리듬—사물을 계산하는 레시피—에 자리를 내주어야 한다. 우리는 그 방정식들을 푸는 대신 그 알고리듬을 사용해 세계를 디지털 방식으로 재구성해야 한다. 실로, **세계 자체는 디지털일지도 모른다.** 스티븐 울프럼(Stephen Wolfram)은 그의 논쟁적인 책 『새로운 과학(*A New Kind of Science*)』에서 이런 시각을 주장했는데, 그 책은 세포 자동자(cellular automata)라고 불리는 복잡계를 소개하고 있다. 세포 자동자란 작은 정사각형 세포들의 배열로, 각각은 다양한 상태들로 존재한다. 그 세포들은 정해진

법칙에 따라 이웃 세포들과 상호 작용한다. 색칠된 블록들이 화면 위에서 서로를 쫓는, 1980년대 컴퓨터 게임들과 다소 비슷한 모습이다.

울프럼은 왜 세포 자동자가 전통적 수학 방정식보다 우월한가를 몇 가지 이유를 들어 설명한다. 특히 그중 일부는 컴퓨터가 할 수 있는 모든 계산을 수행할 수 있다. 가장 단순한 것은 유명한 '룰 110 자동자(rule 110 automaton)'다. 이것은 π의 연속적인 자릿수들을 찾아내고, 삼체 방정식들을 풀어내며, 콜 옵션을 검토하기 위해 블랙-숄스 방정식을 돌려 보는 등 무엇이든 할 수 있다고 한다. 방정식을 푸는 전통적인 방식은 좀 더 제한적이다. 하지만 나는 이 주장이 매우 설득력 있다고 생각지 않는다. 전통적인 역학계 또한 세포 자동자가 하는 일을 똑같이 할 수 있기 때문이다. 중요한 것은 한 수학적 계가 다른 계가 하는 일을 따라할 수 있느냐가 아니라, 어떤 계가 문제를 풀거나 통찰을 제공하는 데 가장 효과적이냐다. 손으로 π의 무한 급수의 합을 구하는 것이, 룰 110 자동자를 사용해 계산하는 것보다 더 쉽다.

그러나 우리가 디지털 구조들과 시스템들에 기반한 새로운 자연 법칙들을 곧 찾아내리라는 것은 아주 믿을 만한 이야기다. 미래는 방정식이 아니라 알고리듬으로 이루어질지도 모른다. 하지만 그날이 올 때까지 자연 법칙에 대한 우리의 가장 위대한 통찰은 방정식의 형태일 것이고, 우리는 방정식을 이해하고 알아보는 법을 배워야 할 것이다. 방정식들은 지금까지 세계를 진정으로 바꾸어 왔다. 그리고 이후에도 계속 그럴 것이다.

이 책에 등장한 방정식들

이름	방정식	수학자
1 피타고라스 정리	$a^2 + b^2 = c^2$	피타고라스(기원전 580?~500?년)
2 로그	$\log xy = \log x + \log y$	존 네이피어(1550~1617년)
3 미적분	$\dfrac{df}{dt} = \lim\limits_{h \to 0} \dfrac{f(t+h) - f(t)}{h}$	아이작 뉴턴(1642~1727년)
4 뉴턴의 중력 법칙	$F = G\dfrac{m_1 m_2}{d^2}$	아이작 뉴턴(1642~1727년)
5 −1의 제곱근	$i^2 = -1$	레온하르트 오일러(1707~1783년)
6 오일러의 다면체 공식	$F - E + V = 2$	레온하르트 오일러(1707~1783년)
7 정규 분포	$\Phi(x) = \dfrac{1}{\sqrt{2\pi}\sigma} e^{-\frac{(x-\mu)^2}{2\sigma^2}}$	카를 프리드리히 가우스(1777~1855년)
8 파동 방정식	$\dfrac{\partial^2 u}{\partial t^2} = c^2 \dfrac{\partial^2 u}{\partial x^2}$	장 르 롱 달랑베르(1717~1783년)
9 푸리에 변환	$\hat{f}(\xi) = \int_{-\infty}^{\infty} f(x) e^{-2\pi i x \xi} dx$	조제프 푸리에(1768~1830년)
10 나비에–스토크스 방정식	$\rho\left(\dfrac{\partial \mathbf{v}}{\partial t} + \mathbf{v}\cdot\nabla\mathbf{v}\right) = -\nabla p + \nabla\cdot\mathbf{T} + \mathbf{f}$	클로드루이 나비에(1785~1836년) 조지 가브리엘 스토크스(1819~1903년)
11 맥스웰 방정식	$\nabla\cdot\mathbf{E} = 0 \quad \nabla\times\mathbf{E} = -\dfrac{1}{c}\dfrac{\partial\mathbf{H}}{\partial t}$ $\nabla\cdot\mathbf{H} = 0 \quad \nabla\times\mathbf{H} = \dfrac{1}{c}\dfrac{\partial\mathbf{E}}{\partial t}$	제임스 클러크 맥스웰(1831~1879년)
12 열역학 제2법칙	$dS \geq 0$	루트비히 볼츠만(1844~1906년)
13 상대성 이론	$E = mc^2$	알베르트 아인슈타인(1879~1955년)
14 슈뢰딩거 방정식	$i\hbar\dfrac{\partial}{\partial t}\Psi = \hat{H}\Psi$	에르빈 슈뢰딩거(1887~1961년)
15 정보 이론	$H = -\sum\limits_{x} p(x)\log p(x)$	클로드 섀넌(1916~2001년)
16 카오스 이론	$x_{t+1} = kx_t(1 - x_t)$	로버트 메이(1936년~)
17 블랙–숄스 방정식	$\dfrac{1}{2}\sigma^2 S^2 \dfrac{\partial^2 V}{\partial S^2} + rS\dfrac{\partial V}{\partial S} + \dfrac{\partial V}{\partial t} - rV = 0$	피셔 블랙(1938~1995년) 마이런 숄스(1941년~)

1 우주를 측량하다: 피타고라스 정리

1   데이비드 웰스(David Wells)는 펭귄 북스(Penguin Books) 출판사에서 펴낸『궁금하고 흥미로운 수학(*Curious and Interesting Mathematics*)』에서 그 농담을 간단하게 언급하고 있다. 한 인디언 추장에게 아내가 셋 있었는데, 셋 다 출산을 앞두고 있었다. 그중 하나는 버펄로 가죽 위에, 하나는 곰 가죽 위에, 하나는 하마 가죽 위에서 준비하고 있었다. 정해진 순서대로 첫째 부인은 아들을, 둘째 부인은 딸을, 셋째 부인은 아들과 딸 쌍둥이를 낳았다. 따라서 하마 가죽 위의 인디언 여자가 다른 두 인디언 여자들의 합과 같았다는 우스갯 소리로 그 유명한 정리를 설명한다. 그 농담의 유래는 최소 1950년대 중반에 BBC 라디오 시리즈인「마이 워드(My Word)」에서 방송된 것으로 거슬러 올라간다. 사회자는 코미디 작가인 프랭크 뮤어(Frank Muir)와 데니스 노든(Denis Norden)이었다.

2   참조 표기 없이 다음 주소에서 인용했다.

http://www-history.mcs.st-and.ac.uk/HistTopics/Babylonian_Pythagoras.html.

3   A. Sachs, A. Goetze, and O. Neugebauer, *Mathematical Cuneiform Texts*, American
   Oriental Society, New Haven, 1945.

4   편의상 그 도형을 아래의 그림 60에 다시 제시한다.

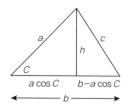

그림 60   삼각형 하나를 직각삼각형 2개로 나누기.

수직선은 변 b를 두 쪽으로 자른다. 삼각법에 따라 한쪽은 길이가 $a \cos C$이고, 또 한쪽은 길이가 $b-a \cos C$이다. h는 수직선의 높이라고 하자. 그러면 피타고라스 정리에 따라 다음 식이 나온다.

$$a^2 = h^2 + (a \cos C)^2$$
$$c^2 = h^2 + (b - a \cos C)^2$$

정리하면 다음과 같다.

$$a^2 - h^2 = a^2 \cos^2 C$$
$$c^2 - h^2 = (b - a \cos C)^2 = b^2 - 2ab \cos C + a^2 \cos^2 C$$

두 번째 방정식에서 첫 번째 방정식을 빼면 원치 않는 h^2이 상쇄된다. $a^2 \cos^2 C$도 그렇게 제거하면, 다음 식이 남는다.

$$c^2 - a^2 = b^2 - 2ab \cos C$$

그러면 제시된 공식으로 이어진다.

2 곱셈을 덧셈으로 바꾸는 마법: 로그

1 http://www.17centurymaths.com/contents/napiercontents.html

2 존 마(John Marr)가 윌리엄 릴리(William Lilly)에게 쓴 편지에서 인용했다.

3 프로시타파레시스는 프랑수아 비에트(François Viète)가 발견한 삼각법 공식에 기반을 둔다. 말하자면 다음과 같다.

$$\sin\frac{x+y}{2}\cos\frac{x-y}{2} = \frac{\sin x + \sin y}{2}$$

여러분이 사인 함수표를 가지고 있다면 이 공식을 통해 더하기와 빼기, 그리고 2로 나누기만 사용해서 어떤 곱셈이든 계산할 수 있다.

3 현대 과학의 나사돌리개: 미적분

1 케인스는 결국 그 강연을 하지 못했다. 왕립 학회는 1942년에 뉴턴 300주년을 기념하기 위해 그 강연을 기획했지만, 제2차 세계 대전 때문에 1946년으로 행사를 미뤘다. 강연자들은 물리학자인 에드워드 드 코스타 앤드레이드(Edward de Costa Andrade)와 닐스 보어(Niels Bohr), 수학자인 허버트 턴불(Hubert Turnbull)과 자크 아다마르(Jacques Hadamard)였다. 왕립 학회에서는 경제학만이 아니라 뉴턴의 저작에도 관심을 두고 있는 케인스 역시 초청했다. 케인스는 '그 남자, 뉴턴'이라는 제목으로 강연 원고를 썼지만 그 행사가 실제로 치러지기 전에 세상을 떠났다. 동생인 제프리(Geoffrey)가 그를 대신해 그 원고를 낭독했다.

2 이 구절은 뉴턴이 훅에게 1676년에 보낸 편지에서 나온다. 그 구절은 새로운 표현이 아니었다. 1159년에 솔즈베리의 존(John of Salisbury)은 "샤르트르의 베르나르는 우리가 거인의 어깨 위에 올라간 난쟁이들 같다고, 그래서 우리가 거인들보다도 더 멀리 볼 수 있다고 말한 적이 있다."라고 썼다. 17세기 즈음에 이 말은 상투적인 표현이었다.

3 0으로 나누는 것은 잘못된 증명으로 이어진다. 예를 들어 우리는 모든 수가 0이라는

것을 '입증할' 수 있다. $a=b$라고 가정하자. 따라서 $a^2=ab$이고 따라서 $a^2-b^2=ab-b^2$이다. 이것을 인수 분해하면 $(a+b)(a-b)=b(a-b)$다. 양변을 $(a-b)$로 나누면 $a+b=b$를 얻는다. 따라서 $a=0$이 된다. 여기서 오류는 $(a-b)$로 나누는 부분인데, 우리가 $a=b$라고 가정하기 때문에 그것은 0이다.

4 Richard Westfall, *Never at Rest*, Cambridge University Press, Cambridge 1980, 425쪽.

5 Erik H. Hauri, Thomas Weinreich, Alberto E. Saal, Malcolm C. Rutherford, James A. Van Orman, "High pre-eruptive water contents preserved in lunar melt inclusions" *Science Online* (26 May 2011)[DOI:10.1126/science.1204626]. 그 결과에 대해서는 논란이 있다.

6 그러나 그것은 우연이 아니다. 그것은 모든 미분 가능한 함수에 적용되는데, 그중 하나가 연속 도함수를 가진 함수다. 이것은 로그와 지수, 다양한 삼각 함수를 비롯해 모든 다항식과 모든 수렴하는 멱급수들을 포함한다.

7 현대의 정의는 다음과 같다. 0보다 큰 모든 ε에 대해서 $h<\delta$가 $f(h)-L<\delta$를 만족시키는 $\delta>0$이 존재하면 h가 0에 수렴할 때 함수 $f(h)$는 극한 L에 수렴한다. '0보다 큰 **모든** ε'을 사용하면 뭔가가 흐른다거나 더 작아진다는 말을 하지 않아도 된다. 그 한 번으로 가능한 모든 값들을 다룰 수 있는 것이다.

4 태양계의 숨겨진 구조: 뉴턴의 중력 법칙

1 창세기에는 '창공(firmament)'이라는 말이 나온다. 대다수 학자들은 이 말이 반구처럼 단단한 아치 모양인 하늘에 별들이 작은 조명처럼 고정되어 있다는 고대 히브리 인의 믿음에서 나왔다고 생각한다. 밤하늘의 모습은 그와 같아 보인다. 우리의 시각이 멀리 있는 물체들을 인식하는 방식 때문에 별들은 우리로부터 대체로 동일한 거리에 있는 것처럼 보인다. 많은 문화권, 특히 중동과 극동에서는 하늘을 천천히 도는 둥근 주발처럼 생각했다.

2 1577년의 대혜성은 비록 핼리 혜성이 아니었지만 그 또한 역사적으로 중요한 혜성에 속한다. 그 혜성은 오늘날 C/1577 V1이라고 불린다. 1577년에는 그 혜성을 맨눈으로 볼 수 있었다. 브라헤는 그 혜성을 관측한 후 혜성들이 지구 대기 바깥에 위치한다는

사실을 추론했다. 그 혜성은 현재 태양으로부터 240억 킬로미터 거리에 있다.

3 그 수치는 1789년에 헨리 캐번디시(Henry Cavendish)가 실험실 실험에서 합리적으로 정확한 값을 구하면서 비로소 알려졌다. 그것은 제곱킬로그램당 약 6.67×10^{-11} 뉴턴 제곱미터다.

4 June Barrow-Green, *Poincaré and the Three Body Problem*, American Mathematical Society, Providence 1997.

5 오일러의 아름다운 선물: -1의 제곱근

1 1535년에 수학자 안토니오 피오르(Antonio Fior)와 니콜로 폰타나(Niccolò Fontana, 별명은 말더듬이 타르탈리아)는 공개 경연에 참가했다. 두 사람은 서로에게 3차 방정식 문제를 냈고, 타르탈리아가 완승을 거두었다. 당시에 3차 방정식에서는 음수가 인정되지 않았기 때문에 3차 방정식은 완전히 다른 세 가지 유형으로 분류되었다. 피오르는 한 가지 유형을 푸는 방법밖에 몰랐다. 원래 타르탈리아도 한 가지 유형을 푸는 법밖에 몰랐지만 경연 직전에 다른 유형 모두를 푸는 법을 알아냈다. 그러고 나서 피오르에게 그가 못 푸는 유형을 출제했다. 대수학 교과서를 저술 중이던 카르다노는 그 경연에 관한 이야기를 듣고 피오르와 타르탈리아가 3차 방정식을 푸는 방법을 안다고 생각했다. 그리고 그 풀이를 실으면 자기 책의 수준이 훨씬 높아질 것이라고 생각해 타르탈리아에게 그가 아는 방법을 알려 달라고 부탁했다.

결국 타르탈리아는 그 비밀을 알려 주었는데, 나중에 그가 말하기로 당시에 카르다노가 절대로 그것을 공개하지 않기로 약속했다고 한다. 하지만 그 방법이 『아르스 마그나』에 실린 것을 보고 타르탈리아는 카르다노를 표절로 고발했다. 그러나 카르다노에게는 변명거리가 있었고, 또한 자기가 한 약속을 피해 갈 수 있는 그럴싸한 이유도 있었다. 그의 제자인 페라리가 그 전에 4차 방정식 풀이법을 찾아냈는데, 그것은 참신하면서도 극적인 발견이었고, 카르다노는 그것도 자기 책에 싣고 싶었다. 그러나 페라리의 풀이를 실으려면 관련된 3차 방정식 풀이법도 필요해서, 카르다노는 타르탈리아의 풀이법을 공개하지 않고서는 페라리의 풀이법도 발표할 수 없었다.

그 후에 카르다노는 피오르가 스키피오 델 페로(Scipio del Ferro)의 제자였음을 알았다. 소문에 따르면 그는 세 유형의 3차 방정식을 모두 풀었으며 그중 한 풀이법만을 피오르에게 전해 주었다고 한다. 델 페로의 미발표 논문들은 안니발레 델 나베(Annibale del Nave)의 소유였다. 그래서 카르다노와 페라리는 1543년에 델 나베와 상의하러 볼로냐로 향했고, 그 논문들에서 3차 방정식에 대한 모든 풀이법을 찾아냈다. 그러니 카르다노는 자신이 타르탈리아가 아니라 델 페로의 방법을 발표했다고 말한 것은 거짓말이 아니었다. 그래도 여전히 속았다고 생각한 타르탈리아는 카르다노를 비난하는 길고 통분에 찬 글을 발표했다. 페라리는 공개 경연을 하자며 타르탈리아에게 도전장을 던졌고, 손쉽게 이겼다. 타르탈리아는 그 후 이전의 평판을 끝내 회복하지 못했다.

6 세상의 모든 매듭: 오일러의 다면체 공식

1 이언 스튜어트, 『생명의 수학(*Mathematics of Life*)』(안지민 옮김, 사이언스북스, 2015년) 12장에 요약되어 있다.

7 우연에도 패턴이 있다: 정규 분포

1 그렇다. 나는 'dice'가 'die'의 복수형임을 안다. 하지만 오늘날에는 다들 그것을 단수형으로도 쓴다. 그리고 나는 이런 경향에 맞서는 것을 진즉 포기했다. 그 정도는 약과다. 바로 요전에도 누군가가 내게 이메일을 보냈는데, 꼬박꼬박 'dice'를 단수형으로, 'die'를 복수형으로 썼더라.

2 파스칼의 주장에는 오류가 많다. 치명적인 오류 중 하나는 그것이 가정적인 초자연적 존재에 적용된다는 점이다.

3 그 정리는 어떤 (매우 흔한) 조건들하에서, 큰 수의 무작위적 변수들의 합은 대략 정규 분포를 갖게 된다고 말한다. 좀 더 정확히 말하면 다음과 같다. $(x_1, \cdots, x_n)$은 각각 균등하게 분포된 무작위적 변수들이고, 각각은 평균 μ와 분산 σ^2을 가진다고 하자. 중심 극한 정리에 따르면

$$\sqrt{n}\left(\frac{1}{n}\sum_{i=1}^{n} x_i - \mu\right)$$

는 n이 무한히 커질 때 평균이 0이고 표준 편차가 σ인 정규 분포로 수렴한다.

8 조화로운 진동: 파동 방정식

1   n-1, n, n+1로 번호가 매겨진 연속된 세 항들을 보자. 시간 t에서, 그들은 수평축 위의 시작 지점에서 $u_{n-1}(t)$, $u_n(t)$, $u_{n+1}(t)$의 거리만큼 밀려난다. 뉴턴의 제2법칙에 따라 각 항의 가속도는 거기에 작용하는 힘에 비례한다. 지나치게 단순하지만 각 항은 수직축으로만 아주 작은 거리를 움직인다고 가정하자. n-1이 n에게 가하는 힘의 근삿값은 $u_{n-1}(t)-u_n(t)$에 비례하고, n에 n+1이 가하는 힘 또한 마찬가지로 $u_{n+1}(t)-u_n(t)$에 비례한다. 이것을 한데 더하면 n에 가해지는 전체 힘은 $u_{n-1}(t)-2u_n(t)+u_{n+1}(t)$에 비례한다. 이것은 $u_{n-1}(t)-u_n(t)$와 $u_n(t)-u_{n+1}(t)$의 차다. 그리고 이들 식 각각은 또한 연속된 항들의 위치 사이의 차이기도 하다. 그러니 n에 가해지는 힘은 **차이들 사이의 차**다.

이제 각 항이 서로 무척 가깝다고 하자. 미적분에서 차이 ─ 적절히 작은 상수로 나눈 것이다. ─ 는 한 도함수에의 근삿값이다. 차이들 사이의 차이는 한 도함수에 대한 도함수의 근삿값, 즉 2차 도함수다. 따라서 무한소로 서로 가까운 무한히 작은 점들의 극한에서, 현의 특정 지점에 가해지는 힘은 $\partial^2 u/\partial x^2$에 비례하고, 여기서 x는 현 길이상 측정되는 공간 좌표다. 뉴턴의 제2법칙에 따라 이것은 그 선과 직각을 이루는 가속도에 비례하는데, 그것은 2차 도함수인 $\partial^2 u/\partial t^2$이다. 그 비의 상수를 c^2으로 하면 우리는 다음을 얻는다.

$$\frac{\partial^2 u}{\partial t^2} = c^2 \frac{\partial^2 u}{\partial x^2}$$

여기서 $u(x, t)$는 시간 t에서 현 위의 수직 위치 x다.

2   동영상을 보고 싶으면 다음 주소를 참조하자. http://en.wikipedia.org/wiki/Wave_equation.

3   기호로 나타내면 모든 함수 f와 g에 대한 해는 정확히 다음 식과 같다.

$u(x, t)=f(x-ct)+g(x+ct)$

4 원형 드럼의 최초 정규 모드 몇몇은 http://en.wikipedia.org/wiki/Vibrations_of_a_
   circular_drum에서 볼 수 있다.

   둥근 드럼과 직사각형 드럼 동영상은 http://www.mobiusilearn.com/viewcase
   studies.aspx?id=2432에서 볼 수 있다.

9 디지털 시대의 주역: 푸리에 변환

1 $u(x, t) = e^{-n^2\alpha t} \sin nx$ 라고 하자. 그러면

$$\frac{\partial u}{\partial t} = -n^2 \alpha e^{-n^2\alpha t} \sin nx = \alpha \frac{\partial^2 u}{\partial x^2}$$

   따라서 $u(x, t)$는 열 방정식을 만족시킨다.

2 이것은 JFIF 부호화로 웹에 이용된다. 카메라에서 쓰이는 EXIF 부호화 또한 날짜, 시
   간, 그리고 노출 같은 카메라 설정을 설명하는 '메타데이터'를 포함한다.

10 하늘을 지배하는 공식: 나비에-스토크스 방정식

1 http://www.nasa.gov/topics/earth/features/2010-warmest-year.html.

11 빛은 전자기파다: 맥스웰 방정식

1 도널드 맥도널드(Donald Mcdonald), 「고양이는 어떻게 발로 착지하는가?(How does
   a cat fall on its feet?)」, *New Scientist* 189 (1960) 1647~9. 다음 주소도 참조하자. http://
   en.wikipedia.org/wiki/Cat_righting_reflex

2 셋째 방정식 양변의 회전 연산자는 다음 식을 준다.

$$\nabla \times \nabla \times \mathbf{E} = -\frac{1}{c} \frac{\partial(\nabla \times \mathbf{H})}{\partial t}$$

   벡터 계산법에 따라 이 방정식의 좌변을 다음과 같이 간소화시킬 수 있다.

$$\nabla \times \nabla \times \mathbf{E} = \nabla(\nabla \cdot \mathbf{E}) - \nabla^2 \mathbf{E} = -\nabla^2 \mathbf{E}$$

여기서 우리는 또한 첫째 방정식을 사용한다. 여기서 ∇^2은 라플라스 연산자다. 넷째 방정식을 사용하면 우변은 다음과 같이 된다.

$$-\frac{1}{c}\frac{\partial(\nabla \times \mathbf{H})}{\partial t} = -\frac{1}{c}\frac{\partial}{\partial t}\left(\frac{1}{c}\frac{\partial \mathbf{E}}{\partial t}\right) = -\frac{1}{c^2}\frac{\partial^2 \mathbf{E}}{\partial t^2}$$

두 음수 부호를 상쇄하고 c^2을 곱하면 $\mathbf{E}$에 대한 파동 방정식이 나온다.

$$\frac{\partial^2 \mathbf{E}}{\partial t^2} = c^2 \nabla^2 \mathbf{E}$$

같은 방식으로 $\mathbf{H}$에 대한 파동 방정식도 구할 수 있다.

12 무질서는 증가한다: 열역학 제2법칙

1   구체적으로 말하면 다음과 같다.

$$S_B - S_A = \int_A^B \frac{\mathrm{d}q}{T}$$

여기서 S_A와 S_B는 각각 상태 A와 상태 B에서의 엔트로피다.

2   열역학 제2법칙은 정확히 말해 방정식이 아니라 **부등식**이다. 내가 이 책에 열역학 제2법칙을 넣은 것은 그것이 과학에서 핵심적인 위치를 차지하기 때문이다. 그것이 수학적 **공식**이라는 사실은 부정할 수 없다. 공식이란 엄격한 과학 문헌 바깥에서 널리 쓰이는, '방정식'을 엄밀하지 않게 해석한 용어다. 이 장의 후주 1에 등장하는 적분을 사용한 식이 진짜 방정식이다. 그것은 엔트로피의 변화를 규정한다. 하지만 제2법칙은 거기서 가장 중요한 점이 무엇인지를 말해 준다.

3   브라운 운동을 처음 예측한 인물은 네덜란드 생리학자인 얀 잉엔하우스(Jan Ingenhousz)였다. 그는 알코올 표면에서 떠다니는 석탄 먼지에서 그와 비슷한 현상을 목격했지만,

자기가 본 것을 설명할 이론을 제시하지 못했다.

13 우주의 탄생과 진화: 상대성 이론

1 이탈리아의 그란 사소 국립 연구소(Gran Sasso National Laboratory)에는 오페라(OPERA, 유화액 추적 기구를 사용한 진동 프로젝트)라는 1300톤짜리 입자 가속 충돌기가 있다. 그 가속기는 2년간 스위스 제네바에 있는 유럽 입자 물리학 연구소(CERN)에서 생성된 1만 6000개의 중성미자를 추적했다. 중성미자는 전기적으로 중성인 아원자 입자들로, 아주 작은 질량을 지녔으며 일반적인 물질을 쉽게 통과할 수 있다. 그 결과는 당황스러웠다. 평균적으로 그 중성미자들은 730킬로미터의 경로를 빛의 속도로 갔을 경우에 비해 60나노초(10억분의 1초) 더 빨리 통과했다. 그 측정값은 10나노초 오차 범위 내로 정확했지만 시간을 계산하고 해석하는 것은 워낙 복잡하기 때문에 그 방식에서 계통 오차가 발생했을 가능성이 있다.

그 결과는 온라인으로도 확인할 수 있다. 「중성미자 빔(CNGS 빔)에서 오페라를 사용해 측정한 중성미자의 속도(Measurement of the neutrino velocity with the OPERA detector in the CNGS beam)」(오페라 공동 연구팀, http://arxiv.org/abs/1109.4897).

이 논문은 상대성 이론을 부정하지 않는다. 그저 오페라 연구팀이 전통적 물리학으로는 설명할 수 없는 무언가를 관측했음을 제시할 뿐이다. 비전문적 리포트는 여기서 찾아볼 수 있다. http://www.nature.com/news/2011/110922/full/news.2011.554.html.

두 연구소의 중력의 힘 차이에 관련해 시스템적 오류가 일어났을 법한 지점은 http://www.nature/com/news/2011/111005/full/news.2011.575.html에 제시되어 있다. 그렇지만 오페라 연구팀은 그 제안을 반박한다.

대다수 물리학자들은 오페라 연구팀 연구자들이 아무리 세심하게 주의를 기울였다 해도 어떤 계통 오차가 발생했을 수 있다고 생각한다. 특히 초신성으로부터 중성미자를 관측한 이전 관측은 새로운 관측과 대립하는 것처럼 보인다. 그 논란을 종식시키려면 앞으로 몇 년간 독립적인 실험들을 해야 한다. 이론 물리학자들은 입자 물리학의 표준 모형을 확장한 잘 알려진 이론에서 우주가 보통의 4차원보다 더 많은 차원을 가졌다고 하는 낯선 새로운 물리학까지, 여러 잠재적 설명들을 분석하는 중이다. 여러분이 이 내용을 읽을 즈음에, 그 이야기는 아마 다음 단계로 나아갔을 것이다.

2 자세한 설명은 테런스 타오(Terence Tao)가 그의 웹사이트에 실었다. http://terrytao. wordpress.com/2007/12/28/einsteins-derivation-of-emc2/.

그 방정식을 도출하려면 다섯 단계를 거쳐야 한다.

　(a) 기준 좌표계가 변할 때 공간 좌표와 시간 좌표들이 어떻게 변화하는지를 살펴본다.

　(b) 이를 바탕으로 기준 좌표계가 변할 때 광자의 진동수가 어떻게 변하는지를 알아낸다.

　(c) 플랑크 법칙을 이용해 광자의 에너지와 운동량이 어떻게 변하는지를 알아낸다.

　(d) 에너지 보존 법칙과 운동량 보존 법칙을 적용해 움직이는 물체의 에너지와 운동량이 어떻게 변하는지를 알아낸다.

　(e) 물체의 속도가 작다면 뉴턴 역학적 결과들과 비교해서 다른 임의의 상수값을 정한다.

3 Ian Stewart, Jack Cohen, *Figments of Reality*, Cambridge University Press, Cambridge 1997, 37쪽.

4 http://en.wikipedia.org/wiki/Mass%E2%80%93energy_equivalence.

5 몇 사람은 그렇게 생각하지 않았다. 헨리 쿠튼(Henry Courten)은 1970년에 일식의 사진을 재분석하다가 태양 주위 가까운 궤도들에 적어도 7개의 아주 작은 물체들이 있음을 알림으로써 아마도 구성원이 매우 적은 내소행성대가 존재할 가능성을 제시했다. 그들이 존재한다는 결정적 증거는 아직 발견되지 않았는데, 그들은 너비가 60킬로미터보다 작아야 할 것이다. 사진에 보이는 물체들은 어쩌면 그저 이상한 궤도로 지나가는 작은 혜성들이나 소행성들일지도 모른다. 무엇이 됐든, 그들은 불카누스가 아니었다.

6 자유 공간의 1세제곱센티미터 내의 진공 에너지는 10^{-15}줄로 추정된다. 양자 역학에 따르면 그것은 이론상 10^{107}줄이어야 한다. 10^{122}배만큼이나 틀린 것이다.

http://en.wikipedia.org/wiki/Vacuum_energy.

7 로저 펜로즈의 작업은 다음에 보고되어 있다. Paul Davies, *The Mind of God*, Simon &

Schuster, New York 1992.

8   Joel Smoller, Blake Temple, A one parameter family of expanding wave solutions of the Einstein equations that induce an anomalous acceleration into the standard model of cosmology, http://arxiv.org/abs/0901.1639.

9   R. S. Mackay, C. P. Rourke, *A New Paradigm for the Universe*, University of Warwick 2011. 내가 참조한 것은 견본 인쇄물이었다. 더 자세한 내용이 궁금하면 다음 주소에 실린 논문을 보면 된다. http://msp.warwick.ac.uk/~cpr/paradigm/.

14 괴상한 양자 세계: 슈뢰딩거 방정식

1   코펜하겐 해석은 보통 닐스 보어, 베르너 하이젠베르크, 막스 보른(Max Born)을 비롯한 물리학자들 사이의 논쟁에서 1920년대 중반에 등장했다고 알려져 있다. 코펜하겐이라는 이름은 보어가 덴마크 사람이라서 붙여졌지만 당시 물리학자들 중 그 용어를 쓰는 사람은 없었다. 그 이름을 제시한 것은 돈 하워드(Don Howard)였고, 거기 담긴 시각은 아마도 하이젠베르크를 통해서 1950년대에 처음 등장했다. 돈 하워드의 다음 논문을 참고하면 된다. "Who invented the 'Copenhagen Interpretation'? A study in mythology", *Philosophy of Science* 71 (2004) 669~682.

2   우리 고양이 할리퀸은 '잠든'과 '코를 고는' 것의 중첩 상태로 자주 관측될 수 있지만, 그것은 아마 중요하지 않으리라.

3   이와 관련된 공상 과학 소설로 필립 킨드러드 딕의 『높은 성의 사내(*The Man in the High Castle*)』와 노먼 스핀래드(Norman Spinrad)의 『아이언 드림(*The Iron Dream*)』이 있다. 또한 스릴러 작가인 렌 데이턴(Len Deighton)의 『SS-GB』는 실제 역사와 반대로 나치가 지배하는 영국을 배경으로 한다.

15 통신 혁명: 정보 이론

1   내가 주사위 하나를 굴린다고 하자(7장의 후주 1 참조). 그리고 기호 a, b, c를 다음과 같이 배정한다고 치자.

a　　주사위가 1, 2, 또는 3이 나온다

　　b　　주사위가 4 또는 5가 나온다

　　c　　주사위가 6이 나온다

*a*가 발생할 확률은 1/2, *b*가 발생할 확률은 1/3, *c*가 발생할 확률은 1/6이다. 그러고 나면 내 공식은, 그게 무엇이든 $H(1/2, 1/3, 1/6)$에 해당하는 정보량을 각각에 배정할 것이다.

　　그러나 이 실험을 다른 식으로 생각할 수도 있다. 처음에 그 주사위가 3 이하가 나올지 아니면 4 이상이 나올지를 결정한다. 각 경우를 *q*와 *r*라고 부르면 다음과 같다.

　　q　　주사위는 1, 2, 또는 3이 나온다

　　r　　주사위는 4, 5, 또는 6이 나온다

이제 *q*의 확률은 1/2이고 *r*의 확률은 1/2이다. 각각은 $H(1/2, 1/2)$에 해당하는 정보량을 전달한다. 이때, *q*는 *a*와 같고, *r*는 *b*와 *c*를 합친 것과 같다. 나는 *r*를 *b*와 *c*로 쪼갤수 있고, *r*가 일어났다고 할 때 각각의 확률은 2/3과 1/3이다. 우리가 이제 이 경우만을 감안하면 *b*나 *c* 중 하나가 나타남으로써 전달되는 정보량은 $H(2/3, 1/3)$이다. 섀넌은 원래 정보가 이 하위 사례들에서의 정보와 관련되어야 한다고 주장한다.

$$H\left(\frac{1}{2}, \frac{1}{3}, \frac{1}{6}\right) = H\left(\frac{1}{2}, \frac{1}{2}\right) + \frac{1}{2}H\left(\frac{2}{3}, \frac{1}{3}\right)$$

그림 61을 보자.

마지막 *H* 앞에 1/2이 곱해져 있는 것은 둘째 선택이 *r*의 경우에만 나타내기 때문이다. 등호 부호 바로 뒤의 *H* 앞에는 그런 인수가 없는데, *q*와 *r* 사이의 선택은 항상 이루어지기 때문이다.

2　　C. E. Shannon, W. Weaver, *The Mathematical Theory of Communication*, University of

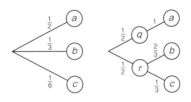

그림 61 다른 방식들로 경우의 수를 결합한 것. 정보량은 각각에서 동일해야 한다.

Illinois Press, Urbana 1964 2장을 보면 된다.

16 자연은 균형 상태라는 환상: 카오스 이론

1 개체군 x_t가 비교적 작다면, 따라서 0에 가깝다면, 이제 $(1-x_t)$는 1에 가깝다. 따라서 그 다음 세대 개체군은 kx_t에 가까운 크기를 가질 텐데, 그것은 현재 개체군보다 k배 더 크다. 개체군의 크기가 커지면, $(1-x_t)$는 번식률을 더 작아지게 만든다. $(1-x_t)$는 개체군이 이론상 최댓값에 도달할 때 0으로 떨어진다.

2 R. F. Costantino, R. A. Desharnais, J. M. Cushing, B. Dennis, "Chaotic dynamics in an insect population", *Science* 175 (1997) 389~391.

3 J. Huisman, F. J. Weissing, "Biodiversity of plankton by species oscillations and chaos", *Nature* 402 (1999), 407~410.

4 E. Benincà, J. Huisman, R. Heerkloss, K. D. Jöhnk, P. Branco, E. H. Van Nes, M. Scheffer, S. P. Ellner, "Chaos in a long-term experiment with a plankton community", *Nature* 451 (2008) 822~825.

17 황금의 손: 블랙-숄스 방정식

1 콜 옵션의 가격은 다음과 같다.

$$C(S, t) = N(d_1)S - N(d_2)Ke^{-r(T-t)}$$

여기서

$$d_1 = \frac{\log[(S/K)+(r+\sigma^2/2)(T-t)]}{\sigma\sqrt{T-t}}$$

$$d_2 = \frac{\log[(S/K)+(r-\sigma^2/2)(T-t)]}{\sigma\sqrt{T-t}}$$

이다. 이에 상응하는 풋 옵션의 가격은 다음과 같다.

$$P(S,t) = [N(d_1)-1]S+[1-N(d_2)]Ke^{-r(T-t)}$$

여기서 $N(d_j)$는 $j=1, 2$일 때, 표준 정상 분포의 누적 분포 함수다. 그리고 $T-t$는 만기까지의 시간이다.

2   엄밀히 말하면 '알프레드 노벨을 기념하는 경제 과학 분야의 스웨덴 중앙 은행상 (Sveriges Riksbank Prize in Economic Sciences in Memory of Alfred Novel)'이다.

3   M. Poovey, "Can numbers ensure honesty? Unrealistic expectations and the U. S. accounting scandal", *Notices of the American Mathematical Society* 50 (2003), 27~35.

4   A. G. Haldane, R. M. May, "Systemic risk in banking ecosystems", *Nature* 469 (2011), 351~355.

도판 저작권

다음 그림들은 명시된 저작권자의 허가하에 수록했다.

그림 9 요한 히딩(Johan Hidding)

그림 11, 41 위키미디어 커먼스(Wikimedia Commons), GNU 자유 문서 사용 허가서

그림 15, 16, 17 쿤왕상, 마틴 로, 셰인 로스, 제럴드 마스던

그림 31 안제이 스타시아크(Andrzej Stasiak)

그림 43 BMW 자우버 포뮬러 1 팀

그림 53 빌럼 샤프(Willem Schaap)

그림 59 제프 하위스만과 프란츠 베이싱, *Nature* 402 (1999) 407~410.

찾아보기

옮긴이 김지선

서울에서 태어나 대학 영문학과를 졸업하고 출판사 편집자로 근무했다. 현재 번역가로 활동하고 있다. 옮긴 책으로는 『코스믹 커넥션』, 『나는 자연에 투자한다』, 『수학의 파노라마』, 『필립 볼의 형태학 3부작: 흐름』, 『희망의 자연』, 『기사도에서 테러리즘까지: 전쟁과 남성성의 변화』, 『오만과 편견』, 『반대자의 초상』, 『엠마』 등이 있다.

세계를 바꾼
17가지 방정식

1판 1쇄 펴냄 2016년 2월 15일
1판 16쇄 펴냄 2024년 5월 15일

지은이   이언 스튜어트
옮긴이   김지선
펴낸이   박상준
펴낸곳   (주)사이언스북스

출판등록 1997. 3. 24.(제16-1444호)
          (06027) 서울특별시 강남구 도산대로1길 62
대표전화 515-2000   팩시밀리 515-2007
편집부   517-4263   팩시밀리 514-2329
www.sciencebooks.co.kr

한국어판 ⓒ (주)사이언스북스, 2016. Printed in Seoul, Korea.

ISBN 978-89-8371-743-6 03410